普通高等教育"十一五"国家级规划教材

水利水电工程施工技术

（第二版）

主　编　钟汉华　冷　涛

副主编　付凌云　欧阳越

中国水利水电出版社

www.waterpub.com.cn

内 容 提 要

本书为普通高等教育"十一五"国家级规划教材。全书共分十一章,包括:爆破工程,砌筑工程,模板工程,钢筋工程,混凝土工程,灌浆工程,施工导流与水流控制,基础处理,土石建筑物施工,混凝土建筑物施工,隧洞施工等。

本书可供土木工程设计人员、施工技术人员使用,也可供土木类各专业大、中专学生及各类职业学校学生学习参考。

图书在版编目 (CIP) 数据

水利水电工程施工技术/钟汉华,冷涛主编.—2
版.—北京:中国水利水电出版社,2010.3 (2016.1 重印)
普通高等教育"十一五"国家级规划教材
ISBN 978-7-5084-7319-2

Ⅰ.①水… Ⅱ.①钟…②冷… Ⅲ.①水利工程-工
程施工-高等学校-教材②水力发电工程-工程施工-高
等学校-教材 Ⅳ.①TV5

中国版本图书馆 CIP 数据核字 (2010) 第 039519 号

书　　名	普通高等教育"十一五"国家级规划教材 **水利水电工程施工技术（第二版）**
作　　者	主编　钟汉华　冷涛　副主编　付凌云　欧阳越
出版发行	中国水利水电出版社 （北京市海淀区玉渊潭南路 1 号 D 座　100038） 网址：www.waterpub.com.cn E-mail：sales@waterpub.com.cn 电话：(010) 68367658（发行部）
经　　售	北京科水图书销售中心（零售） 电话：(010) 88383994、63202643、68545874 全国各地新华书店和相关出版物销售网点
排　　版	中国水利水电出版社微机排版中心
印　　刷	北京市北中印刷厂
规　　格	184mm×260mm　16 开本　20.25 印张　480 千字
版　　次	2004 年 9 月第 1 版　2004 年 9 月第 1 次印刷 2010 年 3 月第 2 版　2016 年 1 月第 8 次印刷
印　　数	26101—27600 册
定　　价	**43.00 元**

前　言

本书是根据教育部《关于加强高职高专人才培养工作意见》和《面向21世纪教育振兴行动计划》等文件精神，根据水利水电类专业指导性教学计划及教学大纲组织编写的。

本书内容包括水利水电土建工程常见工种施工工艺与建筑物施工技术两大部分。在编写过程中，我们努力体现高等职业技术教育教学特点，并结合我国水利水电工程施工的实际精选内容，以贯彻理论联系实际，注重实践能力的整体要求，突出针对性和实用性，便于学生学习。同时，我们还适当照顾了不同地区的特点和要求，力求反映国内外水利水电工程施工的先进经验和技术成就。

参加本书编写的有湖北水利水电职业技术学院钟汉华（绪论、第三章）、冷涛（第一章）、黄泽钧（第二章）、曲炳良（第六章）、孙荣鸿（第七章）、郑玲（第九章）、湖北省郧县农村饮水安全工程建设管理办公室易军（第四章）、水利部发展研究中心欧阳越（第五章）、湖北水总水利水电建设股份有限公司聂红峡（第八章）、李海成（第十章）、长江勘测规划设计研究院彭绍才（第十一章）。全书由钟汉华、冷涛担任主编，黄泽钧、欧阳越担任副主编，武汉大学佘成学、中水北方勘测设计研究有限责任公司王晓全主审。

本书大量引用了有关专业文献和资料，未在书中一一注明出处，在此对有关文献的作者表示感谢。由于编者水平有限，加之时间仓促，难免存在错误和不足之处，诚恳地希望读者批评指正。

编　者
2010 年 3 月

目　录

绪　　论

水利水电工程施工技术是一门理论与实践紧密结合的专业课。它是在总结国内外水利水电工程建设经验的基础上，从施工技术、施工机械等方面，研究水利水电建设基本规律的一门学科。

一、我国水利水电工程施工的成就与发展

我国是水利大国，与华夏文明一样，治水的历史源远流长，治水的成就灿烂辉煌。从举世闻名的都江堰，到气势磅礴的三峡工程；从大禹治水的"定九州"，到"98 大洪水"百万军民的"三个确保"（确保长江干堤安全，确保重要城市安全、确保人民生命安全），中华民族在与水的抗争中得到凝聚和发展。特殊的自然地理条件，决定了除水害、兴水利历来是我国治国安邦的大事。水利兴则天下定，仓廪实，百业兴。历代善治国者均以治水为重。几千年来，修建了都江堰工程、黄河大堤、南北大运河以及其他许多施工技术难度大的水利工程。在抗洪斗争中，创造了平堵与立堵相结合的堵口方法，取得了草土围堰等施工经验。这些伟大的水利工程和独特的施工技术，至今仍发挥着作用，有力地促进了我国水利水电建设的发展。

1949 年新中国成立后，我国水利建设事业取得了辉煌的成就。在水利建设中，江河干支流上加高加固和修建了大量的堤防，整治江河，提高了防洪能力。修建了官厅、佛子岭、大伙房、密云、岳城、潘家口、南山、观音阁、桃林口、江垭等大型水库，为防洪、蓄水服务。修建了三门峡、青铜峡、丹江口、满拉、乌鲁瓦提等防洪、蓄水、发电等综合利用的水利枢纽。这些工程中有各种形式的高坝，我国坝工技术有飞跃的发展。在灌溉工程方面，修建的人民胜利渠是黄河下游第一个引黄灌溉渠。还修建了淠史杭灌区、内蒙古引黄灌区、林县红旗渠、陕甘宁盐环定扬黄灌区、宁夏扬黄灌区等。在跨流域引水工程方面修建了东港供水、引滦入津、南水北调东线一期、引黄济青、万家寨引黄入晋工程等。我国取水、输水、灌溉技术达到了国际水平。

在防洪方面，修建和加高加固大江大河堤防 26 万 km，兴建水库 8.5 万座，总库容 4924 亿 m^3，初步控制了常遇洪水，保护了 4 亿多人口、470 座城市、5 亿亩耕地和大量交通道路、油田等基础设施。新中国成立后，战胜了历次大洪水和严重的干旱灾害，黄河年年安澜。1998 年大洪水，长江堤防保持安澜，松花江、嫩江主要城市和河段保证了安全。

在农田水利方面，灌溉面积发展到 8 亿亩，灌区生产的粮食占全国总产量的 75％，棉花和蔬菜产量占全国总产量的 90％，我国以占世界近 10％的耕地面积，解决了占世界 22％人口的粮食问题。

在供水水源方面，兴建了大量的蓄水、引水、扬水工程，抽用地下水，农业灌溉和城

市工业供水水源已经初具规模，乡镇供水发展迅速，水利工程年供水能力达 5800 亿 m^3。修建各种农村饮水工程 315 万处，解决了 2 亿多人和 1.3 亿头牲畜的饮水问题。

在水资源调配方面，兴建了一批流域控制性工程，以及跨流域调水工程，初步解决了区域水资源分布和城乡工农业用水的矛盾，缓解了国民经济和社会发展的用水需要。随着长江三峡水利枢纽工程和黄河小浪底水利枢纽工程的建成，极大缓解了用水需要。南水北调工程规模巨大，正在兴建中。

在水电建设中，修建了狮子滩、新安江、刘家峡、新丰江、六郎洞、葛洲坝、白山、东江、龙羊峡、李家峡、鲁布革、小浪底、水口、天生桥二级、天生桥一级、漫湾、五强溪、隔河岩、岩滩、万家寨、二滩、三峡等各种类型的大型水电站，还修建了数以万计的中小型水电站。目前水电站装机 17152 万 kW（截至 2008 年底），年发电量约为 5633 亿kW·h。大型水电站供应了工业和城市用电，支持灌溉用水。中小型水电站供应全国 1/3的县、45% 的国土面积和 70% 的贫困山区用电。我国装机容量位居世界前列，在水电技术上达到国际水平，能修建各种类型、条件复杂的大型水电站。

施工技术也不断提高。采用了定向爆破、光面爆破、预裂爆破、岩塞爆破、喷锚支护、预应力锚索、滑模和碾压混凝土及混凝土防渗面板等新技术、新工艺。

施工机械装备能力迅速增长，使用了斗轮式挖掘机、大吨位的自卸汽车、全自动化混凝土搅拌楼、塔带机、隧洞掘进机和盾构机等。水利工程施工学科的发展，为水利水电建设事业展示了一片广阔的前景。

在取得巨大成就的同时，应认识到我国施工水平与先进国家相比尚有较大差距。如新技术、新工艺的研究、推广、使用不够；施工机械还比较落后，配套不齐，利用率不充分，施工组织管理水平不高。这些和我国水电建设事业的发展是不相适应的，这就要求我们必须认真总结过去的经验和教训，努力学习和引进国外先进的技术和科学的管理方法，走出一条适合我国国情的水利水电工程建设新路。

二、水利水电工程施工技术的特点

（1）水利工程施工多在河流上进行，因而需要采取导截流、基坑排水、施工度汛、施工期通航及下游供水等措施，以保证工程施工的顺利进行。

（2）水利工程施工经常遇到复杂的地质条件，如渗漏、软弱地基、断层、破碎带及滑坡等，因而要进行相应的地基处理，以保证施工质量。

（3）水利工程多为露天施工，需要采取适合的冬季、夏季、雨季等不同季节的施工措施，保证施工质量和进度。

（4）水利工程一般都是挡水或过水建筑物，这些建筑物的安全往往关系到国计民生和下游千百万人民生命财产的安危，因此必须确保施工质量。

三、课程内容和方法

本课程将系统地阐述水利水电土建工程中各主要工种的施工工艺、主要水工建筑物的施工程序与方法等内容。通过学习，要求了解水利工程中施工常用的施工机械的主要组成部分、工作原理、主要性能及其选择；掌握主要工种的施工过程、施工方法、操作技术、质量控制检查、施工安全技术以及主要水工建筑物的施工特点、施工程序和施工技术要求、施工方法以及质量控制检查。

根据教材内容和课程实践性很强的特点，学习中应掌握基本概念、基本原理、基本方法，结合所学过的课程，循序渐进地进行。必须密切联系生产实际，配合生产实习、生产劳动、生产现场教学、电化教学、多媒体教学、课程作业、毕业设计等教学环节，运用所学的施工知识，才能有效地掌握本课程的内容。

第一章 爆 破 工 程

我国是黑火药的诞生地，也是世界上爆破工程发展最早的国家。火药的发明，为人类社会的发展起到了巨大的推动作用。工程爆破是随着火药而产生的一门新技术。随着社会发展和科技进步，爆破技术发展迅速并渐趋成熟，其应用领域也在不断扩大。爆破已广泛应用于矿山开采、建筑拆迁、道路建设、水利水电、材料加工以及植树造林等众多工程与生产领域。

在进行水利水电工程施工时，通常都要进行大量的土石方开挖，爆破则是最常用的施工方法之一。爆破是利用工业炸药爆炸时释放的能量，使炸药周围的一定范围内的土石破碎、抛掷或松动。因此，在施工中常用爆破的方式来开挖基坑和地下建筑物所需要的空间，如山体内设置的水电站厂房、水工隧洞等。也可以运用一些特殊的工程爆破技术来完成某些特定的施工任务，如定向爆破筑坝、水下岩塞爆破和边界控制爆破等。

第一节 爆 破 的 概 念 与 分 类

一、爆破的概念

爆破是炸药爆炸作用于周围介质的结果。埋在介质内的炸药引爆后，在极短的时间内，由固态转变为气态，体积增加数百倍至几千倍，伴随产生极大的压力和冲击力，同时还产生很高的温度，使周围介质受到各种不同程度的破坏，称为爆破。

二、爆破的常用术语

1. 爆破作用圈

当具有一定质量的球形药包在无限均质介质内部爆炸时，在爆炸作用下，距离药包中心不同区域的介质，由于受到的作用力有所不同，因而产生不同程度的破坏或振动现象。整个被影响的范围就叫做爆破作用圈。这种现象随着与药包中心间的距离增大而逐渐消失，按对介质作用不同可分为 4 个作用圈。

(1) 压缩圈。图 1-1 中 R_1 表示压缩圈半径，在这个作用圈范围内，介质直接承受了药包爆炸而产生的极其巨大的作用力，因而如果介质是可塑性的土壤，便会遭到压缩形成孔腔；如果是坚硬的脆性岩石便会被粉碎。所以把 R_1 这个球形地带叫做压缩圈或破碎圈。

(2) 抛掷圈。围绕在压缩圈范围以外至 R_2 的地带，其受到的爆破作用力虽较压缩圈范围内小，但介质原有的结构受到破坏，分裂成为各种尺寸和形状的碎块，而且爆破作用力尚有余力足以使这些碎块获得能量。如果这个地带的某一部分处在临空的自由面条件下，破坏了的介质碎块便会产生抛掷现象，因而叫做抛掷圈。

（3）松动圈。松动圈又称破坏圈。在抛掷圈以外至 R_3 的地带，爆破的作用力更弱，除了能使介质结构受到不同程度的破坏外，没有余力可以使破坏了的碎块产生抛掷运动，因而叫做破坏圈。工程上为了实用起见，一般还把这个地带被破碎成为独立碎块的一部分叫做松动圈，而把只是形成裂缝、互相间仍然连成整块的一部分叫做裂缝圈或破裂圈。

（4）震动圈。在破坏圈范围以外，微弱的爆破作用力甚至不能使介质产生破坏。这时介质只能在应力波的作用下，产生振动现象，这就是图 1-1 中 R_4 所包括的地带，通常叫做震动圈。震动圈以外爆破作用的能量就完全消失了。

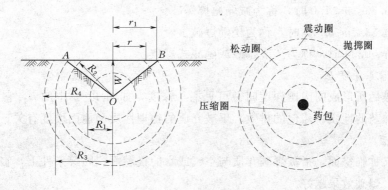

图 1-1 爆破作用圈示意图

2. 爆破漏斗

在有限介质中爆破，当药包埋设较浅，爆破后将形成以药包中心为顶点的倒圆锥形爆破坑，称之为爆破漏斗。爆破漏斗的形状多种多样，随着岩土性质、炸药品种性能和药包大小及药包埋置深度等不同而变化。

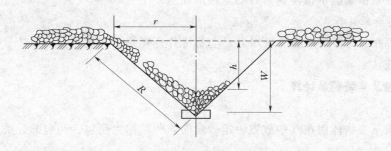

图 1-2 爆破漏斗

r—爆破漏斗半径；R—爆破作用半径；W—最小抵抗线；h—漏斗可见深度

3. 最小抵抗线

由药包中心至自由面的最短距离。如图 1-2 中的 W。

4. 爆破漏斗半径

爆破漏斗半径即在介质自由面上的爆破漏斗半径，如图 1-2 中的 r。

5. 爆破作用指数

爆破作用指数指爆破漏斗半径 r 与最小抵抗线 W 的比值。即：

$$n = \frac{r}{W} \tag{1-1}$$

爆破作用指数的大小可判断爆破作用性质及岩石抛掷的远近程度，也是计算药包量、决定漏斗大小和药包距离的重要参数。一般用 n 来区分不同爆破漏斗，划分不同爆破类型。

(1) 当 $n=1.0$ 时，称为标准抛掷爆破。

(2) 当 $n>1.0$ 时，称为加强抛掷爆破。

(3) 当 $0.75<n<1.0$ 时，称为减弱抛掷爆破。

(4) 当 $0.33<n\leqslant0.75$ 时，称为松动爆破。

(5) 当 $n\leqslant0.33$ 时，称为药壶爆破或隐藏式爆破。

6. 可见漏斗深度 h

经过爆破后所形成的沟槽深度叫做可见漏斗深度，如图 1-2 中的 h，它与爆破作用指数大小、炸药的性质、药包的排数、爆破介质的物理性质和地面坡度有关。

7. 自由面

自由面又称临空面，指被爆破介质与空气或水的接触面。同等条件下，临空面越多炸药用量越小，爆破效果越好。

8. 二次爆破

二次爆破指大块岩石的二次破碎爆破。

9. 破碎度

破碎度指爆破岩石的块度或块度分布。

10. 单位耗药量

单位耗药量指爆破单位体积岩石的炸药消耗量。

11. 炸药换算系数

炸药换算系数 e 指某炸药的爆炸力 F 与标准炸药爆炸力之比（目前以 2 号岩石铵梯炸药为标准炸药）。

三、药包及其装药量计算

1. 药包

为了爆破某一物体而在其中放置一定数量的炸药，称为药包。药包的分类及使用可见表 1-1。

表 1-1　　　　　　　　　　　　药 包 的 分 类 及 使 用

分类名称	药 包 形 状	作 用 效 果
集中药包	长边小于短边 4 倍	爆破效率高，省炸药和减少钻孔工作量，但破碎岩石块度不够均匀。多用于抛掷爆破
延长药包	长边超过短边 4 倍。延长药包又有连续药包和间隔药包两种形式	可均匀分布炸药，破碎岩石块度较均匀。一般用于松动爆破

2. 装药量计算

爆破工程中的炸药用量计算，是一个十分复杂的问题，影响因素较多。实践证明，炸药的用量是与被破碎的介质体积成正比的。而被破碎的单位体积介质的炸药用量，其最基本的影响因素又与介质的硬度有关。目前，由于还不能较精确的计算出各种复杂情况下的相应用药量，所以一般都是根据现场试验方法，大致得出爆破单位体积介质所需的用药量，然后再按照爆破漏斗体积计算出每个药包的装药量。

药包药量的基本计算公式是

$$Q = KV \tag{1-2}$$

式中　K——爆破单位体积岩石的耗药量，简称单位耗药量，kg/m^3；

　　　V——标准抛掷漏斗内的岩石体积，m^3。

需要注意的是，单位耗药量 K 值的确定，应考虑多方面的因素，经综合分析后定出。常见岩土的标准单位耗药量见表 1-2。

其中

$$V = \frac{\pi}{3} W^3$$

故标准抛掷爆破药包药量计算公式（1-2）可以写为

$$Q = KW^3 \tag{1-3}$$

对于加强抛掷爆破

$$Q = (0.4 + 0.6n^3)KW^3 \tag{1-4}$$

对于减弱抛掷爆破

$$Q = \left(\frac{4+3n}{7}\right)^3 KW^3 \tag{1-5}$$

对于松动爆破

$$Q = 0.33KW^3 \tag{1-6}$$

式中　Q——药包重量，kg；

　　　W——最小抵抗线，m；

　　　n——爆破作用指数。

表 1-2　　　　　　　　　　　　单 位 耗 药 量 K 值

岩石种类	K（kg/m^3）	岩石种类	K（kg/m^3）
黏土	1.0～1.1	砾岩	1.4～1.8
坚实黏土、黄土	1.1～1.25	片麻岩	1.4～1.8
泥灰岩	1.2～1.4	花岗岩	1.4～2.0
页岩、板岩、凝灰岩	1.2～1.5	石英砂岩	1.5～1.8
石灰岩	1.2～1.7	闪长岩	1.5～2.1
石英斑岩	1.3～1.4	辉长岩	1.6～1.9
砂岩	1.3～1.6	安山岩、玄武岩	1.6～2.1
流纹岩	1.4～1.6	辉绿岩	1.7～1.9
白云岩	1.4～1.7	石英岩	1.7～2.0

注　1. 表中数据是以 2 号岩石铵梯炸药作为标准计算，若采用其他炸药时，应乘以炸药换算系数 e，见表 1-3。

　　2. 表中数据，是在炮眼堵塞良好的情况下确定出来的，如果堵塞不良，则应乘以 1～2 的堵塞系数。对于黄色炸药等烈性炸药，其堵塞系数不宜大于 1.7。

　　3. 表中 K 值是指一个自由面的情况。如果自由面超过 1 个，应按表 1-4 适当减少用药量。

表 1-3 炸药换算系数 e 值表

炸药名称	型 号	换算系数 e	炸药名称	型 号	换算系数 e
岩石铵锑	1 号	0.91	煤矿铵锑	1 号	1.10
岩石铵锑	2 号	1.00	煤矿铵锑	2 号	1.28
岩石铵锑	2 号抗水	1.00	煤矿铵锑	3 号	1.33
露天铵锑	1 号	1.04	煤矿铵锑	1 号抗水	1.10
露天铵锑	2 号	1.28	锑恩锑	三硝基甲苯	0.86
露天铵锑	3 号	1.39	62%硝化甘油	—	0.75
露天铵锑	1 号抗水	1.04	黑火药	—	1.70

表 1-4 自由面与用药量的关系

自由面数	减少药量百分数（%）	自由面数	减少药量百分数（%）
2	20	4	40
3	30	5	50

注 表中自由面的数目是按方向（上、下、东、南、西、北）确定的，不是按被爆破体的几何形体确定的。

四、爆破的分类

爆破可按爆破规模、凿岩情况、要求等不同进行分类。

（1）按爆破规模分，爆破可分为小爆破、中爆破、大爆破。

（2）按凿岩情况分，爆破可分为浅孔爆破、深孔爆破、药壶爆破、洞室爆破、二次爆破。

（3）按爆破要求分，爆破可分为松动爆破、减弱抛掷爆破、标准抛掷爆破、加强抛掷爆破及定向爆破、光面爆破、预裂爆破、特殊物爆破（冻土、冰块等）。

第二节 爆 破 材 料

炸药与起爆材料均属爆破材料。炸药是破坏介质的能源，而起爆材料则使炸药能够安全、有效地释放能量。

一、炸药

（一）炸药的基本性能

1. 威力

炸药的威力用炸药的爆力和猛度来表征。

（1）爆力是指炸药在介质内爆炸做功的总能力。爆力的大小取决于炸药爆炸后产生的爆热、爆温及爆炸生成气体量的多少。爆热越大，爆温则越高，爆炸生成的气体量也就越多，形成的爆力也就越大。

（2）猛度是指炸药爆炸时对介质破坏的猛烈程度，是衡量炸药对介质局部破坏的能力指标。

爆力和猛度都是炸药爆炸后做功的表现形式，所不同的是爆力是反映炸药在爆炸后做功的总量，对药包周围介质破坏的范围。而猛度则是反映炸药在爆炸时，生成的高压气体对药包周围介质粉碎破坏的程度以及局部破坏的能力。一般爆力大的炸药其猛度也大，但两者并不成线性比例关系。对一定量的炸药，爆力越高，炸除的体积越多；猛度越大，爆后的岩块越小。

2. 爆速

爆速是指爆炸时爆炸波沿炸药内部传播的速度。爆速测定方法有导爆索法、电测法和高速摄影法。

3. 殉爆

炸药爆炸时引起与它不相接触的邻近炸药爆炸的现象叫殉爆。殉爆反应了炸药对冲击波的感度。主发药包的爆炸引爆被发药包爆炸的最大距离称为殉爆距离。

4. 感度

感度又称敏感度，是炸药在外能作用下起爆的难易程度，它不仅是衡量炸药稳定性的重要标志，而且还是确定炸药的生产工艺条件、炸药的使用方法和选择起爆器材的重要依据。不同的炸药在同一外能作用下起爆的难易程度是不同的，起爆某炸药所需的外能小，则该炸药的感度高；起爆某炸药所需的外能高，则该炸药的感度低。炸药的感度对于炸药的制造加工、运输、贮存、使用的安全十分重要。感度过高的炸药容易发生爆炸事故，而感度过低的炸药又给起爆带来困难。工业上大量使用的炸药一般对热能、撞击和摩擦作用的感度都较低，通常要靠起爆能来起爆。

5. 炸药的安定性

炸药的安定性指炸药在长期贮存中，保持原有物理化学性质的能力。

（1）物理安定性。物理安定性主要是指炸药的吸湿性、挥发性、可塑性、机械强度、结块、老化、冻结、收缩等一系列物理性质。物理安定性的大小，取决于炸药的物理性质。如在保管使用硝化甘油类炸药时，由于炸药易挥发收缩、渗油、老化和冻结等导致炸药变质，严重影响保管和使用的安全性及爆炸性能。铵油炸药和矿岩石硝铵炸药易吸湿、结块，导致炸药变质严重，影响使用效果。

（2）化学安定性。化学安定性取决于炸药的化学性质及常温下化学分解速度的大小，特别是取决于贮存温度的高低。有的炸药要求储存条件较高，如 5 号浆状炸药要求不会导致硝酸铵重结晶的库房温度是 20～30℃，而且要求通风良好。

炸药有效期取决于安定性。贮存环境温度、湿度及通风条件等对炸药实际有效期影响巨大。

6. 氧平衡

氧平衡是指炸药在爆炸分解时的氧化情况。根据炸药成分的配比不同，氧平衡具有以下 3 种情况。

（1）零氧平衡。炸药中的氧元素含量与可燃物完全氧化的需氧量相等，此时可燃物完全氧化，生成的热量大则爆能也大。零氧平衡是较为理想的氧平衡，炸药在爆炸反应后仅生成稳定的 CO_2、H_2O 和 N_2，并产生大量的热能。如单体炸药二硝化乙二醇的爆炸反应就是零氧平衡反应。

（2）正氧平衡。炸药中的氧元素含量过多，在完全氧化可燃物后还有剩余的氧元素，这些剩余的氧元素与氮元素进行二次氧化，生成 NO_2 等有毒气体。这种二次氧化是一种吸收爆热的过程,它将降低炸药的爆力。如纯硝酸铵炸药的爆炸反应属正氧平衡反应。

(3) 负氧平衡。炸药中氧元素含量不足,可燃物因缺氧而不能完全氧化而产生有毒气体 CO,也正是由于氧元素含量不足而出现多余的碳元素,爆炸生成物中的 CO 因缺少氧元素而不能充分氧化成 CO_2。如三硝基甲苯(锑恩锑)的爆炸反应属负氧平衡反应。

由以上 3 种情况可知,零氧平衡的炸药其爆炸效果最好,所以一般要求厂家生产的工业炸药力求零氧平衡或微量正氧平衡,避免负氧平衡。

(二) 工程炸药的种类、品种及性能

1. 炸药的分类

炸药按组成可分为化合炸药和混合炸药;按爆炸特性分类有起爆药、猛炸药和火药;按使用部门分类有工业炸药和军用炸药。在工程爆破中,用来直接爆破介质的炸药(猛炸药)几乎都是混合炸药,因为混合炸药可按工程的不同需要而配制。它们具有一定的威力,较敏感,一般需用 8 号雷管起爆。

2. 常用炸药

我国水利水电工程中,常用的炸药为铵锑炸药、铵油炸药和乳化炸药。

(1) 铵锑炸药。铵锑炸药是硝铵类炸药的一种,主要成分为硝酸铵和少量的锑恩锑(三硝基甲苯)及少量的木粉。硝酸铵是铵锑炸药的主要成分,其性能对炸药影响较大;锑恩锑是单质烈性炸药,具有较高的敏感度,加入少量的锑恩锑成分,能使铵锑炸药具有一定程度的威力和敏感度。铵锑炸药的摩擦、撞击感度较低,故较安全。

在工程爆破中,以 2 号岩石铵梯炸药为标准炸药,由硝酸铵 85%、锑恩锑 11%、木粉 4% 并加少量植物油混合而成,其爆力为 320ml,猛度为 12mm,用工业雷管可以顺利起爆。在使用其他种类的炸药时,其爆破装药用量可用 2 号岩石铵锑炸药的爆力和猛度进行换算。

(2) 铵油炸药。其主要成分是硝酸铵、柴油和木粉。由于不含锑恩锑而敏感度稍差,但材料来源广、价格低,使用安全,易加工配制。铵油炸药的爆破效果较好,在中硬岩石的开挖爆破和大爆破中常被采用。其贮存期仅为 7～15d,一般是在工地配药即用。

(3) 乳化炸药。乳化炸药以氧化剂(主要是硝酸铵)水溶液与油类经乳化而成的油包水型乳胶体作爆炸性基质,再加以敏化剂、稳定剂等添加剂而成为一种乳脂状炸药。

乳化炸药与铵锑炸药比较,其突出优点是抗水。两者成本接近,但乳化炸药猛度较高,临界直径较小,仅爆力略低。

二、起爆器材

起爆材料包括雷管、导火索和传爆线等。

炸药的爆炸是利用起爆器材提供的爆轰能并辅以一定的工艺方法来起爆的,这种起爆能量的大小将直接影响到炸药爆轰的传递效果。当起爆能量不足时,炸药的爆轰过程属不稳定的传爆,且传爆速度低,在传爆过程中因得不到足够的爆轰能的补充,爆轰波将迅速衰减到爆轰终止,部分炸药拒爆。因此,用于雷管和传爆线中的起爆药敏感度高,极易被较小的外能引爆;引爆炸药的爆炸反应快,可在被引爆后的瞬间达到稳定的爆速,为炸药爆炸提供理想爆轰的外能。

（一）雷管

雷管是用来起爆炸药或传爆线（导爆索）的。雷管按接受外能起爆的方式不同，分为火雷管和电雷管两种。

1. 火雷管

火雷管即普通雷管，由管壳、正副起爆药和加强帽3部分组成（图1-3）。管壳材料有铜、铝、纸、塑料等。上端开口，中段设加强帽，中有小孔，副起爆药压于管底，正起爆药压在上部。在管沟开口一端插入导火索，引爆后，火焰使正起爆药爆炸，最后引起副起爆药爆炸。

根据管内起爆药量的多少分1~10个号码，常用的为6号、8号。火雷管具有结构简单，生产效率高，使用方便、灵活，价格便宜，不受各种杂电、静电及感应电的干扰等优点。但由于导火索在传递火焰时，难以避免速燃、缓燃等致命弱点，在使用过程中爆破事故多，因此使用范围和使用量受到极大限制。

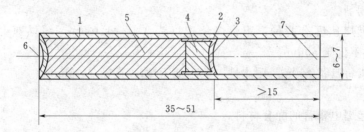

图1-3 火雷管构造（单位：mm）

1—管壳；2—加强帽；3—中心孔；4—正起爆药；

5—副起爆药；6—聚能穴；7—开口端

2. 电雷管

电雷管按起爆时间不同可分为3种。

（1）瞬发电雷管。通电后瞬即爆炸的电雷管，它实际上它是由火雷管和1个发火元件组成，其结构如图1-4所示。当接通电源后，电流通过桥丝发热，使引火药头发火，导致整个雷管爆轰。

（2）秒延发电雷管。通电后能延迟1s的时间才起爆的电雷管。秒延发电雷管和瞬发电雷管的区别，仅在于引火头与正起爆炸药之间安置了缓燃物质，如图1-5（a）所示。通常是用一小段精制的导火索作为延发物。

（3）毫秒电雷管。它的构造与秒延期电雷管的差异仅在于延期药不同，如图1-5

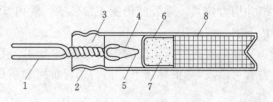

图1-4 瞬发电雷管示意图

1—脚线；2—管壳；3—密封塞；4—桥丝；5—引火头；

6—加强帽；7—正起爆炸药；8—副起爆炸药

（b）所示。毫秒电雷管的延期药是用极易燃的硅铁和铅丹混合而成，再加入适量的硫化锑以调整药剂的燃烧程度，使延发时间准确。它的段数很多，工程常用的多为20段系列的毫秒电雷管。

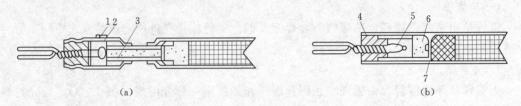

图 1-5 电雷管示意图

(a) 秒延发电雷管；(b) 毫秒电雷管

1—蜡纸；2—排气孔；3—精制导火索；4—塑料塞；5—延期雷管；6—延期药；7—加强帽

(二) 导火线

1. 导火索

导火索是用来起爆火雷管和黑火药的起爆材料。用于一般爆破工程，不宜用于有瓦斯或矿尘爆炸危险的作业面。它是用黑火药做芯药，用麻、棉纱和纸作包皮，外面涂有沥青、油脂等防潮剂。

导火索的燃烧速度有两种：正常燃烧速度为 $100\sim120s/m$，缓燃速度为 $180\sim210$ s/m。喷火强度不低于 50mm。

国产导火索每盘长 250m，耐水性一般不低于 2h，直径 $5\sim6mm$。

2. 导电线

导电线是起爆电雷管的配套材料。

3. 导爆索

导爆索又称传爆线，用强度大、爆速高的烈性黑索金作为药芯，以棉线、纸条为包缠物，并涂以防潮剂，表面涂以红色，索头涂以防潮剂，必须用雷管起爆。其品种有普通、抗水、高能和低能 4 种。普通导爆索有一定的抗水性能，可直接起爆常用的工业炸药。水利水电工程中多用此类导爆索。

4. 导爆管

导爆管是由透明塑料制成的一种非电起爆系统，并可用雷管、击发枪或导爆索起爆。管的外径为 3mm，内径为 1.5mm，管的内壁涂有一层薄薄的炸药，装药量为 (20 ± 2) mg/m，引爆后能以 (1950 ± 50) m/s 的稳定爆速传爆。传爆能力很强，即使将管打许多结并用力拉紧，爆轰波仍能正常传播；管内壁断药长度达 25cm 时，也能将爆轰波稳定地传下去。

导爆管的传爆速度为 1600~2000m/s。根据试验资料，若排列与绑扎可靠，一个 8 号雷管可激发 50 根导爆管。但为了保证可靠传爆，一般用两个雷管引爆 30~40 根导爆管。

第三节 起 爆 方 法

炸药的基本起爆方法有 4 种：火花起爆、电力起爆、导爆管起爆和导爆索起爆。不同的起爆方法，要求不同的起爆材料。为了达到最优的技术经济效果和爆破安全，对于一次爆破的群药包，通常采用一次赋能激发的起爆方式。这就要求用起爆材料将各个药包联结成一个可以统一赋能起爆的网络，即起爆网路。

一、火花起爆

火花起爆是用导火索和火雷管起爆炸药。它是一种最早使用的起爆方法。

将剪截好的导火索插入火雷管插索腔内，制成起爆雷管，再将其放入药卷内成为起爆药卷，而后将起爆药卷放入药包内。导火索一般可用点火线、点火棒或自制导火索段点火。导火索长度应保证点火人员安全，且不得短于 1.2m。

二、电力起爆法

电力起爆法就是利用电能引爆电雷管进而起爆炸药的起爆方法，它所需的起爆器材有电雷管、导线和起爆源等。本法可以同时起爆多个药包，可间隔延期起爆，安全可靠。但是操作较复杂；准备工作量大；需较多电线，需具备一定的检查仪表和电源设备。适用于大中型重要的爆破工程。

电力起爆网路主要由电源、电线、电雷管等组成。

1. 起爆电源

电力起爆的电源，可用普通照明电源或动力电源，最好是使用专线。当缺乏电源而爆破规模又较小和起爆的雷管数量不多时，也可用干电池或蓄电池组合使用。另外还可以使用电容式起爆电源，即发爆器起爆。国产的发爆器有 10 发、30 发、50 发和 100 发的几种型号，最大一次可起爆 100 个以内串联的电雷管，十分方便。但因其电流很小，故不能起爆并联雷管。常用的形式有 DF—100 型、FR81—25 型、FR81—50 型。

2. 导线

电爆网路中的导线一般采用绝缘良好的铜线和铝线。在大型电爆网络中的常用导线按其位置和作用划分为端线、连接线、区域线和主线。端线用来加长电雷管脚线，使之能引出孔口或洞室之外。端线通常采用断面 $0.2\sim0.4mm^2$ 的铜芯塑料皮软线。连接线是用来连接相邻炮孔或药室的导线，通常采用断面为 $1\sim4mm^2$ 的铜芯或铝芯线。主线是连接区域线与电源的导线，常用断面为 $16\sim150mm^2$ 的铜芯或铝芯线。

3. 电雷管的主要参数

电雷管主要参数有：最高安全电流、最低准爆电流、电雷管电阻。

（1）最高安全电流。给电雷管通以恒定的直流电，在较长时间（5min）内不致使受发电雷管引火头发火的最大电流，称为电雷管最高安全电流。按规定，国产电雷管通 50mA 的电流，持续 5min 不爆的为合格产品。

按安全规程规定，测量电雷管电爆网络的爆破仪表，其输出工作电流不得大于 30mA。

（2）最低准爆电流。给电雷管通一恒定的直流电，保证在 1min 内必定使任何一发电雷管都能起爆的最小电流，称为最低准爆电流。国产电雷管的准爆电流不大于 0.7A。

（3）电雷管电阻：电雷管电阻是指桥丝电阻与脚线电阻之和，又称电雷管安全电阻。电雷管在使用前应测定每个电雷管的电阻值（只准使用规定的专用仪表），在同一爆破网络中使用的电雷管应为同厂同型号产品。康铜桥丝雷管的电阻值差不得超过 0.3Ω；镍铬桥丝雷管的电阻值差不得超过 0.8Ω。电雷管的电阻值是进行电爆网络计算不可缺少的参数。

4. 电爆网络的连接方式

当有多个药包联合起爆时，电爆网络的连接可以采用串联、并联、串并联、并串联等方式（图1-6）。

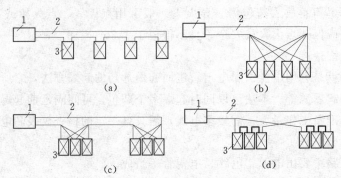

图 1-6 电爆网络连接法
(a) 串联；(b) 并联；(c) 并串联；(d) 串并联
1—电源；2—输电线；3—药包

（1）串联法。串联法是将电雷管的脚线一个接一个的连在一起，并将两端的两根脚线接至主线，并通向电源。该法线路简单，计算和检查线路较易，导线消耗较小，需准爆电流小，可用放炮器、干电池、蓄电池作起爆电源。但整个起爆电路可靠性差，如一个雷管发生故障或敏感度有差别时，易发生拒爆现象。适用于爆破数量不多、炮孔分散、电源电流不大的小规模爆破。

（2）并联法。并连法是将所有电雷管的两根脚线分别接在两根主线上，或将所有雷管的其中一根脚线集合在一起，然后接在一根主线上，把另一根脚线也集合在一起，接在另一根主线上。其特点是：各个雷管的电流互不干扰，不易发生拒爆现象，当一个电雷管有故障时，不影响整个网络起爆。但导线电流消耗大、需较大截面主线；连接较复杂，检查不便；若分支电阻相差较大时，可能产生不同时爆炸或拒爆，故在工程爆破中很少采用单纯的并联网路。

（3）混合联。工程实践中多采用混合连接网路，它可通过对并/串支组数的调整，获取既满足准爆条件又不超过电源容量的网路。混合联网路的基本形式有并串联和串并联。

三、导爆索起爆法

用导爆索爆炸产生的能量直接引爆药包的起爆方法。这种起爆方法所用的起爆器材有雷管、导爆索、继爆管等。

导爆索起爆法的优点是导爆速度高，可同时起爆多个药包，准爆性好；连接形式简单，无复杂的操作技术；在药包中不需要放雷管，故装药、堵塞时都比较安全。缺点是成本高，不能用仪表来检查爆破线路的好坏。适用于瞬时起爆多个药包的炮孔、深孔或洞室爆破。

导爆索起爆网络的连接方式有并簇联和分段并联两种。

（1）并簇联：并簇联是将所有炮孔中引出的支导爆索的末端捆扎成一束或几束，然后再与一根主导爆索相连接（图1-7）。这种方法同爆性好，但导爆索的消耗量较大，一般用于炮孔数不多又较集中的爆破中。

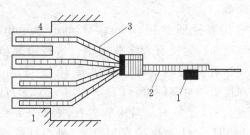

图1-7 导爆索起爆并簇联

1—雷管；2—主线；

3—支线；4—药室

（2）分段并联法：是在炮孔或药室外敷设一条主导爆索，将各炮孔或药室中引出的支导爆索分别依次与主导爆索相连（图1-8）。分段并联法网络，导爆索消耗量小，适应性强，在网络的适当位置装上继爆管，可以实现毫秒微差爆破。

四、导爆管起爆法

导爆管起爆法是利用塑料导爆管来传递冲击波引爆雷管，然后使药包爆炸的一种新式起爆方法。导爆管起爆法与电力起爆法的共同点是可以对群药包一次赋能起爆，并能基本满足准爆、齐爆的要求。两者不同点在于导爆管网路不受外电场干扰，比电爆网路安全；导爆管网路无法进行准爆性检测，这一点是不及电力网路可靠的。它适用于露天、井下、深水、杂散电流大和一次起爆多个药包的微差爆破作业中进行瞬发或秒延期爆破。

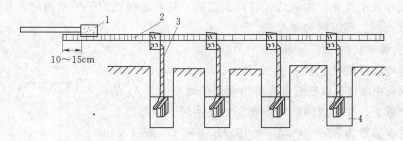

图1-8 导爆索起爆分段并联

1—雷管；2—主线；3—支线；4—药室

第四节 爆 破 施 工

一、爆破的基本方法

1. 裸露爆破法

裸露爆破法又称表面爆破法，系将药包直接放置于岩石的表面进行爆破。

药包放在块石或孤石的中部凹槽或裂隙部位，体积大于$1m^3$的块石，药包可分数处放置，或在块石上打浅孔或浅穴破碎。为提高爆破效果，表面药包底部可做成集中爆力穴，药包上护以草皮或是泥土沙子，其厚度应大于药包高度或以粉状炸药敷30cm厚。用电雷管或导爆索起爆。

不需钻孔设备，操作简单迅速，但炸药消耗量大（比炮孔法多3~5倍），破碎岩石飞散较远。

适于地面上大块岩石、大孤石的二次破碎及树根、水下岩石与改建工程的爆破。

2. 浅孔爆破法

浅孔爆破法系在岩石上钻直径25~50mm、深0.5~5m的圆柱形炮孔，装延长药包

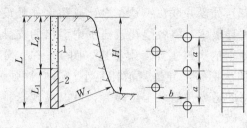

图 1-9 浅孔法阶梯开挖布置

1—堵塞物；2—药包

L_1—装药深度；L_2—堵塞深度；L—炮孔深度

进行爆破。

炮孔直径通常用 35mm、42mm、45mm、50mm 几种。为使有较多临空面，常按阶梯型爆破使炮孔方向尽量与临空面成 30°～45°角。炮孔深度 L：对坚硬岩石，$L=(1.1\sim1.5)H$；对中硬岩石，$L=H$；对松软岩石，$L=(0.85\sim0.95)H$，（H 为爆破层厚度）。最小抵抗线 $W=(0.6\sim0.8)H$；炮孔间距 $a=(1.4\sim2.0)W$（火雷管起爆时），或 $a=(0.8\sim2.0)W$（电力起爆时）。如图 1-9 所示。炮孔布置一般为交错梅花形，依次逐排起爆，炮孔排距 $b=(0.8\sim1.2)W$；同时起爆多个炮孔应采用电力起爆或导爆索起爆。

浅孔爆破法不需复杂钻孔设备；施工操作简单，容易掌握；炸药消耗量少，飞石距离较近，岩石破碎均匀，便于控制开挖面的形状和尺寸，可在各种复杂条件下施工，在爆破作业中被广泛采用。但爆破量较小，效率低，钻孔工作量大。适于各种地形和施工现场比较狭窄的工作面上作业，如基坑、管沟、渠道、隧洞爆破或用于平整边坡、开采岩石、松动冻土以及改建工程拆除控制爆破。

3. 深孔爆破法

深孔爆破法系将药包放在直径 75～270mm、深 5～30m 的圆柱形深孔中爆破。爆破前宜先将地面爆成倾角大于 55°的阶梯形，作垂直、水平或倾斜的炮孔。钻孔用轻、中型露天潜孔钻。爆破参数为：$h=(0.1\sim0.15)H$，$a=(0.8\sim1.2)W$，$b=(0.7\sim1.0)W$。

装药采用分段或连续。爆破时，边排先起爆，后排依次起爆。如图 1-10 所示。

深孔爆破法单位岩石体积的钻孔量少，耗药量少，生产效率高。一次爆落石方量多，操作机械化，可减轻劳动强度。适用于料场、深基坑的松爆，场地整平以及高阶梯中型爆破各种岩石。

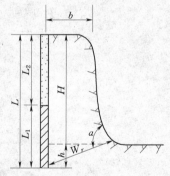

图 1-10 深孔爆破法

4. 药壶爆破法

药壶爆破法又称葫芦炮、坛子炮，系在炮孔底先放入少量的炸药，经过一次至数次爆破，扩大成近似圆球形的药壶（图 1-11），然后装入一定数量的炸药进行爆破。

爆破前，地形宜先造成较多的临空面，最好是立崖和台阶。

一般取 $W=(0.5\sim0.8)H$，$a=(0.8\sim1.2)W$，$b=(0.8\sim2.0)W$，堵塞长度为炮孔深的 0.5～0.9 倍。

每次爆扩药壶后，须间隔 20～30min。扩大药壶用小木柄铁勺掏渣或用风管通入压缩空气吹出。当土质为黏土时，可以压缩，不需出渣。药壶法一般宜与炮孔法配合使用，以提高爆破效果。

药壶爆破法一般宜用电力起爆，并应敷设两套爆破路线；如用火花起爆，当药壶深在 3～6m，应设两个火雷管同时点爆。药壶爆破法可减少钻孔工作量，可多装药，炮孔较深

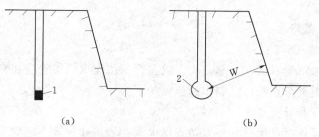

图 1-11　药壶爆破法
（a）装少量炸药的炸药壶；（b）构成的药壶
1—药包；2—药壶

时，将延长药包变为集中药包，大大提高爆破效果。但扩大药壶时间较长，操作较复杂，破碎的岩石块度不够均匀，对坚硬岩石扩大药壶较困难，不能使用。适用于露天爆破阶梯高度 3～8m 的软岩石和中等坚硬岩层；坚硬或节理发育的岩层不宜采用。

5. 洞室爆破法

洞室爆破又称大爆破，其炸药装入专门开挖的洞室内，洞室与地表则以导洞相连。一个洞室爆破往往有数个、数十个药包，装药总量可高达数百、数千乃至逾万吨。

在水利水电工程施工中，坝基开挖不宜采用洞室爆破。洞室爆破主要用于定向爆破筑坝，当条件合适时也可用于料场开挖和定向爆破堆石截流。

二、爆破施工

水利工程施工中一般多采用炮眼法爆破。其施工程序大体为：炮孔位置选择、钻孔、制作起爆药包、装药与堵塞、起爆等。

（一）炮孔位置选择

选择炮孔位置时应注意以下几点。

（1）炮孔方向尽量不要与最小抵抗线方向重合，以免产生冲天炮。

（2）充分利用地形或利用其他方法增加爆破的临空面，提高爆破效果。

（3）炮孔应尽量垂直于岩石的层面、节理与裂隙，且不要穿过较宽的裂缝以免漏气。

（二）钻孔

1. 人工打眼

人工打眼仅适用于钻设浅孔。人工打眼有单人打眼、双人打眼等方法。打眼的工具有钢杆、铁锤和掏勺等。

2. 风钻打眼

风钻是风动冲击式凿岩机的简称，在水利工程中使用最多。风钻按其应用条件及架持方法，可分为手持式、柱架式和伸缩式等。风钻用空心钻钎送入压缩空气将孔底凿碎的岩粉吹出，叫做干钻；用压力水将岩粉冲出叫做湿钻。国家规定地下作业必须使用湿钻以减少粉尘，保护工人身体健康。

3. 潜孔钻

潜孔钻是一种回转冲击式钻孔设备，其工作机构（冲击器）直接潜入炮孔内进行凿岩，故名潜孔钻。潜孔钻是先进的钻孔设备，它的工效高，构造简单，在大型水利工程中被广泛采用。

（三）制作起爆药包

1. 火线雷管的制作

将导火索和火雷管联结在一起，叫火线雷管。制作火线雷管应在专用房间内，禁止在炸药库、住宅、爆破工点进行。制作的步骤如下。

（1）检查雷管和导火索。

（2）按照需要长度，用锋利小刀切齐导火索，最短导火索不应少于 60cm。

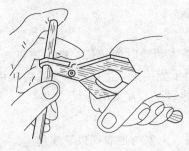

（3）把导火索插入雷管，直到接触火帽为止。不要猛插和转动。

（4）用铰钳夹夹紧雷管口（距管口 5mm 以内）。如图 1-12 所示。固定时，应使该钳夹的侧面与雷管口相平。如无铰钳夹，可用胶布包裹；严禁用嘴咬。

（5）在接合部包上胶布防潮。当火线雷管不马上使用时，导火索点火的一端也应包上胶布。

2. 电雷管检查

图 1-12 火线雷管制作

对于电雷管应先作外观检查，把有擦痕、生锈、铜绿、裂隙或其他损坏的雷管剔除，再用爆破电桥或小型欧姆计进行电阻及稳定性检查。为了保证安全，测定电雷管的仪表输出电流不得超过 50mA。如发现有不导电的情况，应作为不良的电雷管处理。然后把电阻相同或电阻差不超过 0.25Ω 的电雷管放置在一起，以备装药时串联在一条起爆网路上。

3. 制作起爆药包

起爆药包只许在爆破工点于装药前制作该次所需的数量。不得先作成成品备用。制作好的起爆药包应小心妥善保管，不得震动，亦不得抽出雷管。

制作时分如下几个步骤（图 1-13）。

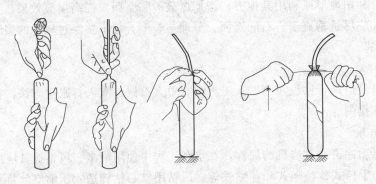

图 1-13 起爆药包制作

（1）解开药筒一端。

（2）用木棍（直径 5mm，长 10～12cm）轻轻地插入药筒中央然后抽出，并将雷管插入孔内。

（3）雷管插入深度：易燃的硝化甘油炸药将雷管全部插入即可；其他不易燃炸药，雷管应埋在接近药筒的中部。

（4）收拢包皮纸用绳子扎起来，如用于潮湿处则加以防潮处置，防潮时防水剂的温度不超过60℃。

（四）装药、堵塞及起爆

1. 装药

在装药前首先了解炮孔的深度、间距、排距等，由此决定装药量。根据孔中是否有水决定药包的种类或炸药的种类。同时还要清除炮孔内的岩粉和水分。在干孔内可装散药或药卷。在装药前，先用硬纸或铁皮在炮孔底部架空，形成聚能药包。炸药要分层用木棍压实，雷管的聚能穴指向孔底，雷管装在炸药全长的中部偏上处。在有水炮孔中装吸湿炸药时，注意不要将防水包装捣破，以免炸药受潮而拒爆。当孔深较大时，药包要用绳子吊下，不允许直接向孔内抛投，以免发生爆炸危险。

2. 堵塞

装药后即进行堵塞。对堵塞材料的要求是：与炮孔壁摩擦作用大，材料本身能结成一个整体，充填时易于密实，不漏气。可用1：2的黏土粗砂堵塞，堵塞物要分层用木棍压实。在堵塞过程中，要注意不要将导火线折断或破坏导线的绝缘层。

上述工序完成后即可进行起爆。

第五节 控 制 爆 破

控制爆破是为达到一定预期目的的爆破。如：定向爆破、预裂爆破、光面爆破、岩塞爆破、微差控制爆破、拆除爆破、静态爆破、燃烧剂爆破等。下面仅介绍水利工程常用的几种。

一、定向爆破

定向爆破是一种加强抛掷爆破技术，它利用炸药爆炸能量的作用，在一定的条件下，可将一定数量的土岩经破碎后，按预定的方向，抛掷到预定地点，形成具有一定质量和形状的建筑物或开挖成一定断面的渠道的目的。

在水利水电建设中，可以用定向爆破技术修筑土石坝、围堰、截流戗堤以及开挖渠道、溢洪道等。在一定条件下，采用定向爆破方法修建上述建筑物，较之用常规方法可缩短施工工期、节约劳力和资金。

定向爆破主要是使抛掷爆破最小抵抗线方向符合预定的抛掷方向，并且在最小抵抗线方向事先造成定向坑，利用空穴聚能效应，集中抛掷，这是保证定向的主要手段。造成定向坑的方法，在大多数情况下，都是利用辅助药包，让它在主药包起爆前先爆，形成一个起走向坑作用的爆破漏斗。如果地形有天然的凹面可以利用，也可不用辅助药包。

图1-14（a）是用定向爆破堆筑堆石坝。药包设在坝顶高程以上的岸坡上。根据地形情况，可从一岸爆破或两岸爆破。图1-14（b）为定向爆破开挖渠道。在渠底埋设边行药包和主药包。边行药包先起爆，主药包的最小抵抗线就指向两边，在两边岩石尚未下落时，起爆主药包，中间岩体就连同原两边爆起的岩石一起抛向两岸。

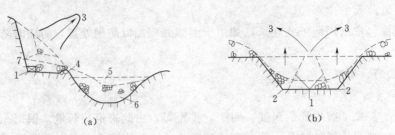

图 1-14 定向爆破筑坝挖渠示意图

(a) 筑坝；(b) 挖渠

1—主药包；2—边行药包；3—抛掷方向；4—堆积体；5—筑坝；6—河床；7—辅助药包

二、预裂爆破

进行石方开挖时，在主爆区爆破之前沿设计轮廓线先爆出一条具有一定宽度的贯穿裂缝，以缓冲、反射开挖爆破的振动波，控制其对保留岩体的破坏影响，使之获得较平整的开挖轮廓，此种爆破技术为预裂爆破。在水利水电工程施工中，预裂爆破不仅在垂直、倾斜开挖壁面上得到广泛应用，在规则的曲面、扭曲面以及水平建基面等也采用预裂爆破。

预裂爆破的要求有以下几项。

(1) 预裂缝要贯通且在地表有一定开裂宽度。对于中等坚硬岩石，缝宽不宜小于 1.0cm；坚硬岩石缝宽应达到 0.5cm 左右；但在松软岩石上缝宽达到 1.0cm 以上时，减振作用并未显著提高，应多做些现场试验，以利总结经验。如图 1-15 所示。

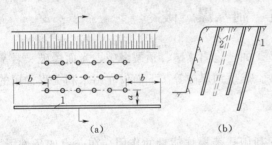

图 1-15 预裂爆破布置图

(a) 平面图；(b) 剖面图

1—预裂缝；2—爆破孔

(2) 预裂面开挖后的不平整度不宜大于 15cm。预裂面不平整度通常是指预裂孔所形成之预裂面的凹凸程度，它是衡量钻孔和爆破参数合理性的重要指标，可依此验证、调整设计数据。

(3) 预裂面上的炮孔痕迹保留率应不低于 80%，且炮孔附近岩石不出现严重的爆破裂隙。

预裂爆破主要技术措施如下。

(1) 炮孔直径一般为 50~200mm，对深孔宜采用较大的孔径。

(2) 炮孔间距宜为孔径的 8~12 倍，坚硬岩石取小值。

(3) 不耦合系数（炮孔直径 d 与药卷直径 d_0 的比值）建议取 2~4，坚硬岩石取小值。

(4) 线装药密度一般取 250~400g/m。

(5) 药包结构形式，目前较多的是将药卷分散绑扎在传爆线上（图 1-16）。分散药卷的相邻间距不宜大于 50cm 和不大于药卷的殉爆距离。考虑到孔底的夹制作用较大，底部药包应加强，约为线装药密度的 2~5 倍。

(6) 装药时距孔口 1m 左右的深度内不要装药，可用粗砂填塞，不必捣实。填塞段过短，容易形成漏斗，过长则不能出现裂缝。

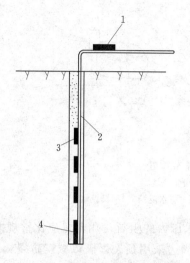

图 1-16　预裂爆破装药结构图

1—雷管；2—导爆索；3—药包；4—底部加强药包

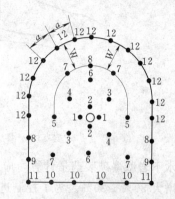

图 1-17　光面爆破洞挖布孔图

1～12—炮孔孔段编号

三、光面爆破

光面爆破也是控制开挖轮廓的爆破方法之一，如图 1-17 所示。它与预裂爆破的不同之处在于光面爆孔的爆破是在开挖主爆孔的药包爆破之后进行。它可以使爆裂面光滑平顺，超欠挖均很少，能近似形成设计轮廓要求的爆破。光面爆破一般多用于地下工程的开挖，露天开挖工程中用得比较少，只是在一些有特殊要求或者条件有利的地方使用。

光面爆破的要领是孔径小、孔距密、装药少、同时爆。

光面爆破主要参数的确定：炮孔直径宜在 50mm 以下；最小抵抗线 W 通常采用 $1\sim3$m，或用 $W=(7\sim20)D$ 计算；炮孔间距 $a=(0.6\sim0.8)W$ ；单孔装药量用线装药密度 Q_x 表示，即：

$$Q_x = k_a W$$

式中　D——炮孔直径；

　　　k——单位耗药量。

四、岩塞爆破

岩塞爆破系一种水下控制爆破。在已建成水库或天然湖泊内取水发电、灌溉、供水或泄洪时，为修建隧洞的取水工程，避免在深水中建造围堰，采用岩塞爆破是一种经济而有效的方法。它的施工特点是先从引水隧洞出口开挖，直到掌子面到达库底或湖底邻近，然后预留一定厚度的岩塞，待隧洞和进口控制闸门井全部建完后，一次将岩塞炸除，使隧洞和水库连通。岩塞布置如图 1-18 所示。

岩塞的布置应根据隧洞的使用要求、地形、地质因素来确定。岩塞宜选择在覆盖层薄、岩石坚硬完整且层面与进口中线交角大的部位，特别应避开节理、裂隙、构造发育的部位。岩塞的开口尺寸应满足进水流量的要求。岩塞厚度应为开口直径的 $1\sim1.5$ 倍。太厚难于一次爆通，太薄则不安全。

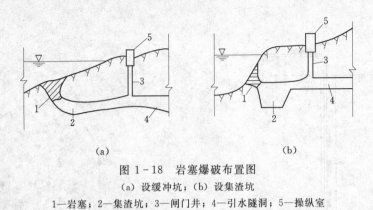

图 1-18 岩塞爆破布置图

(a) 设缓冲坑；(b) 设集渣坑

1—岩塞；2—集渣坑；3—闸门井；4—引水隧洞；5—操纵室

水下岩塞爆破装药量计算，应考虑岩塞上静水压力的阻抗，用药量应比常规抛掷爆破药量增大 20%～30%。为了控制进口形状，岩塞周边采用预裂爆破以减震防裂。

五、微差控制爆破

微差控制爆破是一种应用特制的毫秒延期雷管，以毫秒级时差顺序起爆各个（组）药包的爆破技术。其原理是把普通齐发爆破的总炸药能量分割为多数较小的能量，采取合理的装药结构，最佳的微差间隔时间和起爆顺序，为每个药包创造多面临空条件，将齐发大量药包产生的地震波变成一长串小幅值的地震波，同时各药包产生的地震波相互干涉，从而降低地震效应，把爆破震动控制在给定水平之下爆破布孔和起爆顺序有成排顺序式、排内间隔式（又称 V 形式）、对角式、波浪式、径向式等（图 1-19），或由它组合变换成的其他形式，其中以对角式效果最好，成排顺序式最差。采用对角式时，应使实际孔距与抵

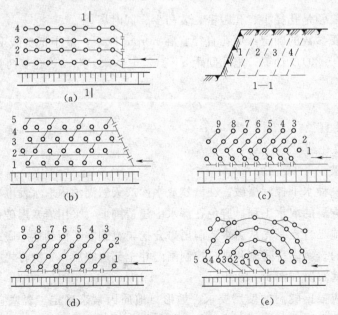

图 1-19 微差控制爆破起爆形式及顺序

(a) 成排顺序（排间微差）；(b) 排内间隔式（V 形式）；

(c) 波浪式；(d) 对角式；(e) 径向式

抗线比大于 2.5 以上，对软石可为 6~8；相同段爆破孔数根据现场情况和一次起爆的允许炸药量而定装药结构一般采用空气间隔装药或孔底留空气柱的方式，所留空气间隔的长度通常为药柱长度的 20％~35％左右。间隔装药可用导爆索或电雷管齐发或孔内微差引爆，后者能更有效降震，爆破采用毫秒延迟雷管。最佳微差间隔时间一般取 $(3~6)W$（W 为最小抵抗线，单位为 m），刚性大的岩石取下限。

一般相邻两炮孔爆破时间间隔宜控制在 20~30ms，不宜过大或过小；爆破网路宜采取可靠的导爆索与继爆管相结合的爆破网路，每孔至少一根导爆索，确保安全起爆；非电爆管网路要设复线，孔内线脚要设有保护措施，避免装填时把线脚拉断；导爆索网路联结要注意搭接长度、拐弯角度、接头方向，并捆扎牢固，不得松动。

微差控制爆破能有效地控制爆破冲击波、震动、噪音和飞石；操作简单、安全、迅速；可近火爆破而不造成伤害；破碎程度好，可提高爆破效率和技术经济效益。但该网路设计较为复杂；需特殊的毫秒延期雷管及导爆材料。微差控制爆破适用于开挖岩石地基、挖掘沟渠、拆除建筑物和基础，以及用于工程量与爆破面积较大，对截面形状、规格、减震、飞石、边坡后面有严格要求的控制爆破工程。

第六节　爆破施工安全知识

爆破工作的安全极为重要，从爆破材料的运输、储存、加工，到施工中的装填、起爆和销毁均应严格遵守各项爆破安全技术规程。

一、爆破、起爆材料的储存与保管

（1）爆破材料应储存在干燥、通风良好、相对湿度不大于 65％的仓库内，库内温度应保持在 18~30℃；周围 5m 内的范围，须清除一切树木和草皮。库房应有避雷装置，接地电阻不大于 10Ω。库内应有消防设施。

（2）爆破材料仓库与民房、工厂、铁路、公路等应有一定的安全距离。炸药与雷管（导爆索）须分开贮存，两库房的安全距离不应小于有关规定。同一库房内不同性质、批号的炸药应分开存放。严防虫鼠等啃咬。

（3）炸药与雷管成箱（盒）堆放要平稳、整齐。成箱炸药宜放在木板上，堆摆高度不得超过 1.7m，宽不超过 2m，堆与堆之间应留有不小于 1.3m 的通道，药堆与墙壁间的距离不应小于 0.3m。

（4）严格控制施工现场临时仓库内爆破材料贮存数量，炸药不得超过 3t，雷管不得超过 10000 个和相应数量的导火索。雷管应放在专用的木箱内，离炸药不少于 2m 的距离。

二、装卸、运输与管理

（1）爆破材料的装卸均应轻拿轻放，不得受到摩擦、震动、撞击、抛掷或转倒。堆放时要摆放平稳，不得散装、改装或倒放。

（2）爆破材料应使用专车运输，炸药与起爆材料、硝铵炸药与黑火药均不得在同一车辆、车厢装运。用汽车运输时，装载不得超过允许载重量的 2/3，行驶速度不应超过 20km/h。

三、爆破操作安全要求

（1）装填炸药应按照设计规定的炸药品种、数量、位置进行。装药要分次装入，用竹棍轻轻压实，不得用铁棒或用力压入炮孔内，不得用铁棒在药包上钻孔安设雷管或导爆索，必须用木或竹棒进行。当孔深较大时，药包要用绳子吊下，或用木制炮棍护送，不允许直接往孔内丢药包。

（2）起爆药卷（雷管）应设置在装药全长的 1/3～1/2 位置上（从炮孔口算起），雷管应置于装药中心，聚能穴应指向孔底，导爆索只许用锋利刀一次切割好。

（3）遇有暴风雨或闪电打雷时，应禁止装药、安设电雷管和联结电线等操作。

（4）在潮湿条件下进行爆破，药包及导火索表面应涂防潮剂加以保护，以防受潮失效。

（5）爆破孔洞的堵塞应保证要求的堵塞长度，充填密实不漏气。填充直孔可用干细砂土、砂子、黏土或水泥等惰性材料。最好用 1：3～1：2（黏土：粗砂）的土砂混合物，含水量在 20%，分层轻轻压实，不得用力挤压。水平炮孔和斜孔宜用 2：1 土砂混合物，作成直径比炮孔小 5～8mm，长 100～150mm 的圆柱形炮泥棒填塞密实。填塞长度应大于最小抵抗线长度的 10%～15%，在堵塞时应注意勿捣坏导火索和雷管的线脚。

（6）导火索长度应根据爆破员在完成全部炮眼和进入安全地点所需的时间来确定，其最短长度不得少于 1m。

四、爆破安全距离

爆破时，应划出警戒范围，立好标志，现场人员应退到安全区域，并有专人警戒，以防爆破飞石、爆破地震、冲击波以及爆破毒气对人身造成伤害。

爆破飞石、空气冲击波、爆破毒气对人身以及爆破震动对建筑物影响的安全距离计算方法如下。

1. 爆破地震安全距离

目前国内外爆破工程多以建筑物所在地表的最大质点振动速度作为判别爆破震动对建筑物的破坏标准。通常采用的经验公式为

$$v = K\left(\frac{Q^{1/3}}{R}\right)^{\alpha}$$

式中　v——爆破地震对建筑物（或构筑物）及地基产生的质点垂直振动速度，cm/s；

$\quad\ K$——与岩土性质、地形和爆破条件有关的系数，在土中爆破时 $K=150～200$，在岩石中爆破时 $K=100～150$；

$\quad\ Q$——同时起爆的总装药量，kg；

$\quad\ R$——药包中心到某一建筑物的距离，m；

$\quad\ \alpha$——爆破地震随距离衰减系数，可按 1.5～2.0 考虑。

观测成果表明：当 $v=10～12$cm/s 时，一般砖木结构的建筑物便可能破坏。

2. 爆破空气冲击波安全距离

$$R_k = K_k \sqrt{Q}$$

式中　R_k——爆破冲击波的危害半径，m；

$\quad\ K_k$——系数，对于人 $K_k=5～10$，对建筑物要求安全无损时，裸露药包 $K_k=50～$

150，埋入药包 $K_k = 10 \sim 50$；

　　Q——同时起爆的最大的一次总装药量，kg。

3. 个别飞石安全距离（R_f）

$$R_f = 20n^2W$$

式中　n——最大药包的爆破作用指数；

　　W——最小抵抗线，m。

实际采用的飞石安全距离不得小于下列数值：裸露药包 300m，浅孔或深孔爆破 200m，洞室爆破 400m。对于顺风向的安全距离应增大一倍。

4. 爆破毒气的危害范围

在工程实践中，常采用下述经验公式来估算有毒气体扩散安全距离（R_g）。

$$R_g = K_g \sqrt[3]{Q}$$

式中　R_g——有毒气体扩散安全距离，m；

　　K_g——系数，根据有关资料，K_g 的平均值为 160；

　　Q——爆破总装药量，kg。

五、爆破防护覆盖方法

（1）基础或地面以上构筑物爆破时，可在爆破部位上铺盖湿草垫或草袋（内装少量砂土）作头道防线，再在其上铺放胶管帘或胶垫，外面再以帆布棚覆盖，用绳索拉住捆紧，以阻挡爆破碎块，降低声响。

（2）对离建筑物较近或在附近有重要设备的地下设备基础爆破，应采用橡胶防护垫（用废汽车轮胎编织成排），环索联结在一起的粗圆木、铁丝网、脚手板等护盖其上防护。

（3）对一般破碎爆破，防飞石可用韧性好的铁丝爆破防护网、布垫、帆布、胶垫、旧布垫、荆笆、草垫、草袋或竹帘等作防护覆盖。

（4）对平面结构，如钢筋混凝土板或墙面的爆破，可在板（或墙面）上架设可拆卸的钢管架子（或作活动式），上盖铁丝网，再铺上内装少量砂土的草包形成一个防护罩防护。

（5）爆破时为保护周围建筑物及设备不被打坏，可在其周围用厚 5cm 的木板加以掩护，并用铁丝捆牢，距炮孔距离不得小于 50cm。如爆破体靠近钢结构或需保留部分，必须用砂袋加以保护，其厚度不小于 50cm。

六、瞎炮的处理方法

通过引爆而未能爆炸的药包叫瞎炮。处理之前，必须查明拒爆原因，然后根据具体情况慎重处理。

（1）重爆法：瞎炮系由于炮孔外的电线电阻、导火索或电爆网（线）路不合要求而造成的，经检查可燃性和导电性能完好，纠正后，可以重新接线起爆。

（2）诱爆法：当炮孔不深（在 50cm 以内）时，可用裸露爆破法炸毁；当炮孔较深时，距炮孔近旁 60cm 处（用人工打孔 30cm 以上），钻（打）一与原炮孔平行的新炮孔，再重新装药起爆，将原瞎炮销毁。钻平行炮孔时，应将瞎炮的堵塞物掏出，插入一木棍，作为钻孔的导向标志。

（3）掏炮法：可用木制或竹制工具，小心地将炮孔上部的堵塞物掏出；如系硝铵类炸药，可用低压水浸泡并冲洗出整个药包，或以压缩空气和水混合物把炸药冲出来，将拒爆的雷管销毁，或将上部炸药掏出部分后，再重新装入起爆药包起爆。

在处理瞎炮时，严禁把带有雷管的药包从炮孔内拉出来，或者拉动电雷管上的导火索或雷管脚线，把电雷管从药包内拔出来，或掏动药包内的雷管。

复 习 思 考 题

1-1 什么叫爆破？

1-2 什么叫爆破作用圈？

1-3 爆破作用圈按对介质作用不同可分为几个作用圈？每个作用圈的含义是什么？

1-4 什么叫爆破漏斗？

1-5 什么叫爆破作用指数？它有哪些作用？

1-6 什么叫可见漏斗深度？

1-7 什么叫自由面？它有什么意义？

1-8 爆破炸药量的基本计算方法是如何确定的？

1-9 爆破的分类有哪几种？

1-10 炸药的基本性能有哪些？

1-11 常用的炸药有哪些？

1-12 起爆器材一般包括哪几部分？

1-13 常用的起爆方法有哪些？各适用于什么情况？

1-14 爆破的基本方法有哪些？各适用于什么情况？

1-15 爆破施工的基本程序有哪些？

1-16 选择炮孔位置时应注意些什么？

1-17 什么叫火线雷管？它的制作步骤是怎样的？

1-18 制作起爆药包有哪几个步骤？

1-19 什么叫控制爆破？水利工程中常用的控制爆破有哪几种？

1-20 爆破、起爆材料的储存与保管应注意哪些内容？

1-21 爆破、起爆材料的装卸、运输与管理应注意哪些内容？

1-22 爆破操作安全有哪些要求？

1-23 爆破安全距离是如何确定的？

1-24 爆破防护覆盖方法有哪些？

1-25 什么叫瞎炮？瞎炮的处理方法有哪些？

第二章 砌 筑 工 程

第一节 砌筑材料与砌筑原则

一、砌筑材料

（一）砖材

砖具有一定的强度、绝热、隔声和耐久性，在工程上应用很广。砖的种类很多，在水利工程中应用较多的为普通烧结实心黏土砖，是经取土、调制、制坯、干燥、焙烧而成。分红砖和青砖两种。质量好的砖棱角整齐、质地坚实、无裂缝翘曲、吸水率小、强度高、敲打声音发脆。色浅、声哑、强度低的砖为欠火砖；色较深、音甚响、有弯曲变形的砖为过火砖。砖的强度等级分为 MU30、MU25、MU20、MU15、MU10、MU7.5 六级。普通砖、空心砖的吸水率宜在 10%～15%；灰砂砖、粉煤灰砖含水率宜在 5%～8%。吸水率越小，强度越高。

普通黏土砖的尺寸为 53mm×115mm×240mm，若加上砌筑灰缝的厚度（一般为10mm），则 4 块砖长、8 块砖宽、16 块砖厚都为 1m。每 1m³ 实心砖砌体需用砖 512 块。

砖的品种、强度等级必须符合设计要求，并应规格一致。用于清水墙、柱表面的砖，还应边角整齐、色泽均匀。无出厂证明的砖应作试验鉴定。

（二）石材

天然石材具有很高的抗压强度、良好的耐久性和耐磨性，常用于砌筑基础、桥涵、挡土墙、护坡、沟渠、隧洞衬砌及闸坝工程中。石材应选用强度大、耐风化、吸水率小、表观密度大、组织细密、无明显层次，且具有较好抗蚀性的石材。常用的石材有石灰岩、砂岩、花岗岩、片麻岩等。风化的山皮石、冻裂分化的块石禁止使用。

在工地上可通过看、听、称来判定石材质量。看，即观察打裂开的破碎面，颜色均匀一致，组织紧密，层次不分明的岩石为好；听，就是用手锤敲击石块，听其声音是否清脆，声音清脆响亮的岩石为好；称，就是通过称量计算出其表观密度和吸水率，看它是否符合要求，一般要求表观密度大于 2650kg/m³，吸水率小于 10%。

水利工程常用的石料有以下几种。

（1）片石（块石）。片石是开采石料时的副产品，体积较小，形状不规则，用于砌体中的填缝或小型工程的护岸、护坡、护底工程，不得用于拱圈、拱座以及有磨损和冲刷的护面工程。

（2）块石。块石也叫毛料石，外形大致方正，一般不加工或仅稍加修整，大小为 25～30cm 见方，叠砌面凹入深度不应大于 25mm，每块质量以不小于 30kg 为宜，并具有两个大致平行的面。一般用于防护工程和涵闸砌体工程。

（3）粗料石。粗料石外形较方正，截面的宽度、高度不应小于 20cm，且不应小于长度的 1/4，叠砌面凹入深度不应大于 20mm，除背面外，其他 5 个平面应加工凿平。主要用于闸、桥、涵墩台和直墙的砌筑。

（4）细料石。细料石经过细加工，外形规则方正，宽、厚大于 20cm，且不小于其长度的 1/3，叠砌面凹入深度不大于 10mm。多用于拱石外脸、闸墩圆头及墩墙等部位。

（5）卵石。卵石分河卵石和山卵石两种。河卵石比较坚硬，强度高。山卵石有的已风化、变质，使用前应进行检查。如颜色发黄，用手锤敲击声音不脆，表明已风化变质，不能使用。卵石常用于砌筑河渠的护坡、挡土墙等。

（三）胶结材料

1. 分类

砌筑施工常用的胶结材料，按使用特点分为砌筑砂浆、勾缝砂浆；按材料类型分为水泥砂浆、石灰砂浆、水泥石灰砂浆、石灰黏土砂浆、黏土砂浆等。处于潮湿环境或水下使用的砂浆应用纯水泥砂浆，如用含石灰的砂浆，虽砂浆的和易性能有所改善，但由于砌体中石灰没有充分的时间硬化，在渗水作用下，将产生水溶性的氢氧化钙，容易被渗水带走；砂浆中的石灰在渗水作用下发生体积膨胀结晶，破坏砂浆组织，导致砌体破坏。因此石灰砂浆、水泥石灰砂浆只能用于较干燥的水上工程。石灰黏土砂浆和黏土砂浆只用于小型水上砌体。

（1）水泥砂浆。常用的水泥砂浆强度等级分为 Ml5、M10、M7.5、M5、M2.5、M1、M0.4 等 7 个级别。水泥强度等级不宜低于 32.5MPa。如用高强度等级水泥配制低强度等级的砂浆，为改善和易性，减少水灰比，增加密实性及耐久性，可掺入一定量的粉煤灰作混合材料。砂子要求清洁，级配良好，含泥量小于 3%。砂浆配合比应通过试验确定。拌和可使用砂浆搅拌机，也可采用人工拌和。砂浆拌和量应配合砌石的速度和需要，一次拌和不能过多，拌和好的砂浆应在 40min 内用完。

（2）石灰砂浆。石灰膏的淋制应在暖和不结冰的条件下进行，淋好的石灰膏必须等表面浮水全部渗完，灰膏表面呈现不规则的裂缝后方可使用，最好是淋后两星期再用，使石灰充分熟化。配制砂浆时按配合比（一般灰砂比为 1∶3）取出石灰膏加水稀释成浆，再加入砂中拌和，直至颜色完全均匀一致为止。

（3）水泥石灰砂浆。水泥石灰砂浆是用水泥、石灰两种胶结材料配合与砂调制成的砂浆。拌和时先将水泥砂子干拌均匀，然后将石灰膏稀释成浆倒入拌和均匀。这种砂浆比水泥砂浆凝结慢，但自加水拌和到使用完不宜超过 2h；同时由于它凝结速度较慢，不宜用于冬季施工。

（4）小石混凝土。一般砌筑砂浆干缩率高，密实性差，在大体积砌体中，常用小石混凝土代替一般砂浆。小石混凝土分一级配和二级配两种。一级配采用 20mm 以下的小石，二级配中粒径 5～20mm 的占 40%～50%、20～40mm 的占 50%～60%。小石混凝土坍落度以 7～9cm 为宜，小石混凝土还可节约水泥，提高砌体强度。

砂浆质量是保证浆砌石施工质量的关键，配料时要求严格按设计配合比进行，要控制用水量；砂浆应拌和均匀，不得有砂团和离析；砂浆的运送工具使用前后均应清洗干净，不得有杂质和淤泥，运送时不要急剧下跌、颠簸，防止砂浆水砂分离。分离的砂浆应重新拌和后才能使用。

2．作用

（1）将单个块体黏结成整体，促使构件应力分布均匀。

（2）填实块体间缝隙，提高砌体保温和防水性能，增加墙体抗冻性能。

二、砌筑的基本原则

砌体的抗压强度较大，但抗拉、抗剪强度低，仅为其抗压强度的 $1/10\sim1/8$，因此砖石砌体常用于结构物受压部位。砖石砌筑时应遵守以下基本原则。

（1）砌体应分层砌筑，其砌筑面力求与作用力的方向垂直，或使砌筑面的垂线与作用力方向间的夹角小于 $13°\sim16°$，否则受力时易产生层间滑动。

（2）砌块间的纵缝应与作用力方向平行，否则受力时易产生楔块作用，对相邻块产生挤动。

（3）上、下两层砌块间的纵缝必须互相错开，以保证砌体的整体性，以便传力。

第二节　砌　石　工　程

一、干砌石

干砌石是指不用任何胶凝材料把石块砌筑起来，包括干砌块（片）石、干砌卵石。一般用于土坝（堤）迎水面护坡、渠系建筑物进出口护坡及渠道衬砌、水闸上下游护坦、河道护岸等工程。

（一）砌筑前的准备工作

1．备料

在砌石施工中为缩短场内运距，避免停工待料，砌筑前应尽量按照工程部位及需要数量分片备料，并提前将石块的水锈、淤泥洗刷干净。

2．基础清理

砌石前应将基础开挖至设计高程，淤泥、腐殖土以及混杂的建筑残渣应清除干净，必要时将坡面或底面夯实，然后才能进行铺砌。

3．铺设反滤层

在干砌石砌筑前应铺设砂砾反滤层，其作用是将块石垫平，不致使砌体表面凹凸不平，减少其对水流的摩阻力；减少水流或降水对砌体基础土壤的冲刷；防止地下渗水逸出时带走基础土粒，避免砌筑面下陷变形。

反滤层的各层厚度、铺设位置、材料级配和粒径以及含泥量均应满足规范要求，铺设时应与砌石施工配合，自下而上，随铺随砌，接头处各层之间的连接要层次清楚，防止层间错动或混淆。

（二）干砌石施工

1．施工方法

常采用的干砌块石的施工方法有两种，即花缝砌筑法和平缝砌筑法。

（1）花缝砌筑法。花缝砌筑法多用于干砌片（毛）石。砌筑时，依石块原有形状，使尖对拐、拐对尖，相互联系砌成。砌石不分层，一般多将大面向上，如图2-1所示。这种砌法的缺点是底部空虚，容易被水流淘刷变形，稳定性较差，且不能避免重缝、迭缝、翘口等毛病。但此法优点是表面比较平整，故可用于流速不大、不承受风浪淘刷的渠道护坡工程。

（2）平缝砌筑法。平缝砌筑法一般多适用于干砌块石的施工，如图2-2所示。砌筑时将石块宽面与坡面竖向垂直，与横向平行。砌筑前，安放一块石块必须先进行试放，不合适处应用小锤修整，使石缝紧密，最好不塞或少塞石子。这种砌法横向设有通缝，但竖向直缝必须错开。如砌缝底部或块石拐角处有空隙时，则应选用适当的片石塞满填紧，以防止底部砂砾垫层由缝隙淘出，造成坍塌。

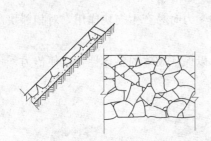

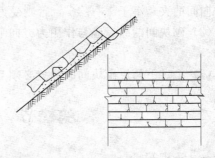

图2-1 花缝砌筑法示意图　　　　　　图2-2 平缝砌筑法示意图

干砌块石是依靠块石之间的摩擦力来维持其整体稳定的。若砌体发生局部移动或变形，将会导致整体破坏。边口部位是最易损坏的地方，所以，封边工作十分重要。对护坡水下部分的封边，常采用大块石单层或双层干砌封边，然后将边外部分用黏土回填夯实，有时也可采用浆砌石埂进行封边。对护坡水上部分的顶部封边，则常采用比较大的方正块石砌成40cm左右宽度的平台，平台后所留的空隙用黏土回填分层夯实（图2-3）。对于挡土墙、闸翼墙等重力式墙身顶部，一般用混凝土封闭。

2. 干砌石的砌筑要点

造成干砌石施工缺陷的原因主要是由于砌筑技术不良、工作马虎、施工管理不善以及测量放样错漏等。缺陷主要有缝口不紧、底部空虚、鼓心凹肚、重缝、飞缝、飞口（即用很薄的边口未经砸掉便砌在坡上）、翘口（上、下两块都是一边厚一边薄，石料的薄口部分互相搭接）、悬石（两石相接不是面的接触，而是点的接触）、浮塞叠砌、严重蜂窝以及轮廓尺寸走样等（图2-4）。

干砌石施工必须注意以下几点。

（1）干砌石工程在施工前，应进行基础清理工作。

（2）凡受水流冲刷和浪击作用的干砌石工程中采用竖立砌法（即石块的长边与水平面或斜面呈垂直方向）砌筑，以期空隙为最小。

（3）重力式挡土墙施工，严禁先砌好里外砌石面，中间用乱石充填并留下空隙和蜂窝。

（4）干砌块石的墙体露出面必须设丁石（拉结石），丁石要均匀分布。同一层的丁石长度，如墙厚等于或小于40cm时，丁石长度应等于墙厚；如墙厚大于40cm，则要求同一层内外的丁石相互交错搭接，搭接长度不小于15cm，其中一块的长度不小于墙厚的

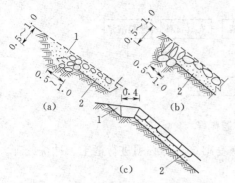

图 2-3 干砌块石封边（单位：m）

(a)、(b) 坡面封边；(c) 坡顶封边

1—黏土夯实；2—垫层

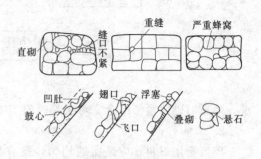

图 2-4 干砌石缺陷

2/3。

（5）如用料石砌墙，则两层顺砌后应有一层丁砌，同一层采用丁顺组砌时，丁石间距不宜大于 2m。

（6）用干砌石作基础，一般下大上小，呈阶梯状，底层应选择比较方整的大块石，上层阶梯至少压住下层阶梯块石宽度的 1/3。

（7）大体积的干砌块石挡土墙或其他建筑物，在砌体每层转角和分段部位，应先采用大而平整的块石砌筑。

（8）护坡干砌石应自坡脚开始自下而上进行。

（9）砌体缝口要砌紧，空隙应用小石填塞紧密，防止砌体在受到水流的冲刷或外力撞击时滑脱沉陷，以保持砌体的坚固性。一般规定干砌石砌体空隙率应不超过 30%～50%。

（10）干砌石护坡的每一块石顶面一般不应低于设计位置 5cm，不高出设计位置 15cm。

二、浆砌石

浆砌石是用胶结材料把单个的石块联结在一起，使石块依靠胶结材料的黏结力、摩擦力和块石本身重量结合成为新的整体，以保持建筑物的稳固，同时，充填着石块间的空隙，堵塞了一切可能产生的漏水通道。浆砌石具有良好的整体性、密实性和较高的强度，使用寿命更长，还具有较好地防止渗水和抵抗水流冲刷的能力。

浆砌石施工的砌筑要领可概括为"平、稳、满、错"4 个字。平，同一层面大致砌平，相邻石块的高差宜小于 2～3cm；稳，单块石料的安砌务求自身稳定；满，灰缝饱满密实，严禁石块间直接接触；错，相邻石块应错缝砌筑，尤其不允许顺水流方向通缝。

（一）砌筑工艺

浆砌石工程砌筑的工艺流程如图 2-5 所示。

1. 铺筑面准备

对开挖成形的岩基面，在砌石开始之前应将表面已松散的岩块剔除，具有光滑表面的岩石须人工凿毛，并清除所有岩屑、碎片、泥沙等杂物。土壤地基按设计要求处理。

对于水平施工缝，一般要求在新一层块石砌筑前凿去已凝固的浮浆，并进行清扫、冲

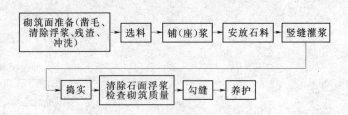

图 2-5 浆砌石工艺流程

洗，使新旧砌体紧密结合。对于临时施工缝，在恢复砌筑时，必须进行凿毛、冲洗处理。

2. 选料

砌筑所用石料，应是质地均匀，没有裂缝，没有明显风化迹象，不含杂质的坚硬石料。严寒地区使用的石料，还要求具有一定的抗冻性。

3. 铺（坐）浆

对于块石砌体，由于砌筑面参差不齐，必须逐块坐浆、逐块安砌，在操作时还须认真调整，务使坐浆密实，以免形成空洞。

坐浆一般只宜比砌石超前 0.5～1m 左右，坐浆应与砌筑相配合。

4. 安放石料

把洗净的湿润石料安放在座浆面上，用铁锤轻击石面，使坐浆开始溢出为度。

石料之间的砌缝宽度应严格控制，采用水泥砂浆砌筑时，块石的灰缝厚度一般为 2～4cm，料石的灰缝厚度为 0.5～2cm，采用小石混凝土砌筑时，一般为所用骨料最大粒径的 2～2.5 倍。

安放石料时应注意，不能产生细石架空现象。

5. 竖缝灌浆

安放石料后，应及时进行竖缝灌浆。一般灌浆与石面齐平，水泥砂浆用捣插棒捣实，小石混凝土用插入式振捣器振捣，振实后缝面下沉，待上层摊铺坐浆时一并填满。

6. 振捣

水泥砂浆常用捣棒人工插捣，小石混凝土一般采用插入式振动器振捣。应注意对角缝的振捣，防止重振或漏振。

每一层铺砌完 24～36h 后（视气温及水泥种类、胶结材料强度等级而定），即可冲洗，准备上一层的铺砌。

（二）浆砌石施工

1. 基础砌筑

基础施工应在地基验收合格后方可进行。基础砌筑前，应先检查基槽（或基坑）的尺寸和标高，清除杂物，接着放出基础轴线及边线。

砌第一层石块时，基底应坐浆。对于岩石基础，坐浆前还应洒水湿润。第一层使用的石块尽量挑大一些的，这样受力较好，并便于错缝。石块第一层都必须大面向下放稳，以脚踩不动即可。不要用小石块来支垫，要使石面平放在基底上，使地基受力均匀基础稳固。选择比较方正的石块，砌在各转角上，称为角石，角石两边应与准线相合。角石砌好后，再砌里、外面的石块，称为面石；最后砌填中间部分，称为腹石。砌填腹石时应根据石块自然形状交错放置，尽量使石块间缝隙最小，再将砂浆填入缝隙中，最后根据各缝隙形状和大小选择合适的小石块放入用小锤轻击，使石块全部挤入缝隙中。禁止采用先放小石块后灌浆的方法。

接砌第二层以上石块时，每砌一块石块，应先铺好砂浆，砂浆不必铺满、铺到边，尤其在角石及面石处，砂浆应离外边约4.5cm，并铺得稍厚一些，当石块往上砌时，恰好压到要求厚度，并刚好铺满整个灰缝。灰缝厚度宜为20～30mm，砂浆应饱满。阶梯形基础上的石块应至少压砌下级阶梯的1/2，相邻阶梯的块石应相互错缝搭接。基础的最上一层石块，宜选用较大的块石砌筑。基础的第一层及转角处和交接处，应选用较大的块石砌筑。块石基础的转角及交接处应同时砌起。如不能同时砌筑又必须留搓时，应砌成斜搓。

块石基础每天可砌高度不应超过4.2m。在砌基础时还必须注意不能在新砌好的砌体上抛掷块石，这会使已粘在一起的砂浆与块石受震动而分开，影响砌体强度。

2. 挡土墙

砌筑块石挡土墙时，块石的中部厚度不宜小于20cm；每砌3～4皮为一分层高度，每个分层高度应找平一次；外露面的灰缝厚度，不得大于4cm，两个分层高度间的错缝不得小于8cm（图2-6）。

料石挡土墙宜采用同皮内丁顺相间的砌筑形式。当中间部分用块石填筑时，丁砌料石伸入块石部分的长度应小于20cm。

3. 桥、涵拱圈

浆砌拱圈一般选用于小跨度的单孔桥拱、涵拱施工，施工方法及步骤如下。

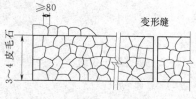

图 2-6 块石挡土墙立面
（单位：mm）

（1）拱圈石料的选择。拱圈的石料一般为经过加工的料石，石块厚度不应小于15cm。石块的宽度为其厚度的1.5～2.5倍，长度为厚度的2～4倍，拱圈所用的石料应凿成楔形（上宽下窄），如不用楔形石块时，则应用砌缝宽度的变化来调整拱度，但砌缝厚薄相差最大不应超过1cm，每一石块面应与拱压力线垂直。因此拱圈砌体的方向应对准拱的中心。

（2）拱圈的砌缝。浆砌拱圈的砌缝应力求均匀，相邻两行拱石的平缝应相互错开，其相错的距离不得小于10cm。砌缝的厚度决定于所选用的石料，选用细料石，其砌缝厚度不应大于1cm；选用粗料石，砌缝不应大于2cm。

（3）拱圈的砌筑程序与方法。拱圈砌筑之前，必须先做好拱座。为了使拱座与拱圈结合好，须用起拱石。起拱石与拱圈相接的面，应与拱的压力线垂直。当跨度在10m以下时，拱圈的砌筑一般应沿拱的全长和全厚，同时由两边起拱石对称地向拱顶砌筑；当跨度大于10m以上时，则拱圈砌筑应采用分段法进行。分段法是把拱圈分为数段，每段长可根据全拱长来决定，一般每段长3～6m。各段依一定砌筑顺序进行（图2-7），以达到使拱架承重均匀和拱架变形最小的目的。拱圈各段的砌筑顺序是：先砌拱脚，再砌拱顶，然后砌1/4处，最后砌其余各段。砌筑时一定要对称于拱圈跨中央。各段之间应预留一定的空缝，防止在砌筑中拱架变形面产生裂缝，待全部拱圈砌筑完毕后，再将预留空缝填实。

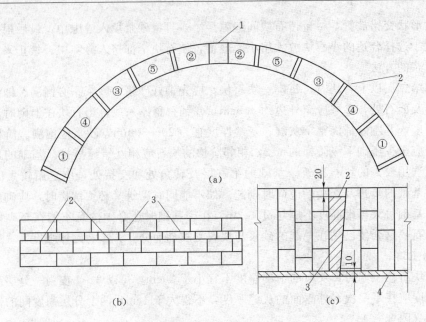

图 2-7 拱圈分段及空缝结构图（单位：mm）

（a）拱圈分段；（b）空缝平面图；（c）空缝侧视图

1—拱顶石；2—空缝；3—垫块；4—拱模板

①②③④⑤—砌筑程序

（三）勾缝与分缝

1. 墙面勾缝

石砌体表面进行勾缝的目的，主要是加强砌体整体性，同时还可增加砌体的抗渗能力，另外也美化外观。

勾缝按其形式可分为凹缝、平缝、凸缝等，如图 2-8 所示。凹缝又可分为半圆凹缝、平凹缝；凸缝可分为平凸缝、半圆凸缝、三角凸缝等。

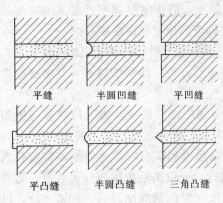

平缝　半圆凹缝　平凹缝

平凸缝　半圆凸缝　三角凸缝

图 2-8　石墙面勾缝形式

勾缝的程序是在砌体砂浆未凝固以前，先沿砌缝将灰缝剔深 20～30mm 形成缝槽，待砌体完成砂浆凝固以后再进行勾缝。勾缝前，应将缝槽冲洗干净，自上而下，不整齐处应修整。勾缝的砂浆宜用水泥砂浆，砂用细砂。砂浆稠度要掌握好，过稠勾出缝来表面粗糙不光滑，过稀容易坍落走样。最好不使用火山灰质水泥，因为这种水泥干缩性大，勾缝容易开裂。砂浆强度等级应符合设计规定，一般应高于原砌体的砂浆强度等级。

勾凹缝时，先用铁钎子将缝修凿整齐，再在墙面上浇水湿润，然后将浆勾入缝内，再用板条或绳子压成凹缝，用灰抿赶压光平。凹缝多用于石料方正、砌得整齐的墙面。勾平缝时，先在墙面洒水，使缝槽湿润后，将砂浆勾于缝中赶光压平，使砂浆压住石边，即成平缝。勾凸缝时，先浇水润湿缝槽，用砂浆打底与石面相平，而后用扫把扫出麻面，待砂浆初凝后抹第二层，其厚度约为 1cm，然后用灰抿拉出凸缝形状。凸缝多用于不平整石料。砌缝不平时，把凸缝移动一点，可使表面美观。

砌体的隐蔽回填部分，可不专门作勾缝处理，但有时为了加强防渗，应事前在砌筑过程中，用原浆将砌缝填实抹平。

2. 伸缩缝

浆砌体常因地基不均匀沉陷或砌体热胀冷缩可能导致产生裂缝。为避免砌体发生裂缝，一般在设计中均要在建筑物某些接头处设置伸缩缝（沉陷缝）。施工时，可按照设计规定的厚度、尺寸及不同材料作成缝板。缝板有油毛毡（一般常用三层油毛毡刷沥青制成）、沥青杉板（杉板两面刷沥青）等，其厚度为设计缝宽，一般均砌在缝中。如采用前者，则需先立样架，将伸缩缝一边的砌体砌筑平整，然后贴上油毡，再砌另一边；如采用沥青杉板做缝板，最好是架好缝板，两面同时等高砌筑，不需再立样架。

（四）砌体养护

为使水泥得到充分的水化反应，提高胶结材料的早期强度，防止胶结材料干裂，应在砌体胶结材料终凝后（一般砌完 6～8h）及时洒水养护 14～21d，最低限度不得少于 7d。养护方法是配专人洒水，经常保持砌体湿润，也可在砌体上加盖湿草袋，以减少水分的蒸发。夏季的洒水养护还可起降温的作用。由于日照长、气温高、蒸发快，一般在砌体表面要覆盖草袋、草帘等，白天洒水 7～10 次，夜间蒸发少且有露水，只需洒水 2～3 次即可满足养护需要。

冬季当气温降至 0℃以下时，要增加覆盖草袋、麻袋的厚度，加强保温效果。冰冻期间不得洒水养护。砌体在养护期内应保持正温。砌筑面的积水、积雪应及时清除，防止结冰。冬季水泥初凝时间较长，砌体一般不宜采用洒水养护。

养护期间不能在砌体上堆放材料、修凿石料、碰动块石，否则会引起胶结面的松动脱离。砌体后隐蔽工程的回填，在常温下一般要在砌后 28d 方可进行，小型砌体可在砌后 10～12d 进行回填。

第三节 砌 砖 工 程

一、施工准备工作

（一）砖的准备

在常温下施工时，砌砖前一天应将砖浇水湿润，以免砌筑时因干砖吸收砂浆中大量的水分，使砂浆的流动性降低，砌筑困难，并影响砂浆的黏结力和强度。但也要注意不能将砖浇得过湿而使砖不能吸收砂浆中的多余水分，影响砂浆的密实性、强度和黏结力，而且还会产生堕灰和砖块滑动现象，使墙面不洁净，灰缝不平整，墙面不平直。施工中可将砖砍断，检查吸水深度，如吸水深度达到 10～20mm，即认为合格。

砖不应在脚手架上浇水，若砌筑时砖块干燥，可用喷壶适当补充浇水。

（二）砂浆的准备

砂浆的品种、强度等级必须符合设计要求，砂浆的稠度应符合规定。拌制中应保证砂浆的配合比和稠度，运输中不漏浆、不离析，以保证施工质量。

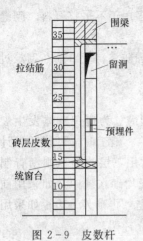

图 2-9 皮数杆

（三）施工工具准备

砌筑工工具主要有以下几种。

（1）大铲。铲灰、铺灰与刮灰用。大铲分为桃形、长方形、长三角形 3 种。

（2）瓦刀（泥刀）。用于打砖、打灰条（即披灰缝）、披满口灰及铺瓦。

（3）刨锛。打砖用。

（4）靠尺板（托线板）和线锤。检查墙面垂直度用。常用托线板的长度为 1.2~1.5m。

（5）皮数杆。砌筑时用于标志砖层、门窗、过梁、开洞及埋件标志的工具，如图 2-9 所示。

此外还应准备麻线、米尺、水平尺和小喷壶。

二、砌筑施工

（一）砖基础施工

1. 砖基础的构造形式

砖基础一般做成阶梯形的大放脚。砖基础的大放脚通常采用等高式或间隔式两种（图 2-10）。

等高式是每两皮一收，每次收进 1/4 砖长，即高为 120mm，宽为 60mm，如图 2-10（a）所示。间隔式是二皮一收与一皮一收相间隔，每次收进 1/4 砖长，即高为 120mm 与 60mm，宽为 60mm，如图 2-10（b）所示。

2. 砖基础的砌筑

（1）找平弹线。弹线前，应首先检查基础垫层的施工质量及标高，当垫层低于设计标高 20mm 以上时，应用 C10 小石混凝土找平。当垫层高于设计标高，但在规范许可范围内时，对于灰土垫层可将高出部分铲平，对于三合土垫层，则在砌砖时逐皮压小灰缝予以调整。

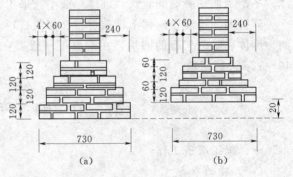

图 2-10 砖基础（单位：mm）
(a) 等高式；(b) 间隔式

垫层找平后，依据基础四周龙门板或控制桩，弹出轴线。先弹出外墙基础轴线，再弹出墙基础轴线。轴线弹完后，根据大放脚剖面弹出大放脚最下一皮的宽度线。

（2）砖基础砌筑要点。

1）砖基础砌筑前，应先检查垫层施工是否符合质量要求，然后清扫垫层表面，将浮土及垃圾清除干净。

2）从两端龙门板轴线处拉上麻线，从麻线上挂下线锤，在垫层上锤尖处打上小钉，引出墙身轴线，而后向两边放出大放脚的底边线。

3）在垫层转角、内外墙交接及高低踏步处预先立好基础皮数杆。基础皮数杆上应标明皮数、退台情况及防潮层位置等。

4）砌基础时可依皮数杆先砌几层转角及交接处部分的砖，然后在其间拉准线砌中间部分。内、外墙砖基础应同时砌起，如因其他情况不能同时砌起时，应留置斜搓，斜搓的长度不得小于高度的 2/3。

5）大放脚一般采用一顺一丁砌法。竖缝要错开，要注意十字及丁字接头处砖块的搭接，在这些交接处，纵横墙要隔皮砌通。大放脚的最下一皮及每层的上面一皮应以丁砌为主。

6）若砖基础不在同一深度，则应先由下往上砌筑。在砖基础高低台阶接头处，下面台阶要砌一定长度（一般不小于 50cm）实砌体，砌到上面后和上面的砖一起退台。

7）大放脚砌到最后一层时，应从龙门板上拉麻线将墙身轴线引下，以保证最后一层位置正确。

8）砖基础中的洞口、管道、沟槽和预埋件等，应于砌筑时正确留出或预埋，宽度超过 50cm 的洞口，其上方应砌筑平拱或设过梁。

9）砌完砖基础后，应立即回填土，回填土要在基础两侧同时进行，并分层夯实。

（二）砖墙砌筑

1. 砌筑方法

砖砌体的组砌，要求上下错缝，内外搭接，以保证砌体的整体性，同时组砌要有规律，少砍砖，以提高砌筑效率，节约材料。在砌筑时根据需要打砍的砖，按其尺寸不同可分为"七分头"、"半砖"、"二寸头"、"二寸条"等，如图 2-11 所示。砌入墙内的砖，由于放置位置不同，又分为卧砖（也称顺砖或眠砖）、陡砖（也称侧砖）、立砖以及顶砖，如图 2-12 所示。水平方向的灰缝叫卧缝，垂直方向的灰缝叫立缝（头缝）。

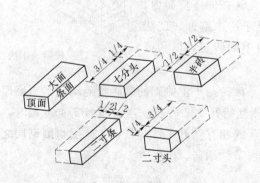

图 2-11　打砍砖

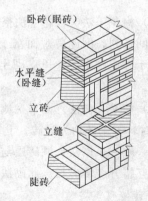

图 2-12　卧砖、陡砖、立砖图

在实际操作中，运用砖在墙体上的位置变换排列，有各种叠砌方法。

（1）一顺一丁法。一顺一丁法又称满丁满条法，这种砌法第一皮排顺砖，第二皮排丁砖，操作方便，施工效率高，又能保证搭接错缝，是一种常见的排砖形式。一顺一丁法根据墙面形式不同又分为"十字缝"和"骑马缝"两种。两者的区别仅在于顺砌时条砖是否对齐。

十字缝的构造特点是上、下层条砖对齐。它的排列方式如图 2-13 所示。

骑马缝的构造特点是上、下层条砖相错半砖，此法亦称为五层重排砌筑法。它的排列方式如图 2-14 所示。

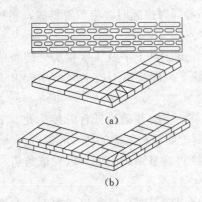

图 2-13 一顺一丁法（十字缝）

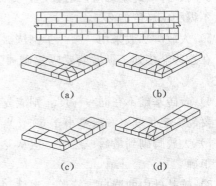

图 2-14 一顺一丁法（骑马缝）

（2）三顺一丁法。三顺一丁法的组砌方式是先砌一皮丁砖，再砌三皮条砖，如图 2-15 所示。此法操作方便，容易使墙面达到平整美观的要求。在转角处可以减少打制七分头的操作时间，砌筑速度快，只是拉结及整体性不如一顺一丁法。此法常用在砖块规格不太一致时。

（3）条砌法。条砌法亦称为全顺法，仅用于砌筑半砖隔墙，砖块全部顺砌。

（4）顶砌法。顶砌法亦称为全丁法，主要用于砌筑圆形建筑物（如水池）。顶砌法全部采用丁砖，便于砌筑成所需的弧度。

（5）梅花丁法。梅花丁法俗称沙包式。此法在同一皮砖内，丁顺相间排列，因此美观而富于变化，常见于清水墙面。此法也常用于外皮砌整砖，里皮砌土坯或碎砖的单层砖房，以利节约整砖。

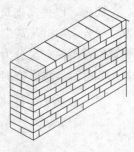

图 2-15 三顺一丁法

（6）两平一侧法。两平一侧砌法是两皮平砌砖与一皮侧砌的顺砖相隔砌成，当墙厚为 3/4 砖时，平砌砖均为顺砖，上、下皮竖缝相互错开 1/2 砖长；当墙厚为 5/4 砖长时，平砌砖用一顺一丁砌法，顺砖层与侧砖层之间竖缝相互错开 1/2 砖长，丁砖层与侧砌层之间竖缝相互错开 1/4 砖长。此砌法较费工，但可节约用砖。

2. 砖墙砌筑要领

（1）砌筑前，先根据砖墙位置弹出墙身轴线及边线。开始砌筑时先要进行摆砖，排出灰缝宽度。摆砖时应注意门窗位置、砖垛等灰缝的影响，同时要考虑窗间墙的组砌方法，以及七分头砖、半砖砌在何处为好，务使各皮砖的竖缝相互错开。在同一墙面上各部位的组砌方法应统一，并使上、下一致。

（2）在砌墙前，先要立皮数杆，皮数杆上划有砖的厚度、灰缝厚度、门窗、楼板、过梁、圈梁、屋架等构件位置。皮数杆竖立于墙角及某些交接处，其间距以不超过 15m 为宜。立皮数杆时要用水准仪来进行抄平，使皮数杆上的楼地面标高线位于设计标高位置上。

（3）准备好所用材料及工具，施工中所需门窗框、预制过梁、插筋、预埋铁件等必须事先作好安排，配合砌筑进度及时送到现场。

（4）砌砖时，必须先拉准线。一砖半厚以上的墙要双面拉线，砌块依准线砌筑。

（5）砌筑实心砖墙宜采用三一砌砖法，即"一铲灰、一块砖、一挤揉"的操作方法。竖缝宜采用挤浆或加浆方法，使其砂浆饱满，严禁用水冲浆灌缝。

（6）砖墙的水平灰缝厚度和竖向灰缝宽度一般为 10mm，不得小于 8mm，也不大于 12mm。水平灰缝的砂浆饱满度应不低于 80%。

（7）砖墙的转角处和交接处应同时砌起，对不能同时砌直而必须留搓时，应砌成斜搓，斜搓长度不应小于高度的 2/3（图 2-16）。如留置斜搓确有困难时，除转角外，也可留直搓，但必须砌成阳搓，并加设拉结钢筋。拉结钢筋的数量为每半砖墙厚放置 1 根，每层至少 2 根，直径 6mm；间距沿墙高不超过 500mm，埋入长度从墙的留搓处算起，每边均不小于 500mm，其末端应有 90°弯钩。

（8）隔墙（仅起隔离作用而不承重的墙）与其他墙如不同时砌筑，可于墙中引出阳搓，并于墙的灰缝中预埋拉结钢筋，其构造与上述相同，但每道不少于 2 根（图 2-17）。

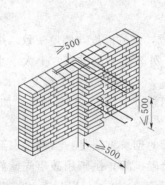

图 2-16 直搓（单位：mm）

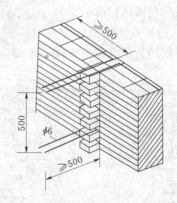

图 2-17 隔墙与墙接搓（单位：mm）
（图中钢筋直径符号为 φ）

（9）如纵横墙均为承重墙，在丁字交接处留搓，可在接搓处下部（约 1/3 接搓高）留成斜搓，上部留成直搓，并加设拉结钢筋。

（10）墙与构造柱应沿墙壁每 50cm 设置 2 根 φ6mm 水平拉结钢筋，每边伸入墙内不少于 100cm。

（11）隔墙与填充墙的顶面与上层结构的接触处，宜用侧砖或立砖斜砌挤紧。

（12）每层承重墙的最上一皮砖、梁或梁垫的下面、砖墙的台阶水平面上以及挑檐、腰线等，应用丁砖砌筑。

（13）宽度小于 100cm 的窗间墙，应选用整砖砌筑。

（14）以下情况不得留置脚手眼：①半砖墙；②砖过梁上与过梁成 60°角的三角形范围内；③宽度小于 1m 的窗间墙；④梁或梁垫下及其左右各 50cm 的范围内；⑤门窗洞口两侧 18cm 的转角处 43cm 的范围内。

（15）砖墙预留的过人洞，其侧边离交接处的墙面应不小于 50cm，洞口顶部宜设置过梁。

（16）砖墙相邻工作段的高度差，不得超过一个楼层的高度，也不宜大于 4m。工作段的分段位置宜设在变形缝或门窗洞口处。

（17）砖墙每天砌筑高度以不超过 1.8m 为宜。

（18）房屋相邻部分高差较大时，应先建较高部分，以防止由于沉降不均匀引起相邻墙体的变形。

（19）墙中的洞口、管道、沟槽和预埋件等，应于砌筑时正确留出或预埋，宽度超过 30cm 的洞口，其上面应设置过梁。

（三）砖过梁砌筑

1. 钢筋砖过梁

钢筋砖过梁称为平砌配筋砖过梁。它适用于跨度不大于 2m 的门窗洞口。窗间墙砌至洞口顶标高时，支搭过梁胎模。支模时，应让模板中间起拱 0.5%～1.0%，将支好的模板润湿，并抹上厚 20mm 的 M10 砂浆，同时把加工好的钢筋埋入砂浆中，钢筋 90°弯钩向上，并将砖块卡砌在 90°弯钩内。钢筋伸入墙内 240mm 以上，从而将钢筋锚固于窗间墙内，最后与墙体同时砌筑。

2. 平拱砖过梁

平拱砖过梁又称为平拱、平碹。它是用整砖侧砌而成，拱的厚度与墙厚一致，拱高为一砖或一砖半。外规看来呈梯形，上大下小，拱脚部分伸入墙内 2～3cm，多用于跨度为 1.2m 以下，最大跨度不超过 1.8m 的门窗洞口，如图 2-18 所示。

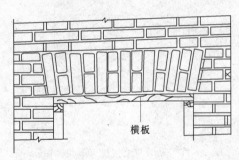

横板

图 2-18 平拱砖过梁

平拱砖过梁的砌筑方法是：当砌砖砌至门窗洞口时，即开始砌拱脚。拱脚用砖事先砍好，砌第一皮拱脚时后退 2～3cm，以后各皮按砍好砖的斜面向上砌筑。砖拱厚为一砖时倾斜 4～5cm，一砖半为 6～7cm，斜度为 1/6～1/4。

拱脚砌好后，即可支碹胎板，上铺湿砂，中部厚约 2cm，两端约 0.5cm，使平拱中部有 1% 的起拱。砌砖前要先行试摆，以确定砖数和灰缝大小。砖数必须是单数，灰缝底宽 0.5cm，顶宽 1.5cm，以保证平拱砖过梁上大下小呈梯形，受力好。

砌筑应自两边拱脚处同时向中间砌筑，正中一块砖可起楔子作用。

砌好后应进行灰缝灌浆以使灰浆饱满。待砂浆强度达到设计强度等级的 50% 以上时，方可拆除下部碹胎板。

三、砖墙面勾缝

砖墙面勾缝前，应做下列准备工作。

（1）清除墙面上黏结的砂浆、泥浆和杂物等，并洒水润湿。

（2）开凿瞎缝，并对缺棱掉角的部位用与墙面相同颜色的砂浆修补平整。

（3）将脚手眼内清理干净并洒水润湿，用与原墙相同的砖补砌严密。

砖墙面勾缝一般采用1∶1.5水泥砂浆（水泥∶细砂），也可用砌筑砂浆，随砌随勾。勾缝形式有平缝、斜缝、凹缝等，凹缝深度一般为4～5mm；空斗墙勾缝应采用平缝。

墙面勾缝应横平竖直、深浅一致、搭接平整并压实抹光，不得有丢缝、开裂和黏结不牢等现象。勾缝完毕后，应清扫墙面。

四、砌砖体的质量检查

1. 砌体的检查工具

质量检查工具，主要有以下几种。

（1）靠尺（托线板）。用以检查墙面垂直度和平整度。

（2）塞尺。用以检查墙面及地面平整度。

（3）米尺。用以检查灰缝大小及墙身厚度。

（4）百格网。用以检查灰缝砂浆饱满度。

（5）经纬仪。检查房屋大角垂直度及墙体轴线位移。

2. 基础检查项目和方法

（1）砌体厚度。按规定的检查点数任选一点，用米尺测量墙身的厚度。

（2）轴线位移。拉紧小线，两端拴在龙门板的轴线小钉上，用米尺检查轴线是否偏移。

（3）砂浆饱满度。用百格网检查砖底面与砂浆的接触面积，以百分数表示。每次掀3块，取其平均值，作为一个检查点的数值。

（4）基础顶面标高。用水平尺与皮数杆或龙门板校对。

（5）水平灰缝平直度。用10m长小线，拉线检查，不足10m时则全长拉线检查。

3. 墙身检查项目和方法

墙身检查项目除与上述基础检查项目相同的以外，还要检查以下几项。

（1）墙面垂直度。每层可用2m长托线板检查，全高用吊线坠或经纬仪检查。

（2）表面平整。用2m靠尺板任选一点，用塞尺测出最凹处的读数，即为该点墙面偏差值。砖砌体的偏差应不超过规定值。

（3）门窗洞口宽度。用米尺或钢卷尺检查。

（4）游丁走缝。吊线和尺量检查2m高度偏差值。

4. 砌体的外观检查

（1）灰缝厚度应在勾缝前检查，连续量取10皮砖与皮数杆比较，并量取其中个别灰缝的最大、最小值。

（2）清水墙面整洁美观，未勾缝前的灰缝深度是否合乎要求。

（3）混水墙面舌头灰是否刮净，有无瞎缝，有无透亮情况。

（4）砌体组砌是否合理，留搓质量、预留孔洞及预埋件是否合乎要求。

第四节　砌筑工程季节性施工及施工安全技术

一、砌体工程季节性施工

1. 夏季砌筑

夏季天气炎热，进行砌砖时，砖块与砂浆中的水分急剧蒸发，容易造成砂浆脱水，使水泥的水化反应不能正常进行进行，严重影响砂浆强度的正常增长。因此，砌筑用砖要充分浇水润湿，严禁干砖上墙。气温高于 30℃ 时，一般不宜砌筑。最简易的温控办法是避开高温时段砌筑；另外也可采用搭设凉棚、洒水喷雾等办法。对已完砌体加强养护，昼夜保持外露面湿润。

2. 雨天施工

石料堆场应有排水设施。无防雨设施的砌石面在小雨中施工时，应适当减小水灰比，并及时排除仓面积水，做好表面保护工作，在施工过程中如遇暴雨或大雨，应立即停止施工，覆盖表面。雨后及时排除积水，清除表面软弱层。雨季往往在一个月中有较多的下雨天气，遇到下大雨时会严重冲刷灰浆，影响砌浆质量，所以施工遇大雨必须停工。雨期施工砌体淋雨后吸水过多，在砌体表面形成水膜，用这样的砖上墙，会产生坠灰和砖块滑移现象，不易保证墙面的平整，甚至会造成质量事故。

抗冲耐磨或需要抹面等部位的砌体，不得在雨天施工。

3. 冬季施工

当最低气温在 0℃ 以下时，应停止石料砌筑。当最低气温在 0~5℃ 必须进行砌筑时，要注意表面保护，胶结材料的强度等级应适当提高并保持胶结材料温度不低于 5℃。

冬季砌筑的主要问题是砂浆容易遭到冻结。砂浆中所含水受冻结冰后，一方面影响水泥的硬化（水泥的水化作用不能正常进行），另一方面砂浆冻结会使其体积膨胀 8% 左右。体积膨胀会破坏砂浆内部结构，使其松散而降低黏结力。所以冬季砌砖要严格控制砂浆用水量，采取延缓和避免砂浆中水受冻结的措施，以保证砂浆的正常硬化，使砌体达到设计强度。砌体工程冬季施工措施可采用掺盐砂浆法，也可用冻结法或其他施工方法。

二、施工安全技术

砌筑操作之前须检查周围环境是否符合安全要求，道路是否畅通，机具是否良好，安全设施及防护用品是否齐全，经检查确认符合要求后，方可施工。

在施工现场或楼层上的坑、洞口等处，应设置防护盖板或护身拦网，沟槽、洞口等处夜间应设红灯示警。

施工操作时要思想集中，不准嬉笑打闹，不准上下投掷物体，不得乘吊车上下。

1. 砌筑安全

砌基础时，应检查和经常注意基坑土质变化情况，有无崩裂现象，发现槽边土壁裂缝、化冻、水浸或变形并有坍塌危险时，应及时加固，对槽边有可能坠落的危险物，要进行清理后再操作。

槽宽小于 1m 时，在砌筑站人的一侧应留 40cm 操作宽度；深基槽砌筑时，上下基槽必须设置阶梯或坡道，不得踏踩砌体或从加固土壁的支撑面上下。

墙身砌体高度超过地坪 1.2m 以上时，应搭设脚手架。在一层以上或高度超过 4m 时，采用里脚手架必须支搭安全网；采用外脚手架应设护身栏杆和挡脚板后方可砌筑。如利用原架子做外檐抹灰或勾缝时，应对架子重新检查和加固。脚手架上堆料量不得超过规定荷载。

在架子上不准向外打砖，打砖时应面向墙面一侧；护身栏上不得坐人，不得在砌砖的墙顶上行走。不准站在墙顶上刮缝、清扫墙面和检查大角垂直，也不准掏井砌砖（即脚手板高度不得超过砌体高度）。

挂线用的垂砖必须用小线绑牢固，防止坠落伤人。

砌出檐砖时，应先砌丁砖，锁住后边再砌第二支出檐砖。上下架子要走扶梯或马道，不要攀登架子。

2. 堆料安全

距基槽边 1m 范围内禁止堆料，架子上堆料重量不得超过 $370kg/m^2$；堆砖不得超过三码，顶面朝外堆放。在楼层上施工时，先在每个房间预制板下支好保安支柱，方可堆料及施工。

3. 运输安全

垂直运输中使用的吊笼、绳索、刹车及滚杠等，必须满足负荷要求，牢固可靠，在吊运时不得超载，发现问题及时检修。

用塔吊吊砖要用吊笼，吊砂浆的料斗不宜装得过满，吊件转动范围内不得有人停留，吊件吊到架子上下落时，施工人员应暂时闪到一边。吊运中禁止料斗碰撞架子或下落时压住架子。以运送人员及材料、设备的施工电梯，为了安全运行防止意外，均须设置限速制动装置，超过限速即自动切断电源而平稳制动，并宜专线供电，以防万一。

运输中跨越沟槽，应铺宽度 1.5m 以上的马道。运输中，平道两车相距不应小于 2m，坡道应不小于 10m，以免发生碰撞。

装砖时（砖垛上取砖）要先高后低，防止倒垛伤人。道路上的零星材料、杂物，应经常加以清理，使运输道路畅通。

复 习 思 考 题

2-1 水利工程中常用的砌筑材料有哪些？

2-2 水利工程中常用的石料有哪几种？

2-3 水利工程中常用的胶结材料有哪些？

2-4 水泥砂浆的强度等级分为几级？其技术上有哪些要求？

2-5 砖石砌筑的基本原则有哪些？

2-6 什么叫干砌石？它一般适用于什么情况？

2-7 砌筑前的准备工作一般有哪些？

2-8 干砌石常用的施工方法有哪些？各应注意些什么？

2-9 干砌石施工必须注意哪些因素？

2-10 什么叫浆砌石？它有哪些砌筑要领？

2-11 简述浆砌石的砌筑工艺流程。

2-12 勾缝的主要目的是什么？缝的型式有哪些？勾缝的程序是怎样的？

2-13 砌体养护的主要措施有哪些？

2-14 砌砖施工包括哪些准备工作？

2-15 砖基础砌筑的要点有哪些？

2-16 砖墙砌筑有哪些要求？

2-17　在实际操作中，墙体有哪几种叠砌方法？

2-18　砖墙砌筑有哪些要领？

2-19　砖墙面在勾缝前，应做哪些准备工作？

2-20　砖砌体的质量检查工具有哪几种？

2-21　简述基础检查的项目和方法。

2-22　简述墙身检查的项目和方法。

2-23　砌体的外观检查包括哪些内容？

2-24　地面石材铺贴的准备工作有哪些？

2-25　地面石材在铺贴前，其石板块为什么要浸水？

2-26　瓷砖瓷片饰面在施工时，按部位不同对基层处理有哪些基本要求？

2-27　瓷砖在预排时有哪些要求？

2-28　砌体工程在季节性施工时应采取哪些措施？

2-29　砌筑工程施工安全包括哪些内容？

第三章 模 板 工 程

混凝土在没有凝固硬化以前，是处于一种半流体状态的物质。能够把混凝土做成符合设计图纸要求的各种规定的形状和尺寸模子，称为模板。

在混凝土工程中，模板对于混凝土工程的费用、施工的速度、混凝土的质量均有较大影响。据国内外的统计资料分析表明，模板工程费用一般约占混凝土总费用的 25％～35％，即使是大体积混凝土也在 15％～20％左右。因此，对模板结构形式、使用材料、装拆方法以及拆模时间和周转次数，均应仔细研究。以便节约木材，降低工程造价，加快工程建设速度，提高工程质量。

模板与其支撑体系组成模板系统。模板系统是一个临时架设的结构体系，其中模板是新浇混凝土成型的模具，它与混凝土直接接触使混凝土构件具有所要求的形状、尺寸和表面质量；支撑体系是指支撑模板，承受模板、构件及施工中各种荷载的作用，并使模板保持所要求的空间位置的临时结构。

对模板的基本要求有以下几点。

（1）应保证混凝土结构和构件浇筑后的各部分形状和尺寸以及相互位置的准确性。

（2）具有足够的稳定性、刚度及强度。

（3）装拆方便，能够多次周转使用、形式要尽量做到标准化、系列化。

（4）接缝应不易漏浆、表面要光洁平整。

（5）所用材料受潮后不易变形。

第一节 模板分类和构造

一、模板的分类

（1）按模板形状分有平面模板和曲面模板。平面模板又称为侧面模板，主要用于结构物垂直面。曲面模板用于廊道、隧洞、溢流面和某些形状特殊的部位，如进水口扭曲面、蜗壳、尾水管等。

（2）按模板材料分有木模板、竹模板、钢模板、混凝土预制模板、塑料模板、橡胶模板等。

（3）按模板受力条件分有承重模板和侧面模板。承重模板主要承受混凝土重量和施工中的垂直荷载；侧面模板主要承受新浇混凝土的侧压力。侧面模板按其支承受力方式，又分为简支模板、悬臂模板和半悬臂模板。

（4）按模板使用特点分有固定式、拆移式、移动式和滑动式。固定式用于形状特殊的部位，不能重复使用。后三种模板都能重复使用，或连续使用在形状一致的部位。但其使用方式有所不同：拆移式模板需要拆散移动；移动式模板的车架装有行走轮，可沿专用轨道使模板整体移动（如隧洞施工中的钢模台车）；滑动式模板是以千斤顶或卷扬机为动力，可在混凝土连续浇筑的过程中，使模板面紧贴混凝土面滑动（如闸墩施工中的滑模）。

二、定型组合钢模板

定型组合钢模板系列包括钢模板、连接件、支承件3部分。其中，钢模板包括平面钢模板和拐角模板；连接件有U形卡、L形插销、钩头螺栓、紧固螺栓、蝶形扣件等；支承件有圆钢管、薄壁矩形钢管、内卷边槽钢、单管伸缩支撑等。

1. 钢模板的规格和型号

钢模板包括平面模板、阳角模板、阴角模板和连接角模，如图3-1所示。单块钢模板由面板、边框和加劲肋焊接而成。面板厚2.3mm或2.5mm，边框和加劲肋上面按一定距离（如150mm）钻孔，可利用U形卡和L形插销等拼装成大块模板。

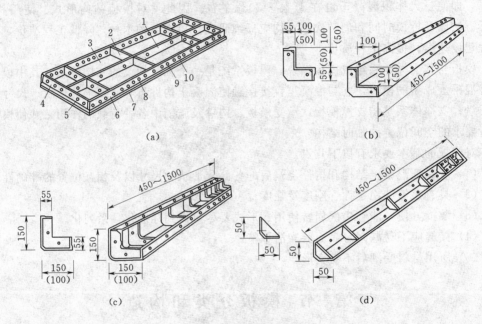

图3-1 钢模板类型图

（a）平面模板；（b）阳角模板；（c）阴角模板；（d）连接角模

1—中纵肋；2—中横肋；3—面板；4—横肋；5—插销孔；6—纵肋；

7—凸棱；8—凸鼓；9—U形卡孔；10—钉子孔

钢模板的宽度以100mm为基础，50mm进级，宽度300mm和250mm的模板有纵肋；长度以450mm为基础，150mm进级；高度皆为55mm。其规格和型号已做到标准化、系列化。用P代表平面模板，Y代表阳角模板，E代表阴角模板，J代表连接角模。如型号为P3015的钢模板，P表示平面模板，3015表示宽×长为300mm×1500mm，见表3-1。又如型号为Y1015的钢模板，Y表示阳角模板，1015表示宽×长为100mm×1500mm。如拼装时出现不足模数的空隙时，用镶嵌木条补缺，用钉子或螺栓将木条与板块边框上的孔洞连接。

表 3-1　　　　　　　　　　　　　　平面钢模板规格表

宽度 (mm)	代号	尺寸 (mm)	每块面积 (m²)	每块重量 (kg)	宽度 (mm)	代号	尺寸 (mm)	每块面积 (m²)	每块重量 (kg)
300	P3015	300×1500×55	0.45	14.90	200	P2007	200×750×55	0.15	5.25
	P3012	300×1200×55	0.36	12.06		P2006	200×600×55	0.12	4.17
	P3009	300×900×55	0.27	9.21		P2004	200×450×55	0.09	3.34
	P3007	300×750×55	0.225	7.93	150	P1515	150×1500×55	0.225	9.01
	P3006	300×600×55	0.18	6.36		P1512	150×1200×55	0.18	6.47
	P3004	300×450×55	0.135	5.08		P1509	150×900×55	0.135	4.93
250	P2515	250×1500×55	0.375	13.19		P1507	150×750×55	0.113	4.23
	P2512	250×1200×55	0.30	10.66		P1506	150×600×55	0.09	3.40
	P2509	250×900×55	0.225	8.13		P1504	150×450×55	0.068	2.69
	P2507	250×750×55	0.188	6.98	100	P1015	100×1500×55	0.15	6.36
	P2506	250×600×55	0.15	5.60		P1012	100×1200×55	0.12	5.13
	P2504	250×450×55	0.133	4.45		P1009	100×900×55	0.09	3.90
200	P2015	200×1500×55	0.03	9.76		P1007	100×750×55	0.075	3.33
	P2012	200×1200×55	0.24	7.91		P1006	100×600×55	0.06	2.67
	P2009	200×900×55	0.18	6.03		P1004	100×450×55	0.045	2.11

2. 连接件

（1）U 形卡。它用于钢模板之间的连接与锁定，使钢模板拼装密合。U 形卡安装间距一般不大于 300mm，即每隔一孔卡插一个，安装方向一顺一倒相互交错，如图 3-2 所示。

（2）L 形插销。它插入模板两端边框的插销孔内，用于增强钢模板纵向拼接的刚度和保证接头处板面平整。

（3）钩头螺栓。用于钢模板与内、外钢楞之间的连接固定，使之成为整体，安装间距一般不大于 600mm，长度应与采用的钢楞尺寸相适应。

（4）对拉螺栓。用来保持模板与模板之间的设计厚度并承受混凝土侧压力及水平荷载，使模板不致变形。

（5）紧固螺栓。用于紧固钢模板内外钢楞，增强组合模板的整体刚度，长度与采用的钢楞尺寸相适应。

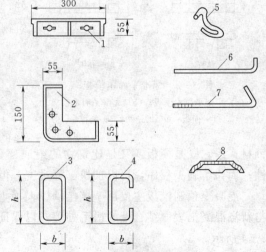

图 3-2　定型组合钢模板系列（单位：cm）
1—平面钢模板；2—拐角钢模板；3—薄壁矩形钢管；
4—内卷边槽钢；5—U 形卡；6—L 形插销；
7—钩头螺栓；8—蝶形扣件

（6）扣件。用于将钢模板与钢楞紧固，与其他的配件一起将钢模板拼装成整体。按钢楞的不同形状尺寸，分别采用碟型扣件和3型扣件，其规格分为大小两种。

3．支承件

配件的支承件包括钢楞、柱箍、梁卡具、圈梁卡、钢管架、斜撑、组合支柱、钢管脚手支架、平面可调桁架和曲面可变桁架等。

三、木模板

木材是最早被人们用来制作模板的工程材料，其主要优点是：制作方便、拼装随意，尤其适用于外形复杂或异形的混凝土构件。此外，因其导热系数小，对混凝土冬期施工有一定的保温作用。

木模板的木材主要采用松木和杉木，其含水率不宜过高，以免干裂，材质不宜低于三等材。木模板的基本元件是拼板，它由板条和拼条（木档）组成，如图 3-3 所示。板条厚 25～50mm，宽度不宜超过 200mm，以保证在干缩时，缝隙均匀，浇水后缝隙要严密且板条不翘曲，但梁底板的板条宽度不受限制，以免漏浆。拼条截面尺寸为 25mm×35mm～50mm×50mm，拼条间距根据施工荷载大小及板条的厚度而定，一般取 400～500mm。

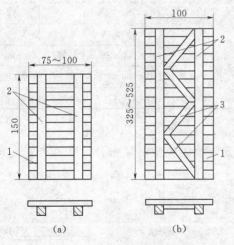

图 3-3 标准平面木模板
(a) 小型平面木模板；(b) 大型平面木模板
1—面板；2—加劲肋；3—斜撑

四、滑动模板

滑动模板（简称为滑模），是在混凝土连续浇注过程中，可使模板面紧贴混凝土面滑动的模板。采用滑模施工要比常规施工节约木材（包括模板和脚手板等）70%左右；采用滑模施工可以节约劳动力约 30%～50%左右；采用滑模施工要比常规施工的工期短，速度快，可以缩短施工周期约 30%～50%左右；滑模施工的结构整体性好，抗震效果明显，适用于高层或超高层抗震建筑物和高耸构筑物施工；滑模施工的设备便于加工、安装、运输。

五、其他形式模板

（一）混凝土预制模板

混凝土预制模板可以工厂化生产，安装时多依靠自重维持稳定，因而可以节约大量的木材和钢材；因它既是模板，又是建筑物的组成部分，可提高建筑物表面的抗渗、抗冻和稳定性；简化了施工程序，可以加快工程进度。但安装时必须配合吊装设备进行。

混凝土预制模板主要用于挡土墙、大坝垂直部位、坝内廊道等处。施工中应注意模板与新浇混凝土表面结合处的凿毛处理，以保证结合。预制钢筋混凝土整体式廊道模板如图 3-4 所示。

（二）土模

在小型水利工程施工中，为了节省木材，常用土模代替木模。土模除具有施工简单、节约木材、技术容易为群众掌握等优点外，还具有温度稳定，有一定湿度和浇筑时不易跑浆等特点，因而便于自然养护。土模可分为地下式、半地下式和地上式 3 种。地下式土模

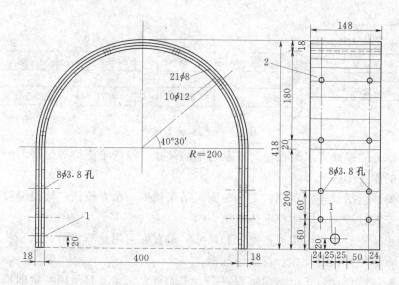

图 3-4　预制钢筋混凝土整体式廊道模板（单位：cm）

1—坝内排水孔（ϕ20）；2—起吊孔（<ϕ8）

适用于结构外形简单的预制构件，对土质有一定要求，如图 3-5（a）所示。半地下式土模，适用于构件较复杂、地下开挖较困难的情况。地面以上部分可用木模或砌砖，如图 3-5（b）所示。地上式土模的构件，全部在地坪以上，主要用于外形比较复杂的构件。地上式土模拆除、吊装都比较方便，而且易于排水，如图 3-5（c）所示。

土模施工中应注意以下几点。

（1）不宜设在透水性强的场地，黏土适宜含水量应控制在 20%～24%。

（2）地上式土模的培土宜选用砂质黏土或黏质砂土，含水量控制在 20% 左右为宜。

图 3-5　土模的形式

（a）地下式；（b）半地下式；（c）地上式

1—矩形梁；2—木桩；3—方木；4—T形梁；

5—Π形梁；6—砖心；7—培土夯实

（3）混凝土浇筑时，振捣棒一般应离开土模壁至少 5cm，以防将土模壁碰坏。

（4）土模的拆除时间应较木模稍迟，一般需在养护两周以后才能拆模，或移动构件的位置。

第二节　模　板　施　工

模板施工过程如图 3-6 所示。

一、模板安装

安装模板之前，应事先熟悉设计图纸，掌握建筑物结构的形状尺寸，并根据现场条

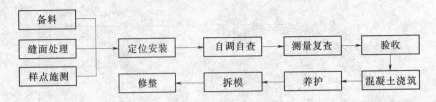

图 3-6 模板施工过程

件，初步考虑好立模及支撑的程序，以及与钢筋绑扎、混凝土浇捣等工序的配合，尽量避免工种之间的相互干扰。

模板的安装包括放样、立模、支撑加固、吊正找平、尺寸校核、堵设缝隙及清仓去污等工序。在安装过程中，应注意下述事项。

（1）模板竖立后，须切实校正位置和尺寸，垂直方向用垂球校对，水平长度用钢尺丈量两次以上，务使模板的尺寸合符设计标准。

（2）模板各结合点与支撑必须坚固紧密，牢固可靠，尤其是采用振捣器捣固的结构部位，更应注意，以免在浇捣过程中发生裂缝、鼓肚等不良情况。但为了增加模板的周转次数，减少模板拆模损耗，模板结构的安装应力求简便，尽量少用圆钉，多用螺栓、木楔、拉条等进行加固联结。

（3）凡属承重的梁板结构，跨度大于 4m 以上时，由于地基的沉陷和支撑结构的压缩变形，跨中应预留起拱高度，每米增高 3mm，两边逐渐减少，至两端同原设计高程等高。

（4）为避免拆模时建筑物受到冲击或震动，安装模板时，撑柱下端应设置硬木楔形垫块，所用支撑不得直接支承于地面，应安装在坚实的桩基或垫板上，使撑木有足够的支承面积，以免沉陷变形。

（5）模板安装完毕，最好立即浇筑混凝土，以防日晒雨淋导致模板变形。为保证混凝土表面光滑和便于拆卸，宜在模板表面涂抹肥皂水或润滑油。夏季或在气候干燥情况下，为防止模板干缩裂缝漏浆，在浇筑混凝土之前，需洒水养护。如发现模板因干燥产生裂缝，应事先用木条或油灰填塞衬补。

（6）安装边墙、柱、闸墩等模板时，在浇筑混凝土以前，应将模板内的木屑、刨片、泥块等杂物清除干净，并仔细检查各联结点及接头处的螺栓、拉条、楔木等有无松动滑脱现象。在浇筑混凝土过程中，木工、钢筋、混凝土、架子等工种均应有专人"看仓"，以便发现问题随时加固修理。

（7）模板安装的偏差，应符合设计要求的规定，特别是对于通过高速水流，有金属结构及机电安装等部位，更不应超出规范的允许值。施工中安装模板的允许偏差，可参考表3-2中规定的数值。

表 3-2　　　　　　　　　大体积混凝土木模板安装的允许偏差　　　　　　　单位：mm

项次	偏 差 项 目	混凝土结构部位	
		外露表面	隐藏内面
1	模板平整度： 相邻两面板高差 局部不平（用2m直尺检查）	3 5	5 10

续表

项次	偏 差 项 目	混凝土结构部位	
		外露表面	隐藏内面
2	结构物边线与设计边线	10	15
3	结构物水平截面内部尺寸	±20	
4	承重模板标高	±5	
5	预留孔、洞尺寸及位置	±10	

二、模板隔离剂

模板安装前或安装后，为防止模板与混凝土粘结在一起，便于拆模，应及时在模板的表面涂刷隔离剂。常用模板隔离剂见表3-3。

表 3-3　　　　　　　　常用模板隔离剂配比、配置及使用表

类别	材料及重量配合比	配制和使用方法	优缺点及使用
水质类隔离剂	肥皂液	用肥皂切片泡水，涂刷模板1～2遍	涂刷方便，易脱模，价廉；但冬雨季不能使用。适于木模，混凝土、砖胎模使用
	洗衣粉∶滑石粉＝1∶5	按比例用适量温水搅至浆状使用	优缺点同上，适于钢模、各种胎模
	松香∶肥皂∶柴油∶水＝15∶12∶100∶800	松香、肥皂、柴油按比例加好后，冲入水搅拌均匀使用	涂刷干后遇雨仍保持隔离效果，适于长线台座使用
	石灰水	将石灰膏加水拌成糊状，均匀涂1～2遍	取材容易，涂刷方便，成本低，但较易脱落。适于土、混凝土脱模使用
	107胶∶滑石粉∶水＝1∶1∶1	将建筑胶与水调匀，再将滑石粉加入调匀，涂刷1～2遍	材料易得，操作方便，易于脱模。适于钢模板使用
油质类隔离剂	机油∶滑石粉∶汽油＝100∶15∶10	在容器中按配比搅拌均匀，涂刷1～2遍	便于涂刷，易脱模。适于混凝土胎模使用
	废机油（机油）∶柴油＝1∶4～1∶1	将较稠废机油产柴油稀释搅匀，即可使用	便于涂刷，易脱模，干后下雨仍有效。适于钢、木模、各种胎模使用
	废机油∶水泥（滑石粉）∶水＝1∶1.4（1.2）∶0.4	将3种组分拌和至乳状，刷1～2遍	材料易得，便于涂刷，表面光滑；但钢筋和构件较易沾油
石蜡类隔离剂	石蜡	将石蜡均匀涂于模板面，用喷灯熔化，干布均匀涂擦，再均匀喷烤至深入木质内	易脱模，板面光滑；但成本较高，蒸汽养护时不能使用。适于木定型模板使用
	石蜡∶煤油＝1∶2	将石蜡与2份柴油混合用水浴加热溶化，再加入剩余柴油拌匀	便于涂刷，易脱模，板面光滑；但成本稍高，蒸汽养护时不能使用。适于钢模板、混凝土台座使用
乳剂类隔离剂	乳化机油∶水＝1∶5	在容器中按配合比混合搅匀，涂刷1～2遍	有商品供应，使用方便，易脱模。适于木模使用
	高分子有机酸＋矿物油	即金属切削加工使用的润滑冷却剂	有商品供应，使用方便，易于脱模。适于钢模、混凝土胎模使用

三、模板拆除

模板的拆除顺序一般是先非承重模板，后承重模板；先侧板，后底板。

（一）拆模期限

（1）不承重的侧模板在混凝土强度能保证混凝土表面和棱角不因拆模而受损害时方可拆模。一般此时混凝土的强度应达到 2.5MPa 以上。

（2）承重模板应在混凝土达到下列强度以后方能拆除（按设计强度的百分率计）。

1）当梁、板、拱的跨度小于 2m 时，要求达到设计强度的 50%。

2）跨度为 2～5m 时，要求达到设计强度的 70%。

3）跨度为 5m 以上时，要求达到设计强度的 100%。

4）悬臂板、梁跨度小于 2m 为 70%；跨度大于 2m 为 100%。

（二）拆模注意事项

模板拆卸工作应注意以下事项。

（1）模板拆除工作应遵守一定的方法与步骤。拆模时要按照模板各结合点构造情况，逐块松卸。首先去掉扒钉、螺栓等连接铁件，然后用撬杠将模板松动或用木楔插入模板与混凝土接触面的缝隙中，以锤击木楔，使模板与混凝土面逐渐分离。拆模时，禁止用重锤直接敲击模板，以免使建筑物受到强烈震动或将模板毁坏。

（2）拆卸拱形模板时，应先将支柱下的木楔缓慢放松，使拱架徐徐下降，避免新拱因模板突然大幅度下沉而担负全部自重，并应从跨中点向两端同时对称拆卸。拆卸跨度较大的拱模时，则需从拱顶中部分段分期向两端对称拆卸。

（3）高空拆卸模板时，不得将模板自高处摔下，而应用绳索吊卸，以防砸坏模板或发生事故。

（4）当模板拆卸完毕后，应将附着在板面上的混凝土砂浆洗凿干净，损坏部分需加修整，板上的圆钉应及时拔除（部分可以回收使用），以免刺脚伤人。卸下的螺栓应与螺帽、垫圈等拧在一起，并加黄油防锈。扒钉、铁丝等物均应收捡归仓，不得丢失。所有模板应按规格分放，妥加保管，以备下次立模周转使用。

（5）对于大体积混凝土，为了防止拆模后混凝土表面温度骤然下降而产生表面裂缝，应考虑外界温度的变化而确定拆模时间，并应避免早、晚或夜间拆模。

第三节 脚 手 架

一、脚手架的作用

脚手架是施工作业中不可缺少的手段和设备工具，是为施工现场工作人员生产和堆放部分建筑材料所提供的操作平台，它既要满足施工的需要，又要为保证工程质量和提高工作效率创造条件。其主要作用有以下几方面。

（1）要保证工程作业面的连续性施工。

（2）能满足施工操作所需要的运料和堆料要求，并方便操作。

（3）对高处作业人员能起到防护作用，以确保施工人员的人身安全。

（4）使操作不致影响工效和工程的质量。

（5）能满足多层作业、交叉作业、流水作业和多工种之间配合作业的要求。

二、脚手架的分类

脚手架的分类方法很多，通常按以下几种方式分类。

1. 按脚手架的用途划分

一般可分为以下 4 类。

（1）结构工程作业脚手架（简称为结构脚手架）：它是为满足结构施工作业需要而设置的脚手架，也称为砌筑脚手架。

（2）装修工程作业脚手架（简称为装修脚手架）：它是为满足装修施工作业而设置的脚手架。

（3）支撑和承重脚手架（简称为模板支撑架或承重脚手架）：它是为支撑模板及其荷载或为满足其他承重要求而设置的脚手架。

（4）防护脚手架：包括作业围护用墙式单排脚手架和通道防护棚等，是为施工安全设置的架子。

2. 按脚手架的设置状态划分

（1）落地式脚手架：脚手架荷载通过立杆传递给架设脚手架的地面、楼面、屋面或其他支持结构物。

（2）挑脚手架：从建筑物内伸出的或固定于工程结构外侧的悬挑梁或其他悬挑结构上向上搭设的脚手架。脚手架通过悬挑结构将荷载传递给工程结构承受。

（3）挂脚手架：使用预埋托挂件或挑出悬挂结构将定型作业架悬挂于建筑物的外墙面。

（4）吊脚手架：悬吊于屋面结构或屋面悬挑梁之下的脚手架。当脚手架为篮式构造时，就称为"吊篮"。

（5）桥式脚手架：由桥式工作台及其两端支柱（一般格构式）构成的脚手架。桥式工作台可自由提升和下降。

（6）移动式脚手架：自身具有稳定结构、可移动使用的脚手架。

3. 按脚手架的搭设位置划分

（1）外脚手架：是沿建筑物外墙外侧周边搭设的一种脚手架。它既可用于砌筑墙柱，又可用于外装修。

（2）里脚手架：用于建筑物内墙的砌筑、装修用的脚手架。在施工中，里脚手势搭设在各层楼板上，每层楼板只需搭设两、三步。

4. 按脚手架杆件、配件材料和连接方式划分

（1）木、竹脚手架。

（2）扣件式钢管脚手架。

（3）碗扣式钢管脚手架。

（4）门式钢管脚手架。

（5）其他连接形式钢脚手架。

三、木脚手架

1. 概述

木脚手架取材方便，经济适用，历史悠久，搭设经验丰富，技术成熟，是我国工程施

工中应用较为广泛的脚手架。但这些脚手架由于木材用量大，重复利用率低，因而，在各方面条件允许的情况下，尽可能不使用木脚手架。

这类脚手架选用木杆为主要杆件，采用8号铁丝绑扎而成。木脚手架根据使用要求可搭设成单排脚手架或双排脚手架。它是由立杆、大横杆、小横杆、斜撑、剪刀撑、抛撑、扫地杆及脚手板等组成。

2. 木脚手架的搭设

木脚手架的搭设方式通常有单排外脚手架和双排外脚手架，如图3-7所示。单排外脚手架外侧只有一排立杆，小横杆一端与立杆或大横杆连接，另一端搁置在建筑物上。

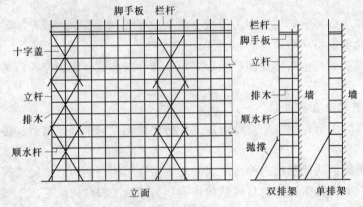

图 3-7 木脚手架

注意事项有以下几点。

（1）由于单排外脚手架稳定性差，搭设高度一般不得超过20m。

（2）小横杆在墙上的搁置宽度不宜小于240mm。

（3）立杆埋设深度一般不小于0.5m。也可直接立于地面，但应加设垫板，并用扫地杆帮助稳定。

（4）立杆的间距以1.5m左右为宜，最大不能超过2m。横杆的距离一般为1~1.2m，最大不得超过1.5m。

（5）十字盖之间的间距：一般每隔6根立杆设一档十字盖，十字盖占两个立杆档，从下到上绑扎，要撑到地面，并与地面的夹角为60°。

双排外脚手架内外两侧均设立杆，小横杆两端分别与内、外侧立杆连接的外脚手架。它的稳定性比较好，搭设高度一般不超过30m。

此外，木脚手架常作为坡道，坡道的架设，如图3-8所示。

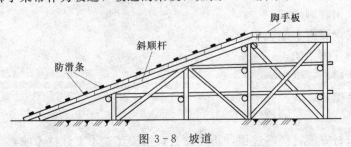

图 3-8 坡道

四、扣件式钢管脚手架

扣件式钢管脚手架是由钢管和扣件组成，它搭拆方便、灵活，能适应建筑物中平立面的变化，强度高，坚固耐用。扣件式钢管脚手架还可以格成井字架、栈桥和上料台架等，应用较多。

（一）材料要求

1. 杆件用料要求

扣件式钢管脚手架的主要杆件有：立杆、顺水杆（大横杆）、排木则（小横杆）、十字盖（剪刀撑）、压柱子（抛撑、斜撑）、底座、扣件等。

钢管：采用外径为 48～51mm，壁厚为 3～3.5mm 的钢管，长度以 4～6.5m 和 2.1～2.3m 为宜。

2. 底座

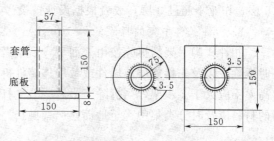

图 3-9 底座（单位：mm）

扣件式钢管脚手架的底座，是由套管和底板焊成。套管一般用外径 57mm，壁厚 3.5mm 的钢管（或用外径为 60mm，壁厚 3～4mm 的钢管），长为 150mm。底板一般用边长（或直径）150mm，厚为 5mm 的钢板，如图 3-9 所示。

3. 扣件

扣件是用铸铁锻制而成，螺栓用 Q235 钢制成，其形式有 3 种，如图 3-10 所示。

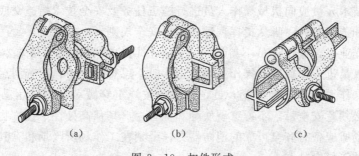

(a)   (b)   (c)

图 3-10 扣件形式
(a) 回转扣件；(b) 直角扣件；(c) 对接扣件

（1）回转扣件：回转扣件用于连接扣紧呈任意角度相交的杆件，如立杆与十字盖的连接。

（2）直角扣件：直角扣件又称十字扣件，用于连接扣紧两根垂直相交的杆件，如立杆与顺水杆、排木的连接。

（3）对接扣件：对接扣件又称一字扣件，用于两根杆件的对接接长，如立杆、顺水杆的接长。

（二）扣件式钢管脚手架的搭设与拆除

1. 扣件式钢管脚手架的搭设

架的搭设要求钢管的规格相同，地基平整夯实；对高层建筑物脚手架的基础要进行验算，脚手架地基的四周排水畅通，立杆底端要设底座或垫木。通常脚手架搭设顺序为：放置纵向扫地杆→横向扫地杆→立杆→第一步纵向水平杆（大横杆）→第一步横向水平杆（小横杆）→连墙件（或加抛撑）→第二步纵向水平杆（大横杆）→第二步横向水平杆（小横杆）……

开始搭设第一节立杆时，每6跨应暂设一根抛撑，当搭设至设有连墙件的构造层时，应立即设置连墙件与墙体连接，当装设两道墙件后，抛撑便可拆除。双排脚手架的小横杆靠墙一端应离开墙体装饰面至少100mm，杆件相交的伸出端长度不小于100mm，以防止杆件滑脱；扣件规格必须与钢管外径相一致，扣件螺栓拧紧。除操作层的脚手板外，宜每隔1.2m高满铺一层脚手板，在脚手架全高或高层脚手架的每个高度区段内，铺板不多于6层，作业不超过3层，或者根据设计搭设。

2. 扣件式脚手架的拆除

扣件式脚手架的拆除按由上而下，后搭者先拆，先搭者后拆的顺序进行，严禁上下同时拆除，以及先将整层连墙件或数层连墙件拆除后再拆其余杆件。如果采用分段拆除，其高差不应大于2步架，当拆除至最后一节立杆时，应先加临时抛撑，后拆除连墙件，拆下的材料应及时分类集中运至地面，严禁抛扔。

第四节 模板施工安全知识

模板施工中的不安全因素较多，从模板的加工制作，到模板的支模拆除，都必须认真加以防范。

(1) 施工技术人员应向机械操作人员进行施工任务及安全技术措施交底。操作人员应熟悉作业环境和施工条件，听从指挥，遵守现场安全规则。

(2) 机械作业时，操作人员不得擅自离开工作岗位或将机械交给非本机操作人员操作。严禁无关人员进入作业区和操作室内。工作时，思想要集中，严禁酒后操作。

(3) 机械操作人员和配合作业人员，都必须按规定穿戴劳动保护用品，长发不得外露。高空作业必须戴安全带，不得穿硬底鞋和拖鞋。严禁从高处往下投掷物件。

(4) 工作场所应备有齐全可靠的消防器材。严禁在工作场所吸烟和有其他明火，并不得存放油、棉纱等易燃品。

(5) 加工前，应从木料中清除铁钉、铁丝等金属物。作业后，切断电源，锁好闸箱，进行擦拭、润滑、清除木屑、刨花。

(6) 悬空安装大模板、吊装第一块预制构件、吊装单独的大中型预制构件时，必须站在操作平台上操作。吊装中的大模板和预制构件上，严禁站人和行走。

(7) 模板支撑和拆卸时的悬空作业，必须遵守下列规定。

1) 支模应按规定的作业程序进行，模板未固定前不得进行下一道工序。严禁在连接件和支撑件上攀登上下，并严禁在上下同一垂直面上装、拆模板。结构复杂的模板，装、拆应严格按照施工组织设计的措施进行。

2) 支设高度在3m以上的柱模板，四周应设斜撑，并应立操作平台。低于3m的可使用马凳操作。

3) 支设悬挑形式的模板时，应有稳固的立足点。支设临空构筑物模板时，应搭设支架或脚手架。模板上有预留洞时，应在安装后将洞盖没。混凝土板上拆模后形成的临边或洞口，应按有关要求进行防护。

4）拆模高处作业，应配置登高用具或搭设支架。

（8）滑模施工中应经常与当地气象台、占取得联系，遇到雷雨、六级和六级以上大风时，必须停止施工。

复 习 思 考 题

3-1 什么叫模板？模板的作用有哪些？

3-2 对模板的基本要求有哪些？

3-3 模板设计的内容有哪些？

3-4 根据工程实践经验，模板设计大致可分为几个环节？

3-5 模板的受力型式及荷载有哪些？

3-6 模板稳定校核包括哪些内容？

3-7 模板分为哪几类？

3-8 定型组合钢模板是由哪几部分组成的？

3-9 定型组合钢模板连接件有哪几种型式？

3-10 木模板由哪几部分组成？有哪些特点？

3-11 什么叫滑动模板？

3-12 滑模施工有哪些特点？

3-13 滑模系统是由哪几部分组成的？

3-14 滑模系统主要部件的构造有哪些？

3-15 滑模液压提升系统是由哪几部分组成的？

3-16 滑模施工操作工艺有哪些？

3-17 滑模滑升主要包括哪几个阶段？每个阶段各有哪些基本要求？

3-18 其他形式的模板有哪些？各适用于哪些条件？

3-19 模板安装的程序是怎样的？主要包括哪些内容？

3-20 模板在安装过程中应注意哪些事项？

3-21 模板拆除时要注意些什么？

3-22 什么叫脚手架？脚手架的作用有哪些？

3-23 脚手架一般分为哪几类？

3-24 什么叫木脚手架？它有哪些特点？它主要由哪些部件组成？

3-25 木脚手架的搭设方式有哪几种？搭设时要注意些什么？

3-26 什么叫扣件式钢管脚手架？它有哪些特点？

3-27 钢管脚手架各杆件对材料有哪些要求？

3-28 扣件式钢管脚手架的搭设与拆除，其基本程序是怎样的？

3-29 模板施工时要注意哪些安全事项？

第四章 钢 筋 工 程

第一节 钢 筋 的 验 收 与 配 料

一、钢筋的验收与贮存

（一）钢筋的验收

钢筋进场应具有出厂证明书或试验报告单，每捆（盘）钢筋应有标牌，同时应按有关标准和规定进行外观检查和分批作力学性能试验。钢筋在使用时，如发现脆断、焊接性能不良或机械性能显著不正常等，则应进行钢筋化学成分检验。

1. 外观检查

外观检查应满足表4-1要求。

表 4-1　　　　　　　　　　钢筋外观检查要求

钢筋种类	外 观 要 求
热轧钢筋	表面不得有裂纹、结疤和折叠，如有凸块不得超过横肋的高度，其他缺陷的高度和深度不得大于所在部位尺寸的允许偏差，钢筋外形尺寸等应符合国家标准
热处理钢筋	表面不得有裂纹、结疤和折叠，如局部凸块不得超过横肋的高度。钢筋外形尺寸应符合国家标准
冷拉钢筋	表面不得有裂纹和局部缩颈
冷拔低碳钢丝	表面不得有裂纹和机械损伤
碳素钢丝	表面不得有裂纹、小刺、机械损伤、锈皮和油漆
刻痕钢丝	表面不得有裂纹、分层、锈皮、结疤
钢绞线	不得有折断、横裂和相互交叉的钢丝，表面不得有润滑剂、油渍

2. 验收要求

钢筋、钢丝、钢绞线应作成批验收，作力学性能、试验时其抽样方法，应按相应标准所规定的规则抽取，见表4-2。

表 4-2　　　　　　　　钢筋、钢丝、钢绞线验收要求和方法

钢筋种类	验收批钢筋组成	每批数量	取样方法
热轧钢筋	1. 同一牌号、规格和同一炉罐号 2. 同钢号的混合批，不超过6个炉罐号	≤60t	在每批钢筋中任取2根钢筋，每根钢筋取1个拉力试样和1个冷弯试样
热处理钢筋	1. 同一处截面尺寸，同一热处理制度和炉罐号 2. 同钢号的混合批，不超过10个炉罐号	≤60t	取10%盘数（不少于25盘），每盘1个拉力试样
冷拉钢筋	同级别、同直径	≤20t	任取2根钢筋，每根钢筋取1个拉力试样和1个冷弯试样

续表

钢筋种类		验收批钢筋组成	每批数量	取样方法
冷拔低碳钢丝	甲级		逐盘检查	每盘取1个拉力试样和1个弯曲试样
	乙级	用相同材料的钢筋冷拔成同直径的钢丝	5t	任取3盘，每盘取1个拉力试样和1个弯曲试样
碳素钢丝刻痕钢丝		同一钢号、同一形状尺寸、同一交货状态		取5%盘数（不少于3盘），优质钢丝取10%盘数（不少于3盘），每盘取1个拉力试样和1个冷弯试样
钢绞线		同一钢号、同一形状尺寸、同一生产工艺	≤60t	任取3盘，每盘取1个拉力试样

注　拉力试验包括屈服点、抗拉强度和伸长率3个指标。

检验要求，如有一个试样一项试验指标不合格，则另取双倍数量的试样进行复检，如仍有一个试样不合格，则该批钢筋不予验收。

（二）钢筋的贮存

钢筋进场后，必须严格按批分等级、牌号、直径、长度挂牌存放，不得混淆。钢筋应尽量堆入仓库或料棚内。条件不具备时，应选择地势较高，土质坚硬的场地存放。堆放时，钢筋下部应垫高，离地至少20cm高，以防钢筋锈蚀。在堆场周围应挖排水沟，以利泄水。

二、钢筋的配料

钢筋的配料是指识读工程图纸、计算钢筋下料长度和编制配筋表。

（一）钢筋下料长度

1. 钢筋长度

施工图（钢筋图）中所指的钢筋长度是钢筋外缘至外缘之间的长度，即外包尺寸。

2. 混凝土保护层厚度

混凝土保护层厚度是指受力钢筋外缘至混凝土表面的距离，其作用是保护钢筋在混凝土中不被锈蚀。

3. 钢筋接头增加值

由于钢筋直条的供货长度一般为6～10m，而有的钢筋混凝土结构的尺寸很大，需要对钢筋进行接长。钢筋接头增加值见表4－3、表4－4、表4－5。

表4－3　钢筋绑扎接头的最小搭接长度

钢筋级别	HPB235级	HRB335级	HRB400级
受拉区	30d	35d	40d
受压区	20d	25d	30d

表4－4　钢筋对焊长度损失值　单位：mm

钢筋直径	<16	16～25	>25
损失值	20	25	30

表4－5　钢筋搭接焊最小搭接长度

焊接类型	HPB235级钢筋	HRB335级钢筋和HRB400级钢筋
双面焊	4d	5d
单面焊	8d	10d

4. 钢筋弯曲调整长度

钢筋有弯曲时，在弯曲处的内侧发生收缩，而外皮却出现延伸，而中心线则保持原有尺寸。一般量取钢筋尺寸时，对于架立筋和受力筋量外皮、箍筋量内皮、下料则量中心线。这样，对于弯曲钢筋计算长度和下料长度均存在差异。

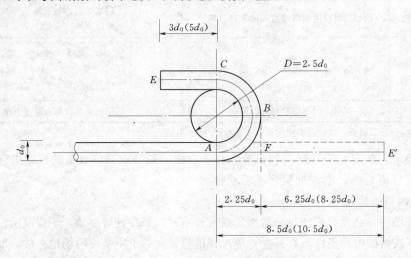

图 4-1　钢筋弯曲 180°尺寸图

（1）弯钩增加长度。根据规定，HPB 级钢筋两端做 180°弯钩，其弯曲直径 $D = 2.5d$，平直部分为 $3d$（手工弯钩为 $1.75d$），如图 4-1 所示。量度方法以外包尺寸度量，其每个弯钩的增加长度为：

$$EF = ABC + EC - AF = 1/2\pi(D + d) + 3d - (1/2D + d)$$
$$= 0.5\pi(2.5d + d) + 3d - (0.5 \times 2.5d + d)$$
$$= 6.25d$$

同理可得 135°斜弯钩每个弯钩的增加长度为 $5d$。

（2）弯折减少长度。90°弯折时按施工规范有两种情况：HPB 级钢筋弯曲直径 $D = 2.5d$，HRB335 级钢筋弯曲直径 $D = 4d$，如图 4-2 所示。其每个弯曲的减少长度为：

$$ABC - A'C' - C'B' = 1/4\pi(D + d)$$
$$- 2(0.5D + d)$$
$$= -(0.215D + 1.215d)$$

当弯曲直径 $D = 2.5d$ 时，其值为 $-1.75d$；

当弯曲直径 $D = 4d$ 时，其值为 $-2.07d$。

为计算方便，两者都取其近似值 $-2d$。

同理可得 45°、60°、135°弯折的减少长

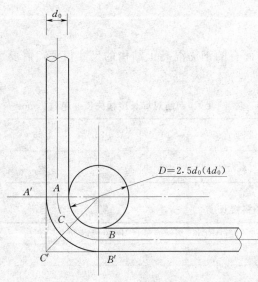

图 4-2　钢筋弯曲 90°尺寸图

度分别为－0.5d、－0.85d、－2.5d。将上述结果整理成表 4 - 6。

表 4 - 6 　　　　　　　　　　　　　　钢 筋 弯 曲 调 整 长 度

弯曲类型	弯 钩			弯 折				
	180°	135°	90°	30°	45°	60°	90°	135°
调整长度	6.25d	5d	3.2d	－0.35d	－0.5d	－0.85d	－2d	－2.5d

为了箍筋计算方便，一般将箍筋的弯钩增加长度、弯折减少长度两项合并成一箍筋调整值，见表 4 - 7。计算时将箍筋外包尺寸或内皮尺寸加上箍筋调整值即为箍筋下料长度。

表 4 - 7 　　　　　　　　　　　　　箍 筋 调 整 值 　　　　　　　　　单位：mm

箍筋量度方法	箍 筋 直 径			
	4～5	6	8	10～12
量外包尺寸	40	50	60	70
量内皮尺寸	80	100	120	150～170

5. 钢筋下料长度计算

直筋下料长度＝构件长度＋搭接长度－保护层厚度＋弯钩增加长度

弯起筋下料长度＝直段长度＋斜段长度＋搭接长度－弯折减少长度＋弯钩增加长度

箍筋下料长度＝直段长度＋弯钩增加长度－弯折减少长度

　　　　　　　＝箍筋周长＋箍筋调整值

（二）钢筋配料

钢筋配料是钢筋加工中的一项重要工作，合理地配料能使钢筋得到最大限度的利用，并使钢筋的安装和绑扎工作简单化。钢筋配料是依据钢筋表合理安排同规格、同品种的下料，使钢筋的出厂规格长度能够得以充分利用，或库存各种规格和长度的钢筋得以充分利用。

1. 归整相同规格和材质的钢筋

下料长度计算完毕后，把相同规格和材质的钢筋进行归整和组合，同时根据现有钢筋的长度和能够及是时采购到的钢筋的长度进行合理组合加工。

2. 合理利用钢筋的接头位置

对有接头的配料，在满足构件中接头的对焊或搭接长度，接头错开的前提下，必须根据钢筋原材料的长度来考虑接头的布置。要充分考虑原材料被截下来的一段长度的合理使用，如果能够使一根钢筋正好分成几段钢筋的下料长度，则是最佳方案。但往往难以做到，所以在配料时，要尽量地使用被截下的一段能够长一些，这样才不致使余料成为废料，使钢筋能得到充分利用。

3. 钢筋配料应注意的事项

（1）配料计算时，要考虑钢筋的形状和尺寸在满足设计要求的前提下，要有利于加工安装。

（2）配料时，要考虑施工需要的附加钢筋。如板双层钢筋中保证上层钢筋位置的撑脚、墩墙双层钢筋中固定钢筋间距的撑铁、柱钢筋骨架增加四面斜撑等。

根据钢筋下料长度计算结果和配料选择后，汇总编制钢筋配单。在钢筋配料单中必须反映出工程部位、构件名称、钢筋编号、钢筋简图及尺寸、钢筋直径、钢号、数量、下料长度、钢筋重量等。

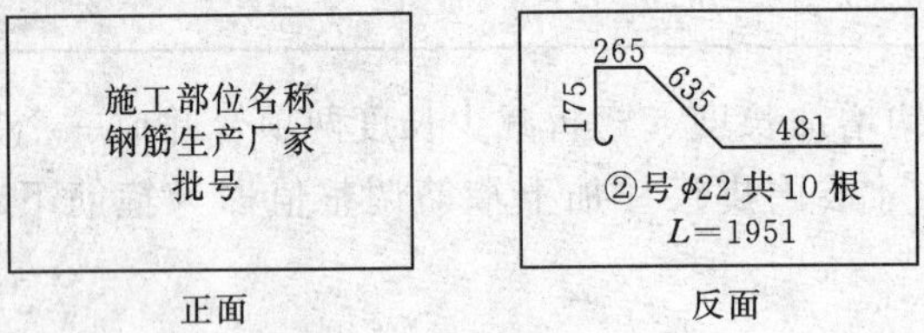

列入加工计划的配料单，将每一编号的钢筋制作一块料牌作为钢筋加工的依据，并在安装中作为区别各工程部位、构件和各种编号钢筋的标志，如图 4 - 3 所示。

钢筋配料单和料牌，应严格校核，必须准确无误，以免返工浪费。

```
┌─────────────────┐        265
│                 │   175 ╲  635
│  施工部位名称     │          ╲        481
│  钢筋生产厂家     │      ②号 φ22 共 10 根
│  批号            │          L=1951
│                 │
└─────────────────┘
     正面                  反面
```

图 4 - 3 钢筋料牌

三、钢筋代换

钢筋加工时，由于工地现有钢筋的种类、钢号和直径与设计不符，应根据不影响使用条件下进行代换。但代换必须征得工程监理的同意。

1. 钢筋代换的基本原则

（1）等强度代换。不同种类的钢筋代换，按抗拉设计值相等的原则进行代换。

（2）等截面代换。相同种类和级别的钢筋代换，按截面相等的原则进行代换。

2. 钢筋代换方法

（1）等强度代换。如施工图中所用的钢筋设计强度为 f_{y1}，钢筋总面积为 A_{s1}，代换后的钢筋设计强度为 f_{y2}，钢筋总面积为 A_{s2}，则应使

$$A_{s1} f_{y1} \leqslant A_{s2} f_{y2}$$

即

$$\frac{n_1 \pi d_1^2 f_{y1}}{4} \leqslant \frac{n_2 \pi d_2^2 f_{y2}}{4}$$

$$n_2 \geqslant \frac{n_1 d_1^2 f_{y1}}{d_2^2 f_{y2}}$$

式中　n_1——施工图钢筋根数；

　　　　n_2——代换钢筋根数；

　　　　d_1——施工图钢筋直径；

　　　　d_2——代换钢筋直径。

（2）等截面代换。如代换后的钢筋与设计钢筋级别相同，则应使

$$A_{s1} \leqslant A_{s2}$$

则

$$n_2 \geqslant \frac{n_1 d_1^2}{d_2^2}$$

式中符号意义同上。

3. 钢筋代换注意事项

在水利水电工程施工中进行钢筋代换时，应注意以下事项。

（1）以一种钢号钢筋代替施工图中规定钢号的钢筋时，应按设计所用钢筋计算强度和

实际使用的钢筋计算强度经计算后，对截面面积作相应的改变。

（2）某种直径的钢筋以钢号相同的另一种钢筋代替时，其直径变更范围不宜超过4mm，变更后的钢筋总截面积较设计规定的总截面积不得小于2％或超过3％。

（3）如用冷处理钢筋代替设计中的热轧钢筋时，宜采用改变钢筋直径的方法而不宜采用改变钢筋根数的方法来减少钢筋截面积。

（4）以较粗钢筋代替较细钢筋时，部分构件（如预制构件、受挠构件等）应校核钢筋握裹力。

（5）要遵守钢筋代换的基本原则：①当构件受强度控制时，钢筋可按等强度代换；②当构件按最小配筋率配筋时，钢筋可按等截面代换；③当构件受裂缝宽度或挠度控制时，代换后应进行裂缝宽度或挠度验算。

（6）对一些重要构件，凡不宜用 HPB235 级光面钢筋代替其他钢筋的，不得轻易代用，以免受拉部位的裂缝开展过大。

（7）在钢筋代换中不允许改变构件的有效高度，否则就会降低构件的承载能力。

（8）对于在施工图中明确不能以其他钢筋进行代换的构件和结构的某些部位，均不得擅自进行代换。

（9）钢筋代换后，应满足钢筋构造要求，如钢筋的根数、间距、直径、锚固长度。

第二节 钢筋内场加工

一、钢筋的除锈

钢筋由于保管不善或存放时间过久，就会受潮生锈。在生锈初期，钢筋表面呈黄褐色，称水锈或色锈，这种水锈除在焊点附近必须清除外，一般可不处理；但是当钢筋锈蚀进一步发展，钢筋表面已形成一层锈皮，受锤击或碰撞可见其剥落，这种铁锈不能很好地和混凝土粘结，影响钢筋和混凝土的握裹力，并且在混凝土中继续发展，需要清除。

钢筋除锈方式有 3 种：①手工除锈，如钢丝刷、砂堆、麻袋砂包、砂盘等擦锈；②除锈机械除锈；③在钢筋的其他加工工序的同时除锈，如在冷拉、调直过程中除锈。

（一）手工除锈

1. 钢丝刷擦锈

将锈钢筋并排放在工作台或木垫板上，分面轮换用钢丝刷擦锈。

2. 砂堆擦锈

将带锈钢筋放在砂堆上往返推拉，直至擦净为止。

3. 麻袋砂包擦锈

用麻袋包砂，将钢筋包裹在砂袋中，来回推拉擦锈。

4. 砂盘擦锈

在砂盘里装入掺 20％碎石的干粗砂，把锈蚀的钢筋穿进砂盘两端的半圆形槽里来回冲擦，可除去铁锈。

（二）机械除锈

除锈机由小功率电动机作为动力，带动圆盘钢丝刷的转动来清除钢筋上的铁锈。钢丝刷可单向或双向旋转。除锈机有固定式和移动式两种型式。

如图 4-4 所示为固定式除锈机，又分为封闭式和敞开式两种类型。它主要由小功率电动机和圆盘钢丝刷组成。圆盘钢丝刷有厂家供应成品，也可自行用钢丝绳废头拆开取丝编制，直径为 25～35cm，厚度为 5～15cm。所用转速一般为 1000r/min。封闭式除锈机另加装一个封闭式的排尘罩和排尘管道。

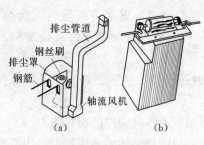

图 4-4 固定式除锈机
（a）封闭机；（b）敞开式

操作除锈机时应注意以下几点。

（1）操作人员起动除锈机，将钢筋放平握紧，侧身送料，禁止在除锈机的正前方站人。钢筋与钢丝刷的松紧度要适当，过紧会使钢丝刷损坏，过松则影响除锈效果。

（2）钢丝刷转动时不可在附近清扫锈屑。

（3）严禁将已弯曲成型的钢筋在除锈机上除锈，弯度大的钢筋宜在基本调直后再进行除锈。在整根长的钢筋除锈时，一般要由两人进行操作。两人要紧密配合，互相呼应。

（4）对于有起层锈片的钢筋，应先用小锤敲击，使锈片剥落干净，再除锈。如钢筋表面的麻坑、斑点以及锈皮已损伤钢筋的截面，则在使用前应鉴定是否降级使用或另作其他处理。

（5）使用前应特别注意检查电气设备的绝缘及接地是否良好，确保操作安全。

（6）应经常检查钢丝刷的固定螺丝有无松动，转动部分的润滑情况是否良好。

（7）检查封闭式防尘罩装置及排尘设备是否处于良好和有效状态，并按规定清扫防护罩中的锈尘。

二、钢筋调直

钢筋在使用前必须经过调直，否则会影响钢筋受力，甚至会使混凝土提前产生裂缝，如未调直直接下料，会影响钢筋的下料长度，并影响后续工序的质量。

钢筋调直应符合下列要求。

（1）钢筋的表面应洁净，使用前应无表面油渍、漆皮、锈皮等。

（2）钢筋应平直，无局部弯曲，钢筋中心线同直线的偏差不超过其全长的 1‰。成盘的钢筋或弯曲的钢筋均应调直后才允许使用。

（3）钢筋调直后其表面伤痕不得使钢筋截面积减少 5% 以上。

（一）人工调直

1. 钢丝的人工调直

冷拔低碳钢丝经冷拔加工后塑性下降，硬度增高，用一般人工平直方法调直较困难，因此一般采用机械调直的方法。但在工程量小、缺乏设备的情况下，可以采用蛇形管或夹轮牵引调直。

蛇形管是用长 40～50cm、外径 2cm 的厚壁钢管（或用外径 2.5cm 钢管内衬弹簧圈）

弯曲成蛇形，钢管内径稍大于钢丝直径，蛇形管四周钻小孔，钢丝拉拔时可使锈粉从小孔中排出。管两端连接喇叭进出口，将蛇形管固定在支架上，需要调直的钢丝穿过蛇形管，用人力向前牵引，即可将钢丝基本调直，局部弯曲处可用小锤加以平直，如图4-5所示。

冷拔低碳钢丝还可通过夹轮牵引调直，如图4-6所示。

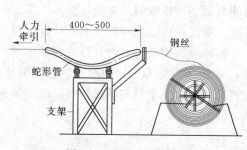

图4-5 蛇形管调直架

图4-6 夹轮牵引调直架

2. 盘圆钢筋人工调直

直径10mm以下的盘圆钢筋可用绞磨拉直，如图4-7所示，先将盘圆钢筋搁在放圈架上，人工将钢筋拉到一定长度切断，分别将钢筋两端夹在地锚和绞磨的夹具上，推动绞磨，即可将钢筋拉直。

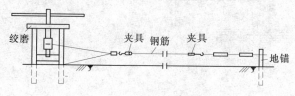

图4-7 绞磨拉直钢筋装置

3. 粗钢筋人工调直

直径10mm以上的粗钢筋是直条状，在运输和堆放过程中易造成弯曲，其调直方法是：根据具体弯曲情况将钢筋弯曲部位置于工作台的扳柱间，就势利用手工扳子将钢筋弯曲基本矫直，如图4-8所示。也可手持直段钢筋处作为力臂，直接将钢筋弯曲处放在扳柱间扳直，然后将基本矫直的钢筋放在铁砧上，用大锤敲直，如图4-9所示。

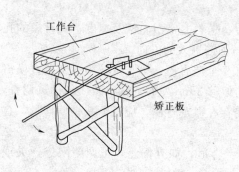

图4-8 人工矫直粗钢筋

图4-9 人工敲直钢筋

（二）机械调直

钢筋的机械调直可用钢筋调直机、弯筋机、卷扬机等调直。钢筋调直机用于圆钢筋的调直和切断，并可清除其表面的氧化皮和污迹。目前常用的钢筋调直机有GT16/4、

GT3/8、GT6/12、GT10/16。此外还有一种数控钢筋调直切断机，利用光电管进行调直、输送、切断、除锈等功能的自动控制。

　　GT16/4型钢筋调直切断机主要由放盘架、调直筒、传动箱、牵引机构、切断机构、承料架、机架及电控箱等组成，其基本构造如图4-10所示。它由电动机通过三角皮带传动，而带动调直筒高速旋转。调直筒内有五块可以调节的调直模，被调直钢筋在牵引辊强迫作用下通过调直筒，利用调直模的偏心，使钢筋得到多次连续的反复塑性变形，从而将钢筋调直。牵引与切断机构是由一台电动机，通过三角皮带传动、齿轮传动、杠杆、离合器及制动器等实现。牵引辊根据钢筋直径不同，更换相应的辊槽。当调直好的钢筋达到预设的长度，而触及电磁铁，通过杠杆控制离合器，使之与齿轮为一体，带动凸轮轴旋转，并通过凸轮和杠杆使装有切刀的刀架摆动，切断钢筋同时强迫承料架挡板打开，成品落到集材槽内，从而完成一个工作循环。

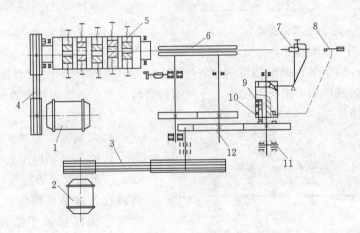

图 4-10　GT16/4型钢筋调直切断机

1、2—电动机；3、4—三角皮带；5—调直机构；6—牵引辊；7—切断机构；
8—操纵机构；9—凸轮系统；10—离合器；11—制动装置；12—变速箱

　　操作钢筋调直切断机应注意以下几点。

　　（1）按所需调直钢筋的直径选用适当的调直模、送料、牵引轮槽及速度，调直模的孔径应比钢筋直径大2~5 mm，调直模的大口应面向钢筋进入的方向。

　　（2）必须注意调整调直模。调直筒内一般设有5个调直模，第1个、第5个调直模需放在中心线上，中间3个可偏离中心线。先使钢筋偏移3mm左右的偏移量，经过试调直，如钢筋仍有宏观弯曲，可逐渐加大偏移量；如钢筋存在微观弯曲，应逐渐减少偏移量，直到调直为止。

　　（3）切断3~4根钢筋后，停机检查其长度是否合适，如有偏差，可调整限位开关或定尺板。

　　（4）导向套前部，应安装一根长度为1m左右的钢管。需调直的钢筋应先穿过该钢管，然后穿入导向套和调直筒，以防止每盘钢筋接近调直完毕时其端头弹出伤人。

　　（5）在调直过程中不应任意调整传送压辊的水平装置，如调整不当，阻力增大，会造成机内断筋，损坏设备。

（6）盘条放在放盘架上要平稳。放盘架与调直机之间应架设环形导向装置，避免断筋、乱筋时出现意外。

（7）已调直的钢筋应按级别、直径、长短、根数分别堆放。

三、钢筋切断

钢筋切断前应作好以下准备工作。

（1）汇总当班所要切断的钢筋料牌，将同规格（同级别、同直径）的钢筋分别统计，按不同长度进行长短搭配，一般情况下先断长料，后断短料，以尽量减少短头，减少损耗。

（2）检查测量长度所用工具或标志的准确性，在工作台上有量尺刻度线的，应事先检查定尺卡板（图4-11）的牢固和可靠性。在断料时应避免用短尺量长料，防止在量料中产生累计误差。

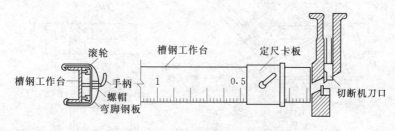

图4-11 切断机工作台和定尺卡板

（3）对根数较多的批量切断任务，在正式操作前应试切2～3根，以检验长度的准确。

钢筋切断有人工剪断、机械切断、氧气切割等3种方法。直径大于40mm的钢筋一般用氧气切割。

（一）手工切断

手工切断的工具有以下几种。

（1）断线钳。断线钳是定型产品，如图4-12所示，按其外形长度可分为450mm、600mm、750mm、900mm、1050mm 5种，最常用的是600mm。断线钳用于切断5mm以下的钢丝。

（2）手动液压钢筋切断机。手动液压钢筋切断机构造如图4-13所示。它由滑轨、刀片、压杆、柱塞、活塞、储油筒、回位弹簧及缸体等组成，能切断直径为16mm以下的钢筋、直径25mm以下的钢绞线。这种机具具有体积小、重量轻、操作简单、便于携带的特点。

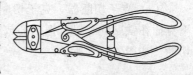

图4-12 断线钳

手动液压钢筋切断机操作时把放油阀按顺时针方向旋紧，揿动压杆使柱塞提升，吸油阀被打开，工作油进入油室；提升压杆，工作油便被压缩进入缸体内腔，压力油推动活塞前进，安装在活塞前部的刀片即可断料。切断完毕后立即按逆时针方向旋开放油阀，在回位弹簧的作用下，压力油又流回油室，刀头自动缩回缸内。如此重复动作，进行切断钢筋操作。

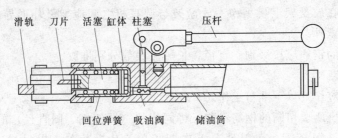

图 4-13 GJ5Y—16 型手动液压切断机

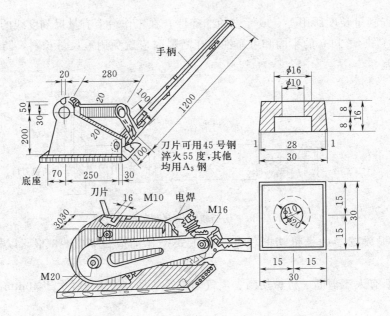

图 4-14 手压切断器（单位：mm）

（3）手压切断器。手压切断器用于切断直径 16mm 以下的 HPB 级钢筋，如图 4-14 所示。手压切断器由固定刀片、活动刀片、底座、手柄等组成，固定刀片连接在底座上，活动刀片通过几个轴（或齿轮）以杠杆原理加力来切断钢筋，当钢筋直径较大时可适当加长手柄。

（4）克子切断器。克子切断器用于钢筋加工量少或缺乏切断设备的场合。使用时将下克插在铁贴的孔里，把钢筋放在下克槽里，上克边紧贴下克边，用大锤敲击上克使钢筋切断。如图 4-15 所示。

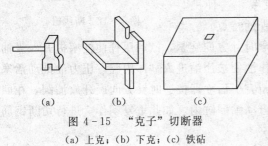

图 4-15 "克子"切断器
(a) 上克；(b) 下克；(c) 铁砧

手工切断工具如没有固定基础，在操作过程中可能发生移动，因此在采用卡板作为控制切断尺寸的标志。而大量切断钢筋时，就必须经常复核断料尺寸是否准确，特别是一种规格的钢筋切断量很大时，更应在操作过程中经常检查，避免刀口和卡板间距离发生移动，引起断料尺寸错误。

（二）机械切断

钢筋切断机是用来把钢筋原材料或已调直的钢筋切断，其主要类型有机械式、液压式和手持式钢筋切断机。机械式钢筋切断机有偏心轴立式、凸轮式和曲柄连杆式等型式。如图 4-16、图 4-17 所示。

偏心轴立式钢筋切断机由电动机、齿轮传动系统、偏心轴、压料系统、切断刀及机体部件等组成。一般用于钢筋加工生产线上。由一台功率为 3kW 的电动机通过一对皮带轮驱动飞轮轴，再经三级齿轮减速后，通过转键离合器驱动偏心轴，实现动刀片往复运动与定刀片配合切断钢筋。

曲柄连杆式钢筋切断机又分开式、半开式及封闭式 3 种，它主要由电动机、曲柄连杆机构、偏心轴、传动齿轮、减速齿轮及切断刀等组成。曲柄连杆式钢筋切断机由电动机驱动三角皮带轮，通过减速齿轮系统带动偏心轴旋转。偏心轴上的连杆带动滑块和活动刀片在机座的滑道中作往复运动，配合机座上的固定刀片切断钢筋。

操作钢筋切断机应注意以下几点：

（1）被切钢筋应先调直后才能切断。

（2）在断短料时，不用手扶的一端应用 1m 以上长度的钢管套压。

（3）切断钢筋时，操作者的手只准握在靠边一端的钢筋上，禁止使用两手分别握在钢筋的两端剪切。

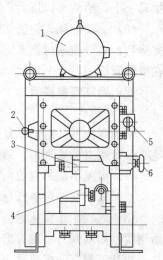

图 4-16 偏心轴立式钢筋切断机

1—电动机；2—离合器操纵杆；3—动刀片；4—定刀片；5—电气开关；6—压料机构

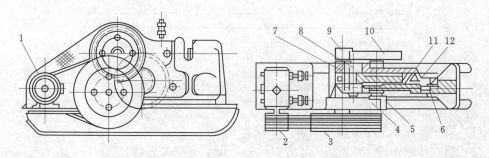

图 4-17 曲柄连杆开式钢筋切断机

1—电动机；2、3—三角皮带轮；4、5、9、10—减速齿轮；6—固定刀片；7—连杆；8—偏心轴；11—滑块；12—活动刀片

（4）向切断机送料时，要注意：①钢筋要摆直，不要将钢筋弯成弧形；②操作者要将钢筋握紧；③应在冲切刀片向后退时送进钢筋，如来不及送料，宁可等下一次退刀时再送料，否则，可能发生人身安全或设备事故；④切断 30cm 以下的短钢筋时，不能用手直接送料，可用钳子将钢筋夹住送料；⑤机器运转时，不得进行任何修理、校正或取下防护罩，不得触及运转部位，严禁将手放在刀片切断位置，铁屑、铁末不得用手抹或嘴吹，一切清洁扫除应停机后进行；⑥禁止切断规定范围外的材料、烧红的钢筋及超过刀刃硬度的

材料；⑦操作过程中如发现机械运转不正常，或有异常响声，或者刀片离合不好等情况，要立即停机，并进行检查、修理。

（5）电动液压式钢筋切断机需注意：①检查油位及电动机旋转方向是否正确；②先松开放油阀，空载运转 2min，排掉缸体内空气，然后拧紧。手握钢筋稍微用力将活塞刀片拨动一下，给活塞以压力，即可进行剪切工作。

（6）手动液压式钢筋切断机还须注意：①使用前应将放油阀按顺时针方向旋紧；切断完毕后，立即按逆时针方向旋开；②在准备工作完毕后，拔出柱销，拉开滑轨，将钢筋放在滑轨圆槽中，合上滑轨，即可剪切。

四、钢筋弯曲成型

（一）划线

钢筋弯曲前，对形状复杂的钢筋（如弯起钢筋），根据钢筋料牌上标明的尺寸，用石笔将各弯曲点位置划出。划线时应注意以下几点。

（1）根据不同的弯曲角度扣除弯曲调整值，其扣法是从相邻两段长度中各扣一半。

（2）钢筋端部带半圆弯钩时，该段长度划线时增加 $0.5d$（d 为钢筋直径）。

（3）划线工作宜从钢筋中线开始向两边进行；两边不对称的钢筋，也可从钢筋一端开始划线，如划到另一端有出入时，则应重新调整。

如某工程有一根直径 20mm 的弯起钢筋，其所需的形状和尺寸如图 4-18 所示。划线方法如下。

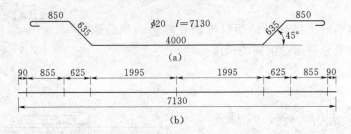

图 4-18 弯起钢筋的划线
(a) 弯起钢筋的形状和尺寸；(b) 钢筋划线

（1）第一步在钢筋中心线上划第一道线。

（2）第二步取中段 $4000/2-0.5d/2=1995mm$，划第二道线。

（3）第三步取斜段 $635-2×0.5d/2=625mm$，划第三道线。

（4）第四步取直段 $850-0.5d/2+0.5d=855mm$，划第四道线。

上述划线方法仅供参考。第一根钢筋成型后应与设计尺寸校对一遍，完全符合后再成批生产。

（二）钢筋弯曲成型

钢筋弯曲成型要求加工的钢筋形状正确，平面上没有翘曲不平的现象，便于绑扎安装。

钢筋弯曲成型有手工和机械弯曲成型两种方法。

1. 手工弯曲成型

（1）加工工具及装置。

1）工作台。弯曲钢筋的工作台，台面尺寸约为 600cm×80cm（长×宽），高度约为 80～90cm。工作台要求稳固牢靠，避免在工作时发生晃动。

2）手摇板。手摇板是弯曲盘圆钢筋的主要工具，如图 4-19 所示。手摇板 A 是用来弯制 12mm 以下的单根钢筋；手摇板 B 可弯制 8mm 以下的多根钢筋，一次可弯制 4～8 根，主要适宜弯制箍筋。手摇板为自制，它由一块钢板底盘和扳柱、扳手组成。扳手长度 30～50cm，可根据弯制钢筋直径适当调节，扳手用 14～18mm 钢筋制成；扳柱直径为 16～18mm；钢板底盘厚 4～6mm。操作时将底盘固定在工作台上，底盘面与台面相平。如果使用钢制工作台，挡板、扳柱可直接固定在台面上。

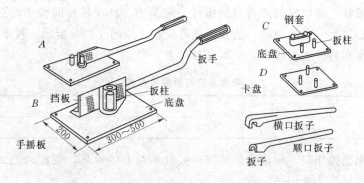

图 4-19 手工弯曲钢筋的工具（单位：mm）

3）卡盘。卡盘是弯粗钢筋的主要工具之一，它由一块钢板底盘和扳柱组成。底盘约厚 12mm，固定在工作台上；扳柱直径应根据所弯制钢筋来选择，一般为 20～25mm。卡盘有两种型式：一种是在一块钢板上焊 4 个扳柱（图 4-19 中卡盘 C），水平方向净距为 100mm，垂直方向净距为 34mm，可弯制 32mm 以下的钢筋，但在弯制 28mm 以下的钢筋时，在后面两个扳柱上要加不同厚度的钢套；另一种是在一块钢板上焊 3 个扳柱（图 4-19 中卡盘 D），扳柱的两条斜边净距为 100mm，底边净距为 80mm，这种卡盘不需配备不同厚度的钢套。

4）钢筋扳子。钢筋扳子有横口扳子和顺口扳子两种，它主要和卡盘配合使用。横口扳子又有平头和弯头两种，弯头横口扳子仅在绑扎钢筋时纠正某些钢筋形状或位置时使用，常用的是平头横口扳子。当弯制直径较粗钢筋时，可在扳子柄上接上钢管，加长力臂省力。钢筋扳子的扳口尺寸要比弯制钢筋大 2mm 较为合适，过大会影响弯制形状的正确。

（2）手工弯制作业。

1）准备工作。熟悉要进行弯曲加工钢筋的规格、形状和各部分尺寸，确定弯曲操作的步骤和工具。确定弯曲顺序，避免在弯曲时将钢筋反复调转，影响工效。

2）划线。一般划线方法是在划弯曲钢筋分段尺寸时，将不同角度的长度调整值在弯曲操作方向相反的一侧长度内扣除，划上分段尺寸线，这条线称为弯曲点线，根据这条线并按规定方法弯曲后，钢筋的形状和尺寸与图纸要求的基本相符。当形状比较简单或同一形状根数较多的钢筋进行弯曲时，可以不划线，而在工作台上按各段尺寸要求固定若干标志，按标志操作。

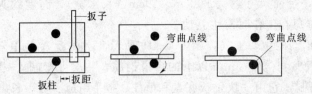

图 4-20 扳距、弯曲点线和扳柱的关系

3）试弯。在成批钢筋弯曲操作之前，各种类型的弯曲钢筋都要试弯一根，然后检查其弯曲形状、尺寸是否和设计要求相符；并校对钢筋的弯曲顺序、划线、所定的弯曲标志、扳距等是否合适。经过调整后，再进行批量生产。

4）弯曲成型。在钢筋开始弯曲前，应注意扳距和弯曲点线、扳柱之间的关系。为了保证钢筋弯曲形状正确，使钢筋弯曲圆弧有一定曲率，且在操作时扳子端部不碰到扳柱，扳子和扳柱间必须有一定的距离，这段距离称扳距，如图 4-20 所示。扳距的大小是根据钢筋的弯制角度和直径来变化的，扳距可参考表 4-8。

表 4-8　　　　　　　　　　　　　弯曲角度与扳距关系表

弯曲角度	45°	90°	135°	180°
扳距	(1.5~2) d	(2.5~3) d	(3~3.5) d	(3.5~4) d

进行弯曲钢筋操作时，钢筋弯曲点线在扳柱钢板上的位置，要配合划线的操作方向，使弯曲点线与扳柱外边缘相平。

2. 机械弯曲

钢筋弯曲机有机械钢筋弯曲机、液压钢筋弯曲机和钢筋弯箍机等几种型式。机械式钢筋弯曲机按工作原理分为齿轮式及蜗轮蜗杆式钢筋弯曲机两种。蜗轮蜗杆式钢筋弯曲机由电动机、工作盘、插入座、蜗轮、蜗杆、皮带轮、齿轮及滚轴等组成。也可在底部装设行走轮，便于移动。其构造如图 4-21 所示。弯曲钢筋在工作盘上进行，工作盘的底面与蜗

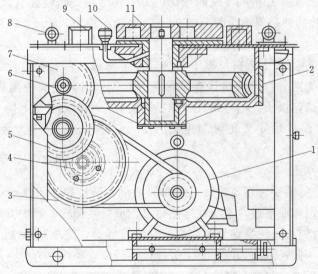

图 4-21 蜗轮蜗杆式钢筋弯曲机

1—电动机；2—蜗轮；3—皮带轮；4、5、7—齿轮；6—蜗杆；
8—滚轴；9—插入座；10—油杯；11—工作盘

轮轴连在一起，盘面上有 9 个轴孔，中心的一个孔插中心轴，周围的 8 个孔插成型轴或轴套。工作盘外的插入孔上插有挡铁轴。它由电动机带动三角皮带轮旋转，皮带轮通过齿轮传动蜗轮蜗杆，再带动工作盘旋转。当工作盘旋转时，中心轴和成型轴都在转动，由于中心轴在圆心上，圆盘虽在转动，但中心轴位置并没有移动；而成型轴却围绕着中心轴作圆弧转动。如果钢筋一端被挡铁轴阻止自由活动，那么钢筋就被成型轴绕着中心轴进行弯曲。通过调整成型轴的位置，可将钢筋弯曲成所需要的形状。改变中心轴的直径（16mm、20mm、25mm、35mm、45mm、60mm、75mm、85mm、100mm），可保证不同直径的钢筋所需的不同的弯曲半径。

齿轮式钢筋弯曲机主要由电动机、齿轮减速箱、皮带轮、工作盘、滚轴、夹持器、转轴及控制配电箱等组成，其构造如图 4-22 所示。齿轮式钢筋弯曲机，由电动机通过三角皮带轮或直接驱动圆柱齿轮减速，带动工作盘旋转。工作盘左、右两个插入座可通过调节手轮进行无级调节，并与不同直径的成型轴及挡料轴配合，把钢筋弯曲成各种不同规格。当钢筋被弯曲到预先确定的角度时，限位销触到行程开关，电动机自动停机、反转、回位。

操作钢筋切断机应注意以下几点。

（1）钢筋弯曲机要安装在坚实的地面上，放置要平稳，铁轮前后要用三角对称楔紧，设备周围要有足够的场地。非操作者不要进入工作区域，以免扳动钢筋时被碰伤。

（2）操作前要对机械各部件进行全面检查以及试运转，并检查齿轮、轴套等备件是否齐全。

（3）要熟悉倒顺开关的使用方法以及所控制的工作盘的旋转方向，钢筋放置要和成型轴、工作盘旋转方向相配合，不要放反。

变换工作盘旋转方向时，要按正转

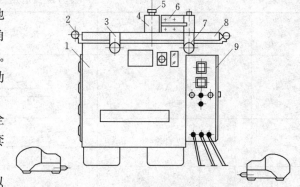

图 4-22　齿轮式钢筋弯曲机
1—机架；2—深轴；3、7—调节手轮；
4—转轴；5—紧固手柄；6—夹持器；
8—工作台；9—控制配电箱

一停一倒转操作，不要直接按正一倒转或倒一正转操作。

（4）钢筋弯曲时，其圆弧直径是由中心轴直径决定的，因此要根据钢筋粗细和所要求的圆弧弯曲直径大小随时更换中心轴或轴套。

（5）严禁在机械运转过程中更换中心轴、成型轴、挡铁轴，或进行清扫、加油。如果需要更换，必须切断电源，当机器停止转动后才能更换。

（6）弯曲钢筋时，应使钢筋挡架上的挡板贴紧钢筋，以保证弯曲质量。

（7）弯曲较长的钢筋时，要有专人扶持钢筋。扶持人员应按操作人员的指挥进行工作，不能任意推拉。

（8）在运转过程中如发现卡盘、颤动、电动机温升超过规定值，均应停机检修。

（9）不直的钢筋，禁止在弯曲机上弯曲。

第三节 钢筋接头的连接

钢筋的接头连接有焊接和机械连接两类。常用的钢筋焊接机械有电阻焊接机、电弧焊接机、气压焊接机及电渣压力焊机等。钢筋机械连接方法主要有钢筋套筒挤压连接、锥螺纹套筒连接等。

（一）钢筋焊接

采用焊接代替绑扎，可改善结构受力性能，提高工效，节约钢材，降低成本。结构的有些部位，如轴心受拉和小偏心受拉构件中的钢筋接头，应焊接。普通混凝土中直径大于22mm 的钢筋和轻骨料混凝土中直径大于 20mm 的 HRB 335 级钢筋及直径大于 25mm 的HRB335、HRB400 级钢筋，均宜采用焊接接头。

钢筋的焊接，应采用闪光对焊、电弧焊、电渣压力焊和电阻点焊。钢筋与钢板的 T形连接，宜采用埋弧压力焊或电弧焊。钢筋焊接的接头形式、焊接工艺和质量验收，应符合《钢筋焊接及验收规程》（JGJ 18—2003）的规定。焊接方法及适用范围见表 4-9。

表 4-9　　　　　　　　　　　焊接方法及适用范围

项次	焊接方法		接头型式	适用范围	
				钢筋级别	直径（mm）
1	电阻点焊			HPB 235 级 HRB 335 级 冷拔低碳钢丝	6~14 3~5
2	闪光对焊			HRB 335 级 HRB 400 级	10~40
3	电弧焊	帮条焊	双面焊	HPB 235 级 HRB 335 级 HRB 400 级	10~40
			单面焊	HPB 235 级 HRB 335 级 HRB 400 级	10~40
		搭接焊	双面焊	HPB 235 级 HRB 335 级	10~40
			单面焊	HPB 235 级 HRB 335 级	10~40
		熔槽帮条焊		HPB 235 级 HRB 335 级 HRB 400 级	25~40

续表

项次	焊接方法		接头型式	适用范围	
				钢筋级别	直径（mm）
3	电弧焊	坡口焊	平焊	HPB 235 级 HRB 335 级 HRB 400 级	18～40
			立焊	HPB 235 级 HRB 335 级 HRB 400 级	18～40
		钢筋与钢板搭接焊		HPB 235 级 HRB 335 级	8～40
		预埋件 T 形接头 电弧焊	贴角焊	HPB 235 级 HRB 335 级	6～16
			穿孔 塞焊	HPB 235 级 HRB 335 级	≥18
4	电渣压力焊			HPB 235 级 HRB 335 级	14～40
5	预埋 T 形接头 埋弧压力焊			HPB 235 级 HRB 335 级	6～20

钢筋的焊接质量与钢材的可焊性、焊接工艺有关。在相同的焊接工艺条件下，能获得良好焊接质量的钢材，称其在这种条件下的可焊性好，相反则称其在这种工艺条件下的可焊性差。钢筋的可焊性与其含碳及含合金元素的数量有关。含碳、锰数量增加，则可焊性差；加入适量的钛，可改善焊接性能。焊接参数和操作水平亦影响焊接质量，即使可焊性差的钢材，若焊接工艺适宜，亦可获得良好的焊接质量。

1. 钢筋点焊

电阻点焊主要用于焊接钢筋网片、钢筋骨架等（适用于直径 6～14mm 的 HPB235 级、HRB335 级钢筋和直径 3～5mm 的冷拔低碳钢丝），它生产效率高，节约材料，应用广泛。

电阻点焊的工作原理如图 4－23 所示，将已除锈的钢筋交叉点放在点焊机的两电极间，使钢筋通电发热至一定温度后，加压使焊点金属焊合。常用点焊机有单点点焊机、多点点焊机和悬挂式点焊机，施工现场还可采用手提式点焊机。电阻点焊的主要工艺参数为：电流强度、通电时间

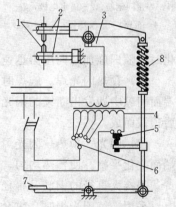

图 4－23　点焊机工作原理
1—电极；2—电极臂；3—变压器的次级线圈；4—变压器的初级线圈；5—断路器；6—变压器的调节开关；7—踏板；8—压紧机构

和电极压力。电流强度和通电时间一般均宜采用电流强度大，通电时间短的参数，电极压力则根据钢筋级别和直径选择。

电阻点焊的焊点应进行外观检查和强度试验，热轧钢筋的焊点应进行抗剪试验。冷处理钢筋除进行抗剪试验外，还应进行抗拉试验。

点焊时，将表面清理好的钢筋叠合在一起，放在两个电极之间预压夹紧，使两根钢筋交接点紧密接触。当踏下脚踏板时，带动压紧机构使上电极压紧钢筋，同时断路器也接通电路，电流经变压器次级线圈引到电极，接触点处在极短的时间内产生大量的电阻热，使钢筋加热到熔化状态，在压力作用下两根钢筋交叉焊接在一起。当放松脚踏板时，电极松开，断路器随着杠杆下降，断开电路，点焊结束。

2. 钢筋闪光对焊

闪光对焊广泛用于钢筋接长及预应力钢筋与螺丝端杆的焊接。热轧钢筋的焊接宜优先用闪光对焊，条件不可能时才用电弧焊。

钢筋闪光对焊（图4-24）是利用对焊机使两段钢筋接触，通过低电压的强电流，待钢筋被加热到一定温度变软后，进行轴向加压顶锻，形成对焊接头。钢筋闪光对焊焊接工艺应根据具体情况选择；钢筋直径较小，可采用连续闪光焊；钢筋直径较大，端面比较平整，宜采用预热闪光焊；端面不够平整，宜采用闪光—预热—闪光焊。

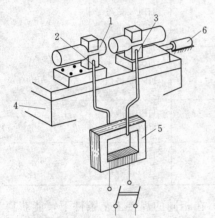

图4-24 钢筋闪光对接原理
1—焊接的钢筋；2—固定电极；3—可动电极；
4—机座；5—变压器；6—手动顶压机构

（1）连续闪光焊。这种焊接工艺过程是将钢筋夹紧在电极钳口上后，闭合电源，使两钢筋端面轻微接触。由于钢筋端部不平，开始只有一点或数点接触，接触面小而电流密度和接触电阻很大。接触点很快熔化并产生金属蒸气飞溅，形成闪光现象。闪光一开始，即徐徐移动钢筋，形成连续闪光过程，同时接头也被加热。待接头烧平、闪去杂质和氧化膜、白热熔化时，随即施加轴向压力迅速进行顶锻，使两根钢筋焊牢。

（2）预热闪光焊。施焊时先闭合电源然后使两钢筋端面交替地接触和分开。这时钢筋端面间隙中即发出断续的闪光，形成预热过程。当钢筋达到预热温度后进入闪光阶段，随后顶锻而成。

（3）闪光—预热—闪光焊。在预热闪光焊前加一次闪光过程。目的是使不平整的钢筋端面烧化平整。使预热均匀，然后按预热闪光焊操作。

焊接大直径的钢筋（直径25mm以上），多用预热闪光焊与闪光—预热—闪光焊。

采用连续闪光焊时，应合理选择调伸长度、烧化留量、顶锻留量以及变压器级数等；采用闪光—预热—闪光焊时，除上述参数外，还应包括一次烧化留量、二次烧化留量、预热留量和预热时间等参数。焊接不同直径的钢筋时，其截面比不宜超过1.5。焊接参数按大直径的钢筋选择。负温下焊接时，由于冷却快，易产生冷脆现象，内应力也大。为此，负温下焊接应减小温度梯度和冷却速度。

钢筋闪光对焊后。除对接头进行外观检查（无裂纹和烧伤、接头弯折不大于4°，接头轴线偏移不大于1/10的钢筋直径，也不大于2mm）外，还应按《钢筋焊接及验收规程》(JGJ 18—2003) 的规定进行抗拉强度和冷弯试验。

3. 电弧焊接

钢筋电弧焊是以焊条作为一极，钢筋为另一极，利用焊接电流通过产生的电弧热进行焊接的一种熔焊方法。电弧焊具有设备简单，操作灵活、成本低等特点，且焊接性能好，但工作条件差、效率低。适用于构件厂内和施工现场焊接碳素钢、低合金结构钢、不锈钢、耐热钢和对铸铁的补焊，可在各种条件下进行各种位置的焊接。电弧焊又分手弧焊、埋弧压力焊等。

(1) 手弧焊。手弧焊是利用手工操纵焊条进行焊接的一种电弧焊。手弧焊用的焊机有交流弧焊机（焊接变压器）、直流弧焊机（焊接发电机）等。手弧焊用的焊机是一台额定电流500A以下的弧焊电源（交流变压器或直流发电机）；辅助设备有焊钳、焊接电缆、面罩、敲渣锤、钢丝刷和焊条保温筒等。

电弧焊是利用弧焊机使焊条与焊件之间产生高温电弧，使焊条和电弧燃烧范围内的焊件熔化，待其凝固，便形成焊缝或接头。钢筋电弧焊可分搭接焊、帮条焊、坡口焊和熔槽帮条焊4种接头形式。下面介绍帮条焊、搭接焊和坡口焊，熔槽帮条焊及其他电弧焊接方法详见《钢筋焊接及验收规程》(JGJ 18—2003)。

1) 帮条焊接头。适用于焊接直径10～40mm的各级热轧钢筋。帮条宜采用与主筋同级别、同直径的钢筋制作，帮条长度见表4-10。如帮条级别与主筋相同时，帮条的直径可比主筋直径小一个规格，如帮条直径与主筋相同时，帮条钢筋的级别可比主筋低一个级别。

表 4-10　　　　　　　　　　　　　　钢 筋 帮 条 长 度

项　次	钢 筋 级 别	焊 接 形 式	帮 条 长 度
1	HPB235 级	单面焊	$>8d$
		双面焊	$>4d$
2	HRB335 级	单面焊	$>10d$
		双面焊	$>5d$

2) 搭接焊接头。只适用于焊接直径10～40mm的HPB235级、HRB335级钢筋。焊接时，宜采用双面焊，如图4-25所示。不能进行双面焊时，也可采用单面焊。搭接长度应与帮条长度相同。

钢筋帮条接头或搭接接头的焊缝厚度h应不小于0.3倍钢筋直径；焊缝宽度b不小于0.7倍钢筋直径，焊缝尺寸如图4-26所示。

3) 坡口焊接头。有平焊和立焊两种。这种接头比上两种接头节约钢材，适用于在现场焊接装配整体式构件接头中直径18～400mm的各级热轧钢筋。钢筋坡口平焊时，V形坡口角度为60°，如图4-25 (d) 所示，坡口立焊时，坡口角度为45°，如图4-25 (c) 所示。钢垫板长为40～60mm。平焊时，钢垫板宽度为钢筋直径加10mm；立焊时，其宽度等于钢筋直径。钢筋根部间隙，平焊时为4～6mm，立焊时为3～5mm。最大间隙均不

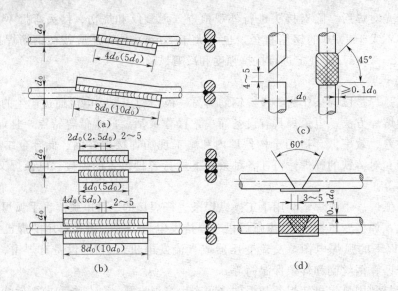

图 4-25 钢筋电弧焊的接头型式

(a) 搭接焊接头；(b) 帮条的焊接头；(c) 立焊的坡口焊接头；(d) 平焊的坡口焊接头

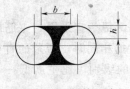

图 4-26 焊接尺寸
示意图

b—焊接宽度；h—焊缝厚度

宜超过 10mm。

焊接电流的大小应根据钢筋直径和焊条的直径进行选择。

帮条焊、搭接焊和坡口焊的焊接接头，除应进行外观质量检查外，亦需抽样作拉力试验。如对焊接质量有怀疑或发现异常情况，还应进行非破损方式（X 射线、γ 射线、超声波探伤等）检验。

（2）埋弧压力焊。埋弧压力焊是将钢筋与钢板安放成 T 形形状，利用焊接电流通过时在焊剂层下产生电弧，形成熔池，加压完成的一种压焊方法。具有生产效率高、质量好等优点，适用于各种预埋件、T 形接头、钢筋与钢板的焊接。预埋件钢筋压力焊适用于热轧直径 6～25mm HPB235 级、HRB335 级钢筋的焊接，钢板为普通碳素钢，厚度为6～20mm。

埋弧压力焊机主要由焊接电源（BX2—500、AX1—500）、焊接机构和控制系统（控制箱）3 部分组成。图 4-27 是由 BX2—500 型交流弧焊机作为电源的埋弧压力焊机的基本构造。其工作线圈（副线圈）分别接入活动电极（钢筋夹头）及固定电极（电磁吸铁盘）。焊机结构采用摇臂式，摇臂固定在立柱上，可作左右回转活动；摇臂本身可作前后移动，以使焊接时能取得所需的工作位置。摇臂末端装有可上下移动的工作头，其下端是用导电材料制成的偏心夹头，夹头接工作线圈，成活动电极。工作平台上装有平面型电磁吸铁盘，拟焊钢板放置其上，接通电源，能被吸住而固定不动。

在埋弧压力焊时，钢筋与钢板之间引燃电弧之后，由于电弧作用使局部用材及部分焊剂熔化和蒸发，蒸发气体形成了一个空腔，空腔被熔化的焊剂所形成的熔渣包围，焊接电弧就在这个空腔内燃烧，在焊接电弧热的作用下，熔化的钢筋端部和钢板金属形成焊接熔池。待钢筋整个截面均匀加热到一定温度，将钢筋向下顶压，随即切断焊接电源，冷却凝固后形成焊接接头。

4. 气压焊接

气压焊是利用氧气和乙炔气，按一定的比例混合燃烧的火焰，将被焊钢筋两端加热，使其达到热塑状态，经施加适当压力，使其接合的固相焊接法。钢筋气压焊适用于 14～40mm 热轧钢筋，也能进行不同直径钢筋间的焊接，还可用于钢轨焊接。被焊材料有碳素钢、低合金钢、不锈钢和耐热合金等。钢筋气压焊设备轻便，可进行水平、垂直、倾斜等全方位焊接，具有节省钢材、施工费用低廉等优点。

钢筋气压焊接机由供气装置（氧气瓶、溶解乙炔瓶等）、多嘴环管加热器、加压器（油泵、顶压油缸等）、焊接夹具及压接器等组成，如图 4-28、图 4-29 所示。

图 4-27　埋弧压力焊机

1—立柱；2—摇臂；3—压柄；4—工作头；
5—钢筋夹头；6—手柄；7—钢筋；8—焊
剂料箱；9—焊剂漏口；10—铁圈；11—预
埋钢板；12—工作平台；13—焊剂储斗；
14—机座

气压焊接钢筋是利用乙炔—氧混合气体燃烧的高温火焰对已有初始压力的两根钢筋端面接合处加热，使钢筋端部产生塑性变形，并促使钢筋端面的金属原子互相扩散，当钢筋加热到约 1250～1350℃（相当于钢材熔点的 0.80～0.90 倍，此时钢筋加热部位呈橘黄色，有白亮闪光出现）时进行加压顶锻，使钢筋内的原子得以再结晶而焊接在一起。

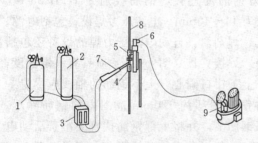

图 4-28　气压焊接设备示意图

1—乙炔；2—氧气；3—流量计；4—固定卡具；
5—活动卡具；6—压节器；7—加热器与焊炬；
8—被焊接的钢筋；9—电动油泵

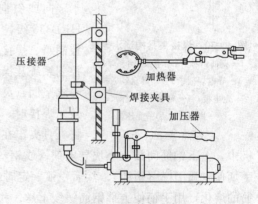

图 4-29　钢筋气压焊机

钢筋气压焊接属于热压焊。在焊接加热过程中，加热温度为钢材熔点的 0.8～0.9 倍，钢材未呈熔化液态，且加热时间较短，钢筋的热输入量较少，所以不会出现钢筋材质劣化倾向。

加热系统中的加热能源是氧和乙炔。系统中的流量计用来控制氧和乙炔的输入量，焊接不同直径的钢筋要求不同的流量。加热器用来将氧和乙炔混合后，从喷火嘴喷出火焰加热钢筋，要求火焰能均匀加热钢筋，有足够的温度和功率并且安全可靠。

加压系统中的压力源为电动油泵（亦有手动油泵），使加压顶锻时压力平稳。压接器是气压焊的主要设备之一，要求它能准确、方便地将两根钢筋固定在同一轴线上，并将油泵产生的压力均匀地传递给钢筋达到焊接的目的。施工时压接器需反复装拆，要求它重量轻、构造简单和装拆方便。

气压焊接的钢筋要用砂轮切割机断料，不能用钢筋切断机切断，要求端面与钢筋轴线垂直。焊接前应打磨钢筋端面，清除氧化层和污物，使之现出金属光泽，并即喷涂一薄层焊接活化剂保护端面不再氧化。

钢筋加热前先对钢筋施 30～40MPa 的初始压力，使钢筋端面贴合。当加热到缝隙密合后，上下摆动加热器适当增大钢筋加热范围，促使钢筋端面金属原子互相渗透也便于加压顶锻。加压顶锻的压应力约 34～40MPa，使焊接部位产生塑性变形。直径小于 22mm 的筋可以一次顶锻成型，大直径钢筋可以进行二次顶锻。

气压焊的接头，应按规定的方法检查外观质量和进行拉力试验。

5. 电渣压力焊

现浇钢筋混凝土框架结构中竖向钢筋的连接，宜采用自动或手工电渣压力焊进行焊接（直径 14～40mm 的 HPB235、HRB335 级钢筋）。与电弧焊比较，它工效高、节约钢材、成本低，在高层建筑施工中得到广泛应用。

钢筋电渣压力焊是将两根钢筋安放成竖向对接形式，利用焊接电流通过两钢筋端面间隙，在焊剂层下形成电弧过程和电渣过程，产生电弧热和电阻热，熔化钢筋，加压完成的一种焊接方法。钢筋电渣压力焊机操作方便，效率高，适用于竖向或斜向受力钢筋的连接，钢筋级别为 HPB235 级、HRB335 级，直径为 14～40mm。电渣压力焊设备包括电源、控制箱、焊接夹具、焊剂盒。自动电渣压力焊的设备还包括控制系统及操作箱。焊接夹具（图 4-30）应具有一定刚度，要求坚固、灵巧、上下钳口同心，上下钢筋的轴线应尽量一致。焊接时，先将钢筋端部约 120mm 范围内的钢筋除尽，将夹具夹牢在下部钢筋上，并将上部钢筋扶直夹牢于活动电极中，上下钢筋间放一小块导电剂（或钢丝小球），装上药盒，装满焊药，接通电路，用手炳使电弧引燃（引弧）。然后稳弧一定时间使之形成渣池并使钢筋熔化（稳弧），随着钢筋的熔化，用手柄使上部钢筋缓缓下送。稳弧时间的长短视电流、电压和钢筋直径而定。当稳弧达到规定时间后，在断电的同时用手柄进行加压顶锻以排除夹渣气泡，形成接头。待冷却一定时间后即拆除药盒，回收焊药，拆除夹具和清除焊渣。引弧、稳弧、顶锻3个过程连续进行。

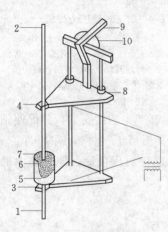

图 4-30　焊接夹具构造示意图
1—钢筋；2—活动电极；3—焊剂；4—导电焊剂；5—焊剂盒；6—固定电极；7—钢筋；8—标尺；9—操纵杆；10—变压器

电渣压力焊的接头，应按规范规定的方法检查外观质量和进行拉力试验。

（二）钢筋机械连接

钢筋机械连接常用挤压连接和锥螺纹套管连接两种型式，是近年来大直径钢筋现场连接的主要方法。

（1）钢筋挤压连接。钢筋挤压连接亦称钢筋套筒冷压连接。它是将需连接的变形钢筋插入特制钢套筒内，利用液压驱动的挤压机进行径向或轴向挤压，使钢套筒产生塑性变

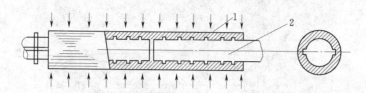

图 4-31　钢筋径向挤压连接原理图

1—钢套筒；2—被连接的钢筋

形，使它紧紧咬住变形钢筋实现连接（图 4-31）。它适用于竖向、横向及其他方向的较大直径变形钢筋的连接。与焊接相比，它具有节省电能、不受钢筋可焊性能的影响、不受气候影响、无明火、施工简便和接头可靠度高等特点。

钢筋挤压连接的工艺参数，主要是压接顺序、压接力和压接道数。压接顺序从中间逐道向两端压接。压接力要能保证套筒与钢筋紧密咬合，压接力和压接道数取决于钢筋直径、套筒型号和挤压机型号。

（2）钢筋套管螺纹连接。钢筋套管螺纹连接分锥套管和直套管螺纹两种型式。钢套管内壁用专用机床加工有螺纹，钢筋的对端头亦在套丝机上加工有与套管匹配的螺纹。连接时，在对螺纹检查无油污和损伤后，先用手旋入钢筋，然后用扭矩扳手紧固至规定的扭矩即完成连接（图 4-32）。它施工速度快、不受气候影响、质量稳定、对中性好。

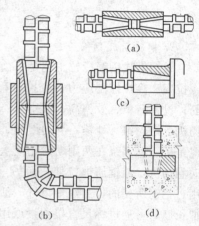

图 4-32　钢筋锥套管螺纹连接

（a）两根直钢筋连接；（b）一根直钢筋与一根弯钢筋连接；（c）在金属结构上接装钢筋；（d）在混凝土构件中插接钢筋

第四节　钢筋的冷拉

钢筋的冷加工有冷拉、冷拔、冷轧等 3 种型式。这里仅介绍钢筋的冷拉。

一、冷拉机械

常用的冷拉机械有阻力轮式、卷扬机式、丝杠式、液压式等钢筋冷拉机。

1. 阻力轮式钢筋冷拉机

阻力轮式冷拉机的构造如图 4-33 所示。它由支承架、阻力轮、电动机、变速箱、绞轮等组成。主要适用于冷拉直径为 6～8mm 的盘圆钢筋，冷拉率为 6%～8%。若与两台调直机配合使用，可加工出所需长度的冷拉钢筋。阻力轮式冷拉机，是利用一个变速箱，其出头轴装有绞轮，由电动机带动变速箱高速轴，使绞轮随着变速箱低速轴一同旋转，强力使钢筋通过 4 个（或 6 个）不在一条直线上的阻力轮，将钢筋拉长。绞轮直径一般为550mm。阻力轮是固定在支承架上的滑轮，直径为 100mm，其中一个阻力轮的高度可以调节，以便改变阻力大小，控制冷拉率。

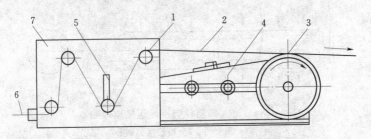

图 4-33 阻力轮式钢筋冷拉设备

1—阻力轮；2—钢筋；3—绞轮；4—变速箱；5—调节槽；6—钢筋；7—支承梁

2. 卷扬机式钢筋冷拉机

卷扬机式钢筋冷拉工艺是目前普遍采用的冷拉工艺。它具有适应性强，可按要求调节冷拉率和冷拉控制应力；冷拉行程大，不受设备限制，可适应冷拉不同长度和直径的钢筋；设备简单、效率高、成本低。图 4-34 所示为卷扬机式钢筋冷拉机构造，它主要由卷扬机、滑轮组、地锚、导向滑轮、夹具和测力装置等组成。工作时，由于卷筒上传动钢丝绳是正、反穿绕在两副动滑轮组上，因此当卷扬机旋转时，夹持钢筋的一副动滑轮组被拉向卷扬机，使钢筋被拉伸；而另一副动滑轮组则被拉向导向滑轮，为下次冷拉时交替使用。钢筋所受的拉力经传力杆、活动横梁传送给测力装置，从而测出拉力的大小。对于拉伸长度，可通过标尺直接测量或用行程开关来控制。

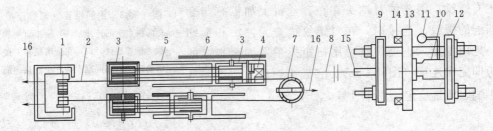

图 4-34 卷扬机式钢筋冷拉机

1—卷扬机；2—传动钢丝绳；3—滑轮组；4—夹具；5—轨道；6—标尺；7—导向滑轮；
8—钢筋；9—活动前横梁；10—千斤顶；11—油压表；12—活动后横梁；
13—固定横梁；14—台座；15—夹具；16—地锚

二、冷拉钢筋作业

(1) 钢筋冷拉前，应先检查钢筋冷拉设备的能力和冷拉钢筋所需的吨位值是否相适应，不允许超载冷拉。特别是用旧设备拉粗钢筋时应特别注意。

(2) 为确保冷拉钢筋的质量，钢筋冷拉前，应对测力器和各项冷拉数据进行校核，并作好记录。

(3) 冷拉钢筋时，操作人员应站在冷拉线的侧向，操作人员应在统一指挥下进行作业。听到开车信号，看到操作人员离开危险区后，方能开车。

(4) 在冷拉过程中，应随时注意限制信号，当看到停车信号或见到有人误入危险区时，应立即停车，并稍微放松钢丝绳。在作业过程中，严禁横向跨越钢丝绳或冷拉线。

（5）冷拉钢筋时，不论是拉紧或放松，均应缓慢和均匀地进行，绝不能时快时慢。

（6）冷拉钢筋时，如遇焊接接头被拉断，可重新焊接后再拉，但一般不得超过两次。

第五节　钢筋的绑扎与安装

建基面终验清理完毕或施工缝处理完毕养护一定时间，混凝土强度达到 2.5MPa 后，即进行钢筋的绑扎与安装作业。

钢筋的安设方法有两种：一种是将钢筋骨架在加工厂制好，再运到现场安装，叫整装法；另一种是将加工好的散钢筋运到现场，再逐根安装，叫散装法。

一、钢筋的绑扎接头

根据施工规范规定：直径在 25mm 以下的钢筋接头，可采用绑扎接头。轴心受压、小偏心受拉构件和承受振动荷载的构件中，钢筋接头不得采用绑扎接头。

钢筋绑扎采用应遵守以下规定。

（1）搭接长度不得小于表 4-1 规定的数值。

（2）受拉区域内的光面钢筋绑扎接头的末端，应做弯钩。

（3）梁、柱钢筋的接头，如采用绑扎接头，则在绑扎接头的搭接长度范围内应加密钢箍。当搭接钢筋为受拉钢筋时，箍筋间距不应大于 $5d$（d 为两搭接钢筋中较小的直径）；当搭接钢筋为受压钢筋时，箍筋间距不应大于 $10d$。

钢筋接头应分散布置，配置在同一截面内的受力钢筋，其接头的截面积占受力钢筋总截面积的比例应符合下列要求。

（1）绑扎接头在构件的受拉区中不超过 25%，在受压区中不超过 50%。

（2）焊接与绑扎接头距钢筋弯起点不小于 $10d$，也不位于最大弯矩处。

（3）在施工中如分辨不清受拉、受压区时，其接头设置应按受拉区的规定。

（4）两根钢筋相距在 $30d$ 或 50cm 以内，两绑扎接头的中距在绑扎搭接长度以内，均作同一截面。

直径等于和小于 12mm 的受压 HPB235 级钢筋的末端，以及轴心受压构件中任意直径的受力钢筋的末端，可不做弯钩，但搭接长度不应小于 $30d$。

二、钢筋的现场绑扎

（一）准备工作

1. 熟悉施工图纸

通过熟悉图纸，一方面校核钢筋加工中是否有遗漏或误差；另一方面也可以检查图纸中是否存在与实际情况不符的地方，以便及时改正。

2. 核对钢筋加工配料单和料牌

在熟悉施工图纸的过程中，应核对钢筋加工配料单和料牌，并检查已加工成型的成品的规格、形状、数量、间距是否和图纸一致。

3. 确定安装顺序

钢筋绑扎与安装的主要工作内容包括：放样划线、排筋绑扎、垫撑铁和保护层垫块、检查校正及固定预埋件等。为保证工程顺利进行，在熟悉图纸的基础上，要考虑钢筋绑扎安装顺序。板类构件排筋顺序一般先排受力钢筋后排分布钢筋；梁类构件一般先摆纵筋（摆放有焊接接头和绑扎接头的钢筋应符合规定），再排箍筋，最后固定。

4. 作好材料、机具的准备

钢筋绑扎与安装的主要材料、机具包括：钢筋钩、吊线垂球、木水平尺、麻线、长钢尺、钢卷尺、扎丝、垫保护层用的砂浆垫块或塑料卡、撬杆、绑扎架等。对于结构较大或形状较复杂的构件，为了固定钢筋还需一些钢筋支架、钢筋支撑。

扎丝一般采用18～22号铁丝或镀锌铁丝，见表4-11。扎丝长度一般以钢筋钩拧2～3圈后，铁丝出头长度为20cm左右。

混凝土保护层厚度，必须严格按设计要求控制。控制其厚度可用水泥砂浆垫块或塑料卡。水泥砂浆垫块的厚度应等于保护层厚度；平面尺寸当保护层厚度等于或小于

表 4-11 绑 扎 用 扎 丝

钢筋直径（cm）	<12	12～25	>25
铁丝型号（号）	22	20	18

20mm 时为 30mm×30mm、大于 20mm 时为 50mm×50mm。在垂直方向使用垫块，应在垫块中埋入两根 20 号或 22 号铁丝，用铁丝将垫块绑在钢筋上。

5. 放线

放线要从中心点开始向两边量距放点，定出纵向钢筋的位置。水平筋的放线可放在纵向钢筋或模板上。

（二）钢筋的绑扎

钢筋的绑扎应顺直均匀、位置正确。钢筋绑扎的操作方法有一面顺扣法、十字花扣法、反十字扣法、兜扣法、缠扣法、兜扣加缠法、套扣法等，较常用的是一面顺扣法，如图 4-35 所示。

一面顺扣法的操作步骤是：首先将已切断的扎丝在中间折合成 180°弯，然后将扎丝清理整齐。绑扎时，执在左手的扎丝应靠近钢筋绑扎点的底部，右手拿住钢筋钩，食指压在钩前部，用钩尖端钩住扎丝底扣处，并紧靠扎丝开口端，绕扎丝拧转两圈半，在绑扎时扎丝扣伸出钢筋底部要短，并用钩尖将铁丝扣紧。

为防止钢筋网（骨架）发生歪斜变形，相邻绑扎点的绑扣应采用八字形扎法，如图 4-36 所示。

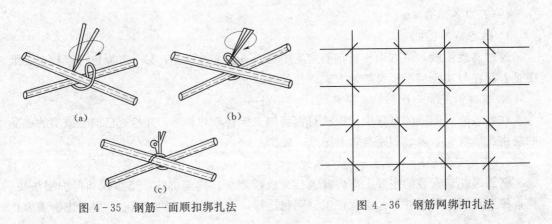

图 4-35 钢筋一面顺扣绑扎法　　　　图 4-36 钢筋网绑扣扎法

第六节　预埋铁件

水工混凝土的预埋铁件主要有：锚固或支承的插筋、地脚螺栓、锚筋；为结构安装支撑用的支座；吊环、锚环等。

一、预埋插筋、地脚螺栓

预埋插筋、地脚螺栓均按设计要求埋设。常用的插筋埋设方法有 3 种，如图 4-37 所示。

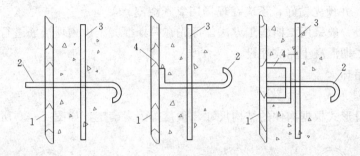

图 4-37　插筋埋设方法
1—模板；2—插筋；3—预埋木盒；4—固定钉

对于精度要求较高的地脚螺栓的埋设，常用的方法如图 4-38 所示。预埋螺栓时，可采用样板固定，并用黄油涂满螺牙，用薄膜或纸包裹。

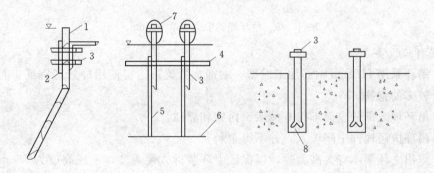

图 4-38　地脚螺栓埋设方法
1—模板；2—垫板；3—地脚螺栓；4—结构钢筋；5—支撑钢筋；
6—建筑缝；7—保护套；8—钻孔

二、预埋锚筋

1. 锚筋一般要求

基础锚筋通常采用 HPB235 级钢筋加工成锚筋，为提高锚固力，其端部均开叉加钢锲，钢筋直径一般不小于 25mm，不大于 32mm，多选用 28mm。锚筋锚固长度，应满足设计要求。

2. 锚筋埋设要求和方法

（1）锚筋的埋设要求钢筋与砂浆、砂浆与孔壁结合紧密，孔内砂浆应有足够的强度，以适应锚筋和孔壁岩石的强度。

（2）锚筋埋设方法分先插筋后填砂浆和先灌满砂浆而后插筋两种。采用先插筋后填砂浆方法时，孔位与锚筋直径之差应大于 25mm；采用先灌满砂浆而后插筋法时，孔位与锚筋直径之差应大于 15mm。

三、预埋梁支座

梁支座的埋设误差一般控制标准：支座面的平整度允许误差为 ±0.2mm；两端支座面高差允许误差为 ±5mm；平面位置允许误差为 ±10mm。

当支座面板面积大于 25cm×25cm，应在支座上均匀布置 2～6 个排气（水）孔，孔径 20mm 左右，并预先钻好，不应在现场用氧气烧割。

支座的埋设一般采用二期施工方法，即先在一期混凝土中预埋插筋进行支座安装和固定，然后浇筑二期混凝土完成埋设。

四、预埋吊环

1. 吊环埋设形式

吊环的埋设形式根据构件的结构尺寸、重量等因素确定，如图 4-39 所示。

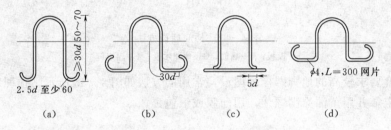

图 4-39　吊环埋设形式（单位：mm）

2. 吊环埋设要求

（1）吊环采用 HPB 级钢筋加工成型，端部加弯钩，不得使用冷处理钢筋，且尽量不用含碳量较多的钢筋。

（2）吊环埋入部分表面不得有油漆、污物和浮锈。

（3）吊环应居构件中间埋入，并不得歪斜。

（4）露出之环圈不宜太高太矮，以保证卡环装拆方便为度，一般高度为 15cm 左右或按设计要求预留。

（5）构件起吊强度应满足规范要求，否则不得使用吊环，在混凝土浇筑中和浇筑后凝固过程中，不得晃动或使吊环受力。

第七节　钢筋安装的质量控制与施工安全技术

一、钢筋安装质量控制

按现行施工规范，水工钢筋混凝土工程中的钢筋安装，其质量应符合以下规定。

（1）钢筋的安装位置、间距、保护层厚度及各部分钢筋的大小尺寸，均应符合设计要求，其偏差不得超过表 4-12 的规定。

检查时先进行宏观检查，没发现有明显不合格处，即可进行抽样检查，对梁、板、柱等小型构件，总检测点数不少于 30 个，其余总检测点数一般不少于 50 个。

　　（2）现场焊接或绑扎的钢筋网，其钢筋交叉的连接应按设计规定进行。如设计未作规定，且直径在 25mm 以下时，则除模板和墙内靠近外围两行钢筋之交点应逐根扎牢外，其余按 50% 的交叉点进行绑扎。

　　（3）钢筋安装中交叉点的绑扎，对于 HPB235 级、HRB335 级钢筋，直径在 16mm 以上且不损伤钢筋截面时，可用手工电弧焊进行点焊来代替，但必须采用细焊条、小电流进行焊接，并严加外观检查，钢筋不应有明显的咬边和裂纹出现。

表 4-12　　　　　　　　　　　　　　　　　钢筋安装的允许偏差

项次	项　目			允许偏差（mm）
1		帮条对焊接头中心的纵向偏移		0.5d
2		接头处钢筋轴线的曲折		4°
3	点焊及电弧焊	焊缝	长度	−0.5d
			高度	−0.5d
			宽度	−0.1d
			咬边深度	0.05d，但不大于 1
		表面气孔夹渣	1）在 2d 长度上	不多于 2 个
			2）气孔、夹渣直径	不大于 3
4	对焊及熔槽焊	焊接接头根部未焊透深度	1）25～40mm 钢筋	0.15d
			2）40～70mm 钢筋	0.10d
5		接头处钢筋中心线的位移		0.1d，不大于 2
6		焊缝表面（长为 2d）和焊缝截面上蜂窝、气孔排、金属杂质		不大于 1.5mm 直径 3 个
7	钢筋长度方向的偏差			±1/2 净保护层厚度
8	同一排受力钢筋间距的局部偏差	1）柱及梁中		±0.5d
		2）板、墙中		±0.1 间距
9	同一排分布钢筋间距的偏差			±0.1 间距
10	双排钢筋，其排与排间距的局部偏差			±0.1 排距
11	梁与柱中钢箍间距的偏差			0.1 箍筋间距
12	保护层厚度的局部偏差			±1/4 净保护层厚度

　　（4）板内双向受力钢筋网，应将钢筋全部交叉点全部扎牢。柱与梁的钢筋中，主筋与箍筋的交叉点在拐角处应全部扎牢，其中间部分可每隔一个交叉点扎一点。

　　（5）安装后的钢筋应有足够的刚性和稳定性。整装的钢筋网可钢筋骨架，在运输和安装过程中应采取措施，以免变形、开焊及松脱。安装后的钢筋应避免错动和变形。

　　（6）在混凝土浇筑施工中，严禁为方便浇筑擅自移动或割除钢筋。

　　二、钢筋施工安全技术

　　（1）在高空绑扎和安装钢筋，须注意不要将钢筋集中堆放在模板或脚手架的某一部位，以保安全，特别是悬臂构件，更要检查支撑是否牢固。

（2）在脚手架上不要随便放置工具、箍筋或短钢筋，避免这些物件放置不稳或其他原因滑落伤人。

（3）在高空安装整装钢筋骨架或绑扎钢筋时，不允许站在模板或墙上操作，操作部位应搭设牢固的脚手架。

（4）应尽量避免在高空修整、扳弯钢筋。在不得已必须操作时，一定要系好安全带，选好位置，防止脱板造成人员摔倒。

（5）绑扎筒式结构，不准踩在钢筋骨架上操作或上下踩动。

（6）要注意在安装钢筋时不要碰撞电线，以免触电。

复 习 思 考 题

4-1　钢筋的验收包括哪些内容？

4-2　钢筋下料长度应考虑哪几部分内容？

4-3　钢筋配料包含哪几部分内容？

4-4　钢筋配料应注意些什么？

4-5　钢筋代换的基本原则有哪些？

4-6　钢筋代换方法有哪几种？

4-7　钢筋代换有哪些注意事项？

4-8　钢筋为什么要除锈？

4-9　钢筋除锈方式有哪几种？

4-10　手工除锈有哪几种方式？

4-11　操作除锈机时应注意些什么？

4-12　钢筋为什么要调直？

4-13　钢筋调直应符合哪些要求？

4-14　粗钢筋调直是如何进行的？

4-15　机械调直钢筋可采用哪些机械？

4-16　操作钢筋调直切断机应注意些什么？

4-17　钢筋切断前应做好哪些准备工作？

4-18　钢筋切断有哪几种方法？

4-19　操作钢筋切断机应注意些什么？

4-20　钢筋弯曲成型有哪几种方法？

4-21　手工弯曲成型加工工具及装置主要有哪些？

4-22　手工弯制作业的基本程序是怎样的？

4-23　操作钢筋弯曲机应注意些什么？

4-24　钢筋的接头连接分为哪几类？

4-25　钢筋焊接有哪几种型式？

4-26　什么叫钢筋点焊？点焊机由几部分组成？

第五章 混凝土工程

第一节 普通混凝土的施工工艺

普通混凝土施工过程为：施工准备→混凝土的拌制→混凝土运输→混凝土浇筑→混凝土养护。

一、施工准备

混凝土施工准备工作的主要项目有：基础处理、施工缝处理、设置卸料入仓的辅助设备、模板、钢筋的架设、预埋件及观测设备的埋设、施工人员的组织、浇筑设备及其辅助设施的布置、浇筑前的检查验收等。

（一）基础处理

土基应先将开挖基础时预留下来的保护层挖除，并清除杂物，然后用碎石垫底，盖上湿砂，再进行压实，浇 8～12cm 厚素混凝土垫层。砂砾地基应清除杂物，整平基础面，并浇筑 10～20cm 厚素混凝土垫层。

对于岩基，一般要求清除到质地坚硬的新鲜岩面，然后进行整修。整修是用铁锹等工具去掉表面松软岩石、棱角和反坡，并用高压水冲洗，压缩空气吹扫。若岩面上有油污、灰浆及其粘结的杂物，还应采用钢丝刷反复刷洗，直至岩面清洁为止。清洗后的岩基在混凝土浇筑前应保持洁净和湿润。

当有地下水时，要认真处理，否则会影响混凝土的质量。处理方法是：做截水墙，拦截渗水，引入集水井排出；对基岩进行必要的固结灌浆，以封堵裂缝，阻止渗水；沿周边打排水孔，导出地下水，在浇筑混凝土时埋管，用水泵抽出孔内积水，直至混凝土初凝，7d 后灌浆封孔；将底层砂浆和混凝土的水灰比适当降低。

（二）施工缝处理

施工缝是指浇筑块之间新老混凝土之间的结合面。为了保证建筑物的整体性，在新混凝土浇筑前，必须将老混凝土表面的水泥膜（又称乳皮）清除干净，并使其表面新鲜整洁、有石子半露的麻面，以利于新老混凝土的紧密结合。但对于要进行接缝灌浆处理的纵缝面，可不凿毛，只需冲洗干净即可。

施工缝的处理方法有以下几种。

（1）风砂枪喷毛。将经过筛选的粗砂和水装入密封的砂箱，并通入压缩空气。高压空气混合水砂，经喷砂喷出，把混凝土表面喷毛。一般在混凝土浇后 24～48h 开始喷毛，视气温和混凝土强度增长情况而定。如能在混凝土表层喷洒缓凝剂，则可减少喷毛的难度。

（2）高压水冲毛。在混凝土凝结后但尚未完全硬化以前，用高压水（压力 0.1～0.25MPa）冲刷混凝土表面，形成毛面，对龄期稍长的可用压力更高的水（压力 0.4～

0.6MPa)，有时配以钢丝刷刷毛。高压水冲毛关键是掌握冲毛时机，过早会使混凝土表面松散和冲去表面混凝土；过迟则混凝土变硬，不仅增加工作困难，而且不能保证质量。一般春秋季节，在浇筑完毕后 10～16h 开始；夏季掌握在 6～10h；冬季则在 18～24h 后进行。如在新浇混凝土表面洒刷缓凝剂，则延长冲毛时间。

（3）刷毛机刷毛。在大而平坦的仓面上，可用刷毛机刷毛，它装有旋转的粗钢丝刷和吸收浮渣的装置，利用粗钢丝刷的旋转刷毛并利用吸渣装置吸收浮渣。

喷毛、冲毛和刷毛适用于尚未完全凝固的混凝土水平缝面的处理。全部处理完后，需用高压水清洗干净，要求缝面无尘无渣，然后再盖上麻袋或草袋进行养护。

（4）风镐凿毛或人工凿毛。已经凝固混凝土利用风镐凿毛或石工工具凿毛，凿深约 1～2cm，然后用压力水冲净。凿毛多用于垂直缝。

仓面清扫应在即将浇筑前进行，以清除施工缝上的垃圾、浮渣和灰尘，并用压力水冲洗干净。

（三）仓面准备

浇筑仓面的准备工作，包括机具设备、劳动组合、照明、风水电供应、所需混凝土原材料的准备等，应事先安排就绪，仓面施工的脚手架、工作平台、安全网、安全标识等应检查是否牢固，电源开关、动力线路是否符合安全规定。

仓位的浇筑高程、上升速度、特殊部位的浇筑方法和质量要求等技术问题，须事先进行技术交底。

地基或施工缝处理完毕并养护一定时间，已浇好的混凝土强度达到 2.5MPa 后，即可在仓面进行放线，安装模板、钢筋和预埋件，架设脚手架等作业。

（四）模板、钢筋及预埋件检查

开仓浇筑前，必须按照设计图纸和施工规范的要求，对仓面安设的模板、钢筋及预埋件进行全面检查验收，签发合格证。

（1）模板检查。主要检查模板的架立位置与尺寸是否准确，模板及其支架是否牢固稳定，固定模板用的拉条是否弯曲等。模板板面要求洁净、密缝并涂刷脱模剂。

（2）钢筋检查。主要检查钢筋的数量、规格、间距、保护层、接头位置与搭接长度是否符合设计要求。要求焊接或绑扎接头必须牢固，安装后的钢筋网应有足够的刚度和稳定性，钢筋表面应清洁。

（3）预埋件检查。对预埋管道、止水片、止浆片、预埋铁件、冷却水管和预埋观测仪器等，主要检查其数量、安装位置和牢固程度。

二、混凝土的拌制

混凝土拌制，是按照混凝土配合比设计要求，将其各组成材料（砂石、水泥、水、外加剂及掺合料等）拌和成均匀的混凝土料，以满足浇筑的需要。

混凝土制备的过程包括贮料、供料、配料和拌和。其中配料和拌和是主要生产环节，也是质量控制的关键，要求品种无误、配料准确、拌和充分。

（一）混凝土配料

配料是按设计要求，称量每次拌和混凝土的材料用量。配料的精度直接影响混凝土质量。混凝土配料要求采用重量配料法，即是将砂、石、水泥、掺和料按重量计量，水和外加剂溶液按重量折算成体积计量。施工规范对配料精度（按重量百分比计）的要求是：水泥、掺合料、水、外加剂溶液为±1％，砂石料为±2％。

设计配合比中的加水量根据水灰比计算确定，并以饱和面干状态的砂子为标准。由于水灰比对混凝土强度和耐久性影响极为重大，绝不能任意变更；施工采用的砂子，其含水量又往往较高，在配料时采用的加水量，应扣除砂子表面含水量及外加剂中的水量。

1. 给料设备

给料是将混凝土各组分从料仓按要求供到称料料斗。给料设备的工作机构常与称量设备相连，当需要给料时，控制电路开通，进行给料。当计量达到要求时，即断电停止给料。常用的给料设备见表5-1。

表 5-1 常 用 给 料 设 备

序号	名称	特 点	适宜给料对象
1	皮带给料机	运行稳定、无噪声、磨损小、使用寿命长、精度较高	砂
2	给料闸门	结构简单、操作方便、误差较大，可手控、气控、电磁控制	砂、石
3	电磁振动给料机	给料均匀，可调整给料量，误差较大、噪声较大	砂、石
4	叶轮给料机	运行稳定、无噪声、称料准确，可调给料量，满足粗、精称量要求	水泥、混合材料
5	螺旋给料机	运行稳定、给料距离灵活、工艺布置方便，但精度不高	水泥、混合材料

2. 混凝土称量

混凝土配料称量的设备，有简易称量（地磅）、电动磅秤、自动配料杠杆秤、电子秤、配水箱及定量水表。

（1）简易称量。当混凝土拌制量不大，可采用简易称量方式，如图5-1所示。地磅称量，是将地磅安装在地槽内，用手推车装运材料推到地磅上进行称量。这种方法最简便，但称量速度较慢。台秤称量需配置称料斗、贮料斗等辅助设备。称料斗安装在台秤上，骨料能由贮料斗迅速落入，故称量时间较快，但贮料斗承受骨料的重量大，结构较复杂。贮料斗的进料可采用皮带机、卷扬机等提升设备。

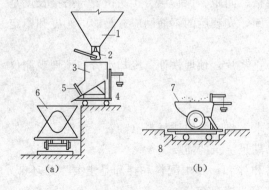

图 5-1 简易称量设备

（a）称料斗称料；（b）地磅称料

1—贮料斗；2—弧形门；3—称料斗；4—台秤；
5—卸料门；6—斗车；7—手推车；8—地槽

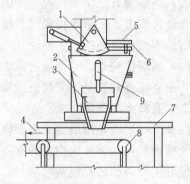

图 5-2 电动磅秤

1—扇形给料器；2—称量斗；3—出料口；4—送至集料斗；5—磅秤；6—电源闭路按钮；7—支架；8—水平胶带；9—液压或气动开关

（2）电动磅秤。电动磅秤是简单的自控计量装置，每种材料用一台装置，如图5-2所示。给料设备下料至主称量料斗，达到要求重量后即断电停止供料，称量料斗内材料卸至皮带机送至集料斗。

（3）自动配料杠杆秤。自动配料杠杆秤带有配料装置和自动控制装置，如图5-3所示。自动化水平高，可作砂、石的称量，精度较高。

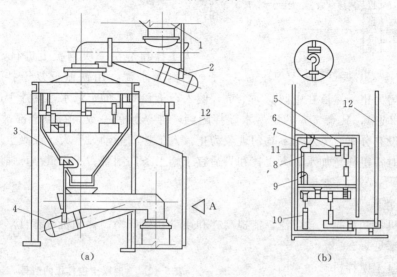

图5-3　自动配料杠杆秤

（a）总图；（b）A向内视构造图

1—贮料斗；2、4—电磁振动给料器；3—称量斗；5—调整游锤；6—游锤；7—接触棒；
8—重锤托盘；9—附加重锤（构造如小圆圈）；10—配重；11—标尺；12—传重拉杆

（4）电子秤。电子秤是通过传感器承受材料重力拉伸，输出电信号在标尺上指出荷重的大小，当指针与预先给定数据的电接触点接通时，即断电停止给料，同时继电器动作，称料斗斗门打开向集料斗供料，如图5-4、图5-5所示。

（5）配水箱及定量水表。水和外加剂溶液可用配水箱和定量水表计量。配水箱是搅拌机的附属设备，可利用配水箱的浮球刻度尺控制水或外加剂溶液的投放量。定量水表常用于大型搅拌楼，使用时将指针拨至每盘搅拌用水量刻度上，按电钮即可送水，指针也随进水量回移，至零位时电磁阀即断开停水。此后，指针能自动复位至设定的位置。

称量设备一般要求精度较高，而其所处的环境粉尘较大，因此应经常检查调整，及时清

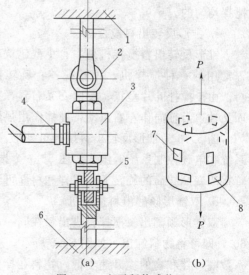

图5-4　电子秤传感装置

（a）传感器安装示意；（b）传感器内应变片粘贴示意

1—贮料仓支架；2、5—球铰；3—传感器；4—电路线插头；6—称量斗；7—竖贴应变片；8—横贴应变片

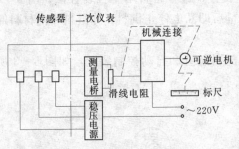

图 5-5　电子秤测量原理图

除粉尘。一般要求每班检查一次称量精度。

以上给料设备、称量设备、卸料装置一般通过继电器连锁动作，实行自动控制。

（二）混凝土拌和

混凝土拌和的方法，有人工拌和与机械拌和两种。

1. 人工拌和

人工拌和是在一块钢板上进行，先倒入砂子，后倒入水泥，用铁锹反复干拌至少 3 遍，直到颜色均匀为止。然后在中间扒一个坑，倒入石子和 2/3 的定量水，翻拌 1 遍。再进行翻拌（至少 2 遍），其余 1/3 的定量水随拌随洒，拌至颜色一致，石子全部被砂浆包裹，石子与砂浆没有分离、泌水与不均匀现象为止。人工拌和劳动强度大、混凝土质量不容易保证，拌和时不得任意加水。人工拌和只适宜于施工条件困难、工作量小，强度不高的混凝土。

2. 机械拌和

用拌和机拌和混凝土较广泛，能提高拌和质量和生产率。拌和机械有自落式和强制式两种。其类型见表 5-2。

（1）混凝土搅拌机。

1）自落式混凝土搅拌机。自落式搅拌机是通过筒身旋转，带动搅拌叶片将物料提高，在重力作用下物料自由坠下，反复进行，互相穿插、翻拌、混合使混凝土各组分搅拌均匀的。

a. 锥形反转出料搅拌机

锥形反转出料搅拌机是中、小型建筑工程常用的一种搅拌机，正转搅拌，反转出

表 5-2　混凝土搅拌机的型号

型　式		代　号	
		组	型
自落式	锥形反转出料	J	Z
	锥形倾翻出料	J	F
强制式	涡浆	J	W
	行星	J	X
	单卧轴	J	D
	双卧轴	J	S

料。由于搅拌叶片呈正、反向交叉布置，拌和料一方面被提升后靠自落进行搅拌，另一方面又被迫沿轴向作左右窜动，搅拌作用强烈。

图 5-6 为锥形反转出料搅拌机外形。它主要由上料装置、搅拌筒、传动机构、配水系统和电气控制系统等组成。图 5-7 为搅拌筒示意图，当混合料拌好以后，可通过按钮直接改变搅拌筒的旋转方向，拌和料即可经出料叶片排出。

b. 双锥形倾翻出料搅拌机

双锥形倾翻出料搅拌机进出料在同一口，出料时由气动倾翻装置使搅拌筒下旋 50°～60°，即可将物料卸出，如图 5-8 所示。双锥形倾翻出料搅拌机卸料迅速，拌筒容积利用系数高，拌和物的提升速度低，物料在拌筒内靠滚动自落而搅拌均匀，能耗低，磨损小，能搅拌大粒径骨料混凝土。主要用于大体积混凝土工程。

2）强制式混凝土搅拌机。强制式混凝土搅拌机一般筒身固定，搅拌机片旋转，对物料施加剪切、挤压、翻滚、滑动、混合使混凝土各组分搅拌均匀。

图 5-6 锥形反转出料机外形图

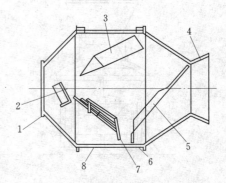

图 5-7 锥形反转出料搅拌机的搅拌筒

1—进料口；2—挡料叶片；3—主搅拌叶片；4—出料
口；5—出料叶片；6—滚道；7—副
叶片；8—搅拌筒筒身

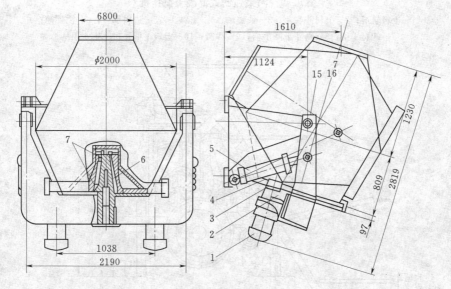

图 5-8 双锥型搅拌机结构示意图（单位：mm）

1—电动机；2—行星摆线减速器；3—小齿轮；4—倾翻机架；
5—倾翻气缸；6—锥行轴；7—单列圆锥滚珠轴承

a. 涡桨强制式搅拌机

涡桨强制式搅拌机是在圆盘搅拌筒中装一根回转轴，轴上装有拌和铲和刮板，随轴一同旋转，如图 5-9 所示。它用旋转着的叶片，将装在搅拌筒内的物料强行搅拌使之均匀。涡桨强制式搅拌机由动力传动系统、上料和卸料装置、搅拌系统、操纵机构和机架等组成。

b. 单卧轴强制式混凝土搅拌机

单卧轴强制式混凝土搅拌机的搅拌轴上装有两组叶片，两组推料方向相反，使物料既有圆周方向运动，也有轴向运动，因而能形成强烈的物料对流，使混合料能在较短的时间内搅拌均匀。它由搅拌系统、进料系统、卸料系统和供水系统等组成，如图 5-10 所示。

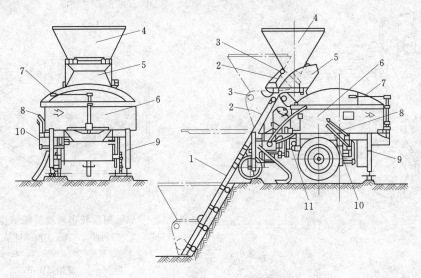

图 5-9　涡桨强制式混凝土搅拌机

1—上料轨道；2—上料斗底座；3—铰链轴；4—上料斗；5—进料承口；6—搅拌筒；
7—卸料手柄；8—料斗下降手柄；9—撑脚；10—上料手柄；11—给水手柄

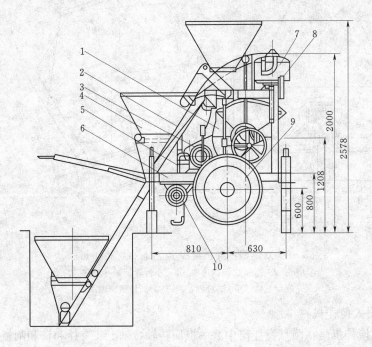

图 5-10　单卧轴强制式搅拌机结构图（单位：mm）

1—搅拌装置；2—上料架；3—料斗操纵手柄；4—料斗；5—水泵；6—底盘；
7—水箱；8—供水装置操纵手柄；9—车轮；10—传动装置

c. 双卧轴强制式混凝土搅拌机

双卧轴强制式混凝土搅拌机，如图 5-11 所示。它有两根搅拌轴，轴上布置有不同角度的搅拌叶片，工作时两轴按相反的方向同步相对旋转。由于两根轴上的搅拌铲布置位置不同，螺旋线方向相反，于是被搅拌的物料在筒内既有上下翻滚的动作，也有沿轴向的来回运动，从而增强了混合料运动的剧烈程度，因此搅拌效果更好。双卧轴强制式混凝土搅拌机为固定式，其结构基本与单卧式相似。它由搅拌系统、进料系统、卸料系统和供水系统等组成。

（2）混凝土搅拌机的使用。

1）混凝土搅拌机的安装。

a.搅拌机的运输

搅拌机运输时，应将进料斗提升到上止点，并用保险铁链锁住。轮胎式搅拌机的搬运可用机动车拖行，但其拖行速度不得超过 15km/h。如在不平的道路上行驶，速度还应降低。

b.搅拌机的安装

按施工组织设计确定的搅拌机安放位置，根据施工季节情况搭设搅拌机工作棚，棚外应挖有排除清洗搅拌机废水的排水沟，以保持操作场地的整洁。

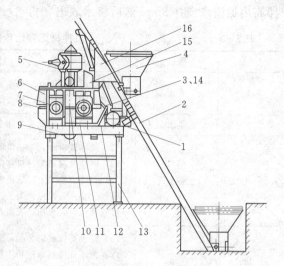

图 5-11 双卧轴搅拌机

1—上料传动装置；2—上料架；3—搅拌驱动装置；
4—料斗；5—水箱；6—搅拌筒；7—搅拌装置；
8—供油器；9—卸料装置；10—三通阀；
11—操纵杆；12—水泵；13—支承架；
14—罩盖；15—受料斗；16—电气箱

固定式搅拌机，应安装在牢固的台座上。当长期使用时，应埋置地脚螺栓；如短期使用，可在机座下铺设木枕并找平放稳。

轮胎式搅拌机，应安装在坚实平整的地面上，全机重量应由四个撑脚负担而使轮胎不受力，否则机架在长期荷载作用下会发生变形，造成连接件扭曲或传动件接触不良而缩短搅拌机使用寿命。当搅拌机长期使用时，为防止轮胎老化和腐蚀，应将轮胎卸下另行保管。机架应以枕木垫起支牢，进料口一端抬高 3~5cm，以适应上料时短时间内所造成的偏重。轮轴端部用油布包好，以防止灰土泥水侵蚀。

某些类型的搅拌机须在上料斗的最低点挖上料地坑，上料轨道应伸入坑内，斗口与地面齐平，斗底与地面之间加一层缓冲垫木，料斗上升时靠滚轮在轨道中运行，并由斗底向搅拌筒中卸料。

按搅拌机产品说明书的要求进行安装调试，检查机械部分、电气部分、气动控制部分等是否能正常工作。

2）搅拌机的使用。

a.搅拌机使用前的检查

搅拌机使用前应按照"十字作业法"（清洁、润滑、调整、紧固、防腐）的要求检查离合器、制动器、钢丝绳等各个系统和部位，是否机件齐全、机构灵活、运转正常，见表5-3、表5-4，并按规定位置加注润滑油脂。检查电源电压，电压升降幅度不得超过搅拌电气设备规定的 5%。随后进行空转检查，检查搅拌机旋转方向是否与机身箭头一致，空车运转是否达到要求值。供水系统的水压、水量满足要求。在确认以上情况正常后，搅拌筒内加清水搅拌 3min 然后将水放出，再可投料搅拌。

表 5－3 搅拌机正常运转的技术条件

序号	项目	技 术 条 件
1	安装	撑脚应均匀受力，轮胎应架空。如预计使用时间较长时，可改用枕木或砌体支承。固定式的搅拌机，应安装在固定基础上，安装时按规定找平
2	供水	放水时间应小于搅拌时间全程的 50%
3	上料系统	(1) 料斗载重时，卷扬机能在任何位置上可靠地制动 (2) 料斗及溜槽无材料滞留 (3) 料斗滚轮与上料轨道密合，行走顺畅 (4) 上止点有限位开关及挡车 (5) 钢丝绳无破损，表面有润滑脂
4	搅拌系统	(1) 传动系统运转灵活，无异常音响，轴承不发热 (2) 液压部件及减速箱不漏油 (3) 鼓筒、出浆门、搅拌轴轴端，不得有明显的漏浆 (4) 搅拌筒内、搅拌叶无浆渣堆积 (5) 经常检查配水系统
5	出浆系统	每拌出浆的残留量不大于出料容量的 5%
6	紧固件	完整、齐全、不松动
7	电路	线头搭接紧密，有接地装置、漏电开关

表 5－4 混凝土搅拌前对设备的检查

序号	设备名称	检 查 项 目
1	送料装置	(1) 散装水泥管道及气动吹送装置 (2) 送料拉铲、皮带、链斗、抓斗及其配件 (3) 上述设备间的相互配合
2	计量装置	(1) 水泥、砂、石子、水、外加剂等计量装置的灵活性和准确性 (2) 称量设备有无阻塞 (3) 盛料容器是否黏附残渣，卸料后有无滞留 (4) 下料时冲量的调整
3	搅拌机	(1) 进料系统和卸料系统的顺畅性 (2) 传动系统是否紧凑 (3) 筒体内有无积浆残渣，衬板是否完整 (4) 搅拌叶片的完整和牢靠程度

b. 开盘操作

在完成上述检查工作后，即可进行开盘搅拌，为不改变混凝土设计配合比，补偿黏附在筒壁、叶片上的砂浆，第一盘应减少石子约 30%，或多加水泥、砂各 15%。

c. 正常运转

（a）投料顺序。普通混凝土一般采用一次投料法或两次投料法。一次投料法是按砂（石子）、水泥、石子（砂）的次序投料，并在搅拌的同时加入全部拌和水进行搅拌；二次投料法是先将石子投入拌和筒并加入部分拌和用水进行搅拌，清除前一盘拌和料黏附在筒壁上的残余，然后再将砂、水泥及剩余的拌和用水投入搅拌筒内继续拌和。

（b）搅拌时间。混凝土搅拌质量直接和搅拌时间有关，搅拌时间应满足表 5-5 的要求。

表 5-5　　　　　　　　　　混凝土搅拌的最短时间　　　　　　　　　　单位：s

混凝土坍落度（cm）	搅拌机机型	搅 拌 机 容 量　（L）		
		<250	250~500	>500
≤3	强制式	60	90	120
	自落式	90	120	150
>3	强制式	60	60	90
	自落式	90	90	120

注　掺有外加剂时，搅拌时间应适当延长。

（c）操作要点。搅拌机操作要点见表 5-6。

表 5-6　　　　　　　　　　搅 拌 机 操 作 要 点

序号	项目	操 作 要 点
1	进料	（1）应防止砂、石落入运转机构 （2）进料容量不得超载 （3）进料时避免水泥先进，避免水泥粘结机体
2	运行	（1）注意声响，如有异常，应立即检查 （2）运行中经常检查紧固件及搅拌叶，防止松动或变形
3	安全	（1）上料斗升降区严禁任何人通过或停留。检修或清理该场地时，用链条或锁闩将上料斗扣牢 （2）进料手柄在非工作时或工作人员暂时离开时，必须用保险环扣紧 （3）出浆时操作人员应手不离开操作手柄，防止手柄自动回弹伤人（强制式机更要重视） （4）出浆后，上料前，应将出浆手柄用安全钩扣牢，方可上料搅拌 （5）停机下班，应将电源拉断，关好开关箱 （6）冬季施工下班，应将水箱、管道内的存水排清
4	停电或机械故障	（1）快硬、早强、高强混凝土，及时将机内拌和物掏清 （2）普通混凝土，在停拌 45min 内将拌和物掏清 （3）缓凝混凝土，根据缓凝时间，在初凝前将拌和物掏清 （4）掏料时，应将电源拉断，防止突然来电

（d）搅拌质量检查。混凝土拌和物的搅拌质量应经常检查，混凝土拌和物颜色均匀一致，无明显的砂粒、砂团及水泥团，石子完全被砂浆所包裹，说明其搅拌质量较好。

d. 停机

每班作业后应对搅拌机进行全面清洗，并在搅拌筒内放入清水及石子运转 10~15min 后放出，再用竹扫帚洗刷外壁。搅拌筒内不得有积水，以免筒壁及叶片生锈，如遇冰冻季节应放尽水箱及水泵中的存水，以防冻裂。

每天工作完毕后，搅拌机料斗应放至最低位置，不准悬于半空。电源必须切断，锁好电闸箱，保证各机构处于空位。

3. 混凝土拌和站（楼）

在混凝土施工工地，通常把骨料堆场、水泥仓库、配料装置、拌和机及运输设备等，比较集中地布置，组成混凝土拌和站，或采用成套的混凝土工厂（拌和楼）来制备混凝土。

三、混凝土运输

混凝土运输是整个混凝土施工中的一个重要环节，对工程质量和施工进度影响较大。由于混凝土料拌和后不能久存，而且在运输过程中对外界的影响敏感，运输方法不当或疏忽大意，都会降低混凝土质量，甚至造成废品。如供料不及时或混凝土品种错误，正在浇筑的施工部位将不能顺利进行。因此要解决好混凝土拌和、浇筑、水平运输和垂直运输之间的协调配合问题，还必须采取适当的措施，保证运输混凝土的质量。

混凝土料在运输过程中应满足下列基本要求。

（1）运输设备应不吸水、不漏浆，运输过程中不出现混凝土拌和物分离、严重泌水及过多降低坍落度的问题。

（2）同时运输两种以上强度等级的混凝土时，应在运输设备上设置标志，以免混淆。

（3）尽量缩短运输时间、减少转运次数。运输时间不得超过表 5-7 的规定。因故停歇过久，混凝土产生初凝时，应作废料处理。在任何情况下，严禁中途加水后运入仓内。

（4）运输道路基本平坦，避免拌和物振动、离析、分层。

（5）混凝土运输工具及浇筑地点，必要时应有遮盖或保温设施，以避免因日晒、雨淋、受冻而影响混凝土的质量。

（6）混凝土拌和物自由下落高度以不大于 2m 为宜，超过此界限时应采用缓降措施。

表 5-7　　混凝土允许运输时间

气温（℃）	混凝土允许运输时间（min）
20～30	30
10～20	45
5～10	60

注　本表数值未考虑外加剂、混合料及其他特殊施工措施的影响。

（一）混凝土运输设备

混凝土运输包括两个运输过程：一是从拌和机前到浇筑仓前，主要是水平运输；二是从浇筑仓前到仓内，主要是垂直运输。

混凝土的水平运输又称为供料运输。常用的运输方式有人工、机动翻斗车、混凝土搅拌运输车、自卸汽车、混凝土泵、皮带机、机车等几种，应根据工程规模、施工场地宽窄和设备供应情况选用。混凝土的垂直运输又称为入仓运输，主要由起重机械来完成，常见的起重机有履带式、门机、塔机等几种。

这里主要介绍人工、机动翻斗车、混凝土搅拌运输车等几种运输方式，其他将在有关章节介绍。

1. 人工运输

人工运输混凝土常用手推车、架子车和斗车等。用手推车和架子车时，要求运输道路路面平整，随时清扫干净，防止混凝土在运输过程中受到强烈振动。道路的纵坡，一般要求水平，局部不宜大于 15%，一次爬高不宜超过 2～3m，运输距离不宜超过 200m。

用窄轨斗车运输混凝土时，窄轨（轨距 610mm）车道的转弯半径以不小于 10m 为宜。轨道尽量为水平，局部纵坡不宜超过 4%，尽可能铺设双线；以便轻、重车道分开。如为单线要设避车叉道。容量为 0.60m³ 的斗车一般用人力推运，局部地段可用卷扬机牵引。

2. 机动翻斗车

机动翻斗车是混凝土工程中使用较多的水平运输机械。它轻便灵活、转弯半径小、速度快且能自动卸料。车前装有容量为 476L 的翻斗，载重量约 1t，最高时速 20km/h。它适用于短途运输混凝土或砂石料。

3. 混凝土搅拌运输车

混凝土搅拌运输车（图 5-12）是运送混凝土的专用设备。它的特点是在运量大、运距远的情况下，能保证混凝土的质量均匀，一般用于混凝土制备点（商品混凝土站）与浇筑点距离较远时使用。它的运送方式有两种：一是在 10km 范围内作短距离运送时，只作运输工具使用，即将拌和好的混凝土接送至浇筑点，在运输途中为防止混凝土分离，让搅拌筒只作低速搅动，使混凝土拌和物不致分离、凝结；二是在运距较长时，搅拌运输两者兼用，即先在混凝土拌和站将干料——砂、石、水泥按配比装入搅拌鼓筒内，并将水注入配水箱，开始只作干料运送，然后在到达距使用点 10～15min 路程时，启动搅拌筒回转，并向搅拌筒注入定量的水，这样在运输途中边运输边搅拌成混凝土拌和物，送至浇筑点卸出。

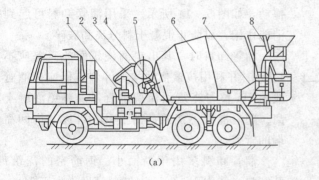
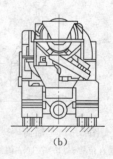

图 5-12 搅拌运输车外形图

(a) 侧视；(b) 后视

1—泵连接组件；2—减速机总成；3—液压系统；4—机架；5—供水系统；
6—搅拌筒；7—操纵系统；8—进出料装置

（二）混凝土辅助运输设备

运输混凝土的辅助设备有吊罐、集料斗、溜槽、溜管等。用于混凝土装料、卸料和转运入仓，对于保证混凝土质量和运输工作顺利进行起着相当大的作用。

1. 溜槽与振动溜槽

溜槽为钢制槽子（钢模），可从皮带机、自卸汽车、斗车等受料，将混凝土转送入仓。其坡度可由试验确定，常采用 45°左右。当卸料高度过大时，可采用振动溜槭槽。振动溜槽装有振动器，单节长 4～6m，拼装总长可达 30m，其输送坡度由于振动器的作用可放缓至 15°~20°。采用溜槽时，应在溜槽末端加设 1~2 节溜管或挡板（图 5-13），以防止混凝土料在下滑过程中分离。利用溜槽转运入仓，是大型机械设备难以控制部位的有效入仓手段。

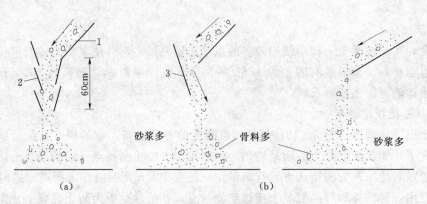

图 5-13 溜槽卸料
（a）正确方法；（b）不正确方法
1—溜槽；2—成两节溜筒；3—挡板

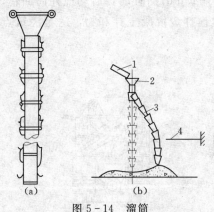

图 5-14 溜筒
（a）垂直位置；（b）拉向一侧卸料
1—运料工具；2—受料斗；
3—溜管；4—拉索

2.溜管与振动溜管

溜管（溜筒）由多节铁皮管串挂而成。每节长 0.8~1m，上大下小，相邻管节铰挂在一起，可以拖动，如图 5-14 所示。采用溜管卸料可起到缓冲消能作用，以防止混凝土料分离和破碎。

溜管卸料时，其出口离浇筑面的高差应不大于 1.5m。并利用拉索拖动均匀卸料，但应使溜管出口段约 2m 长与浇筑面保持垂直，以避免混凝土料分离。随着混凝土浇筑面的上升，可逐节拆卸溜管下端的管节。

溜管卸料多用于断面小、钢筋密的浇筑部位，其卸料半径为 1~1.5m，卸料高度不大于 10m。

振动溜管与普通溜管相似，但每隔 4~8m 的距离装有一个振动器，以防止混凝土料中途堵塞，其卸料高度可达 10~20m。

3.吊罐

吊罐有卧罐和立罐之分。卧罐通过自卸汽车受料，立罐置于平台列车直接在搅拌楼出料口受料（图 5-15、图 5-16）。

四、混凝土浇筑

（一）铺料

开始浇筑前，要在岩面或老混凝土面上，先铺一层 2~3cm 厚的水泥砂浆（接缝砂浆）以保证新混凝土与基岩或老混凝土结合良好。砂浆的水灰比应较混凝土水灰比减少 0.03~0.05。混凝土的浇筑，应按一定厚度、次序、方向分层推进。

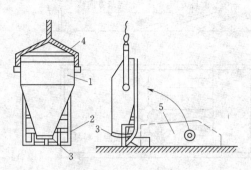

图 5-15　混凝土卧罐

1—装料斗；2—滑架；3—斗门；

4—吊梁；5—平卧状态

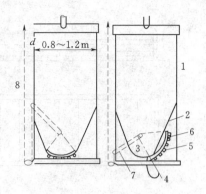

图 5-16　混凝土立罐

1—金属桶；2—料斗；3—出料口；4—橡

皮垫；5—辊轴；6—扇形活门；

7—手柄；8—绳索

铺料厚度应根据拌和能力、运输距离、浇筑速度、气温及振捣器的性能等因素确定。一般情况下，浇筑层的允许最大厚度不应超过表 5-8 规定的数值，如采用低流态混凝土及大型强力振捣设备时，其浇筑层厚度应根据试验确定。

表 5-8　　　　　　　　　混凝土浇筑层的允许最大铺料厚度

项次	振捣器类别或结构类型		浇筑层的允许最大铺料厚度
1	插入式	电动硬轴振捣器	振捣器工作长度的 0.8 倍
		软轴振捣器	振捣器工作长度的 1.25 倍
2	表面式	在无筋或单层钢筋结构中	250mm
		在双层钢筋结构中	120mm

混凝土入仓时，应尽量使混凝土按先低后高进行，并注意分料，不要过分集中。其要求如下。

（1）仓内有低塘或料面，应按先低后高进行卸料，以免泌水集中带走灰浆。

（2）由迎水面至背水面把泌水赶至背水面部分，然后处理集中的泌水。

（3）根据混凝土强度等级分区，先高强度后低强度进行下料，以防止减少高强度区的断面。

（4）要适应结构物待点。如浇筑块内有廊道、钢管或埋件的仓位，卸料必须两侧平起，廊道、钢管两侧的混凝土高差不得超过铺料的层厚（一般 30～50cm）。

常用的铺料方法有以下 3 种。

1. 平层浇筑法

平层浇筑法是混凝土按水平层连续地逐层铺填，第一层浇完后再浇第二层，依次类推直至达到设计高度，如图 5-17（a）所示。

平层浇筑法，因浇筑层之间的接触面积大（等于整个仓面面积），应注意防止出现冷缝（即铺填上层混凝土时，下层混凝土已经初凝）。为了避免产生冷缝，仓面面积 A 和浇筑层厚度 h 必须满足。

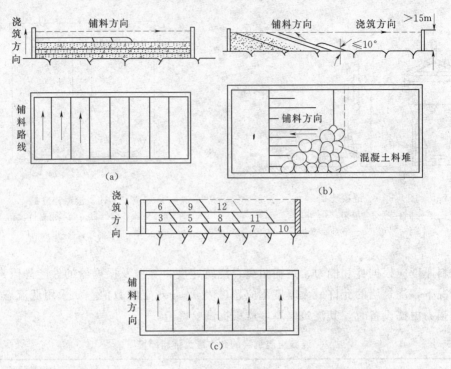

图 5-17　混凝土浇筑法

(a) 平层浇筑法；(b) 斜层浇筑法；(c) 台阶浇筑法

$$Ah \leqslant KQ(t_2 - t_1)$$

式中　A——浇筑仓面最大水平面积，m^2；

$\quad\quad h$——浇筑厚度，取决于振捣器的工作深度，一般为 $0.3\sim0.5m$；

$\quad\quad K$——时间延误系数，可取 $0.8\sim0.85$；

$\quad\quad Q$——混凝土浇筑的实际生产能力，m^3/h；

$\quad\quad t_2$——混凝土初凝时间，h；

$\quad\quad t_1$——混凝土运输、浇筑所占时间，h。

平层铺料法实际应用较多，有以下特点。

(1) 铺料的接头明显，混凝土便于振捣，不易漏振。

(2) 平层铺料法能较好地保持老混凝土面的清洁，保证新老混凝土之间的结合质量。

(3) 适用于不同坍落度的混凝土。

(4) 适用于有廊道、竖井、钢管等结构的混凝土。

2. 斜层浇筑法

当浇筑仓面面积较大，而混凝土拌和、运输能力有限时，采用平层浇筑法容易产生冷缝时，可用斜层浇筑法和台阶浇筑法。

斜层浇筑法是在浇筑仓面，从一端向另一端推进，推进中及时覆盖，以免发生冷缝。斜层坡度不超过 $10°$，否则在平仓振捣时易使砂浆流动，骨料分离，下层已捣实的混凝土也可能产生错动。如图 5-17 (b) 所示。浇筑块高度一般限制在 $1.5m$ 左右。当浇筑块较薄，且对混凝土采取预冷措施时，斜层浇筑法是较常见的方法，因浇筑过程中混凝土冷量损失较小。

3. 台阶浇筑法

台阶浇筑法是从块体短边一端向另一端铺料，边前进、边加高，逐步向前推进并形成明显的台阶，直至把整个仓位浇到收仓高程。浇筑坝体迎水面仓位时，应顺坝轴线方向铺料。如图 5-17（c）所示。

施工要求如下。

（1）浇筑块的台阶层数以 3～5 层为宜，层数过多，易使下层混凝土错动，并使浇筑仓内平仓振捣机械上下频率调动，容易造成漏振。

（2）浇筑过程中，要求台阶层次分明。铺料厚度一般为 0.3～0.5m，台阶宽度应大于1.0m，长度应大于 2～3m，坡度不大于 1:2。

（3）水平施工缝只能逐步覆盖，必须注意保持老混凝土面的湿润和清洁。在老混凝土面上边摊铺接缝砂浆边浇混凝土。

（4）平仓振捣时注意防止混凝土分离和漏振。

（5）在浇筑中如因机械和停电等故障而中止工作时，要做好停仓准备，即必须在混凝土初凝前，把接头处混凝土振捣密实。

应该指出，不管采用上述何种铺筑方法，浇筑时相邻两层混凝土的间歇时间不允许超过混凝土铺料允许间隔时间。混凝土允许间隔时间是指自混凝土拌和机出料口到初凝前覆盖上层混凝土为止的这一段时间，它与气温、太阳辐射、风速、混凝土入仓温度、水泥品种、掺外加剂品种等条件有关，见表 5-9。

表 5-9　　混凝土浇筑允许间隔时间　　单位：min

混凝土浇筑时的气温（℃）	允许间隔时间	
	普通硅酸盐水泥	矿渣硅酸盐水泥及火山灰质硅酸盐水泥
20～30	90	120
10～20	135	180
5～10	195	

注　本表数值未考虑外加剂、混合料及其他特殊施工措施的影响。

（二）平仓

平仓是把卸入仓内成堆的混凝土摊平到要求的均匀厚度。平仓不好会造成离析，使骨料架空，严重影响混凝土质量。

1. 人工平仓

人工平仓用铁锹，平仓距离不超过 3m。只适用以下场合。

（1）在靠近模板和钢筋较密的地方，用人工平仓，使石子分布均匀。

（2）水平止水、止浆片底部要用人工送料填满，严禁料罐直接下料，以免止水、止浆片卷曲和底部混凝土架空。

（3）门槽、机组预埋件等空间狭小的二期混凝土。

（4）各种预埋件、观测设备周围用人工平仓，防止位移和损坏。

2. 振捣器平仓

振捣器平仓时应将振捣器斜插入混凝土料堆下部，使混凝土向操作者位置移动，然后一次一次地插向料堆上部，直至混凝土摊平到规定的厚度为止。如将振捣器垂直插入料堆顶部，平仓工效固然较高，但易造成粗骨料沿锥体四周下滑，砂浆则集中在中间形成砂浆窝，影响混凝土匀质性。经过振动摊平的混凝土表面可能已经泛出砂浆，但内部并未完全捣实，切不可将平仓和振捣合二为一，影响浇筑质量。

（三）振捣

振捣是振动捣实的简称，它是保证混凝土浇筑质量的关键工序。振捣的目的是尽可能减少混凝土中的空隙，以清除混凝土内部的孔洞，并使混凝土与模板、钢筋及埋件紧密结合，从而保证混凝土的最大密实度，提高混凝土质量。

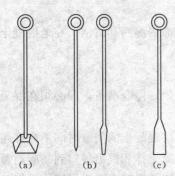

图 5-18 人工捣固工具
（a）捣固锤；（b）捣固杆；（c）捣固铲

当结构钢筋较密，振捣器难于施工，或混凝土内有预埋件、观测设备，周围混凝土振捣力不宜过大时采用人工振捣。人工振捣要求混凝土拌和物坍落度大于5cm，铺料层厚度小于20cm。人工振捣工具有捣固锤、捣固杆和捣固铲（图 5-18）。捣固锤主要用来捣固混凝土的表面；捣固铲用于插边，使砂浆与模板靠紧，防止表面出现麻面；捣固杆用于钢筋稠密的混凝土中，以使钢筋被水泥砂浆包裹，增加混凝土与钢筋之间的握裹力。人工振捣工效低，混凝土质量不易保证。

混凝土振捣主要采用振捣器进行，振捣器产生小振幅、高频率的振动，使混凝土在其振动的作用下，内摩擦力和粘结力大大降低，使干稠的混凝土获得了流动性，在重力的作用下骨料互相滑动而紧密排列，空隙由砂浆所填满，空气被排出，从而使混凝土密实，并填满模板内部空间，且与钢筋紧密结合。

1. 混凝土振捣器

混凝土振捣器的分类如表 5-10、表 5-11、图 5-19 所示。

表 5-10 混 凝 土 振 捣 器 分 类

序号	分类法	名 称	说 明
1	按振动频率分	低频振捣器	频率为 2000~5000r/min
		中频振捣器	频率为 5000~8000r/min
		高频振捣器	频率为 8000~20000r/min
2	按动力来源分	电动式振捣器	
		风动式振捣器	适用于无电源工地
		内燃机式振捣器	
3	按传振方式分	插入式振捣器	
		外部振捣器	又称内部振捣器
		振动台	

表 5－11　　　　　　　　　　　　混凝土振捣器的型号

类	组	型	特性	代号	代 号 含 义
混凝土机械	混凝土振动器 Z（振）	内部振动式 N（内）	P（偏）	ZN	电动软轴行星插入式混凝土振动器
				ZPN	电动软轴偏心插入式混凝土振动器
			D（电）	ZDN	电机内装插入式混凝土振动器
		外部振动式（外）	B（平）	ZB	平板式混凝土振动器
			F（附）	ZF	附着式混凝土振动器
			D（单）	ZFD	单向振动附着式混凝土振动器
			J（架）	ZJ	台架式混凝土振动器
	混凝土振动台			ZT	混凝土振动台

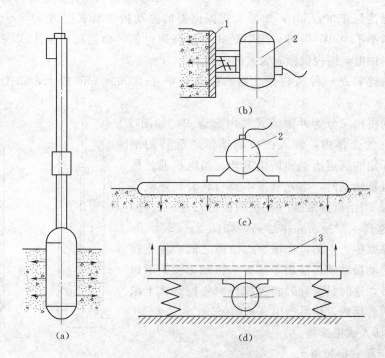

图 5－19　混凝土振捣器
（a）内部振捣器；（b）外部振捣器；（c）表面振捣器；（d）振动台
1—模板；2—振捣器；3—振动台

（1）插入式振捣器。根据使用的动力不同，插入式振捣器有电动式、风动式和内燃机式 3 类。内燃机式仅用于无电源的场合。风动式因其能耗较大、不经济，同时风压和负载变化时会使振动频率显著改变，因而影响混凝土振捣密实质量，逐渐被淘汰。因此一般工程均采用电动式振捣器。电动插入式振捣器又分为 3 种，见表 5－12。

表 5－12　　　　　　　　　　　　电动插入式振捣器

序号	名称	构 造	适用范围
1	串激式振捣器	串激式电机拖动，直径 18～50mm	小型构件
2	软轴振捣器	有偏心式、外滚道行星式、内滚道行星式振捣棒直径 25～100mm	除薄板以外各种混凝土工程
3	硬轴振捣器	直联式，振捣棒直径 80～133mm	大体积混凝土

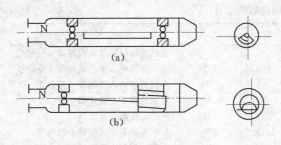

图 5-20　振捣棒振动原理图
(a) 偏心式；(b) 行星式

1) 插入式振捣器的工作原理。按振捣器的激振原理，插入式振捣器可分为偏心式和行星式两种。

偏心式的激振原理如图 5-20 (a) 所示。利用装有偏心块的转轴（也有将偏心块与转轴做成一体的）作高速旋转时所产生的离心力迫使振捣棒产生剧烈振动。偏心块每转动一周，振捣棒随之振动一次。一般单相或三相异步电动机的转速受电源频率限制只能达到 3000r/min，如插入式振捣器的振动频率要求达到 5000r/min 以上时，则当电机功率小于 500W 尚可采用串激式单相高速电机，而当功率为 1kW 甚至更大时，应由变频机组供电，即提供频率较大的电源。

行星式振捣器是一种高频振动器，振动频率在 10000r/min 以上，如图 5-20 (b) 所示。

行星振动机构又分为外滚道式和内滚道式，如图 5-21 所示。它的壳体内，装入由传动轴带动旋转的滚锥，滚锥沿固定的滚道滚动而产生振动。当电机通过传动轴带动滚锥轴转动时，滚锥除了本身自转外，还绕着轨道"公转"。当滚道与滚锥的直径越接近，这"公转"的次数也就越高，即振动频率越高，如图 5-22 所示。由于公转是靠摩擦产生的，而滚锥与滚道之间会发生打滑，操作时启动振动器可能由于滚锥未接触滚道，所以不能产生公转，这时只需轻轻将振捣棒向坚硬物体上敲击一下，使两者接触，便可产生高速的公转。

2) 软轴插入式振捣器。

a. 软轴行星式振捣器

图 5-23 为软轴行星式振捣器结构图，由可更换的振动棒头、软轴、防逆装置（单向离合器）及电机等组成。电机安装在可 360°回转的回转支座上，机壳上部装有电机开关和把手，在浇筑现场可单人携带，并可搁置在浇筑部位附近手持软轴进行振捣操作。

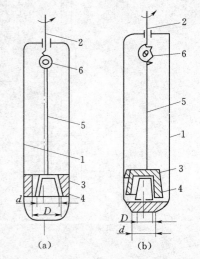

图 5-21　行星振动机构
(a) 外滚道式；(b) 内滚道式
1—壳体；2—传动轴；3—滚锥；4—滚道；5—滚锥轴；6—柔性铰接
D—滚道直径；d—滚锥直径

振捣棒是振捣器的工作装置，其外壳由棒头和棒壳体通过螺纹联成一体。壳体上部有内螺纹，与软轴的套管接头密闭衔接。带有滚轴的转轴的上端支承在专用的轴向大游隙球轴承或球面调心轴承中，端头以螺纹与软轴连接，另一端悬空。圆锥形滚道与棒壳紧配，压装在与转轴滚锥相对的部位。

b. 软轴偏心式振捣器

图 5-24 为软轴偏心式振捣器，由电机、增速器、软管、软轴和振捣棒等部件组成。软轴偏心式振捣器的电机定子、转子和增速器安装在铝合金机壳内，机壳装在回转底盘

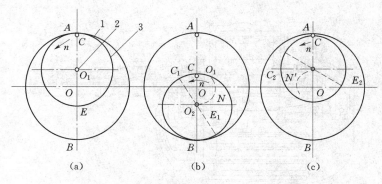

图 5-22　外滚道式行星振捣器振动原理图
(a) 开始；(b) 公转半周后；(c) 公转一周后
1—外滚道；2—滚锥轴；3—滚锥

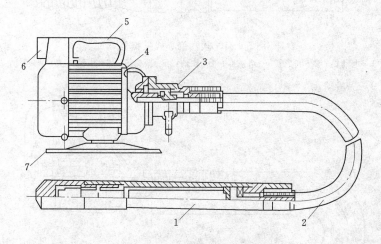

图 5-23　软轴行星式振捣器
1—振捣棒；2—软轴；3—防逆装置；4—电动机；5—握手；6—电动机开关；7—电动机回转支座

上，机体可随振动方向旋转。软轴偏心式振捣器一般配装一台两极交流异步电动机，转速只有 2860r/min。为了提高振动机构内偏心振动子的振动频率，一般在电动机转子轴端至弹簧软轴连接处安装一个增速机构。

c. 串激式软轴振捣器

串激式软轴振捣器是采用串激式电机为动力的高频偏心软轴插入式振捣器，其特点是交直流两用，体积小，重量轻，转速高，同时电机外形小巧并采用双重绝缘，使用安全可靠，无需单向离合器。它由电机、软轴软管组件、振捣棒等组成，如图 5-25 所示。电机通过短软轴直接与振捣棒的偏心式振动子相连。当电机旋转时，经软轴驱动偏心振动子高速旋转，使振捣棒产生高频振动。

3) 硬轴插入式振捣器。硬轴插入式振捣器也称电动直联插入式振捣器，它将驱动电机与振捣棒联成一体，或将其直接装入振捣棒壳体内，使电机直接驱动振动子，振动子可以做成偏心式或行星式。硬轴插入式振捣器一般适用于大体积混凝土，因其骨料粒径较大，坍落度较小，需要的振动频率较低而振幅较大，所以一般多采用偏心式。

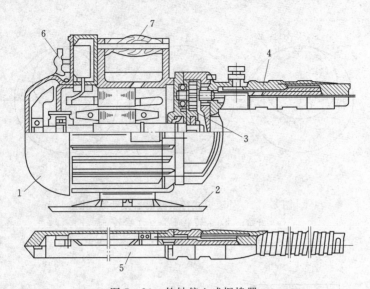

图 5-24 软轴偏心式振捣器

1—电动机；2—底盘；3—增速器；4—软轴；5—振捣棒；6—电路开关；7—手柄

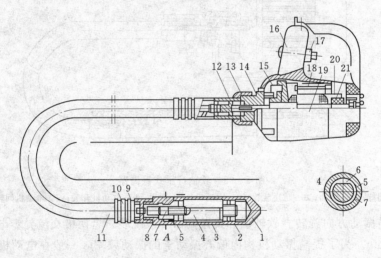

图 5-25 串激式软振捣器

1—尖头；2—轴承；3—套管；4—偏心轴；5—鸭舌销；6—半月键；7—紧套；8—接头；9—软轴；
10、12—软管接头；11—软管；13—软管紧定套；14—电动机端盖；15—风扇；
16—手把；17—开关；18—定子；19—转子；20—碳刷；21—电枢

　　棒径 80mm 以上的硬轴振捣器，目前都采用变频机组供电，目的是把浇筑现场三相交流电源的频率由 50Hz，提高到 100Hz、125Hz、150Hz 甚至 200Hz，使振捣器内的三相异步电动机的转速相应地提高到 6000r/min、7500r/min、9000r/min 甚至 12000r/min；同时将电压降至 48V，如遇漏电不致引起触电事故。1 台变频机组可同时给 2～3 台振捣器供电。变频机组与振捣器之间用电缆连接。电缆长度可达 25m，浇筑时变频机组不需经常移动。图 5-26 为目前使用较多的 $Z_2D—130$ 型硬轴振捣器的结构图。振捣棒壳体由端塞、中间壳体和尾盖 3 部分通过螺纹连接成一体，棒壳上部内壁嵌装电动机定子，电动机转子轴的下端固定套装着偏心轴，偏心轴的两端用轴承支承在棒壳内壁上，棒壳尾盖上端

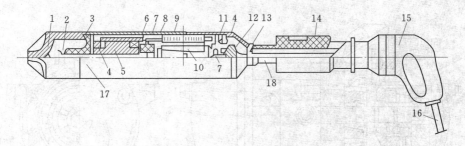

图 5 - 26　硬轴偏心式振捣器

1—端塞；2—吸油嘴；3—油盘；4—轴承；5—偏心轴；6—油封座；7—油封；
8—中间壳体；9—定子；10—转子；11—轴承座；12—接线盖；13—尾盖；
14—减振器；15—手柄；16—引出电缆；17—圆销孔；18—连接管

接有连接管，管上部设有减振器，用来减弱手柄的振动。电机定子线圈的引出线通过接线盖与引出电缆连接，引出电缆则穿过连接管引出，并与变频机组相接。

变频机组是硬轴插入式振捣器的电源设备。由安装在同一轴上的电动机和低压异步发电机组成。变频电源，一方面驱动电动机旋转，另一方面通过保险丝、电源线、碳刷及滑环接入发电机转子激磁，使发电机输出高频率的低压电源，供振捣器使用。

偏心式振捣器的偏心轴所产生的离心力，通过轴承传递给壳体。轴承所受荷载既大，转速又高，在振捣大粒径骨料混凝土时，还要承受大石子给予很大的反向冲击力，因此轴承的使用寿命很短（以净运转时间计算，一般只有 50～100h），并成为振捣器的薄弱环节。而轴承一旦损坏，如未能及时发现并更换，还会引起电动机转子与定子内孔碰擦，线圈短路烧毁。因此硬轴振捣器应注意日常维护。

（2）外部式振捣器。外部式振捣器包括附着式、平板（梁）式及振动台 3 种类型，见表 5 - 13。

附着式振捣器和平板（梁）式振捣器的振捣作用都是由混凝土表面传入的，其区别仅在于附着式振捣器本身无振板，用螺栓或夹具固定在混凝土结构的模板上进行振捣，模板就是它的振板；而平板（梁）式振捣器则自带振板，可直接放置在混凝土表面进行振捣。

表 5 - 13　外 部 振 捣 器

序号	名称	适用范围
1	平板式振捣器	混凝土表面及板面
2	梁式振捣器	混凝土路面

1）附着式振捣器。附着式振捣器由电机、偏心块式振动子组合而成，外形如同一台电动机，如图 5 - 27 所示。机壳一般采用铸铝或铸铁制成，有的为便于散热，在机壳上铸有环状或条状凸肋形散热翼。附着式振捣器是在一个三相二极电动机转子轴的两个伸出端上各装有一个圆盘形偏心块，振捣器的两端用端盖封闭。端盖与轴承座机用 3 只长螺栓紧固，以便维修。外壳上有 4 个地脚螺钉孔，使用时用地脚螺栓将振捣器固定在模板或平板上进行作业。

附着式振捣器的偏心振动子安装在电机转子轴的两端，由轴承支承。电机转动带动偏心振动子运动，由于偏心力矩作用，振捣器在运转中产生振动力进行振捣密实作业。

2）平板（梁）式振捣器。平板（梁）式振捣器有两种型式，一是在上述附着式振捣

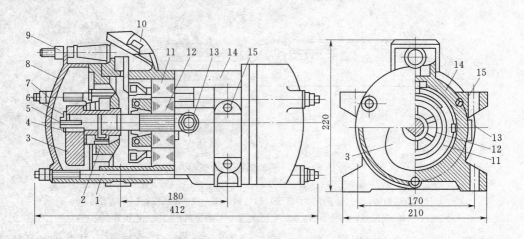

图 5-27　附着式振捣器结构示意图（单位：mm）

1—轴承座；2—轴承；3—偏心轮；4—键；5—螺钉；6—转子轴；7—长螺栓；8—端盖；9—电源线；

10—接线盒；11—定子；12—转子；13—定子紧固螺钉；14—外壳；15—地脚螺钉孔

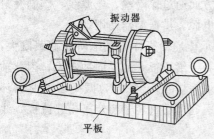

图 5-28　简易平板式振捣器

器底座上用螺栓紧固一块木板或钢板（梁），通过附着式振捣器所产生的激振力传递给振板，迫使振板振动而振实混凝土，如图 5-28 所示；另一类是定型的平板（梁）式振捣器，振板为钢制槽形（梁形）振板，上有把手，便于边振捣、边拖行，更适用于大面积的振捣作业，如图 5-29 所示。

上述外部式振捣器空载振动频率在 2800～2850r/min 之间，由于振捣频率低，混凝土拌和物中的气泡和水分不易逸出，振捣效果不佳。近年来已开始采用变频机组供电的附着式和平板式振捣器，振捣频率可达 9000～12000r/min，振捣效果较好。

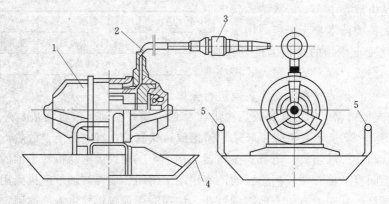

图 5-29　槽形平板式振捣器

1—振动电动机；2—电缆；3—电缆接头；4—钢制槽形振板；5—手柄

（3）振动台。混凝土振动台，又称台式振捣器，它是一种使混凝土拌和物振动成型的机械。其机架一般支承在弹簧上，机架下装有激振器，机架上安置成型制品的钢模板，模板内装有混凝土拌和物。在激振器的作用下，机架连同模板及混合料一起振动，使混凝土拌和物密实成型，如图5-30所示。

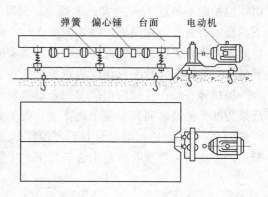

图5-30　混凝土振动台

2. 振捣器的使用

（1）插入式振捣器的使用。

1）振捣器使用前的检查。①电机接线是否正确，电压是否稳定，外壳接地是否完好，工作中亦应随时检查；②电缆外皮有无破损或漏电现象；③振捣棒连接是否牢固和有无破损，传动部分两端及电机壳上的螺栓是否拧紧，软轴接头是否接好；④检查电机的绝缘是否良好，电机定子绕组绝缘不小于0.5mΩ。如绝缘电阻低于0.5mΩ，应进行干燥处理。有条件时，可采用红外线干燥炉、喷灯等进行烘烤，但烘烤温度不宜高于100℃；也可采用短路电流法，即将转子制动，在定子线圈内通入电压为额定值10%～15%的电源，使其线圈发热，慢慢干燥。

2）接通电源，进行试运转。①电机的旋转方向应为顺时针方向（从风罩端看），并与机壳上的红色箭头标示方向一致；②当软轴传动与电机结合紧固后，电机启动时如发现软轴不转动或转动速度不稳定，单向离合器中发出"嗒嗒"响的声音，则说明电机旋转方向反了，应立即切断电源，将三相进线中的任意两线交换位置；③电机运转正确时振捣棒应发出"鸣、鸣、……"的叫声，振动稳定而有力。如果振捣棒有"哗、哗、……"声而不振动，这是由于启动振捣棒后滚锥未接触滚道，滚锥不能产生公转而振动，这时只需轻轻将振捣棒向坚硬物体上敲动一下，使两者接触，即可正常振动。

3）振捣器的操作。振捣在平仓之后立即进行，此时混凝土流动性好，振捣容易，捣实质量好。振捣器的选用，对于素混凝土或钢筋稀疏的部位，宜用大直径的振捣棒；坍落度小的干硬性混凝土，宜选用高频和振幅较大的振捣器。振捣作业路线保持一致，并顺序依次进行，以防漏振。振捣棒尽可能垂直地插入混凝土中。如振捣棒较长或把手位置较高，垂直插入感到操作不便时，也可略带倾斜，但与水平面夹角不宜小于45°，且每次倾斜方向应保持一致，否则下部混凝土将会发生漏振。这时作用轴线应平行，如不平行也会出现漏振点（图5-31）。

振捣棒应快插、慢拔。插入过慢，上部混凝土先捣实，就会阻止下部混凝土中的空气和多余的水分向上逸出；拔得过快，周围混凝土来不及填铺振捣棒留下的孔洞，将在每一层混凝土的上半部留下只有砂浆而无骨料的砂浆柱，影响混凝土的强度。为使上、下层混凝土振捣密实均匀，可将振捣棒上下抽动，抽动幅度为5～10cm。振捣棒的插入深度，在振捣第一层混凝土时，以振捣器头部不碰到基岩或老混凝土

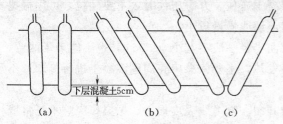

下层混凝土5cm

（a）　　　　　（b）　　　　　（c）

图5-31　插入式振捣器操作示意图

（a）直插法；（b）斜插法；（c）错误方法

面，但相距不超过 5cm 为宜；振捣上层混凝土时，则应插入下层混凝土 5cm 左右，使上、下两层结合良好。在斜坡上浇筑混凝土时，振捣棒仍应垂直插入，并且应先振低处，再振高处，否则在振捣低处的混凝土时，已捣实的高处混凝土会自行向下流动，致使密实性受到破坏。软轴振捣棒插入深度为棒长的 3/4，过深软轴和振捣棒结合处容易损坏。

振捣棒在每一孔位的振捣时间，以混凝土不再显著下沉，水分和气泡不再逸出并开始泛浆为准。振捣时间和混凝土坍落度、石子类型及最大粒径、振捣器的性能等因素有关，一般为 20～30s。振捣时间过长，不但降低工效，且使砂浆上浮过多，石子集中下部，混凝土产生离析，严重时，整个浇筑层呈"千层饼"状态。

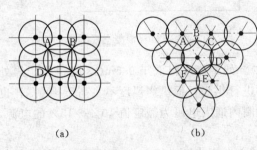

图 5-32 振捣孔位布置
(a) 正方形分布；(b) 三角形分布

振捣器的插入间距控制在振捣器有效作用半径的 1.5 倍以内，实际操作时也可根据振捣后在混凝土表面留下的圆形泛浆区域能否在正方形排列（直线行列移动）的 4 个振捣孔径的中点［图 5-32 (a) 中的 A、B、C、D 点］，或三角形排列（交错行列移动）的 3 个振捣孔位的中点［图 5-32 (b) 中的 A、B、C、D、E、F 点］相互衔接来判断。在模板边、预埋件周围、布置有钢筋的部位以及两罐（或两车）混凝土卸料的交界处，宜适当减少插入间距，以加强振捣，但不宜小于振捣棒有效作用半径的 1/2，并注意不能触及钢筋、模板及预埋件。

为提高工效，振捣棒插入孔位尽可能呈三角形分布。据计算，三角形分布较正方形分布工效可提高 30%，此外，将几个振捣器排成一排，同时插入混凝土中进行振捣。这时两台振捣器之间的混凝土可同时接收到这两台振捣器传来的振动，振捣时间可因此缩短，振动作用半径也即加大。

振捣时出现砂浆窝时应将砂浆铲出，用脚或振捣棒从旁边将混凝土压送至该处填补，不可将别处石子移来（重新出现砂浆窝）。如出现石子窝，按同样方法将松散石子铲出同样填补。振捣中发现泌水现象时，应经常保持仓面平整，使泌水自动流向集水地点，并用人工掏除。泌水未引走或掏除前，不得继续铺料、振捣。集水地点不能固定在一处，应逐层变换掏水位置，以防弱点集中在一处。也不得在模板上开洞引水自流或将泌水表层砂浆排出仓外。

振捣器的电缆线应注意保护，不要被混凝土压住。万一压住时，不要硬拉，可用振捣棒振动其附近的混凝土，使其液化，然后将电缆线慢慢拔出。

软轴式振捣器的软轴不应弯曲过大，弯曲半径一般不宜小于 50cm，也不能多于两弯，电动直联偏心式振捣器因内装电动机，较易发热，主要依靠棒壳周围混凝土进行冷却，不要让它在空气中连续空载运转。

工作时，一旦发现有软轴保护套管橡胶开裂、电缆线表皮损伤、振捣棒声响不正常或频率下降等现象时，应立即停机处理或送修拆检。

（2）外部式振捣器的使用。

1）外部式振捣器使用前的准备工作。振捣器安装时，底板的安装螺孔位置应正确，否则底脚螺栓将扭斜，并使机壳受到不正常的应力，影响使用寿命。底脚螺栓的螺帽必须紧固，防止松动，且要求四只螺栓的紧固程度保持一致。

如插入式振捣器一样检查电机、电源等内容。

在松软的平地上进行试运转，进一步检查电气部分和机械部分运转情况。

2）外部式振捣器的操作。操作人员应穿绝缘胶鞋、戴绝缘手套，以防触电。平板式振捣器要保持拉绳干燥和绝缘，移动和转向时，应蹬踏平板两端，不得蹬踏电机。操作时可通过倒顺开关控制电机的旋转方向，使振捣器的电机旋转方向正转或反转从而使振捣器自动地向前或向后移动。沿铺料路线逐行进行振捣，两行之间要搭接 5cm 左右，以防漏振。

振捣时间仍以混凝土拌和物停止下沉、表面平整，往上返浆且已达到均匀状态并充满模壳时，表明已振实，可转移作业面。时间一般为 30s 左右。在转移作业面时，要注意电缆线勿被模板、钢筋露头等挂住，防止拉断或造成触电事故。

振捣混凝土时，一般横向和竖向各振捣一遍即可，第一遍主要是密实，第二遍是使表面平整，其中第二遍是在已振捣密实的混凝土面上快速拖行。

附着式振捣器安装时应保证转轴水平或垂直，如图 5-33 所示。在一个模板上安装多台附着式振捣器同时进行作业时，各振捣器频率必须保持一致，相对安装的振捣器的位置应错开。振捣器所装置的构件模板，要坚固牢靠，构件的面积应与振捣器的额定振动板面积相适应。

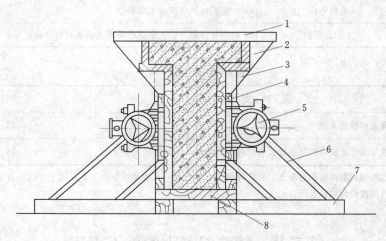

图 5-33 附着式振捣器的安装

1—模板面卡；2—模板；3—角撑；4—夹木枋；5—附着式振动器；6—斜撑；7—底模枋；8—纵向底枋

3）混凝土振动台是一种强力振动成型机械装置，必须安装在牢固的基础上，地脚螺栓应有足够的强度并拧紧。在振捣作业中，必须安置牢固可靠的模板锁紧夹具，以保证模板和混凝土与台面一起振动。

五、混凝土的养护

混凝土浇筑完毕后，在一段相当长的时间内，应保持其适当的温度和足够的湿度，以造成混凝土良好的硬化条件，这就是混凝土的养护工作。混凝土表面水分不断蒸发，如不设法防止水分损失，水化作用未能充分进行，混凝土的强度将受到影响，还可能产生干缩裂缝。因此混凝土养护的目的，一是创造有利条件，使水泥充分水化，加速混凝土的硬化；二是防止混凝土成型后因曝晒、风吹、干燥等自然因素影响，出现不正常的收缩、裂缝等现象。

混凝土的养护方法分为自然养护和热养护两类，见表 5-14。养护时间取决于当地气温、水泥品种和结构物的重要性，见表 5-15。

表 5-14　　　　　　　　　　　混 凝 土 的 养 护

类别	名　称	说　明
自然养护	洒水（喷雾）养护	在混凝土面不断洒水（喷雾），保持其表面湿润
	覆盖浇水养护	在混凝土面覆盖湿麻袋、草袋、湿砂、锯末等，不断洒水保持其表面湿润
	围水养护	四周围成土埂，将水蓄在混凝土表面
	铺膜养护	在混凝土表面铺上薄膜，阻止水分蒸发
	喷膜养护	在混凝土表面喷上薄膜，阻止水分蒸发
热养护	蒸汽养护	利用热蒸汽对混凝土进行湿热养护
	热水（热油）养护	将水或油加热，将构件搁置在其上养护
	电热养护	对模板加热或微波加热养护
	太阳能养护	利用各种罩、窑、集热箱等封闭装置对构件进行养护

表 5-15　　　　　　　　　　混 凝 土 养 护 时 间　　　　　　　　单位：d

水 泥 种 类	养护时间
硅酸盐水泥、普通硅酸盐水泥	14
火山灰质硅酸盐水泥、矿渣硅酸盐水泥、粉煤灰硅酸盐水泥、硅酸盐大坝水泥	21

注　重要部位和利用后期强度的混凝土，养护时间不少于 28 d。夏季和冬季施工的混凝土，以及有温度控制要求混凝土养护时间按设计要求进行。

第二节　特殊混凝土的施工工艺

一、泵送混凝土

泵送混凝土是将混凝土拌和物从搅拌机出口通过管道连续不断地泵送到浇筑仓面的一种施工方法。

（一）混凝土泵

1. 混凝土泵类型

混凝土泵类型及泵送原理见表 5-16。

表 5 - 16　　　　　　　　　　　混凝土泵类型及泵送原理

类　别		泵　送　原　理
活塞式	机械式	动力装置带动曲柄使活塞往返动作，将混凝土送出，如图 5 - 34 所示
	液压式	液压装置推动活塞往返动作，将混凝土送出，如图 5 - 38 所示
挤压式		泵室内有橡胶管及滚轮架，滚轮架转动时将橡胶管内混凝土压出，如图 5 - 35 所示
隔膜式		利用水压力压缩泵体内橡胶隔膜，将混凝土压出，如图 5 - 36 所示
气罐式		利用压缩空气将贮料罐内的混凝土吹压输送出，如图 5 - 37 所示

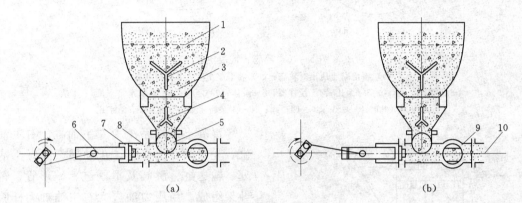

图 5 - 34　活塞式混凝土泵

（a）将混凝土吸入泵室；（b）将混凝土压入导管

1—筛网；2—搅拌器；3—料斗；4—喂料器；5—吸入阀；6—活塞；7—气缸；
8—工作室（泵室）；9—压出阀；10—导管

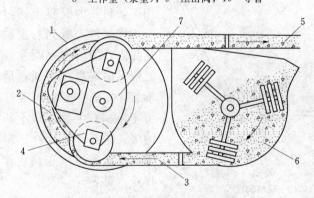

图 5 - 35　挤压式混凝土泵

1—泵室；2—橡胶软管；3—吸入管；4—回转滚轮；
5—导管；6—料斗；7—滚轮架

2. 液压活塞式混凝土泵

工程上使用较多的是液压活塞式混凝土泵，它是通过液压缸的压力油推动活塞，再通过活塞杆推动混凝土缸中的工作活塞来进行压送混凝土。其工作原理如图 5 - 38 所示。

混凝土泵分拖式（地泵）和泵车两种形式。图 5 - 39 为 HBT60 拖式混凝土泵示意图。它主要由混凝土泵送系统、液压操作系统、混凝土搅拌系统、油脂润滑系统、冷却和水泵清洗系统以及用来安装和支承上述系统的金属结构车架、车桥、支脚和导向轮等组成。

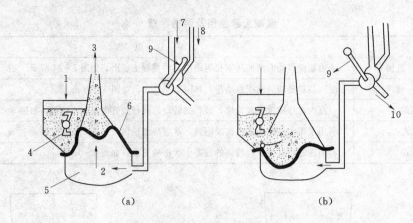

图 5-36　隔膜式混凝土泵

(a) 将混凝土压出时状态；(b) 将混凝土吸入泵体时状态

1—进料；2—压送；3—泵出；4—搅拌器；5—泵体；6—隔膜；7—水从水箱来；8—水从

水泵来（此时 10 关闭）；9—四通阀；10—水泵将水抽出（此时 7、8 封闭）

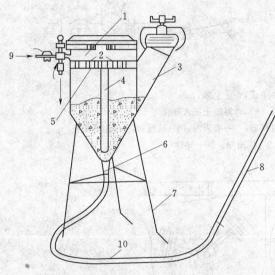

图 5-37　风动压气罐

1—贮气间；2—气孔（ϕ10mm）；3—装料口；4—风管；

5—隔板；6—出料口；7—支架；8—注浆管；

9—进气口；10—输料软管

混凝土泵送系统由左主油缸、右主油缸、先导阀、洗涤室、止动销、混凝土活塞、输送缸、滑阀及滑阀缸、Y 形管、料斗架组成。当压力油进入右主油缸无杆腔时，有杆腔的液压油通过闭合油路进入左主油缸，同时带动混凝土活塞缩回并产生自吸作用，这时在料斗搅拌叶片的助推作用下，料斗的混凝土通过滑阀吸入口，被吸入输送缸，直到右主轴油缸活塞行程到达终点，撞击先导阀实现自动换向后，左缸吸入的混凝土再通过滑阀输出口进入 Y 形管，完成一个吸、送行程，见表 5-17。由于左、右主油缸是不断地交叉完成各自的吸、送行程，这样，料斗里的混凝土就源源不断地被输送到达作业点，完成泵送作业，见表 5-17。

将混凝土泵安装在汽车上称为臂架式混凝土泵车，它是将混凝土泵安装在汽车底盘上，并用液压折叠式臂架管道来运输混凝土，不需要在现场临时铺设管道，如图 5-40 所示。

（二）泵送混凝土的配合比

泵送混凝土除满足普通混凝土有关要求外，还应具备可泵性。可泵性与胶凝材料类型、砂子级配及砂率、石子颗粒大小及级配、水灰比及外加剂品种与掺量等因素

表 5-17　混凝土泵泵送循环

状态	活塞	滑　　阀	
吸入混凝土	缩回	吸入口放开	输出口关闭
输出混凝土	推进	吸入口关闭	输出口开放

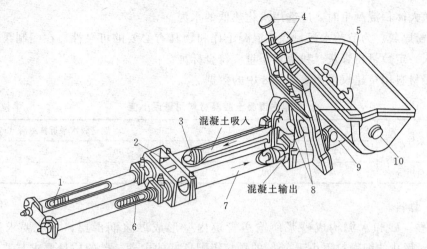

图 5-38　液压活塞式混凝土泵工作原理

1—主油缸；2—洗涤室；3—混凝土活塞；4—滑阀缸；5—搅拌叶片；
6—主油缸活塞；7—输送缸；8—滑阀；9—Y 形管；10—料斗

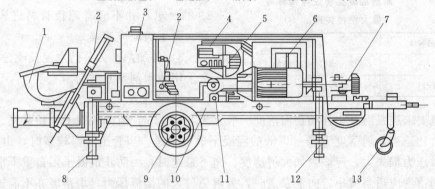

图 5-39　HBT60 拖式混凝土泵（单位：mm）

1—料斗；2—集流阀组；3—油箱；4—操作盘；5—冷却器；6—电器柜；7—水泵；
8—后支脚；9—车桥；10—车架；11—排出量手轮；12—前支腿；13—导向轮

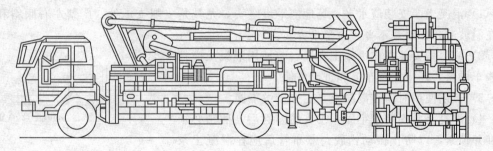

图 5-40　混凝土泵车

有关。

1. 原材料要求

（1）胶凝材料。

1）水泥。水泥品质符合国家标准。一般采用保水性好的硅酸盐水泥或普通硅酸盐水

119

泥。泵送大体积混凝土时，应选用水化热低的水泥。

2）粉煤灰。为节约水泥，保证混凝土拌和物具有必要的可泵性，在配制泵送混凝土时可掺入一定数量粉煤灰。粉煤灰质量应符合标准。

胶凝材料用量建议采用表5-18中的数据。

表5-18　　　　　　　　泵送混凝土胶凝材料用量最小值　　　　　　　　单位：kg/m³

泵送条件	输送管直径（mm）			输送管水平折算距离（m）		
	100	125	150	<60	60～150	>150
胶凝材料用量	300	290	280	280	290	300

（2）骨料。

1）砂。砂和水泥构成砂浆使输送管道内壁形成砂浆润滑层，一般要求采用通过0.315mm筛孔的细颗粒不小于15%的颗粒级配良好的中砂，砂的质量要求与普通混凝土相同。

表5-19　　泵送混凝土管径与粗骨料
最大粒径关系

粗骨料种类	管径
碎石	粗骨料最大粒径的4倍
卵石	粗骨料最大粒径的3.5倍

2）石子。石子最大粒径应满足表5-19的要求，并不应有超径骨料进入混凝土泵。石子级配应连续。

3）外加剂。为节约水泥及改善可泵性，常采用减水剂及泵送剂。

2. 坍落度

规范要求进泵混凝土拌和物坍落度一般宜为8～14cm。但如果石子粒径适宜、级配良好、配合比适当，坍落度为5～20cm的混凝土也可泵送。当管道转弯较多时，由于弯管、接头多，压力损失大，应适当加大坍落度。向下泵送时，为防止混凝土因自重下滑而引起堵管，坍落度应适当减小。向上泵送时，为避免过大的倒流压力，坍落度亦不能过大。

（三）泵送混凝土施工

1. 施工准备

（1）混凝土泵的安装。

1）混凝土泵安装应水平，场地应平坦坚实，尤其是支腿支承处。严禁左右倾斜和安装在斜坡上，如地基不平，应整平夯实。

2）应尽量安装在靠近施工现场。若使用混凝土搅拌运输车供料，还应注意车道和进出方便。

3）长期使用时需在混凝土泵上方搭设工棚。

4）混凝土泵安装应牢固：①支腿升起后，插销必须插准并锁紧，以防止振动松脱；②布管后应在混凝土泵出口转弯的弯管和锥管处，用钢钎固定，必要时还可用钢丝绳固定在地面上，如图5-41所示。

（2）管道安装。泵送混凝土布管，应根据工程施工场地特点，最大骨料粒径、混凝土泵型号、输送距离及输送难易程度等进行选择与配置。布管时，应尽量缩短

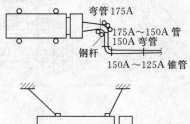
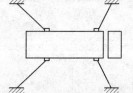

弯管175A
175A～150A管
150A 弯管
钢杆
150A～125A 锥管

图5-41　混凝土泵的安装固定

管线长度，少用弯管和软管；在同一条管线中，应采用相同管径的混凝土管；同时采用新、旧配管时，应将新管布置在泵送压力较大处，管线应固定牢靠，管接头应严密，不得漏浆；应使用无龟裂、无凸凹损伤和无弯折的配管。

1）混凝土输送管的使用要求。①管径，输送管的管径取决于泵送混凝土粗骨料的最大粒径，见表5-20；②管壁厚度，管壁厚度应与泵送压力相适应。使用管壁太薄的配管，作业中会产生爆管，使用前应清理检查，太薄的管应装在前端出口处。

表5-20　　　　　　　　　　　泵送管道及配件

类　　别		单位	规　　格
直管	管径	mm	100、125、150、175、200
	长度	m	4、3、2、1
弯管	水平角		15°、30°、45°、60°、90°
	曲率半径	m	0.5、1.0
锥形管		mm	200→175、175→150、150→125、125→100
布料管	管径	mm	与主管相同
	长度	mm	约6000

2）布管。混凝土输送管线宜直，转弯宜缓，以减少压力损失；接头应严密，防止漏水漏浆；浇筑点应先远后近（管道只拆不接，方便工作）；前端软管应垂直放置，不宜水平布置使用。如需水平放置，切忌弯曲角过大，以防爆管。管道应合理固定，不影响交通运输，不搞乱已绑扎好的钢筋，不使模板振动；管道、弯头、零配件应有备品，可随时更换。垂直向上布管时，为减轻混凝土泵出口处压力，宜使地面水平管长度不小于垂直管长度的1/4，一般不宜少于15m。如条件限制可增加弯管或环形管满足要求。当垂直输送距离较大时，应在混凝土泵机Y形管出料口3～6m处的输送管根部设置销阀管（亦称插管），以防混凝土拌和物反流，如图5-42所示。

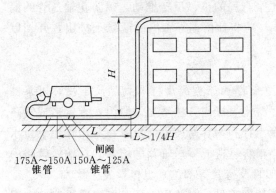

图5-42　垂直向上布管

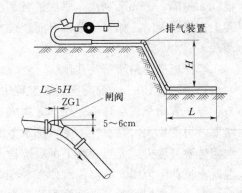

图5-43　倾斜向下布管

侧斜向下布管时，当高差大于20m时，应在斜管下端设置5倍高差长度的水平管；如条件限制，可增加弯管或环形管以满足以上要求，如图5-43所示。

当坡度大于20°时，应在斜管上端设排气装置。泵送混凝土时，应先把排气阀打开，待输送管下段混凝土有了一定压力时，方可关闭排气阀。

（3）混凝土泵空转。混凝土泵压送作业前应空运转，方法是将排出量手轮旋至最大排量，给料斗加足水空转 10min 以上。

（4）管道润滑剂的压送。混凝土泵开始连续泵送前要对配管泵送润滑剂。润滑剂有砂浆和水泥浆两种，一般常采用砂浆。砂浆的压送方法如下。

1）配好砂浆。

2）将砂浆倒入料斗。并调整排出量手轮至 $20\sim30\text{m}^3/\text{h}$ 处，然后进行压送。当砂浆即将压送完毕时，即可倒入混凝土，直接转入正常压送。

3）砂浆压送时出现堵塞时，可拆下最前面的一节配管，将其内部脱水块取出，接好配管，即可正常运转。

2. 混凝土的压送

（1）混凝土压送。开始压送混凝土时，应使混凝土泵低速运转，注意观察混凝土泵的输送压力和各部位的工作情况，在确认混凝土泵各部位工作正常后，方可提高混凝土泵的运转速度，加大行程，转入正常压送。

如管路有向下倾斜下降段时，要将排气阀门打开，在倾斜段起点塞一个用湿麻袋或泡沫塑料球做成的软塞，以防止混凝土拌和物自由下降或分离。塞子被压送的混凝土推送，直到输送管全部充满混凝土后，关闭排气阀门。

正常压送时，要保持连续压送，尽量避免压送中断。静停时间越长，混凝土分离现象就会越严重。当中断后再继续压送时，输送管上部泌水就会被排走，最后剩下的下沉粗骨料就易造成输送管的堵塞。

泵送时，受料斗内应经常有足够的混凝土，防止吸入空气造成阻塞。

（2）压送中断措施。浇灌中断是允许的，但不得随意留施工缝。浇灌停歇压送中断期内，应采取一定的技术措施，防止输送管内混凝土离析或凝结而引起管路的堵塞。压送中断的时间，一般应限制在 1h 之内，夏季还应缩短。压送中断期内混凝土泵必须进行间隔推动，每隔 $4\sim5\text{min}$ 一次，每次进行不少于 4 个行程的正、反转推动，以防止输送管的混凝土离析或凝结。如泵机停机时间超过 45min，应将存留在导管内的混凝土排出，并加以清洗。

（3）压送管路堵塞及其预防、处理。

1）堵管原因。在混凝土压送过程中，输送管路由于混凝土拌和物品质不良，可泵性差；输送管路配管设计不合理；异物堵塞；混凝土泵操作方法不当等原因，常常造成管路堵塞。坍落度大，黏滞性不足，泌水多的混凝土拌和物容易产生离析，在泵压作用下，水泥浆体容易流失，而粗骨料下沉后推动困难，很容易造成输送管路的堵塞。在输送管路中混凝土流动阻力增大的部位（如 Y 形管、锥形管及弯管等部位）也极易发生堵塞。

向下倾斜配管时，当下倾配管下端阻压管长度不足，在使用大坍落度混凝土时，在下倾管处，混凝土会呈自由下流状态，在自流状态下混凝土易发生离析而引起输送管路的堵塞。由于对进料斗、输送管检查不严及压送过程中对骨料的管理不良，使混凝土拌和物中混入了大粒径的石块、砖块及短钢筋等而引起管路的堵塞。

混凝土泵操作不当，也易造成管路堵塞。操作时要注意观察混凝土泵在压送过程中的工作状态。压送困难、泵的输送压力异常及管路振动增大等现象都是堵塞的先兆，若在这种异常情况下，仍然强制高速压送，就易造成堵管。堵管原因见表 5 - 21。

2）堵管的预防。防止输送管路堵塞，除混凝土配合比设计要满足可泵性的要求，配管设计要合理，加强混凝土拌制、运输、供应过程的管路确保混凝土的质量外，在混凝土压送时，还应采取以下预防措施：①严格控制混凝土的质量，对和易性和匀质性不符合要求的混凝土不得入泵，禁止使用已经离析或拌制后超过 90min 而未经任何处理的混凝土；②严格按操作规程的规定操作，在混凝土输送过程中，当出现压送困难、泵的输送压力升高、输送管路振动增大等现象时，混凝土泵的操作人员首先应放慢压送速度，进行正、反转往复推动，辅助人员用木锤敲击弯管、锥形管等易发生堵塞的部位，切不可强制高速压送。

表 5 - 21　　输送管堵塞原因

项　目	堵　塞　原　因
混凝土拌和物质量	（1）坍落度不稳定 （2）砂子用量较少 （3）石料粒径、级配超过规定 （4）搅拌后停留时间超过规定 （5）砂子、石子分布不匀
泵送管道	（1）使用了弯曲半径太小的弯管 （2）使用了锥度太大的锥形管 （3）配管凹陷或接口未对齐 （4）管子和管接头漏水
操纵方法	（1）混凝土排量过大 （2）待料或停机时间过长
混凝土泵	（1）滑阀磨损过大 （2）活塞密封和输送缸磨损过大 （3）液压系统调整不当，动作不协调

3）堵管的排除。堵管后，应迅速找出堵管部位，及时排除。首先用木锤敲击管路，敲击时声音闷响说明已堵管。待混凝土泵卸压后，即可拆卸堵塞管段，取出管内堵塞混凝土。拆管时操作者勿站在管口的正前方，避免混凝土突然喷射。然后对剩余管段进行试压送，确认再无堵管后，才可以重新接管。

重新接入管路的各管段接头扣件的螺栓先不要拧紧（安装时应加防漏垫片），应待重新开始压送混凝土，把新接管段内的空气从管段的接头处排尽后，方可把各管段接头扣件的螺丝拧紧。

二、真空作业混凝土

为提高混凝土的密实性、抗冲耐磨性、抗冻性，以及增大强度，减少表面缩裂，可采用混凝土真空作业法。真空作业法借助于真空负压，将水从刚成型的混凝土拌和物中排出，减少水灰比，提高混凝土强度，同时使混凝土密实。

（一）真空作业系统

真空作业系统包括：真空泵机组、真空罐、集水罐、连接器、气垫薄膜吸水装置等，如图 5 - 44 所示。

（二）真空吸水施工

1. 混凝土拌和物

采用真空吸水的混凝土拌和物，按设计配合比适当增大用水量，水灰比可为 0.48～0.55，其他材料维持原设计不变。

2. 作业面准备

按常规方法将混凝土振捣密实，抹平。因真空作业后混凝土面有沉降，此时混凝土应比设计高度略高 5～10mm，具体数据由试验确定。然后在过滤布上涂上一层石灰浆或其

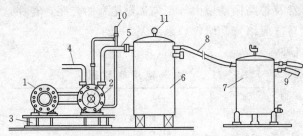

图 5-44 真空作业系统

1—电动机；2—真空泵；3—基础支架；4—排水管；5—吸水管；
6—真空罐；7—集水罐；8—橡皮吸入总管；9—橡皮吸入管；
10—给水管；11—真空计

他防止粘结的材料，以防过滤布与混凝土粘结。

3. 真空作业

混凝土振捣抹平后 15min，应开始真空作业。开机后真空度应逐渐增加，当达到要求的真空度（500～600mmHg），开始正常出水后，真空度保持均匀。结束吸水工作前，真空度应逐渐减弱，防止在混凝土内部留下出水通路，影响混凝土的密实度。

真空吸水时间（min）宜为作业厚度（cm）的 1～1.5 倍，并以剩余水灰比来检验真空吸水效果（表 5-22）。真空作业深度不宜超过 30cm。

表 5-22　　　　　　　　　　真空作业所需时间参考表

混凝土层厚（cm）	<5	6～10	11～15	16～20	21～25
吸真空所需时间（min）	3.75	4.75～8.50	10～16	18～26	28.5～38.5

注 1. 适用于普通硅酸盐水泥配制的混凝土。

2. 模板、吸盘真空腔真空度为 500mmHg 高度。

真空吸水作业完成后要进一步对混凝土表面研压抹光，保证表面的平整。

在气温低于 8℃ 的条件下进行真空作业时，应注意防止真空系统内水分冻结。真空系统各部位应采取防冻措施。

每次真空作业完毕，模板、吸盘、真空系统和管道应清洗干净。

三、埋石混凝土施工

混凝土施工中，为节约水泥，降低混凝土的水化热，常埋设大量块石。埋设块石的混凝土即称为埋石混凝土。

埋石混凝土对埋放块石的质量要求是：石料无风化现象和裂隙，且完整、形状方正，并经冲洗干净风干。块石大小不宜小于 300～400mm。

埋石混凝土的埋石方法采用单个埋设法，即先铺一层混凝土，然后将块石均匀地摆上，块石与块石之间必须有一定距离。

（1）先埋后振法。即铺填混凝土后，先将块石摆好，然后将振捣器插入混凝土内振捣。先埋后振法的块石间距不得小于混凝土粗骨料最大粒径的两倍。由于施工中有时块石供应赶不上混凝土的浇筑，特别是人工抬石入仓更难与混凝土铺设取得有节奏的配合，因此先埋后振法容易使混凝土放置时间过长，失去塑性，造成混凝土振动不良，块石未能很好地沉放混凝土内等质量事故。

（2）先振后埋法。即铺好混凝土后即进行振捣，然后再摆块石。这样人工抬石比较省力，块石间的间距可以大大缩短，只要彼此不靠即可。块石摆好后再进行第二次的混凝土的铺填和振捣。

从埋石混凝土施工质量来看，先埋后振比先振后埋法要好，因为，块石是借振动作用挤压到混凝土内去的。为保证质量,应尽可能不采用先振后埋法。

埋石混凝土块石表面凸凹不平,振捣时低凹处水分难于排出,形成块石表面水分过多;水泥砂浆泌出的水分往往集中于块石底部;混凝土本身的分离,粗骨料下降,水分上升,形成上部松散层;埋石延长了混凝土的停置时间,使它失去塑性,以致难于捣实。这些原因会造成块石与混凝土的胶结强度难以完全得到保证,容易造成渗漏事故。因此迎水面附近 1.5m 内,应用普通防渗混凝土,不埋块石;基础附近 1.0m 内,廊道、大孔洞周围 1.0m 内,模板附近 0.3m 内,钢筋和止水片附近 0.15m 内,都要采用普通混凝土,不埋块石。

第三节 预制混凝土构件和预应力混凝土施工

一、预制混凝土构件施工

预制混凝土构件的成型工序主要有准备模板、安放钢筋及预埋件、浇筑混凝土、构件表面修饰、养护等。预制混凝土构件振捣工艺一般有振动法、挤压法、离心法、真空作业法等。

预制场地的布置要有利于吊装,又便于预制,易于管理,尽可能靠近安装地点。预制场地应平整结实,排水良好。

浇筑预制构件,应符合下列规定。

(1) 浇筑前,应检查钢筋、预埋件的数量和位置。

(2) 每个构件应一次浇筑完成,不得间断,并宜采用机械振捣。

(3) 构件的外露面应平整、光滑,不得有蜂窝麻面、掉角、扭曲或开裂等情况。

(4) 重叠法制作构件时,其下层构件混凝土的强度应达到 5MPa 后方可浇筑上层构件,并应有隔离措施。

(5) 构件浇制完毕后,应标注型号、混凝土强度等级、制作日期和上下面。无吊环的构件应标明吊点位置。

预制混凝土构件的工艺如图 5-45 所示。

1. 施工准备

预制现场应设有临时的排水沟,预防下雨时原地下沉。对立式地胎模,应表面平整、尺寸准确。优先选用型钢底模,也可采用混凝土或砖胎模,底模应抄平。采用地胎模时应处理地基,夯实平整,表面抄平粉光。地胎模要顺滑,便于脱模。

底模使用后应铲除混凝土残渣瘤疤,清扫表面灰尘,涂刷隔离剂。

2. 置放钢筋

钢筋骨架安装定位前应检查钢筋骨架中钢筋

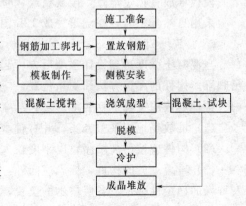

图 5-45 预制混凝土构件制作工艺

的种类、规格与数量、几何形状和尺寸是否符合设计要求,铁件规格、数量及焊接是否正确。亦可在隔离剂已干燥的地胎模上绑扎钢筋骨架，以避免预制钢筋骨架在搬动起吊时变形。

3. 安装侧模

宜优先选用钢制侧模。侧模安装应平整且结合牢固，拼缝紧密不漏浆，内壁要平整光滑，木模应尽可能刨光，转角处应顺滑无缝以便脱模，几何尺寸要准确，斜撑、螺栓要牢靠，预埋铁件顶留孔洞位置尺寸应符合设计要求，侧模安装后应保持清洁无杂质残渣，以保证混凝土的浇筑质量。

4. 浇筑成型

浇捣混凝土前应检验钢筋、预埋件的规格、数量、钢筋保护层厚度及预留孔洞是否符合设计要求，浇捣时应润湿模板，人工反铲带浆下料，构件厚度不超过 360mm 时可一次浇筑全厚度，用平板振捣器或插入式振捣器振捣；构件厚度大于 360mm 时应按每层 300～350mm 厚分层浇筑，振捣器应插入下层混凝土 5cm，以使上下层结合成整体。浇筑时应随振随抹，整平表面，原浆收光。

如构件截面较小、节点钢筋较密、预埋件较多时，容易出现蜂窝，应仔细地用套装刀片的振捣器振捣节点和端角钢筋密集处。振捣混凝土时应经常注意观察模板、支撑架、钢筋、预埋铁件和预留孔洞，发现有松动变形、钢筋移位、漏浆等现象应停止振捣，并应在混凝土初凝前修整完好，继续振捣，直至成型。浇筑顺序应从一端向另一端进行。浇到芯模部位时，注意两侧对称下料和振捣，以防芯模因单侧压力过大而产生偏移。浇到上部有预埋铁件的部位时，应注意捣实下面的混凝土，并保持预埋件位置正确。浇灌混凝土时不得直接站在模板或支撑上操作，不得乱踩钢筋。浇捣完毕后 2h 内应进行养护。

5. 拆模养护

当混凝土强度达到 1.2MPa 以上能保证构件不变形、棱角完整无裂缝时即可拆除侧模。预留孔洞芯模应在混凝土强度能保住孔洞表面不发生裂缝、不坍陷时方可拆除。注意芯模应在初凝前后转动，以免混凝土凝结后难于脱模。拆模时应精力集中，随拆随运，拆下的模板堆放在指定地点，按规格码垛整齐。

采用自然养护时，在浇筑完成 12h 内进行养护，保湿养护不少于 14d。

6. 成品堆放

当混凝土强度达到设计强度后方可起吊。先用撬棍将构件轻轻撬松脱离底模，然后起吊归堆。构件的移运方法和支承位置，应符合构件的受力情况，防止损伤。

构件堆放应符合下列要求。

（1）堆放场地应平整夯实，并有排水措施。

（2）构件应按吊装顺序，以刚度较大的方向堆放稳定。

（3）重叠堆放的构件，标志应向外，堆垛高度应按构件强度、地面承载力、垫木强度及堆垛的稳定性确定，各层垫木的位置，应在同一垂直线上。

构件制作的允许偏差应符合设计规定，经检验合格的构件应有合格标志。

二、预应力钢筋混凝土施工

预应力钢筋混凝土施工分先张法和后张法两类。

（一）先张法

先张法是在浇筑混凝土之前张拉钢筋（钢丝）产生预应力。一般用于预制梁、板等构件。如图 5－46 所示为预应力混凝土板生产工艺流程图。

施工前将台面的垃圾、泥土等杂物清除干净，然后涂刷隔离剂，待干透后铺筋。钢丝对准两端台座孔眼，按顺序进行，不得交错。钢丝在固定端应用夹具固定在定位板上，张拉端用夹具夹紧，然后用张拉设备张拉，最后锚紧。模板固定即可浇筑混凝土，混凝土应为干硬性混凝土，混凝土下料时应均匀铺撒。振捣采用平板式振动器或用插入式振捣器。

浇捣时应注意台座内每台作业线上的构件，应一次连续将混凝土浇捣完毕，

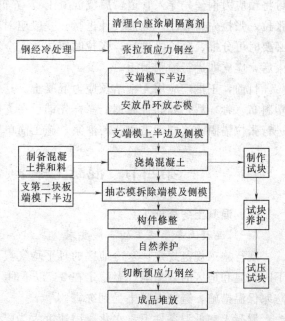

图 5－46 预应力混凝土先张法工艺流程

在振捣混凝土时，振捣器要尽可能避免碰撞预应力钢丝和吊环等，以免移动位置和撞断钢丝；混凝土必须振捣密实，在振捣过程中，模板边角处适当多振，以防止蜂窝、麻面等缺陷产生。

混凝土成型 12h 内应开始进行养护，当混凝土强度达到设计强度的 75％以上，达到设计要求的松张程度时即可放张。

（二）后张法

后张法是在混凝土浇筑的过程中，预留孔道，待混凝土构件达到设计强度后，在孔道内穿主要受力钢筋，张拉锚固建立预应力，并在孔道内进行压力灌浆，用水泥浆包裹保护预应力钢筋。后张法主要用于制作大型吊车梁、屋架以及用于提高闸墩的承载能力。其工艺流程如图 5－47 所示。

如闸墩预应力施工，在张拉前要对钢丝下料编束，埋设钢管、金属波纹管或塑料拔管。然后浇筑混凝土，注意运载工具严禁碰撞预应力管道，振捣器离管道应有一定的距离，以免管道变形或损坏。浇筑时要防止砂浆进入孔道。当发现有变形、移位时，应立即停止浇筑，并在已浇筑的混凝土凝结前修整好。混凝土应一次浇筑完毕，不允许留施工缝。对塑料拔管要求混凝土终凝后即要放气拔管。

当混凝土达到一定强度后即可穿钢丝（也

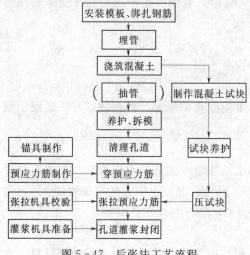

图 5－47 后张法工艺流程

可将预应力钢丝先穿入管道，后浇混凝土）。养护至混凝土达到设计标号的70%以上进行张拉，张拉先后顺序，应按设计进行。一般应对称张拉，以免结构承受过大的偏心压力，必要时可分批、分阶段进行。张拉时应注意安全，防止钢筋断裂伤人。预应力筋张、拉结束后，应立即进行灌浆封闭。

目前，正推广应用无粘结预应力混凝土。其作法是在预应力筋表面涂刷防锈涂料并包塑料布（管）后，如同普通钢筋一样先铺设在支好的模板内，待混凝土达到可张拉强度后进行张拉锚固。这样无需留孔与灌浆，施工简单，预应力筋易弯成所需要的曲线形状。

第四节 混凝土冬季、夏季及雨季施工

一、混凝土冬季施工

（一）混凝土冬季施工的一般要求

现行施工规范规定：寒冷地区的日平均气温稳定在5℃以下或最低气温稳定在3℃以下时，温和地区的日平均气温稳定在3℃以下时，均属于低温季节，这就需要采取相应的防寒保温措施，避免混凝土受到冻害。

混凝土在低温条件下，水化凝固速度大为降低，强度增长受到阻碍。当气温在$-2℃$时，混凝土内部水分结冰，不仅水化作用完全停止，而且结冰后由于水的体积膨胀，使混凝土结构受到损害，当冰融化后，水化作用虽将恢复，混凝土强度也可继续增长，但最终强度必然降低。试验资料表明：混凝土受冻越早，最终强度降低越大。如在浇筑后3～6h受冻，最终强度至少降低50%以上；如在浇筑后2～3d受冻，最终强度降低只有15%～20%。如混凝土强度达到设计强度的50%以上（在常温下养护3～5d时）再受冻，最终强度则降低极小，甚至不受影响，因此，低温季节混凝土施工，首先要防止混凝土早期受冻。

（二）冬季施工措施

低温季节混凝土施工可以采用人工加热、保温蓄热及加速凝固等措施，使混凝土入仓浇筑温度不低于5℃；同时保证混凝土浇筑后的正温养护条件，在未达到允许受冻临界强度以前不遭受冻结。

1. 调整配合比和掺外加剂

（1）对非大体积混凝土，采用发热量较高的快凝水泥。

（2）提高混凝土的配制强度。

（3）掺早强剂或早强减水剂。其中氯盐的掺量应按有关规定严格控制，并不适用于钢筋混凝土结构。

（4）采用较低的水灰比。

（5）掺加气剂可减缓混凝土冻结时在其内部水结冰时产生的静水压力，从而提高混凝土的早期抗冻性能。但含气量应限制在3%～5%。因为，混凝土中含气量每增加1%，会使强度损失5%，为弥补由于加气剂招致的强度损失，最好与减水剂并用。

2. 原材料加热法

当日平均气温为$-5～-2℃$时，应加热水拌和；当气温再低时，可考虑加热骨料。水

泥不能加热，但应保持正温。

水的加热温度不能超过80℃，并且要先将水和骨料拌和后，这时水不超过60℃，以免水泥产生假凝。所谓假凝是指拌和水温超过60℃时，水泥颗粒表面将会形成一层薄的硬壳，使混凝土和易性变差，而后期强度降低的现象。

砂石加热的最高温度不能超过100℃，平均温度不宜超过65℃，并力求加热均匀。对大中型工程，常用蒸汽直接加热骨料，即直接将蒸汽通过需要加热的砂、石料堆中，料堆表面用帆布盖好，防止热量损失。

3. 蓄热法

蓄热法是将浇筑法的混凝土在养护期间用保温材料加以覆盖，尽可能把混凝土在浇筑时所包含的热量和凝固过程中产生的水化热蓄积起来，以延缓混凝土的冷却速度，使混凝土在达到抗冻强度以前，始终保证正温。

4. 加热养护法

当采用蓄热法不能满足要求时可以采用加热养护法，即利用外部热源对混凝土加热养护，包括暖棚法、蒸气加热法和电热法等。大体积混凝土多采用暖棚法，蒸气加热法多用于混凝土预制构件的养护。

（1）暖棚法。即在混凝土结构周围用保温材料搭成暖棚，在棚内安设热风机、蒸气排管、电炉或火炉进行采暖，使棚内温度保持在15～20℃以上，保证混凝土浇筑和养护处于正温条件下。暖棚法费用较高，但暖棚为混凝土硬化和施工人员的工作创造了良好的条件。此法适用于寒冷地区的混凝土施工。

（2）蒸气加热法。利用蒸气加热养护混凝土，不仅使新浇混凝土得到较高的温度，而且还可以得到足够的湿度，促进水化凝固作用，使混凝土强度迅速增长。

（3）电热法是用钢筋或薄铁片作为电极，插入混凝土内部或贴附于混凝土表面，利用新浇混凝土的导电性和电阻大的特点，通以50～100V的低压电，直接对混凝土加热，使其尽快达到抗冻强度。由于耗电量大，大体积混凝土较少采用。

上述几种施工措施，在严寒地区往往是同时采用，并要求在拌和、运输、浇筑过程中，尽量减少热量损失。

（三）冬季施工注意事项

冬季施工应注意以下几点。

（1）砂石骨料宜在进入低温季节前筛洗完毕。成品料堆应有足够的储备和堆高，并进行覆盖，以防冰雪和冻结。

（2）拌和混凝土前，应用热水或蒸汽冲洗搅拌机，并将水或冰排除。

（3）混凝土的拌和时间应比常温季节适当延长。延长时间应通过试验确定。

（4）在岩石基础或老混凝土面上浇筑混凝土前，应检查其温度。如为负温，应将其加热成正温。加热深度不小于10cm，并经验证合格后方可浇筑混凝土。仓面清理宜采用喷洒温水配合热风枪，寒冷期间亦可采用蒸气枪，不宜采用水枪或风水枪。在软基上浇筑第一层混凝土时，必须防止与地基接触的混凝土遭受冻害和地基受冻受形。

（5）混凝土搅拌机应设在搅拌棚内并设有采暖设备，棚内温度应高于5℃。混凝土运输容器应有保温装置。

（6）浇筑混凝土前和浇筑过程中，应注意清除钢筋、模板和浇筑设施上附着的冰雪和冻块，严禁将冻雪冻块带入仓内。

（7）在低温季节施工的模板，一般在整个低温期间都不宜拆除。如果需要拆除，要求：①混凝土强度必须大于允许受冻的临界强度；②具体拆模时间及拆模后的要求，应满足温度控制防裂要求。当预计拆模后混凝土表面降温可能超过 6～9℃时，应推迟拆模时间，如必须拆模时，应在拆模后采取保护措施。

（8）低温季节施工期间，应特别注意温度的检查。

二、混凝土夏季施工

（一）高温环境对新拌及刚成型混凝土的影响

（1）拌制时，水泥容易出现假凝现象。

（2）运输时，坍落度损失大，捣固或泵送困难。

（3）成型后直接曝晒或干热风影响，混凝土面层急剧干燥，外硬内软，出现塑性裂缝。

（4）昼夜温差较大，易出现温差裂缝。

（二）夏季高温期混凝土施工的技术措施

1. 原材料

（1）掺用外加剂（缓凝剂、减水剂）。

（2）用水化热低的水泥。

（3）供水管埋入水中，贮水池加盖，避免太阳直接曝晒。

（4）当天用的砂、石用防晒棚遮蔽。

（5）用深井冷水或冰水拌和，但不能直接加入冰块。

2. 搅拌运输

（1）送料装置及搅拌机不宜直接曝晒，应有荫棚。

（2）搅拌系统尽量靠近浇筑地点。

（3）移动运输设备应遮盖。

3. 模板

（1）因干缩出现的模板裂缝，应及时填塞。

（2）浇筑前充分将模板淋湿。

4. 浇筑

（1）适当减小浇筑层厚度，从而减少内部温差。

（2）浇筑后立即用薄膜覆盖，不使水分外逸。

（3）露天预制场宜设置可移动荫棚，避免制品直接曝晒。

三、混凝土雨季施工

混凝土工程在雨季施工时，应做好以下准备工作。

（1）砂石料场的排水设施应畅通无阻。

（2）浇筑仓面宜有防雨设施。

（3）运输工具应有防雨及防滑设施。

（4）加强骨料含水量的测定工作，注意调整拌和用水量。

混凝土在无防雨棚仓面小雨中进行浇筑时，应采取以下技术措施。

（1）减少混凝土拌和用水量。

（2）加强仓面积水的排除工作。

（3）做好新浇混凝土面的保持工作。

（4）防止周围雨水流入仓面。

无防雨棚的仓面，在浇筑过程中，如遇大雨、暴雨，应立即停止浇筑，并遮盖混凝土表面。雨后必须先行排除仓内积水，受雨水冲刷的部位应立即处理。如停止浇筑的混凝土尚未超出允许间歇时间或还能重塑时，应加砂浆继续浇筑，否则应按施工缝处理。

对抗冲、耐磨、需要抹面部位及其他高强度混凝土不允许在雨下施工。

第五节 混凝土施工质量控制与缺陷的防治

一、混凝土的质量控制

混凝土工程质量包括结构外观质量和内在质量。前者指结构的尺寸、位置、高程等；后者则指从混凝土原材料、设计配合比、配料、拌和、运输、浇捣等方面。

（一）原材料的控制检查

1. 水泥

水泥是混凝土主要胶凝材料，水泥质量直接影响混凝土的强度及其性质的稳定性。运至工地的水泥应有生产厂家品质试验报告，工地试验室外必须进行复验，必要时还要进行化学分析。进场水泥每 200～500t 同品种、同标号的水泥作一取样单位，如不足 200t 亦作为一取样单位。可采用机械连续取样，混合均匀后作为样品，其总量不少于 10kg。检查的项目有水泥标号、凝结时间、体积安定性。必要时应增加稠度、细度、密度和水化热试验。

2. 粉煤灰

粉煤灰每天至少检查 1 次细度和需水量。

3. 砂石骨料

（1）在筛分场每班检查 1 次各级骨料超逊径、含泥量、砂子的细度模数。

（2）在拌和厂检查砂子、小石子的含水量，砂子的细度模数以及骨料的含泥量、超逊径。

4. 外加剂

外加剂应有出厂合格证，并经试验认可。

（二）混凝土拌和物

拌制混凝土时，必须严格遵守试验室签发的配料单进行称量配料，严禁擅自更改。控制检查的项目有以下几项。

1. 衡器的准确性

各种称量设备应经常检查，确保称量准确。

2. 拌和时间

每班至少抽查 2 次拌和时间，保证混凝土充分拌和，拌和时间符合要求。

3．拌和物的均匀性

混凝土拌和物应均匀，经常检查其均匀性。

4．坍落度

现场混凝土坍落度每班在机口应检查 4 次。

5．取样检查

按规定在现场取混凝土试样作抗压试验，检查混凝土的强度。

（三）混凝土浇捣质量控制检查

1．混凝土运输

混凝土运输过程中应检查混凝土拌和物是否发生分离、漏浆、严重泌水及过多降低坍落度等现象。

2．基础面、施工缝的处理及钢筋、模板、预埋件安装

开仓前应对基础面、施工缝的处理及钢筋、模板、预埋件安装作最后一次检查。应符合规范要求。

3．混凝土浇筑

严格按规范要求控制检查接缝砂浆的铺设、混凝土入仓铺料、平仓、振捣、养护等内容。

（四）混凝土外观质量和内部质量缺陷检查

混凝土外观质量主要检查表面平整度（有表面平整要求的部位）、麻面、蜂窝、空洞、露筋、碰损掉角、表面裂缝等。重要工程还要检查内部质量缺陷，如用回弹仪检查混凝土表面强度、用超声仪检查裂缝、钻孔取芯检查各项力学指标等。

二、混凝土施工缺陷及防治

混凝土施工缺陷分外部缺陷和内部缺陷两类。

（一）外部缺陷

1．麻面

麻面是指混凝土表面呈现出无数绿豆大小的不规则的小凹点。

（1）混凝土麻面产生的原因有：①模板表面粗糙、不平滑；②浇筑前没有在模板上洒水湿润，湿润不足，浇筑时混凝土的水分被模板吸去；③涂在钢模板上的油质脱模剂过厚，液体残留在模板上；④使用旧模板，板面残浆未清理，或清理不彻底；⑤新拌混凝土浇灌入模后，停留时间过长，振捣时已有部分凝结；⑥混凝土振捣不足，气泡未完全排出，有部分留在模板表面；⑦模板拼缝漏浆，构件表面浆少，或成为凹点，或成为若断若续的凹线。

（2）混凝土麻面的预防措施有：①模板表面应平滑；②浇筑前，不论是哪种模型，均需浇水湿润，但不得积水；③脱模剂涂擦要均匀，模板有凹陷时，注意将积水拭干；④旧模板残浆必须清理干净；⑤新拌混凝土必须按水泥或外加剂的性质，在初凝前振捣；⑥尽量将气泡排出；⑦浇筑前先检查模板拼缝，对可能漏浆的缝，设法封嵌。

（3）混凝土麻面的修补。混凝土表面的麻点，如对结构无大影响，可不作处理。如需处理，方法如下：①用稀草酸溶液将该处脱模剂油点，或污点用毛刷洗净，于修补前用水湿透；②修补用的水泥品种必须与原混凝土一致，砂子为细砂，粒径最大不宜超过 1mm；

③水泥砂浆配合比为 1∶(2~2.5)，由于数量不多，可用人工在小灰桶中拌匀，随拌随用；④按照漆工刮腻子的方法，将砂浆用刮刀大力压入麻点内，随即刮平；⑤修补完成后，即用草帘或草席进行保湿养护。

2. 蜂窝

蜂窝是指混凝土表面无水泥浆，形成蜂窝状的孔洞，形状不规则，分布不均匀，露出石子深度大于 5mm，不露主筋，但有时可能露箍筋。

(1) 混凝土蜂窝产生的原因有：①配合比不准确，砂浆少，石子多；②搅拌用水过少；③混凝土搅拌时间不足，新拌混凝土未拌匀；④运输工具漏浆；⑤使用干硬性混凝土，但振捣不足；⑥模板漏浆，加上振捣过度。

(2) 混凝土蜂窝的预防方法是：①砂率不宜过小；②计量器具应定期检查；③用水量如少于标准，应掺用减水剂；④计量器具应定期检查；⑤搅拌时间应足够；⑥注意运输工具的完好性，否则应及时修理；⑦捣振工具的性能必须与混凝土的坍落度相适应；⑧浇筑前必须检查和嵌填模板拼缝，并浇水湿润；⑨浇筑过程中，有专人巡视模板。

(3) 混凝土蜂窝修补。如系小蜂窝，可按麻面方法修补。如系较大蜂窝，按下法修补：①将修补部分的软弱部分凿去，用高压水及钢丝刷将基层冲洗干净；②修补用的水泥应与原混凝土的一致，砂子用中粗砂；③水泥砂浆的配合比为 1∶3~1∶2，应搅拌均匀；④按照抹灰工的操作方法，用抹子大力将砂浆压入蜂窝内刮平，在棱角部位用靠尺将棱角取直；⑤修补完成后即用草帘或草席进行保湿养护。

3. 混凝土露筋、空洞

主筋没有被混凝土包裹而外露，或在混凝土孔洞中外露的缺陷称之为露筋。混凝土表面有超过保护层厚度，但不超过截面尺寸 1/3 的缺陷，称之为空洞。

(1) 混凝土出现露筋、空洞的原因有：①漏放保护层垫块或垫块位移；②浇灌混凝土时投料距离过高过远，又没有采取防止离析的有效措施；③搅拌机卸料入吊斗或小车时，或运输过程中有离析，运至现场又未重新搅拌；④钢筋较密集，粗骨料被卡在钢筋上，加上振捣不足或漏振；⑤采用干硬性混凝土而又振捣不足。

(2) 露筋、空洞的预防措施有：①浇筑混凝土前应检查垫块情况；②应采用合适的混凝土保护层垫块；③浇筑高度不宜超过 2m；④浇灌前检查吊斗或小车内混凝土有无离析；⑤搅拌站要按配合比规定的规格使用粗骨料；⑥如为较大构件，振捣时专人在模板外用木槌敲打，协助振捣；⑦构件的节点、柱的牛腿、桩尖或桩顶、有抗剪筋的吊环等处钢筋的吊环等处钢筋较密，应特别注意捣实；⑧加强振捣；⑨模板四周，用人工协助捣实，如为预制构件，在钢模周边用抹子插捣。

(3) 混凝土露筋、空洞的处理措施：①将修补部位的软弱部分及突出部分凿去，上部向外倾斜，下部水平；②用高压水及钢丝刷将基层冲洗干净，修补前用湿麻袋或湿棉纱头填满，使旧混凝土内表面充分湿润；③修补用的水泥品种应与原混凝土的一致，小石混凝土强度等级应比原设计高一级；④如条件许可，可用喷射混凝土修补；⑤安装模板浇筑；⑥混凝土可加微量膨胀剂；⑦浇筑时，外部应比修补部位稍高；⑧修补部分达到结构设计强度时，凿除外倾面。

4. 混凝土施工裂缝

（1）混凝土施工裂缝产生的原因：①曝晒或风大，水分蒸发过快，出现的塑性收缩裂缝；②混凝土塑性过大，成型后发生沉陷不均，出现的塑性沉陷裂缝；③配合比设计不当引起的干缩裂缝；④骨料级配不良，又未及时养护引起的干缩裂缝；⑤模板支撑刚度不足，或拆模工作不慎，外力撞击的裂缝。

（2）预防方法：①成型后立即进行覆盖养护，表面要求光滑，可采用架空措施进行覆盖养护；②配合比设计时，水灰比不宜过大，搅拌时，严格控制用水量；③水泥用量不宜过多，灰骨比不宜过大；④骨料级配中，细颗粒不宜偏多；⑤浇筑过程应有专人检查模板及支撑；⑥注意及时养护；⑦拆模时，尤其是使用吊车拆大模板时，必须按顺序进行，不能强拆。

（3）混凝土施工裂缝的修补。

1）混凝土微细裂缝修补：①用注射器将环氧树脂溶液粘结剂或甲凝溶液粘结剂注入裂缝内；②注射时宜在干燥、有阳光的时候进行，裂缝部位应干燥，可用喷灯或电风筒吹干，在缝内湿气逸出后进行；③注射时，从裂缝的下端开始，针头应插入缝内，缓慢注入，使缝内空气向上逸出，粘结剂在缝内向上填充。

2）混凝土浅裂缝的修补：①顺裂缝走向用小凿刀将裂缝外部扩凿成 V 形，宽约 5～6mm，深度等于原裂缝；②用毛刷将 V 形槽内颗粒及粉尘清除，用喷灯为或电风筒吹干；③用漆工刮刀或抹灰工小抹刀将环氧树脂胶泥压填在 V 形槽上，反复搓动，务使紧密粘结；④缝面按需要做成与结构面齐平，或稍微突出成弧形。

3）混凝土深裂缝的修补。做法是将微细缝和浅缝两种措施合并使用：①先将裂缝面凿成 V 形或凹形槽；②按上述办法进行清理、吹干；③先用微细裂缝的修补方法向深缝内注入环氧或甲凝粘结剂，填补深裂缝；④上部开凿的槽坑按浅裂缝修补方法压填环氧胶泥粘结剂。

（二）混凝土内部缺陷

1. 混凝土空鼓

混凝土空鼓常发生在预埋钢板下面。产生的原因是浇灌预埋钢板混凝土时，钢板底部未饱满或振捣不足。

预防方法：①如预埋钢板不大，浇灌时用钢棒将混凝土尽量压入钢板底部，浇筑后用敲击法检查；②如预埋钢板较大，可在钢板上开几个小孔排除空气，亦可作观察孔。

混凝土空鼓的修补：①在板外挖小槽坑，将混凝土压入，直至饱满，无空鼓声为止；②如钢板较大或估计空鼓较严重，可在钢板上钻孔，用灌浆法将混凝土压入。

2. 混凝土强度不足

混凝土强度不足产生的原因：①配合比计算错误；②水泥出厂期过长，或受潮变质，或袋装重量不足；③粗骨料针片状较多，粗、细骨料级配不良或含泥量较多；④外加剂质量不稳定；⑤搅拌机内残浆过多，或传动皮带打滑，影响转速；⑥搅拌时间不足；⑦用水量过大，或砂、石含水率未调整，或水箱计量装置失灵；⑧秤具或称量斗损坏，不准确；⑨运输工具灌浆，或经过运输后严重离析；⑩振捣不够密实。

混凝土强度不足是质量上的大事故。处理方案由设计单位决定。通常处理方法有：

①强度相差不大时，先降级使用，待龄期增加，混凝土强度发展后，再按原标准使用；②强度相差较大时，经论证后采用水泥灌浆或化学灌浆补强。③强度相差较大而影响较大时，拆除返工。

第六节　混凝土施工安全技术

一、施工缝处理安全技术

（1）冲毛、凿毛前应检查所有工具是否可靠。

（2）多人同在一个工作面内操作时，应避免面对面近距离操作，以防飞石、工具伤人。严禁在同一工作面上下层同时操作。

（3）使用风钻、风镐凿毛时，必须遵守风钻、风镐安全技术操作规程。在高处操作时应用绳子将风钻、风镐拴住，并挂在牢固的地方。

（4）检查风砂枪枪嘴时，应先将风阀关闭，并不得面对枪嘴，也不得将枪嘴指向他人。使用砂罐时需遵守压力容器安全技术规程。当砂罐与风砂枪距离较远时，中间应有专人联系。

（5）用高压水冲毛，必须在混凝土终凝后进行。风、水管须装设控制阀，接头应用铅丝扎牢。使用冲毛机操作时，还应穿戴好防护面罩、绝缘手套和长筒胶靴。冲毛时要防止泥水冲到电气设备或电力线路上。工作面的电线灯应悬挂在不妨碍冲毛的安全高度。

（6）仓面冲洗时应选择安全部位排渣，以免冲洗时石渣落下伤人。

二、混凝土拌和的安全技术措施

（1）安装机械的地基应平整夯实，用支架或支脚简架稳，不准以轮胎代替支撑。机械安装要平稳、牢固。对外露的齿轮、链轮、皮带轮等转动部位应设防护装置。

（2）开机前，应检查电气设备的绝缘和接地是否良好，检查离合器、制动器、钢丝绳、倾倒机构是否完好。搅拌筒应用清水冲洗干净，不得有异物。

（3）启动后应注意搅拌筒转向与搅拌筒上标示的箭头方向一致。待机械运转正常后再加料搅拌。若遇中途停机、停电时，应立即将料卸出，不允许中途停机后重载启动。

（4）搅拌机的加料斗升起时，严禁任何人在料斗下通过或停留，不准用脚踩或用铁锹、木棒往下拨、刮搅拌筒口，工具不能碰撞搅拌机，更不能在转动时，把工具伸进料斗里扒浆。工作完毕后应将料斗锁好，并检查一切保护装置。

（5）未经允许，禁止拉闸、合闸和进行不合规定的电气维修。现场检修时，应固定好料斗，切断电源。进入搅拌筒内工作时，外面应有人监护。

（6）拌和站的机房、平台、梯道、栏杆必须牢固可靠。站内应配备有效的吸尘装置。

（7）操纵皮带机时，必须正确使用防护用品，禁止一切人员在皮带机上行走和跨越；机械发生故障时应立即停车检修，不得带病运行。

（8）用手推车运料时，不得超过其容量的 3/4，推车时不得用力过猛和撒把。

三、混凝土运输混凝土的安全技术措施

1. 手推车运输混凝土的安全技术措施

（1）运输道路应平坦，斜道坡道坡度不得超过 3%。

（2）推车时应注意平衡，掌握重心，不准猛跑和溜放。

（3）向料斗倒料，应有挡车设施，倒料时不得撒把。

（4）推车途中，前后车距在平地不得少于 2m，下坡不得少于 10m。

（5）用井架垂直提升时，车把不得伸出笼外，车轮前后要挡牢。

（6）行车道要经常清扫，冬季施工应有防滑措施。

2. 自卸汽车运输混凝土的安全技术措施

（1）装卸混凝土应有统一的联系和指挥信号。

（2）自卸汽车向坑洼地点卸混凝土时，必须使后轮与坑边保持适当的安全距离，防止塌方翻车。

（3）卸完混凝土后，自卸装置应立即复原，不得边走边落。

3. 吊罐吊送混凝土的安全技术措施

（1）使用吊罐前，应对钢丝绳、平衡梁、吊锤（立罐）、吊耳（卧罐）、吊环等起重部件进行检查，如有破损则禁止使用。

（2）吊罐的起吊、提升、转向、下降和就位，必须听从指挥。指挥信号必须明确、准确。

（3）起吊前，指挥人员应得到两侧挂罐人员的明确信号，才能指挥起吊；起吊时应慢速，并应吊离地面 30～50cm 时进行检查，确认稳妥可靠后，方可继续提升或转向。

（4）吊罐吊至仓面，下落到一定高度时，应减慢下降、转向及吊机行车速度，并避免紧急刹车，以免晃荡撞击人体。要慎防吊罐撞击模板、支撑、拉条和预埋件等。

（5）吊罐卸完混凝土后应将斗门关好，并将吊罐外部附着的骨料、砂浆等清除后，方可吊离。放回平板车时，应缓慢下降，对准并放置平稳后方可摘钩。

（6）吊罐正下方严禁站人。吊罐在空间摇晃时，严禁扶拉。吊罐在仓面就位时，不得硬拉。

（7）当混凝土在吊罐内初凝，不能用于浇筑，采用翻罐处理废料时，应采取可靠的安全措施，并有带班人在场监护，以防发生意外。

（8）吊罐装运混凝土时严禁混凝土超出罐顶，以防坍落伤人。

（9）经常检查维修吊罐。立罐门的托辊轴承、卧罐的齿轮，要经常检查紧固，防止松脱坠落伤人。

4. 混凝土泵作业安全技术措施

（1）混凝土泵送设备的放置，距离基坑不得小于 2cm，悬臂动作范围内，禁止有任何障碍物和输电线路。

（2）管道敷设线路应接近直线，少弯曲，管道的支撑与固定，必须紧固可靠；管道的接头应密封，Y 形管道应装接锥形管。

（3）禁止垂直管道直接接在泵的输出口上，应在架设之前安装不小于 10m 长的水平管，在水平管近泵处应装逆止阀，敷设向下倾斜的管道，下端应接一段水平管，否则，应采用弯管等，如倾斜大于 7℃时，应在坡度上端装置排气活塞。

（4）风力大于 6 级时，不得使用混凝土输送悬臂。

（5）混凝土泵送设备的停车制动和锁紧制动应同时使用，水箱应储满水，料斗内不得有杂物，各润滑点应润滑正常。

（6）操作时，操纵开关、调整手柄、手轮、控制杆、旋塞等均应放在正确位置，液压系统应无泄漏。

（7）作业前，必须按要求配制水泥砂浆润滑管道，无关人员应离开管道。

（8）支腿未支牢前，不得启动悬臂；悬臂伸出时，应按顺序进行，严禁用悬臂起吊和拖拉物件。

（9）悬臂在全伸出状态时，严禁移动车身；作业中需要移动时，应将上段悬臂折叠固定；前段的软管应用安全绳系牢。

（10）泵送系统工作时，不得打开任何输送管道的液压管道，液压系统的安全阀不得任意调整。

（11）用压缩空气冲洗管道时，管道出口 10m 内不得站人，并应用金属网栏截冲出物，禁止用压缩空气冲洗悬臂配管。

四、混凝土平仓振捣的安全技术措施

（1）浇筑混凝土前应全面检查仓内排架、支撑、模板及平台、漏斗、溜筒等是否安全可靠。

（2）仓内脚手脚、支撑、钢筋、拉条、预埋件等不得随意拆除、撬动。如需拆除、撬动时，应征得施工负责人的同意。

（3）平台上所预留的下料孔，不用时应封盖。平台除出入口外，四周均应设置栏杆和挡板。

（4）仓内人员上下设置靠梯，严禁从模板或钢筋网上攀登。

（5）吊罐卸料时，仓内人员应注意躲开，不得在吊罐正下方停留或操作。

（6）平仓振捣过程中，要经常观察模板、支撑、拉筋等是否变形。如发现变形有倒塌危险时，应立即停止工作，并及时报告。操作时，不得碰撞、触及模板、拉条、钢筋和预埋件。不得将运转中的振捣器，放在模板或脚手架上。仓内人员要集中思想，互相关照。浇筑高仓位时，要防止工具和混凝土骨料掉落仓外，更不允许将大石块抛向仓外，以免伤人。

（7）使用电动式振捣器时，须有触电保安器或接地装置，搬移振捣器或中断工作时，必须切断电源。湿手不得接触振捣器的电源开关。振捣器的电缆不得破皮漏电。

（8）下料溜筒被混凝土堵塞时，应停止下料，立即处理。处理时不得直接在溜筒上攀登。

（9）电气设备的安装拆除或在运转过程中的事故处理，均应由电工进行。

五、混凝土养护时安全技术措施

（1）养护用水不得喷射到电线和各种带电设备上。养护人员不得用湿手移动电线。养护水管要随用随关，不得使交通道转梯、仓面出入口、脚手架平台等处有长流水。

（2）在养护仓面上遇有沟、坑、洞时，应设明显的安全标志。必要时，可铺安全网或设置安全栏杆。

（3）禁止在不易站稳的高处向低处混凝土面上直接洒水养护。

复习思考题

5-1 混凝土施工准备工作有哪些?

5-2 混凝土工程施工缝的处理有哪些要求?

5-3 混凝土施工缝的处理方法有哪些?

5-4 混凝土浇筑前应对模板、钢筋及预埋件进行哪些检查?

5-5 混凝土配料给料设备有哪些?

5-6 混凝土称量设备有哪些?

5-7 如何进行混凝土人工拌和?

5-8 混凝土搅拌机的运输要求有哪些?

5-9 混凝土搅拌机的安装要求有哪些?

5-10 混凝土搅拌机使用前的检查项目有哪些?

5-11 混凝土开盘操作有哪些要求?

5-12 普通混凝土投料有哪些要求?

5-13 对混凝土搅拌质量如何进行外观检查?

5-14 混凝土搅拌机停机后应如何清洗?

5-15 混凝土料在运输过程中应满足哪些基本要求?

5-16 混凝土的水平运输方式有哪些?

5-17 混凝土的垂直运输方式有哪些?

5-18 混凝土辅助运输设备有哪些?

5-19 对混凝土铺料有哪些要求?

5-20 混凝土铺料厚度如何确定?

5-21 对混凝土入仓有哪些要求?

5-22 混凝土铺料方法有哪些?

5-23 平层浇筑法混凝土如何入仓?

5-24 平层铺料法的特点有哪些?

5-25 斜层浇筑法混凝土如何入仓?

5-26 台阶浇筑法混凝土如何入仓?

5-27 对台阶浇筑法施工有哪些要求?

5-28 什么叫平仓?

5-29 人工平仓适用于哪些场合?

5-30 如何使用振捣器平仓?

5-31 振捣器使用前的检查项目有哪些?

5-32 对振捣器如何进行操作?

5-33 外部式振捣器使用前的准备工作有哪些?

5-34 对外部式振捣器如何进行操作?

5-35 混凝土浇筑后为何要进行养护?

第六章 灌 浆 工 程

灌浆是通过钻孔（或预埋管），将具有流动性和胶凝性的浆液，按一定配比要求，压入地层或建筑物的缝隙中胶结硬化成整体，达到防渗、固结、增强的工程目的。

灌浆按其作用可分为帷幕灌浆、固结灌浆、回填灌浆、接触灌浆、接缝灌浆、补强灌浆和裂缝灌浆等；按灌浆材料可分为水泥灌浆、黏土灌浆、沥青灌浆及化学材料灌浆等。

第一节 灌浆材料与灌注浆液

灌浆工程中所用的浆液是由主剂（原材料）、溶剂（水或其他溶剂）及各种外加剂混合而成。通常所说的灌浆材料，是指浆液中所用的主剂。根据所制成的浆液状态的不同，灌浆材料可分为两类：一类是粒状灌浆材料，所制的浆液其固体颗粒基本上处于分散的悬浮状态，为悬浊液；另一类是化学灌浆材料，所制成的浆液是真溶液。

一、灌浆材料

灌浆材料应根据灌浆的目的和地质条件合理选择。作为灌浆用的材料，应具有以下特性。

（1）颗粒细。颗粒应具有一定的细度，以便能进入岩层的裂隙、孔洞、缝隙。

（2）稳定性好。所制成的浆液，其颗粒在一定的时间条件下，在浆液中能保持均匀分散的悬浮状态，并具有稳定性好、流动性强的性能。

（3）胶结性强。用固体材料制成的浆液，灌入到岩层的裂隙和孔洞、缝隙，经过一定时间，逐渐胶结而成为坚硬的结石体，起到充填和固结的作用。

（4）结石强度高和良好的耐久性。浆液胶结而成的结石体，具有一定的强度、粘结力和抵抗地下水侵蚀的能力，保证灌浆效果和耐久性。

（5）结石体的渗透性小。

（一）水泥

灌浆工程所采用的水泥品种，应根据灌浆目的和环境水的侵蚀作用等由设计确定。一般情况下，应采用普通硅酸盐水泥或硅酸盐大坝水泥。当有耐酸或其他要求时，可用抗酸水泥或其他特种水泥。使用矿渣硅酸盐水泥或火山灰质硅酸盐水泥灌浆时，应得到许可。

回填灌浆、帷幕和固结灌浆水泥强度等级不应低于 32.5MPa，坝体接缝灌浆不应低于 42.5MPa。

帷幕灌浆和坝体接缝灌浆，对水泥细度的要求为通过 $80\mu m$ 方孔筛的筛余量不宜大于 5%；当坝体接缝张开度小于 0.5mm 时，对水泥细度的要求为通过 $71\mu m$ 方孔筛的筛余量不宜大于 2%。

灌浆用水泥必须符合质量标准，不得使用受潮结块的水泥。采用细水泥时，应严格防潮和缩短存放时间。

（二）黏土和膨润土

1. 黏土

黏土具有亲水性、分散性、稳定性、可塑性和黏着性等特点。

2. 膨润土

在水泥浆中加入少量的膨润土，一般为水泥重量的 2%～3%，起稳定剂作用，可提高浆液的稳定性、触变性，降低析水性。其黏粒含量在 40% 以上，液限多为 100 左右或更大些，塑性指数为 30～50。

（三）其他材料

用以灌注大裂隙和溶洞时，经常用水泥砂浆或水泥黏土砂浆。根据灌浆需要，可在水泥浆液中加入下列外加剂。

（1）速凝剂：水玻璃、氯化钙、三乙醇胺等。

（2）减水剂：萘系高效减水剂、木质素磺酸盐类减水剂等。

（3）稳定剂：膨润土及其他高塑性黏土等。

（4）其他外加剂。

所有外加剂凡能溶于水的应以水溶液状态加入。各类浆液掺入掺合料和加入外加剂的种类及其掺加量应通过室内浆材试验和现场灌浆试验确定。

二、灌注浆液

1. 水泥浆

（1）水泥浆的配制。

1）将水泥和水按规定比例直接拌和，配制成需要的浆液。

2）将一定浓度的原浆，加入一定量的水泥或水，配制成需要的浆液。

纯水泥浆液的搅拌时间，使用普通搅拌机时，应不少于 3min；使用高速搅拌机时，宜不少于 30s。浆液在使用前应过筛，自制备至用完的时间宜少于 4h。

（2）水泥浆配合比。水泥浆的配比一般为水：水泥＝10：1～10：0.5。

（3）水泥浆的特点。水泥浆具有结石强度较高，粘结强度高、易于配制等特点。

2. 黏土浆

（1）黏土浆的配制。黏土浆有两种配制方法：①将一定量的黏土和一定量的水直接混合，经搅拌而形成所需配比的浆液；②将黏土制成一定浓度的黏土原浆，再取一定量的原浆加入一定量的水制成所需配比的浆液。

一般情况下原浆的配制按以下程序进行。

1）浸泡崩解。将黏土在水池中用水浸泡，使其崩解泥化。

2）拌制黏土原浆。将浸泡好的黏土放入泥浆搅拌机中，加适量的水，制成一定浓度的黏土原浆。

（2）黏土浆的特点。黏土浆具有细度高、分散性强、稳定性好、就地取材等特点，其结石强度低，抗渗压和抗冲刷性能弱。

3. 水泥黏土浆

由于水泥、黏土各有其优缺点，将其混合在很大程度土可互补其缺点，成为良好的灌注浆液。水泥与黏土的比例一般为 1：4～1：1，水与干料的比例一般为 1：1～3：1，由于材料品种、性能及其作用不同，正确的配比应通过试验确定。

4. 水泥砂浆及水泥黏土砂浆

（1）水泥砂浆。在有宽大裂隙、溶洞、地下水流速大、耗浆量大的岩层中灌浆时，采用水泥砂浆灌注。水泥砂浆具有浆液流动度较小，不易流失，结石强度高，粘结力强，耐久性和抗渗性好等优点。水泥砂浆中，水与水泥的比值宜等于或小于 1：1，否则砂易沉淀。为防止和减少其沉淀，宜加入少量膨润土、塑化剂、粉煤灰等。

（2）水泥黏土砂浆。水泥黏土砂浆中水泥起固结强度作用，黏土起促进浆液的稳定作用，砂起填充裂隙空洞的作用。拌制水泥黏土砂浆时，宜先制成水泥黏土浆而后加入砂。

5. 水泥水玻璃浆

水泥浆中加入水玻璃，有两种作用：一是将水玻璃作为速凝剂，促使浆液凝结；二是作为浆液的组成成分。水玻璃与水泥浆中的氢氧化钙起作用，生成具有一定强度的凝胶体——水化硅酸钙。水泥浆凝结时间随水玻璃加入量的增加而逐渐缩短，当超过一定比值后，凝结时间随水玻璃加入量的增加而逐渐延长。

第二节 灌 浆 设 备

一、制浆与储浆设备

灌浆制浆与储浆设备包括两部分：一是浆液搅拌机，为拌制浆液用的机械，其转速较高，能充分分离水泥颗粒，以提高水泥浆液的稳定性；二是储浆搅拌桶，储存已拌制好的水泥浆，供给灌浆机抽取而进行灌浆用的设备，转速可较低，仅要求其能连续不断地搅拌，维持水泥浆不发生沉积。

水泥灌浆常用的搅拌机主要有下列几种型式。

1. 旋流式搅拌机

这种搅拌机主要由桶体、高速搅拌室、回浆管和回浆阀、排浆管和排浆阀以及叶轮等组成，如图 6-1 所示。高速搅拌室内装有叶轮，设置于桶体的一侧或两侧，由电动机直接带动。

搅拌机的工作原理：浆液由桶底出口被叶轮吸入搅拌室内，借叶轮高速（一般为 1500～2000r/min）旋转产生强烈的剪切作用，将水泥充分分散，而后经由回浆管返回浆桶。当浆液返回回浆桶时，以切线方向流入桶内时，在桶内产生涡流，这样往复循环，使浆液搅拌均匀。待水泥浆拌制好后，关闭回浆阀，开启排浆阀，将浆液送入到储浆搅拌桶内。这种型式的搅拌机，转速高，搅拌均匀，搅拌时间短。

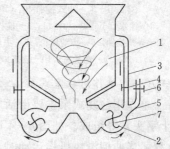

图 6-1 旋流式搅拌机示意图
1—桶体；2—高速搅拌室；3—回浆管；
4—回浆阀；5—排浆管；
6—排浆阀；7—叶轮

2. 叶浆式搅拌机

这种型式的搅拌机，结构简单。它是靠搅拌机中装着的两个或多个能回转的叶浆来搅动拌制浆液的，搅拌机的转速一般均较低。分为立式和卧式两种型式。

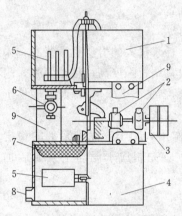

图 6-2　立式双桶搅拌机

1—搅拌桶；2—轴承座；3—皮带轮；
4—贮浆桶；5—搅拌叶片；6—阀门；
7—滤网；8—出浆口；9—支架

（1）立式搅拌机。岩石基础灌浆常用的水泥浆搅拌机是立式双层叶浆型的，上层为搅拌机，下层为储浆搅拌桶，两者的容积相同（常用的容积有 150L、200L、300L 和 500L 4 种），同轴搅拌，上层搅拌好的水泥浆，经过筛网将其中大颗粒及杂质滤除后，放入下层待用，如图 6-2 所示。

（2）卧式搅拌机。最常用的卧式搅拌机如图 6-3 所示，是由 U 形筒体和两根水平搅拌轴组成的，两根轴上装有互为 90°角的搅拌叶片，并以同一速度反向转动，以增加搅拌效果。

集中制浆站的制浆能力应满足灌浆高峰期所有机组用浆需要。

二、灌浆泵

灌浆泵性能应与浆液类型、浓度相适应，容许工作压力应大于最大灌浆压力的 1.5 倍，并应有足够的排浆量和稳定的工作性能。灌浆泵一般采用多缸柱塞式灌浆泵。

往复式泵是依靠活塞部件的往复运动引起工作室的容积变化，从而吸入和排出浆体。往复式泵有单作用式和双作用式两种结构型式。

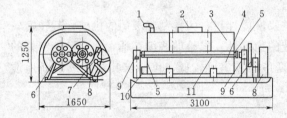

图 6-3　卧式搅拌机（单位：mm）

1—注水管子；2—加料口；3—搅拌桶；4—储浆桶；
5—搅拌轴；6—传动齿轮；7—主动齿轮；8—皮带
轮；9—轴承座；10—放浆口；11—机架

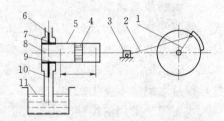

图 6-4　单作用往复式泵工作原理图

1—曲柄；2—连杆；3—滑块；4—活塞；5—水
缸；6—排水管；7—排水阀；8—泵室；
9—吸水阀；10—吸水管；11—水池

（一）单作用柱塞式泵

单作用往复式泵主要由活塞、吸水阀、排水阀、吸水管、排水管、曲柄、连杆、滑块（十字头）等组成。如图 6-4 所示。单作用往复式泵的工作原理可以分为吸水和排水两个过程。当曲柄滑块机构运动时，活塞将在两个死点内作不等速往复运动。当活塞向右移动时，泵室内容积逐渐增大，压力逐渐降低，当压力降低至某一程度时，排水阀关闭，吸水管中的水在大气压力作用下顶开吸水阀而进入泵室。这一过程将继续进行到活塞运动至右端极限位置时才停止。这个过程就叫做吸水过程。当活塞向左移动时，泵室内的水受到挤压，压力增高到一定值时，将吸水阀关闭，同时顶开排水阀将水排出。活塞运动到最左端极限位置时，将所吸入的水全部排尽。这个过程就叫做排水过程。活塞往复运动一次完成一个吸水、排水过程称为单作用。

（二）双作用往复式泵

双作用往复式泵的活塞两侧都有吸排水阀（图6-5）。当活塞向左移动时，泵室右部的水受到挤压，压力增高，进行排水过程，而泵室右部容积增大，压力降低，进行吸水过程；当活塞向右移动时，则泵室右部排水，左部吸水。如此活塞往复运动一次完成两个吸水、排水过程称为双作用。

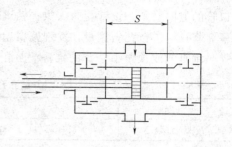

图6-5　双作用往复式泵工作原理图

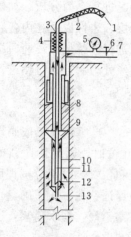

图6-6　用在岩石灌浆中的
一种灌浆塞

1、11—进浆管；2—胶皮管；3—钢管；4—丝杆；5—压力表；6—阀门；7、10—回浆管；8—胶皮管；9—阻塞器；12—花管；13—出浆管

三、灌浆管路及压力表

（一）灌浆管路

输浆管主要有钢管及胶皮管两种，钢管适应变形能力差，不易清理，因此一般多用胶皮管，但在高压灌浆时仍须用钢管。灌浆管路应保证浆液流动畅通，并能承受1.5倍的最大灌浆压力。

（二）灌浆塞

灌浆塞又称灌浆阻塞器或灌浆胶塞（球），用以堵塞灌浆段和上部联系的必不可少的堵塞物，以免翻浆、冒浆以及不能升压而影响灌浆质量。灌浆塞的形式很多，一般应由富有弹性、耐磨性能较好的橡皮制成，应具有良好的膨胀性和耐压性能，在最大灌浆压力下能可靠地封闭灌浆孔段，并且易于安装和卸除。图6-6所示为用在岩石灌浆中的一种灌浆塞。

（三）压力表

灌浆泵和灌浆孔口处均应安设压力表。使用压力宜在压力表最大标示值的1/4～3/4之间。压力表应经常进行检定，不合格的和已损坏的压力表严禁使用。压力表与管路之间应设有隔浆装置。

第三节　灌　浆　施　工

灌浆施工的基本过程：钻孔→洗孔、冲孔→压水试验→灌浆→封孔→质检。

一、灌浆帷幕

（一）钻孔

帷幕灌浆孔宜采用回转式钻机和金刚石钻头或硬质合金钻头钻进，帷幕灌浆钻孔位置与设计位置的偏差不得大于1%。因故变更孔位时，应征得设计部门同意。实际孔位应有记录，孔深应符合设计规定，帷幕灌浆孔宜选用较小的孔径，钻孔孔壁应平直完整。帷幕灌浆钻孔必须保证孔向准确。钻机安装必须平正稳固，钻孔宜埋设孔口管，钻机立轴和孔口管的方向必须与设计孔向一致；钻进应采用较长的粗径钻具并适当地控制钻进压力。帷幕灌浆孔应进行孔斜测量，发现偏斜超过要求应及时纠正或采取补救措施。

垂直的或顶角小于 5° 的帷幕灌浆孔，其孔底的偏差值不得大于表 6-1 中的规定。

表 6-1   钻孔孔底最大允许偏差值   单位：m

孔深	20	30	40	50	60
最大允许偏差	0.25	0.50	0.80	1.15	1.50

孔深大于 60m 时，孔底最大允许偏差值应根据工程实际情况并考虑帷幕的排数具体确定，一般不宜大于孔距。顶角大于 5° 的斜孔，孔底最大允许偏差值可根据实际情况按表 6-1 中规定适当放宽，方位角偏差值不宜大于 5°。

钻孔偏差不符规定时，应结合该部位灌浆资料和质量检查情况进行全面分析，如确认对帷幕灌浆质量有影响时，应采取补救措施。钻灌浆孔时应对岩层、岩性以及孔内各种情况进行详细记录。钻孔遇有洞穴、塌孔或掉钻难以钻进时，可先进行灌浆处理，而后继续钻进。如发现集中漏水，应查明漏水部位、漏水量和漏水原因，经处理后，再行钻进。钻进结束等待灌浆或灌浆结束等待钻进时，孔口均应堵盖，妥加保护。

钻进施工应注意的事项。

（1）按照设计要求定好孔位，孔位的偏差一般不宜大于 10cm，当遇到难于依照设计要求布置孔位的情况时，应及时与有关部门联系，如允许变更孔位时，则应依照新的通知，重新布置孔位。在钻孔原始记录中一定要注明新钻孔的孔号和位置，以便分析查用。

（2）钻进时，要严格按照规定的方向钻进，并采取一切措施保证钻孔方向正确。

（3）孔径力求均匀，不要忽大忽小，以免灌浆或压水时栓塞塞不严，漏水返浆，造成施工困难。

（4）在各钻孔中，均要计算岩芯采取率。检查孔中，更要注意岩芯采取率，并观察岩芯裂隙中有无水泥结石，其填充和胶结的情况如何，以便逐序反映灌浆质量和效果。

（5）检查孔的岩芯一般应予保留。保留时间长短，由设计单位确定，一般时间不宜过长。灌浆孔的岩芯，一般在描述后再行处理，是否要有选择性的保留，应在灌浆技术要求文件中加以说明。

（6）凡未灌完的孔，在不工作时，一定要把孔顶盖住并保护，以免掉入物件。

（7）应准确、详细、清楚地填好钻孔记录。

（二）洗孔和冲洗

1. 洗孔

灌浆孔（段）在灌浆前应进行钻孔冲洗，孔内沉积厚度不得超过 20cm。帷幕灌浆孔（段）在灌浆前宜采用压力水进行裂隙冲洗，直至回水清净时止。冲洗压力可为灌浆压力的 80%，该值若大于 1MPa 时，采用 1MPa。

洗孔的目的是将残存在孔底岩粉和粘附在孔壁上的岩粉、铁砂碎屑等杂质冲出孔外，以免堵塞裂隙的通道口而影响灌浆质量。钻孔钻到预定的段深并取出岩芯后，将钻具下到孔底，用大流量水进行冲洗，直至回水变清，孔内残存杂质沉淀厚度不超过 10～20cm 时，结束洗孔。

2. 冲洗

冲洗的目的是用压力水将岩石裂隙或空洞中所充填的松软、风化的泥质充填物冲出孔外，或是将充填物推移到需要灌浆处理的范围外，这样裂隙被冲洗干净后，利于浆液流进裂隙并与裂隙接触面胶结，起到防渗和固结作用。使用压力水冲洗时，在钻孔内一定深度需要放置灌浆塞。

冲洗有单孔冲洗和群孔冲洗两种方式。

（1）单孔冲洗。单孔冲洗仅能冲净钻孔本身和钻孔周围较小范围内裂隙中的填充物，因此，此法适用于较完整的、裂隙发育程度较轻、充填物情况不严重的岩层。

单孔冲洗有以下几种方法。

1）高压冲洗：整个过程在大的压力下进行，以便将裂隙中的充填物向远处推移或压实，但要防止岩层抬动变形。如果渗漏量大，升不起压力，就尽量增大流量，加大流速，增强水流冲刷能力，使之能挟带充填物走得远些。

2）高压脉动冲洗：首先用高压冲洗，压力为灌浆压力的 $80\% \sim 100\%$，连续冲洗 5～10min 后，将孔口压力迅速降到零，形成反向脉冲流，将裂隙中的碎屑带出，回水呈浑浊色。当回水变清后，升压用高压冲洗，如此一升一降，反复冲洗，直至回水洁净后，延续 10～20min 为止。

3）扬水冲洗：将管子下到孔底、上接风管，通入压缩空气，使孔内的水和空气混合，由于混合水体的密度轻，将孔内的水向上喷出孔外，孔内的碎屑随之喷出孔外。

（2）群孔冲洗。群孔冲洗是把两个以上的孔组成一组进行冲洗，可以把组内各钻孔之间岩石裂隙中的充填物清除出孔外。如图 6-7 所示。

群孔冲洗主要是使用压缩空气和压力水。冲洗时，轮换地向某一个或几个孔内压入气、压力水或气水混合体，使之由另一个孔或另几个孔出水，直到各孔喷出的水是清水后停止。

3. 压水试验

压水试验的目的是测定围岩吸水性、核定围岩渗透性。

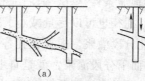

图 6-7　群孔冲洗裂缝示意图
(a) 冲洗前；(b) 冲洗时

帷幕灌浆采用自上而下分段灌浆法时，先导孔应自上而下分段进行压水试验，各次序灌浆孔的各灌浆段在灌浆前宜进行简易压水试验。

压水试验应在裂隙冲洗后进行。简易压水试验可在裂隙冲洗后或结合裂隙冲洗进行。压力可为灌浆压力的 80%，该值若大于 1MPa 时，采用 1MPa。压水 20min，每 5min 测读一次压入流量，取最后的流量值作为计算流量，其成果以透水率表示。帷幕灌浆采用自下而上分段灌浆法时，先导孔仍应自上而下分段进行压水试验。各次序灌浆孔在灌浆前全孔应进行一次钻孔冲洗和裂隙冲洗。除孔底段外，各灌浆段在灌浆前可不进行裂隙冲洗和简易压水试验。

（三）灌浆的施工次序和施工方法

1. 灌浆的施工次序

（1）灌浆施工次序划分的原则。灌浆施工次序划分的原则是逐序缩小孔距，即钻孔逐渐加密。这样浆液逐渐挤密压实，可以促进灌浆帷幕的连续性；能够逐序升高灌浆压力，有利于浆液的扩散和提高浆液结石的密实性；根据各次序孔的单位注入量和单位吸水量的分析，可起到反映灌浆情况和灌浆质量的作用，为增、减灌浆孔提供依据；减少邻孔串浆现象，有利于施工。

（2）帷幕孔的灌浆次序。大坝的岩石基础帷幕灌浆通常是由一排孔、二排孔、三排孔所构成，多于三排孔的比较少。

1）单排孔帷幕施工（同二排、三排、多排帷幕孔的同一排上灌浆孔的施工次序），首先钻灌第 1 次序孔，然后钻灌第 2 次序孔，最后钻灌第 3 次序孔。

2）由两排孔组成的帷幕，先钻灌下游排，后钻灌上游排。

3）由 3 排或多排孔组成的帷幕，先钻灌下游排，再钻灌上游排，最后钻灌中间排。

2. 灌浆的施工方法

基岩灌浆方式有循环式和纯压式两种。帷幕灌浆应优先采用循环式，射浆管距孔底不得大于 50cm；浅孔固结灌浆可采用纯压式。

灌浆孔的基岩段长小于 6m 时，可采用全孔一次灌浆法；大于 6m 时，可采用自上而下分段灌浆法、自下而上分段灌浆法、综合灌浆法或孔口封闭灌浆法。

帷幕灌浆段长度宜采用 5～6m，特殊情况下可适当缩减或加长，但不得大于 10m。进行帷幕灌浆时，坝体混凝土和基岩的接触段应先行单独灌浆并应待凝，接触段在岩石中的长度不得大于 2m。

单孔灌浆有以下几种方法。

（1）全孔一次灌浆。全孔一次灌浆是把全孔作为一段来进行灌浆。一般在孔深不超过 6m 的浅孔、地质条件良好、岩石完整、渗漏较小的情况下，无其他特殊要求，可考虑全孔一次灌浆，孔径也可以尽量减小。

（2）全孔分段灌浆。根据钻孔各段的钻进和灌浆的相互顺序，又分为以下几种方法。

1）自上而下分段灌浆：就是自上而下逐段钻进，随段位安设灌浆塞，逐段灌浆的一种施工方法。这种方法适宜在岩石破碎、孔壁不稳固、孔径不均匀、竖向节理、裂隙发育、渗漏严重的情况下采用。

施工程序一般是：钻进（一段）→冲洗→简易压水试验→灌浆待凝→钻进（下一段）。

2）自下而上分段灌浆：就是将钻孔一直钻到设计孔深，然后自下而上逐段进行灌浆。这种方法适宜岩石比较坚硬完整，裂隙不很发育，渗透性不甚大。在此类岩石中进行灌浆时，采用自下而上灌浆可使工序简化，钻进、灌浆两个工序各自连续施工；无需待凝，节省时间，工效较高。

3）综合分段灌浆法：综合自上而下与自下而上相结合的分段灌浆法。有时由于上部岩层裂隙多，又比较破碎，上部地质条件差的部位先采用自上而下分段灌浆法，其后再采用综合分段灌浆法。

4）小孔径钻孔、孔口封闭、无栓塞、自上而下分段灌浆法：就是把灌浆塞设置在孔口，自上而下分进，逐段灌浆并不待凝的一种分段灌浆法。孔口应设置一定厚度的混凝土盖重。全部孔段均能自行复灌，工艺简单，免去了起、下塞工序和塞堵不严的麻烦，不需要待凝，节省时间，发生孔内事故可能性较少。

3. 灌浆压力

(1) 灌浆压力的确定。由于浆液的扩散能力与灌浆压力的大小密切相关，采用较高的灌浆压力，可以减少钻孔数，且有助于提高可灌性，使强度和不透水性等得到改善。当孔隙被某些软弱材料充填时，较高灌浆压力能在充填物中造成劈裂灌注，提高灌浆效果。随着灌浆基础处理技术和机械设备的完善配套，6.0～10MPa 的高压灌浆在采用提高灌浆压力措施和浇筑混凝土盖板处理后，在一些大型水利工程中应用较广。但是，当灌浆压力超过地层的压重和强度而没采取相应措施时，将有可能导致地基及其上部结构的破坏。因此，一般情况下，以不使地层结构破坏或发生局部的和少量的破坏，作为确定地基允许灌浆压力的基本原则。

灌浆压力宜通过灌浆试验确定，也可通过公式计算或根据经验先行拟定，而后在灌浆施工过程中调整确定。灌浆试验时，一般将压力升到一定数值而注浆量突然增大时的这一压力作为确定灌浆压力的依据（即临界压力）。

采用循环式灌浆，压力表应安装在孔口回浆管路上；采用纯压式灌浆，压力表应安装在孔口进浆管路上。压力读数宜读压力表指针摆动的中值，当灌浆压力为 5MPa 或大于 5MPa 时，也可读峰值。压力表指针摆动范围应小于灌浆压力的 20%，摆动幅度宜做记录。灌浆应尽快达到设计压力，但注入率大时应分级升压。

如缺乏试验资料，做灌浆试验前须预定一个试验数值确定灌浆压力。考虑灌浆方法和地质条件的经验公式为

$$[p_c] = p_0 + mD \tag{6-1}$$

式中　$[p_c]$——容许灌浆压力，MPa；

　　　　p_0——表面段容许灌浆压力，MPa；

　　　　m——灌浆段每增加 1m，容许增加的压力，MPa/m；

　　　　D——灌浆段深度，m。

(2) 灌浆过程中灌浆压力的控制。

1) 一次升压法。灌浆开始将压力尽快地升到规定压力，单位吸浆量不限。在规定压力下，每一级浓度浆液的累计吸浆量达到一定限度后，调换浆液配合比，逐级加浓，随着浆液浓度的逐级增加，裂隙逐渐被填充，单位吸浆量将逐渐减少，直至达到结束标准，即灌浆结束。此法适用于透水性不大、裂隙不甚发育的较坚硬、完整岩石的灌浆。

2) 分级升压法。在灌浆过程中，将压力分为几个阶段，逐级升高到规定的压力值。灌浆开始如果吸浆量大时，使用最低一级的灌浆压力，当单位吸浆量减少到一定限度（下限），则将压力升高一级，当单位吸浆量又减少到下限时，再升高一级压力，如此进行下去，直到现在规定压力下，灌至单位吸浆量减少到结束标准时，即可结束灌浆。

在灌浆过程中，在某一级压力下，如果单位吸浆量超过一定限度（上限），则应降低一级压力进行灌浆，待单位吸浆量达到下限值时，再提高到原一级压力，继续灌浆。单位吸浆量的上限、下限，可根据岩石的透水性、在帷幕中不同部位及灌浆次序而定。一般上限定为 60～80L/min，下限为 30～40L/min。

此法仅是在遇到基础岩石透水严重，吸浆量大的情况下采用。

（四）浆液使用的浆液浓度与配合比

1. 浆液的配合比及分级

（1）浆液的配合比。浆液的配合比是指组成浆液的水和干料的比例。浆液中水与干料的比值越大，表示浆液越稀，反之则浆液越浓。这种浆液的浓稀程度，称之为浆液的浓度。

（2）浆液浓度的分级。

1）水泥浆。帷幕灌浆浆液水灰比可采用5∶1、3∶1、2∶1、1∶1、0.8∶1、0.6∶1、0.5∶1等7个比级。开灌水灰比可采用5∶1。灌注细水泥浆液，可采用水灰比为2∶1、1∶1、0.6∶1或1∶1、0.8∶1、0.6∶1等3个比级。

2）水泥黏土浆。由于材料品种、性能以及对防渗要求的不同，材料的混合比例也不同，正确的材料配比应通过试验来确定。

2. 浆液浓度的使用

浆液浓度的使用有两种方式。

（1）由稀浆开始，逐级变浓，直至达到结束标准时，以所变至的那一级浆液浓度结束。

（2）由稀浆开始，逐级变浓，当单位吸浆量减少到某规定数值时，再将浆液变稀，直灌至达到结束标准时，用稀浆结束。

先灌稀浆的目的是稀浆的流动性能好，宽窄裂隙和大小空洞均能进浆，优先将细缝、小洞灌好、填实。而且将浆液变浓，使中等或较大的裂隙、空洞随后也得到良好的充填。一般情况下，如果灌浆段细小裂隙较多时，稀浆灌注的历时应长一些，就是多灌一些稀的浆液，反之，如果灌浆段宽大裂隙较多时，应较快地换成较浓的浆液，使浓浆灌注历时长一些。

3. 灌浆过程中浆液浓度的变换

（1）当灌浆压力保持不变，注入率持续减少时，或当注入率不变而压力持续升高时，不得改变水灰比。

（2）当某一比级浆液的注入量已达300L以上或灌注时间已达1h，而灌浆压力和注入率均无改变或改变不显著时，应改浓一级。

（3）当注入率大于30L/min时，可根据具体情况越级变浓。

（五）灌浆结束与封孔

1. 灌浆结束的条件

帷幕灌浆采用自上而下分段灌浆法时，在规定的压力下，当注入率不大于0.4L/min时，继续灌注60min；或不大于1L/min时，继续灌注90min后，灌浆可以结束。采用自下而上分段灌浆法时，继续灌注的时间可相应地减少为30min和60min，灌浆可以结束。

2. 回填封孔

帷幕灌浆采用自上而下分段灌浆法时，灌浆孔封孔应采用"分段压力灌浆封孔法"；采用自下而上分段灌浆时，应采用"置换和压力灌浆封孔法"或"压力灌浆封孔法"。

（六）灌浆过程中特殊情况的预防和处理

1. 灌浆中断

灌浆过程中，由于某些原因，会出现迫使灌浆暂停的现象。中断的原因有：机械设备方面，灌浆泵等长时间运转发生故障；胶管性能不良、管间连接不牢，管子发生破裂或接头崩脱等；压力表失灵；裂隙发育，产生地表冒浆或岩石破碎，灌浆塞塞不严，孔口返浆等；停水、停电及其他人为或自然因素。

复灌后较中断前压力突然减少很多，表明裂隙根本未受到灌注，或者仅部分受到灌注或者未灌实。产生这种现象的原因是浆液中水泥颗粒的沉淀和浆液的凝固。

中断的预防：选用性能良好的灌浆泵，每段灌完后，仔细清洗、检查各部零件是否处于完好状态；选用好的输浆管，且灌前检查是否连接牢固、有无破损、是否畅通等；使用符合规格、准确的压力表；灌浆前用压水方法检查灌浆塞是否堵塞严密；水、电等线路应设专线，如因故必须停灌，应提前通知。

中断的处理措施：根据中断原因，及时检修、更换；如中断后无法在短时间内复灌的，应立即清洗钻孔，如中断时间较长，无法及时冲洗，孔内浆液已沉淀，复灌前应用钻具重新扫孔，用水冲洗后，再重新灌浆。

2. 串浆

在灌浆过程中，浆液从其他钻孔内流出的现象，称为串浆。

由于岩石中裂隙较多，相互串联，使灌浆孔相互间直接或间接地连通，造成了串浆通路。当裂隙发育，裂缝宽大，灌浆压力比较高，孔距又较小时，会促使串浆现象加重。

防止串浆的措施：加大第一次序孔间的孔距；适当增长相邻两个次序孔先后施工的间隔时间，防止新灌入的浆液将前期已灌入到裂隙中的浆液结石体冲开；使用自上而下分段灌浆的方法，也有利于防止串浆。

发生串浆后的处理措施：串浆孔为正在钻进的钻孔时，应停钻，并在串浆孔漏浆处以上的部位安设灌浆塞，堵塞严密，在灌浆孔中按要求正常进行灌浆；串浆孔为待灌孔时，串浆孔与灌浆孔可同时进行灌浆，一台灌浆泵灌注一个孔，如无条件可按以上方法处理。

3. 地表冒浆

在灌浆过程中，浆液沿裂隙或层面往上蹿流而冒出地表的现象，称为地表冒浆。

产生冒浆的原因是由于灌浆孔段与地表有垂直方向的连通裂隙。冒浆处理的方法主要有下列几种。

(1) 在裂隙冒浆处用旧棉花、麻刀、棉线等物紧密地打嵌入缝隙内。必要时，在其上面再涂抹速凝水泥浆或水泥砂浆等堵塞缝隙。

(2) 在冒浆处凿挖岩石，将漏浆集中于一处，用铁管引出，先前冒浆的地点用速凝水泥或水泥砂浆封闭，待一定时间后，将铁管堵住，从而止住冒浆。

(3) 冒浆严重难以堵塞时，在冒浆部位浇筑混凝土盖板，然后再进行灌浆。

4. 绕塞返浆

在灌浆过程中，进入灌浆段内的浆液，在压力作用下，绕过橡胶塞流到上部的孔内的现象叫绕塞返浆。

产生绕塞返浆的原因有：灌浆段与橡胶塞上部孔段之间有裂隙相通，或是采用自上而下灌浆法时，裂隙没有灌好，待凝时间短，结石体强度低，被灌入的浆液冲开；安设橡胶塞处的孔壁凹凸不平，堵塞不严密；胶塞压胀度不够，塞堵不严密。

绕塞返浆的预防和处理。

（1）钻孔孔径力求均匀。

（2）灌浆塞应长一点，材质坚韧并富有弹性，直径与孔径相适应。

（3）采用自上而下法灌浆，上一段灌完浆后，有足够的待凝时间。

（4）灌浆前，用压水方法检查灌浆塞是否返水。如发生返水，将塞位移动（自下而上灌浆法可上下移动，用自上而下灌浆法只能向上移动）直至堵塞严密。

5. 岩层大量漏浆

岩层大量漏浆原因是岩层渗漏严重。处理原则有以下几点。

（1）降低灌注压力：用低压甚至自流式灌浆，待浆液将裂隙充满、流动性降低后，再逐渐升压，至正常灌浆。

（2）限制进浆量：将进浆量限为 30～40L/min，或更小一些，使用浓浆灌注，待进浆量明显减少后，将压力升高，使进浆量又达到 30～40L/min，仍用浓浆继续灌注，至进浆量又明显减少时，再次升高压力，增大进浆量，如此反复灌注，直至达到结束标准为止。

（3）增大浆液浓度：用浓度大的浆液，或是水泥砂浆灌注，降低浆液的流动性，同时再适当地降低压力，限制浆液的流动范围，待单位吸浆量已降到一定程度，再灌水泥浆，并逐渐升压灌至符合结束条件为止。

（4）间歇灌浆：灌浆过程中，每连续灌注一定时间，或灌入一定数量的干料后暂时停灌，待凝一定时间后再灌。这种时灌时停的灌浆就是间歇灌浆。只有在较长时间内，岩层大量吸浆并基本升不起压力的情况下，才宜采用此法。

（5）必要时，采用水泥水玻璃、水泥丙凝等特殊浆液进行灌注、堵漏。

（七）帷幕灌浆效果检查

帷幕灌浆质量检查应以检查孔压水试验成果为主，结合对竣工资料和测试成果的分析，综合评定。

1. 布设检查孔检查

检查孔的数目一般按灌浆孔总数的 10% 左右布置，地质情况复杂的地区，一个坝段或一个单元工程内至少应布置一个检查孔，沿帷幕线 20m 左右的范围内设有一个。

（1）检查孔的选定。对于单排孔的帷幕，检查孔可设置在两灌浆孔之间，两排或多排孔的帷幕，检查孔多位于帷幕的中间部位。

检查孔多选在地质条件较坏或灌浆质量较差的地段。在地质条件或者灌浆质量较好的地段，也应适当地布设一些检查孔。

灌浆孔具有以下现象的，考虑在其附近设置检查孔：①帷幕中心线上；②岩石破碎、断层、大孔隙等地质条件复杂的部位；③注入量大的孔段附近；④钻孔偏斜过大、灌浆情况不正常以及经分析资料认为对帷幕灌浆质量有影响的部位。

帷幕灌浆检查孔压水试验应在该部位灌浆结束 14d 后进行。帷幕灌浆检查孔应自上而下分段卡塞进行压水试验。帷幕灌浆检查孔压水试验结束后，按技术要求进行灌浆和封孔。帷幕灌浆检查孔应采取岩芯，计算获得率并加以描述。

（2）帷幕灌浆质量的合格标准。帷幕灌浆质量用压水试验检查，坝体混凝土与基岩接触段及其下一段的合格率应为 100%；再以下的各段的合格率应在 90% 以上，不合格段的透水率值不超过设计规定值的 100%，且不集中，灌浆质量可认为合格。否则应进行处理，直至合格为止。对帷幕灌浆孔的封孔质量宜进行抽样检查。

2. 测试扬压力值检查

当一个坝段或相连的几个坝段的帷幕灌浆已经完成，又钻了检查孔，并做了压水试验，认为帷幕幕体渗透性能已达到防渗要求后，即可开始在帷幕后边钻设排水孔和扬压力观测孔。

不要过早地钻设排水孔，以免帷幕的幕体经检查尚未达到防渗要求，仍需加密钻孔补灌时，可能造成排水孔堵塞现象，易影响灌浆质量，灌完后又需重新钻设排水孔，造成浪费。

二、固结灌浆

固结灌浆一般是在岩石表层钻孔，经灌浆将岩石固结。破碎、多裂隙的岩石经固结后，其弹性模量和抗压强度均有明显的提高，可以增强岩石的均质性，减少不均匀沉陷，降低岩石的透水性能。

（一）固结灌浆布置

固结灌浆的范围主要根据大坝基础的地质条件、岩石破碎情况、坝型和基础岩石应力条件而定。对于重力坝，基础岩石比较良好时，一般仅在坝基内的上游和下游应力大的地区进行固结灌浆；坝基岩石普遍较差，而坝又较高的情况下，则多进行坝基全面的固结灌浆。此外，在裂隙多、岩石破碎和泥化夹层集中的地区要着重进行固结灌浆。有的工程甚至在坝基以外的一定范围内，也进行固结灌浆。对于拱坝，因作用于基础岩石上的荷载较大，且较集中，因此，一般多是整个坝基进行固结灌浆，特别是两岸受拱坝推力大的坝肩拱座基础，更需要加强固结灌浆工作。

1. 固结灌浆孔的布设

固结灌浆孔的布设常采用的形式有方格形、梅花形和六角形，也有采用菱形或其他形式的，如图6-8、图6-9、图6-10所示。

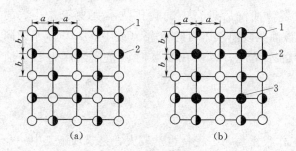

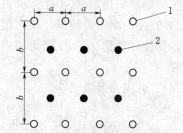

图6-8　方格形布孔图

（a）两个次序灌浆；（b）三个次序灌浆

a—孔距；b—排距

1—第1次序孔；2—第2次序孔；3—第3次序孔

图6-9　梅花形布孔图

a—孔距；b—排距

1—第1次序孔；2—第2次序孔

由于岩石的破碎情况、节理发育程度、裂隙的状态、宽度和方向的不同，孔距也不同。大坝固结灌浆最终孔距一般在3～6m之间，而排距等于或略小于孔距。

2. 固结灌浆孔的深度

固结灌浆孔的深度一般是根据地质条件、大坝的情况以及基础应力的分布等多种条件

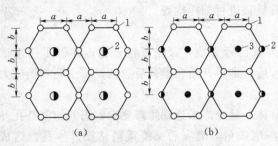

图 6-10 六角形布孔图

(a) 2 个次序灌浆；(b) 3 个次序灌浆

a—孔距；*b*—排距

1—第 1 次序孔；2—第 2 次序孔；3—第 3 次序孔

综合考虑而定的。

固结灌浆孔依据深度的不同，可分为 3 类。

(1) 浅孔固结灌浆。浅孔固结灌浆是为了普遍加固表层岩石，固结灌浆面积大、范围广。孔深多为 5m 左右。可采用风钻钻孔，全孔一次灌浆法灌浆。

(2) 中深孔固结灌浆。中深孔固结灌浆是为了加固基础较深处的软弱破碎带以及基础岩石承受荷载较大的部位。孔深 5～15m，可采用大型风钻或其他钻孔方法，孔径多为 50～65mm。灌浆方法可视具体地质条件采用全孔一次灌浆或分段灌浆。

(3) 深孔固结灌浆。在基础岩石深处有破碎带或软弱夹层、裂隙密集且深，而坝又比较高，基础应力也较大的情况下，常需要进行深孔固结灌浆。孔深 15m 以上，常用钻机进行钻孔，孔径多为 75～91mm，采用分段灌浆法灌浆。

(二) 钻孔冲洗及压水试验

1. 钻孔冲洗

固结灌浆施工，钻孔冲洗十分重要，特别是在地质条件较差、岩石破碎、含有泥质充填物的地带，更应重视这一工作。冲洗的方法有单孔冲洗和群孔冲洗两种。固结灌浆孔应采用压力水进行裂隙冲洗，直至回水清净时止，冲洗压力可为灌浆压力的 80%。地质条件复杂，多孔串通以及设计对裂隙冲洗有特殊要求时，冲洗方法宜通过现场灌浆试验或由设计确定。

2. 压水试验

固结灌浆孔灌浆前的压水试验应在裂隙冲洗后进行，试验孔数不宜少于总孔数的 5%，选用一个压力阶段，压力值可采用该灌浆段灌浆压力的 80%（或 100%）。压水的同时，要注意观测岩石的抬动和岩面集中漏水情况，以便在灌浆时调整灌浆压力和浆液浓度。

(三) 固结灌浆施工

1. 固结灌浆施工时间及次序

(1) 固结灌浆施工时间。固结灌浆工作很重要，工程量也常较大，是筑坝施工中一个必要的工序。固结灌浆施工最好是在基础岩石表面浇筑有混凝土盖板或有一定厚度混凝土，且已达到其设计强度的 50% 后进行。

(2) 固结灌浆施工次序。固结灌浆施工的特点是"围、挤、压"，就是先将灌浆区圈围住，再在中间插孔灌浆挤密，最后逐序压实。这样易于保证灌浆质量。固结灌浆的施工次序必须遵循逐渐加密的原则。先钻灌第 1 次序孔，再钻灌第 2 次序孔，依次类推。这样可以随着各次序孔的施工，及时地检查灌浆效果。

浅孔固结灌浆，在地质条件比较好、岩石又较为完整的情况下，灌浆施工可采用 2 个次序进行。

深孔和中深孔固结灌浆，为保证灌浆质量，以3个次序施工为宜。

2. 固结灌浆施工方法

固结灌浆施工以一台灌浆机灌一个孔为宜。必要时可以考虑将几个吸浆量小的灌浆孔并联灌浆，严禁串联灌浆。并联灌浆的孔数不宜多于4个。

固结灌浆宜采用循环灌浆法。可根据孔深及岩石完整情况采用一次灌浆法或分段灌浆法。

3. 灌浆压力

灌浆压力直接影响着灌浆的效果，在可能的情况下，以采用较大的压力为好。但浅孔固结灌浆受地层条件及混凝土盖板强度的限制，往往灌浆压力较低。

一般情况下，浅孔固结灌浆压力，在坝体混凝土浇筑前灌浆时，可采用0.2～0.5MPa，浇筑1.5～3m厚混凝土后再行灌浆时，可采用0.3～0.7MPa。在地质条件差或软弱岩石地区，根据具体情况还可适当降低灌浆压力。深孔固结灌浆，各孔段的灌浆压力值，可参考帷幕灌浆孔选定压力的方法来确定。

比较重要的或规模较大的基础灌浆工程，宜在施工前先进行灌浆试验，用以选定各项技术参数，其中也包括确定适宜的灌浆压力。

固结灌浆过程中，要严格控制灌浆压力。循环式灌浆法是通过调节回浆流量来控制灌浆压力的；纯压式灌浆法则是直接调节压入流量。固结灌浆当吸浆量较小时，可采用"一次升压法"，尽快达到规定的灌浆压力，而在吸浆量较大时，可采用"分级升压法"，缓慢地升到规定的灌浆压力。

在调节压力时，要注意岩石的抬动，特别是基础岩石的上面已浇筑有混凝土时，更要严格控制抬动，以防止混凝土产生裂缝，破坏大坝的整体性。

为了能准确地控制抬动量，灌浆施工时，在施工区应在地面的和较深部位埋设抬动测量装置。在施加大的灌浆压力或发现流量突然增大时，应注意观察，以监测岩石抬动状况。若发现岩石发生抬动并且抬动值接近规定的极限值（一般为0.2mm）时，应立即降低灌浆压力，并应将此时的有关技术数据（如压力、吸浆量、抬动值等）及灌浆情况详细地记载在灌浆原始记录上。如果岩石表面不允许有抬动时，一旦发现岩石稍有抬动，就应立即降低灌浆压力，这也是控制灌浆压力的一个有效措施。

4. 浆液配比

灌浆开始时，一般采用稀浆开始灌注，根据单位吸浆量的变化，逐渐加浓。固结灌浆液浓度的变换比帷幕灌浆可简单一些。灌浆开始后，尽快地将压力升高到规定值，灌注500～600L，单位吸浆量减少不明显时，即可将浓度加大一级。在单位吸浆量很大，压力升不上去的情况下，也应采用限制进浆量的办法。

5. 固结灌浆结束标准与封孔

在规定的压力下，当注入率不大于0.4L/min时，继续灌注30min，灌浆可以结束。

固结灌浆孔封孔应采用"机械压浆封孔法"或"压力灌浆封孔法"。

（四）固结灌浆效果检查

固结灌浆质量检查的方法和标准应视工程的具体情况和灌浆的目的而定。一般情况下应进行压水试验检查，要求测定弹性模量的地段，应进行岩体波速或静弹性模量测试检查。

固结灌浆压水试验检查宜在该部位灌浆结束 3～7d 后进行，检查孔的数量不宜少于灌浆孔总数的 5%。孔段合格率应在 80% 以上，不合格孔段的透水率值不超过设计规定值的 50%，且不集中，灌浆质量可认为合格。

岩体波速和静弹性模量测试，应分别在该部位灌浆结束 14d 和 28d 后进行。

三、回填灌浆

回填灌浆主要是填充混凝土与周围岩石之间空隙，使混凝土与周围岩石之间紧密接触形成整体。回填灌浆一般仅灌注空隙和 0.5～1.0m 厚的岩石范围。

（一）灌浆孔布置

回填灌浆孔孔距一般为 1.5～3.0m，一般衬砌隧洞时，在灌浆部位预留灌浆孔或预埋灌浆管，其内径应大于 50mm。对预留的孔或灌浆管要妥善保护，管口要用管帽拧好，防止损坏丝扣和进入污物堵塞灌浆孔。当开始灌浆时，全部管帽要拧开。当灌浆过程中，灌浆管冒浆时，再用管帽将该管口堵好。

（二）灌浆施工

1. 灌浆施工次序

回填灌浆施工时，一般是将隧洞按一定距离划分为若干个灌浆区。在一个灌浆区内，隧洞的两侧壁从底部开始至拱顶布成排孔，两侧同时自下排向上排对称进行灌浆，最后灌拱顶。每排孔必须按分序加密原则进行，一般分为两个次序施工，各次序灌浆的间歇时间应在 48h 以上。当隧洞轴线具有 10° 以上的纵度，灌浆应先从低的一端开始。

2. 灌浆方法

回填灌浆，一般采用孔口封闭压入式灌浆法。在衬砌混凝土与围岩之间的空隙大的地方，第 1 次序孔可用水泥砂浆采取填压式灌浆法灌浆，第 2 次序孔采用纯水泥浆进行压入灌浆。空隙小的地方直接用纯水泥浆进行静压注浆。

3. 灌浆配比

纯水泥浆水灰比一般为 1:1、0.8:1、0.6:1、0.5:1 四个比级。开始时采用 1:1 的浆液进行灌注，根据进浆量的情况可逐级或越级加浓。

在空隙大的地方灌注砂浆时，掺砂量不宜大于水泥重量的 2 倍。砂粒粒径应根据空隙的大小而定，但不宜大于 2.5mm，以利于泵送。如需灌注不收缩的浆液，可在水泥浆中加入水泥重量 0.3% 左右的铝粉。

4. 灌浆压力

回填灌浆的灌浆压力取决于岩石特性以及隧洞衬砌的结构强度。施工开始时，灌浆压力应在灌浆试验区内试验确定，以免压力过高引起衬砌的破坏。

5. 灌浆结束与封孔

回填灌浆，在设计规定压力下，灌孔停止吸浆，灌浆孔停止吸浆，延续灌注 5min 后，即可结束。群孔灌浆时，要让相联结的孔都灌好为止。隧洞拱顶倒孔灌浆结束后，应先将孔口闸阀关闭后再停机，待孔口无返浆时才可拆除孔口闸阀。

灌浆结束后，清除孔内积水和污物，采用机械封孔并将表面抹平。

（三）质量检查

回填灌浆质量检查，宜在该部位回填灌浆结束 7d 后进行。检查孔的数量应不少于灌浆孔总数的 5％。回填灌浆检查孔合格标准：在设计规定的压力下，在开始 10min 内，孔内注入水灰比 2∶1 的浆液不超过 10min，即可认为合格。回填灌浆质量检查可采用钻孔注浆法，即向孔内注入水灰比 2∶1 的浆液，在规定的压力下，初始 10min 内注入量不超过 10L，即认为合格。灌浆孔灌浆和检查孔检查结束后，应使用水泥砂浆将钻孔封填密实，孔口压抹齐平。

四、接缝灌浆

混凝土坝用纵缝分块进行浇筑，有利于坝体温度控制和浇筑块分别上升，但为了恢复大坝的整体性，必须对纵缝进行接缝灌浆，纵缝属于临时施工缝。坝体横缝是否进行灌浆，因坝型和设计要求而异。重力坝的横缝一般为永久温度（沉陷）缝，拱坝和重力拱坝的横缝，都属于临时施工缝。临时施工横缝要进行接缝灌浆。

蓄水前应完成蓄水初期最低库水位以下各灌区的接缝灌浆及其验收工作。蓄水后，各灌区的接缝灌浆应在库水位低于灌区底部高程时进行。

混凝土坝接缝灌浆的施工顺序应遵守下列原则。

（1）接缝灌浆应按高程自下而上分层进行。

（2）拱坝横缝灌浆宜从大坝中部向两岸推进。重力坝的纵缝灌浆宜从下游向上游推进，或先灌上游第一道纵缝后，再从下游向上游顺次灌浆。当既有横缝灌浆又有纵缝灌浆时，施工顺序应按工程具体情况确定。

（3）处于陡坡基岩上的坝段，施工顺序可另行规定。

各灌区需符合下列条件，方可进行灌浆。

（1）灌区两侧坝块混凝土的温度必须达到设计规定值。

（2）灌区两侧坝块混凝土龄期应多于 6 个月。在采取有效措施情况下，也不得少于 4 个月。

（3）除顶层外，灌区上部宜有 9m 厚混凝土压重，其温度应达到设计规定值。

（4）接缝的张开度不宜小于 0.5mm。

（5）灌区应密封，管路和缝面畅通。

在混凝土坝体内应根据接缝灌浆的需要埋设一定数量的测温计和测缝计。

同一高程的纵缝（或横缝）灌区，一个灌区灌浆结束，间歇 3d 后，其相邻的纵缝（或横缝）灌区方可开始灌浆。若相邻的灌区已具备灌浆条件，可采用同时灌浆方式，也可采用逐区连续灌浆方式。连续灌浆应在前，灌区灌浆结束后，8h 内开始后一灌区的灌浆，否则仍应间歇 3d 后进行灌浆。

同一坝缝，下一层灌区灌浆结束，间歇 14d 后，上一层灌区才可开始灌浆。若上、下层灌区均已具备灌浆条件，可采用连续灌浆方式，但上、下层灌区灌浆间隔时间不得超过 4h，否则仍应间歇 14d 后进行。

为了方便施工、处理事故以及灌浆质量取样检查，宜在坝体适当部位设置廊道和预留平台。

（一）灌浆系统布置

接缝灌浆系统应分区布置，每个灌区的高度以 9～12m 为宜，面积以 200～300m 为宜。灌浆系统布置原则如下。

（1）浆液应能自下而上均匀地灌注到整个缝面。

（2）灌浆管路和出浆设施与缝面应畅通。

（3）灌浆管路应顺直、畅通、少设弯头。

每个灌区的灌浆系统，一般包括止浆片、排气槽、排气管、进（回）浆管、进浆支管和出浆盒，如图 6-11 所示。其中灌浆管路可采用埋管和拔管两种方法。

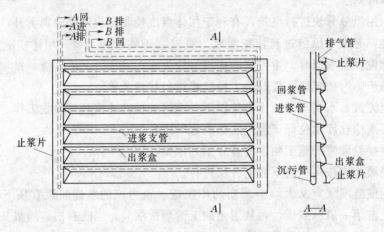

图 6-11　典型灌浆系统布置图

1. 止浆片

常用塑料止浆带，安装时，两翼用铁丝和模板拉直固定，混凝土浇筑时，止浆片周边混凝土宜采用软管人工振捣，同时防止止浆片浇空或浇翻。

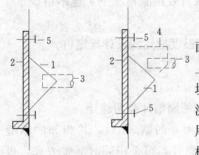

图 6-12　排气槽构造示意图

1—排气；2—盖板；3—排气管；
4—接头木块；5—固定钉

2. 排气槽、管

包括排气槽、盖板和排气管，排气槽位置可设在缝面上，也可设在键槽上，排气管安装在加大的接头木块上，排气槽一般用三角或半圆木条或梯形木条埋入先浇块内，形成排气槽。接头木块置于排气槽一端，后浇块浇筑时拆除木条或木块，其结构如图 6-12 所示。然后用设计规定厚度的镀锌铁板加工盖板或采用塑料定型盖板。安装时，利用先浇块预埋的铁钉固定盖板，在四周处涂塞水泥浆，以防浇筑混凝土时进浆堵塞。

3. 出浆盒

用铁皮、圆锥木或塑料在先浇块内预埋，同时其周边预埋 4 根铁丝，后浇块浇筑时加盖板（用砂浆预制、铁皮加工或定型塑料盖板均可），并用铁丝固定，在其周边涂塞水泥浆。

4. 进（回）浆管和灌浆支管

进（回）浆管多采用直径 33mm 钢管或硬塑料管，支管用直径 25mm 钢管，为防止管路堵塞，除管口每次接高后加盖外，在进（回）浆管底部 50～80cm 以上设一水平连通管，支管水平布置较垂直好。

（二）灌浆系统预埋施工

1. 灌浆支管预埋施工

（1）在先浇块的模板上升浆管的部位先贴上直径 30mm 的半圆木条，使之先浇块成半圆槽，预埋槽一定要光滑、铅直；圆木两边沿高程每 50cm 预埋圆钉。

（2）灌区开始层，后浇块浇筑前，拆除半圆木条，形成半圆槽，安装好进、回浆管后，把塑料软管的封头插入进浆管的三通内，插入之前，先放掉所存的空气，然后顺次把塑料软管由低到高放入半圆槽内，理直并用预埋圆钉及铅丝固定好。塑料软管埋设完毕，于混凝土浇筑前再打气加压膨胀，加压不小于 0.3～0.5MPa，使软管外径从直径 25mm 扩大到 28mm 左右。混凝土浇完 1d 后，把气放掉，拔出塑料软管。

（3）灌区中间层，把塑料软管的封头插入下层直径 25mm 连接塑料硬管内，插入深度 10～30cm，其工序与灌区开始层相同；灌区结束层，工序与灌浆中间层基本相同，但距排气槽 8.5cm 时，需把半圆槽内埋设的塑料软管倾斜，使管口离缝面 0.5m 拔出，并用木塞把孔口封死。

（4）塑料拔管与气门嘴连接要牢固，软（硬）管的接头均采用焊接。低温时，塑料拔管可在温度不大于 50℃ 的温水中浸泡。

（5）每个浇筑层安装拔管前，对软管应进行充气检查，每加高一层，必须对已埋或形成的管孔通水检查。

2. 排气槽、管安装

（1）先浇块分缝模板上钉水平半圆木条（直径 30mm）两条（坝块两端各留 100cm 不钉），拆模后形成槽子。

（2）后浇块浇筑前在先浇块上顶留槽内安装塑料软管，充气、理直。

（3）后浇块收仓后，待混凝土有一定强度，即可放气拔出塑料管，及时加塞保护孔口。

3. 预埋施工中的预防堵塞

（1）各接头部位包括软管与进浆连接处、灌区中间层软管封头与下层塑料硬管连接处等处要焊封严密，以防浇筑时水泥浆、水泥砂浆流入管内，发生管路不畅或堵塞事故。

（2）各层（灌区中间层、结束层）的软管拔起后塑料硬管及孔口必须及时用木塞、棉花封堵好，防止仓面污水、水泥浆、小石等异物进入管内。

（3）为避免起拔困难和防止拔断，半圆槽应平顺、光滑，无凸凹陡坎。

（4）软管充气安装完毕至拔管前，要注意对其保护，避免人踩、机械压。浇筑过程中经常观察有无漏气现象，一旦发现，应及时处理。

（5）开仓前，必须对软管、进回浆管进行检查，合格后方可开仓。

整个灌区形成后，应再次对灌浆系统通水复查，发现问题，及时处理，直至合格。通水复查应做记录。任何时期灌浆系统的外露管口和拔管孔口均应堵盖严密，妥善保护。

（三）接缝灌浆施工

灌浆前必须先进行预灌压水检查，压水压力等于灌浆压力。对检查情况应作记录。经检查确认合格后应签发准灌证，否则应按检查意见进行处理。灌浆前还应对缝面充水浸泡24h。然后放净或用风吹净缝内积水，即可开始灌浆。

灌区相互串通时，应待其均具备灌浆条件后，同时进行灌浆。

接缝灌浆的整个施工程序是：缝面冲洗、压水检查、灌浆区事故处理、灌浆、进浆结束。

灌浆过程中，必须严格控制灌浆压力和缝面增开度。灌浆压力应达到设计要求。若灌浆压力尚未达到设计要求，而缝面张开度已达到设计规定值时，则应以缝面张开度为准，控制灌浆压力。灌浆压力采用与排气槽同一高程处的排气管管口的压力。排气管引至廊道，则廊道内排气管管口的灌浆压力值应通过换算确定。排气管堵塞，应以回浆管管口相应压力控制。

在纵缝（或横缝）灌区灌浆过程中，可观测同一高程未灌浆的相邻纵缝（或横缝）灌区的变形。如需要通水平压，应按设计规定执行。

浆液水灰比变换可采用3∶1（或2∶1）、1∶1、0.6∶1（或0.5∶1）三个比级。一般情况下，开始可灌注3∶1（或2∶1）浆液，待排气管出浆后，即改用1∶1浆液灌注。当排气管出浆浓度接近1∶1浆液浓度或当1∶1浆液灌入量约等于缝面容积时，即改用最浓比级0.6∶1（或0.5∶1）浆液灌注，直至结束。当缝面张开度大，管路畅通，两个排气管单开出水量均大于30L/min时，开始就可灌注1∶1或0.6∶1浆液。

为尽快使浓浆充填缝面，开灌时，排气管处的阀门应全打开放浆，其他管口应间断放浆。当排气管排出最浓一级浆液时，再调节阀门控制压力，直至结束。所有管口放浆时，均应测定浆液的密度，记录弃浆量。

当排气管出浆达到或接近最浓比级浆液，排气管口压力或缝面张开度达到设计规定值，注入率不大于0.4L/min时，持续20min，灌浆即可结束。当排气管出浆不畅或被堵塞时，应在缝面张开度限值内，尽量提高进浆压力，力争达到规定的结束标准。若无效，则在顺灌结束后，应立即从两个排气管中进行倒灌。倒灌时应使用最浓比级浆液，在设计规定的压力下，缝面停止吸浆，持续10min即可结束。

灌浆结束时，应先关闭各管口阀门后再停机，闭浆时间不宜少于8h。

同一高程的灌区相互串通采用同时灌浆方式时，应一区一泵进行灌浆。在灌浆过程中，必须保持各灌区的灌浆压力基本一致，并应协调各灌区浆液的变换。

同一坝缝的上、下层灌区相互串通，采用同时灌浆方式时，应先灌下层灌区，待上层灌区发现有浆串出时，再开始用另一泵进行上层灌区的灌浆。灌浆过程中，以控制上层灌区灌浆压力为主，调整下层灌区的灌浆压力。下层灌区灌浆宜待上层灌区开始灌注最浓比级浆液后结束。在灌浆的邻缝灌区宜通水平压。

有3个或3个以上的灌区相互串通时，灌浆前必须摸清情况，研究分析，制定切实可行的方案后，慎重施工。

（四）工程质量检验

各灌区的接缝灌浆质量，应以分析灌浆资料为主，结合钻孔取芯、槽检等质检成果，并从以下几个方面，进行综合评定：①灌浆时坝块混凝土的温度；②灌浆管路通畅、缝面通畅以及灌区密封情况；③灌浆施工情况；④灌浆结束时排气管的出浆密度和压力；⑤灌浆过程中有无中断、串浆、漏浆和管路堵塞等情况；⑥灌浆前后接缝张开度的大小及变化；⑦灌浆材料的性能；⑧缝面注入水泥量；⑨钻孔取芯、缝面槽检和压水检查成果以及孔内探缝、孔内电视等测试成果。

根据灌浆资料分析，当灌区两侧坝块混凝土的温度达到设计规定，两个排气管均排出浆且有压力，排浆密度均达 1.5g/cm³ 以上，其中有一个排气管处压力已达设计压力的 50％以上，而其他方面也基本符合有关要求时，灌区灌浆质量可以认为合格。

接缝灌浆质量检查工作应在灌区灌浆结束 28d 后进行。

钻孔取芯、压水检查和槽检工作，应选择有代表性的灌区进行。孔检、槽检结束后应回填密实。

第四节　灌浆施工安全技术

一、施工准备

（1）根据现场情况和规程的要求制定安全措施。

（2）组织施工人员学习安全操作规程和有关安全规定。

（3）技术负责人、地质值班员向施工人员进行安全技术交底。

二、一般要求

（1）钻机、泥浆搅拌机不准单人开机操作，每班工作必须做到分工明确，各负其责。

（2）机械运转中不得进行修理。停电时必须将开关拉下。

（3）在得到有 6 级以上的大风报告后，必须做好以下几项工作：①卸下钻架苫布，检查钻架，做好加固；②停止工作时，必须切断电源，盖好设备，做好各种器材的保管，精密仪器撤离工作现场；③熄灭一切火源。

（4）在汛期工作或洪水威胁施工现场应加强警戒，并随时掌握水文及气象资料，做好应急措施。

三、设备安装与拆卸

（1）拆、建钻架时分工明确，要有专人指挥，上下协调，互相配合，不得各行其是。

（2）安装钻架前应严格检查架腿、滑轮、钢丝绳等是否合乎要求，不符合要求的，不准使用。现场人员要戴好安全帽，上架时不准穿容易滑跌的硬底鞋，要系好安全带，工具、螺丝等要放在工具袋中。

（3）拆、建钻架时，严禁架上、架下同时作业，钻架及所有机械设备的各部位螺丝必须上紧，铁线、绳子必须捆绑结实。

（4）若使用灌浆钻探平台需做到以下几点：①平台需在道轨上行走，必须打铆钉将道轨底下的方木固定住，道轨用道钉钉在方木上，做到平直、牢固；②平台移动时采用电动卷扬机，电动卷扬机固定在混凝土底座上，在混凝土中埋设固定螺杆与之固定在一起，选用卷扬机必须安全可靠；③在斜坡段施工时，平台的四周要有防护栏杆，用于升降副平台的链式起重机应安全可靠，钻架要设有四根绷绳，以防出现意外事故。

（5）在 5 级风以上、雷雨、雪雾天气时不宜进行拆卸安装工作。

（6）机械传动的皮带或链条必须有防护罩。

（7）钻架若整体移动时，用人抬起钻架离地面应不超过 30cm，移动前要清除移动范围内的障碍物，要做到同起同落。

四、开钻前准备工作

（1）操作人员开钻前，必须对钻场的安全设施及一切设备进行全面细致检查。要做到：①安全设施处于完好状态；②润滑部位应有足够的润滑油；③各部机械螺丝不能松动；④操作手柄灵活可靠，开关性能良好；⑤液压、动力传动系统正常，线路绝缘良好。

（2）清除钻场内障碍物。

五、钻进

（1）开动钻机时应确认机器转动部位无人靠近时方可开机。

（2）操作离合器要平稳，禁止离合器似离不离状态。

（3）钻机需要变速时，要先拉开离合器，切断动力可变速。

（4）机械转动时不许拆装零件，不许触摸和擦洗运转着的部位。

（5）钻场照明要保证光线充足，照明光度不够时不能勉强工作。

（6）对机械各部要经常检查，发现异常现象要及时采取措施处理。

（7）为了保证孔内安全，要严格执行钻探规程各条款。

六、升降钻具、栓

（1）每班应检查钢丝绳的情况，凡 1m 长度以内，钢丝绳折断数超过 10%，不能使用。

（2）升降钻具过程中，必须遵守下列规定：①升降钻具过程中，操作人员要精力集中注意天车、卷扬和孔口部位；②提升最大高度，提引器距天车不得小于 50cm，遇到特殊情况超出规定，要采取安全措施；③操纵卷扬机不得猛刹猛放，升降中禁止用手去拉钢丝绳，如缠绕不规则时，可用木棒拨动；④孔口操作人员，必须站在钻具起落范围以外，摘挂提引器要注意回绳碰打；⑤放倒或拉起钻具时，提引器开口必须朝下；⑥起放各种钻具，手指不得伸入管内提拉，不得用手去试探岩芯或用眼睛去看岩芯管内岩芯，应用一根足够拉力的麻绳将钻具拉开；⑦孔口人员抽插垫叉时，禁止手扶垫叉底面，跑钻时严禁抢插垫叉；⑧遇坍塌掉块孔段或通过套管管靴时，应减慢升降速度。

（3）使用液压拧管机必须遵守下列规定：①液压马达在初次启动前，应向壳体内注满机油；②液压马达的启动或停车，应在卸荷状况下进行；③经常保持油液的清洁干净，防止灰尘和水分混入，定期更换油液，定期清洗过滤器；④经常检查油路系统各环节是否正常和管接头是否松动，防止空气进入油路系统。

（4）灌浆栓塞下入孔，若遇阻滞现象，必须起出后进行扫孔，不得强行下入。

七、灌浆阶段

（1）灌浆前，必须对搅拌机和管路、栓塞等进行认真检查，以保证灌浆的连续性，中途不得停顿。

（2）搅拌机安置要平稳牢固，传动部分的防护罩要完善可靠。

（3）水泥浆搅拌人员要做好防尘设施和正确穿戴防尘保护用品。

（4）水泥灌浆搅浆时，必须先加水，等正常开动后再加水泥。

（5）运转时不准用手或其他物件伸入搅浆筒中清除杂物，需要掏灰时必须停机清理。

（6）灌浆中需有专人看压力表，防止压力突升突降。

（7）在运转中，安全阀必须无故障，运转前应进行校正，校正后不随意转动。

（8）高压灌浆对高压调节阀应设置防护装置，调压人员应配戴防护镜。

（9）浆液必须在浆液凝固期限内灌完，灌后立即清洗机具。

复 习 思 考 题

6-1　什么叫灌浆？

6-2　作为灌浆用的材料应具有哪些特性？

6-3　黏土浆有哪两种配制方法？

6-4　钻进施工应注意的事项有哪些？

6-5　对钻孔应如何进行洗孔？

6-6　对钻孔应如何进行冲洗？

6-7　对灌浆施工应如何进行压水试验？

6-8　对灌浆施工的次序如何进行划分？

6-9　对帷幕孔的灌浆次序如何确定？

6-10　单孔帷幕灌浆有哪些方法？

6-11　灌浆结束的条件有哪些？

6-12　对帷幕灌浆应如何进行回填封孔？

6-13　对灌浆中断应如何预防和处理？

6-14　灌浆时串浆应如何预防和处理？

6-15　灌浆时地表冒浆应如何预防和处理？

6-16　灌浆时绕塞返浆应如何预防和处理？

6-17　对岩层大量漏浆应如何预防和处理？

6-18　对帷幕灌浆的效果应如何进行检查？

6-19　固结灌浆对其钻孔应如何进行冲洗？

6-20　混凝土坝接缝灌浆的施工顺序应遵守哪些原则？

6-21　混凝土坝接缝灌浆灌区需符合哪些条件方可进行灌浆？

6-22　灌浆系统布置原则有哪些？

6-23　对灌浆支管应如何进行预埋施工？

6-24　对接缝灌浆的灌浆质量应如何综合评定？

6-25　灌浆一般安全要求有哪些？

6-26　钻探灌浆设备安装与拆卸安装措施都有哪些？

6-27　钻进施工安全措施有哪些？

6-28　灌浆阶段安全措施有哪些？

第七章 施工导流与水流控制

在河床上修建水工建筑物时，为保证在干地上施工，需将天然径流部分或全部改道，按预定的方案泄向下游，并保证施工期间基坑无水，这就是施工导流与水流控制要解决的问题。施工导流与水流控制一般包括以下内容：①坝址区的导流和截流；②坝址区上、下游横向围堰和分期纵向围堰；③导流隧洞、导流明渠、底孔及其进出口围堰；④引水式水电站岸边厂房围堰；⑤坝址区或厂址区安全度汛、排冰凌和防护工程；⑥建筑物的基坑排水；⑦施工期通航；⑧施工期下游供水；⑨导流建筑物的拆除；⑩导流建筑物下闸和封堵。

第一节 施 工 导 流

一、施工导流方法

施工导流的基本方法大体可分为两类：一类是全段围堰法导流，即用围堰拦断河床，全部水流通过事先修好的导流泄水建筑物流走；另一类是分段围堰法，即水流通过河床外的束窄河床下泄，后期通过坝体预留缺口、底孔或其他泄水建筑物下泄。但不管是分段围堰法导流还是全段围堰法导流，当挡水围堰可过水时，均可采用淹没基坑的特殊导流方法。这里介绍两种基本的导流方法。

（一）全段围堰法

全段围堰法导流，就是在修建于河床上的主体工程上、下游各建一道拦河围堰，使水流经河床以外的临时或永久建筑物下泄，主体工程建成或即将建成时，再将临时泄水建筑物封堵。该法多用于河床狭窄、基坑工作量不大、水深、流急难于实现分期导流的地方。全段围堰法按其泄水道类型有以下几种：

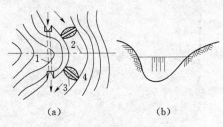

图 7-1 隧洞导流示意图
(a) 平面图；(b) 剖面图
1—隧洞；2—坝轴线；3—围堰；4—基坑

1. 隧洞导流

山区河流，一般河谷狭窄、两岸地形陡峻、山岩坚实，采用隧洞导流较为普遍。但由于隧洞泄水能力有限，造价较高，一般在汛期泄水时均另找出路或采用淹没基坑方案。导流隧洞设计时，应尽量与永久隧洞相结合。隧洞导流的布置型式如图 7-1 所示。

2. 明渠导流

明渠导流是在河岸或滩地上开挖渠道，在基坑上、下游修筑围堰，河水经渠道下泄。它用于岸坡平缓或有宽广滩地的平原河道上。若

164

当地有老河道可利用或工程修建在弯道上时，采用明渠导流比较经济合理。具体布置型式如图7-2所示。

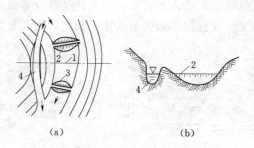

图7-2　明渠导流示意图

(a) 平面图；(b) 剖面图

1—坝轴线；2—上游围堰；3—下游围堰；4—导流明渠

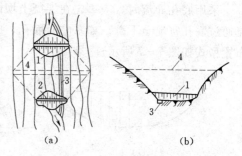

图7-3　涵管导流示意图

(a) 平面图；(b) 剖面图

1—上游围堰；2—下游围堰；3—涵管；4—坝体

3. 涵管导流

涵管导流一般在修筑土坝、堆石坝中采用，但由于涵管的泄水能力较小，因此一般用于流量较小的河流上或只用来担负枯水期的导流任务，如图7-3所示。

4. 渡槽导流

渡槽导流方式结构简单，但泄流量较小，一般用于流量小、河床窄、导流期短的中、小型工程，如图7-4所示。

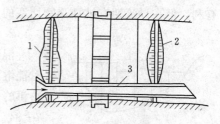

图7-4　渡槽导流示意图

1—上游围堰；2—下游围堰；3—渡槽

（二）分段围堰法

分段围堰法（或分期围堰法），就是用围堰将水工建筑物分段分期围护起来进行施工（图7-5）。所谓分段，就是从空间上用围堰将拟建的水工建筑物圈围成若干施工段；所谓分期，就是从时间上将导流分为若干时期。导流的分期数和围堰的分段数并不一定相同（图7-6）。

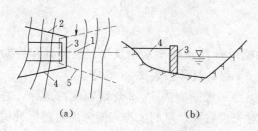

图7-5　分期导流示意图

(a) 平面图；(b) 剖面图

1—坝轴线；2—上横围堰；3—纵围堰；4—下横围堰；5—第二期围堰轴线

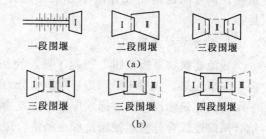

一段围堰　　二段围堰　　三段围堰

(a)

三段围堰　　三段围堰　　四段围堰

(b)

图7-6　导流分期与围堰分段示意图

(a) 二期施工；(b) 三期施工

Ⅰ、Ⅱ、Ⅲ—表示施工分期

分段围堰法前期由束窄的河道导流，后期可利用事先修好的泄水建筑物导流。常用泄水建筑物的类型有底孔、缺口等。分段围堰法导流，一般适用于河流流量大、槽宽、施工工期较长的工程中。

1. 底孔导流

采用底孔导流时，应事先在混凝土坝体内修好临时或永久底孔；然后让全部或部分水流通过底孔宣泄至下游。如系临时底孔，应在工程接近完工或需要蓄水时封堵。底孔导流布置型式如图7-7所示。

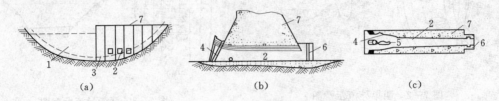

图7-7　底孔导流

(a) 二期施工时下游立视图；(b) 底孔纵断面；(c) 底孔水平剖面

1—二期修建坝体；2—底孔；3—二期纵向围堰；4—封闭闸门门槽；5—中间墩；

6—出口封闭门槽；7—已浇筑的混凝土坝体

底孔导流挡水建筑物上部的施工可不受干扰，有利于均衡、连续施工，这对修建高坝有利，但在导流期有被漂浮物堵塞的危险，封堵水头较高，安放闸门较困难。

2. 缺口导流

混凝土坝在施工过程中，为了保证在汛期河流暴涨暴落时能继续施工，可在兴建的坝体上预留缺口宣泄洪峰流量，待洪峰过后，上游水位回落再修筑缺口，谓之缺口导流（图7-8）。

图7-8　坝体缺口过水示意图

1—过水缺口；2—导流隧洞；

3—坝体；4—坝顶

二、导流建筑物

（一）导流建筑物设计流量

导流设计流量是选择导流方案，确定导流建筑物的主要依据。而导流建筑物设计洪水标准是选择导流设计流量的标准，即是施工导流的设计标准。

1. 洪水设计标准

导流建筑物系指枢纽工程施工期所使用的临时性挡水和泄水建筑物。根据其保护对象、失事后果、使用年限和工程规模划分为Ⅲ～Ⅴ级，具体按表7-1确定。

导流建筑物设计洪水标准应根据建筑物的类型和级别在表7-2规定幅度内选择，并结合风险度综合分析，使所选标准经济合理，对失事后果严重的工程，要考虑对超标准洪水的应急措施。

当坝体筑高到不需围堰保护时，其临时度汛洪水标准应根据坝型及坝前拦洪库容按表7-3规定的洪水重现期（年）。

导流泄水建筑物封堵后，如永久泄洪建筑物尚未具备设计泄洪能力，坝体度汛洪水标准应分析坝体施工和运行要求后按表7-4规定执行。汛前坝体上升高度应满足拦洪要求，帷幕灌浆及接缝灌浆高程应能满足蓄水要求。

表7-1　　　　　　　　　　　　　导流建筑物级别划分

级别	保护对象	失事后果	使用年限（年）	围堰工程规模	
				堰高（m）	库容（亿 m³）
Ⅲ	有特殊要求的Ⅰ级永久建筑物	淹没重要城镇、工矿企业、交通干线或推迟工程总工期及第一批机组发电，造成重大灾害和损失	>3	>50	>1.0
Ⅳ	Ⅰ级、Ⅱ级永久建筑物	淹没一般城镇、工矿企业或推迟工程总工期及第一批机组发电而造成较大害和损失	1.5～3	15～50	0.1～1.0
Ⅴ	Ⅲ级、Ⅳ级永久建筑物	淹没基坑，但对总工期及第一批机组发电影响不大，经济损失较小	<1.5	<15	<0.1

注　1. 导流建筑物包括挡水建筑物和泄水建筑物，两者级别相同。
　　2. 表列4项指标均按施工阶段划分。
　　3. 有、无特殊要求的永久建筑物均系针对施工期而言，有特殊要求的Ⅰ级永久建筑物系指施工期不允许过水的土坝及其他有特殊要求的永久建筑物。
　　4. 使用年限指导流建筑物每一施工阶段的工作年限，两个或两个以上施工阶段共用的导流建筑物，如分期导流一期、二期共用的纵向围堰，其使用年限不能叠加计算。
　　5. 围堰工程规模一栏，堰高指挡水围堰最大高度，库容指堰前设计水位所拦蓄的水量，两者必须同时满足。

表7-2　　　　　　　　　　　　导流建筑物洪水标准划分

导流建筑物类型	导流建筑物级别		
	Ⅲ	Ⅳ	Ⅴ
	洪水重现期（年）		
土石	20～50	10～20	5～10
混凝土	10～20	5～10	3～5

注　在下述情况下，导流建筑物洪水标准可用表中的上限值：①河流水文实测资料系列较短（小于20年），或工程处于暴雨中心区；②采用新型围堰结构型式；③处于关键施工阶段，失事后可能导致严重后果；④工程规模、投资和技术难度用上限值与下限值相差不大；⑤过水围堰的挡水标准应结合水文特点、施工工期、挡水时段，经技术经济比较后在重现期3～20年范围内选定。当水文系列较长（大于或等于30年）时，也可根据实测流量资料分析选用。

表7-3　　　　　　　　　　　　坝体施工期临时度汛洪水标准

坝　型	拦洪库容（亿 m³）		
	>1.0	0.1～1.0	0.1
	洪水重现期（年）		
土石坝	>100	50～100	20～50
混凝土坝	>50	20～50	10～20

表7-4 导流泄水建筑物封堵后坝体度汛标准

大坝类型		导流建筑物级别		
		Ⅰ	Ⅱ	Ⅲ
		洪水重现期（年）		
混凝土坝	设计	100～200	50～100	20～50
	校核	200～500	100～200	50～100
土石坝	设计	200～500	100～200	50～100
	校核	500～1000	200～500	100～200

2. 导流时段

导流时段就是按照导流程序来划分的各施工阶段的延续时间。划分导流时段，需正确处理施工安全可靠和争取导流的经济效益的矛盾。因此要全面分析河道的水文特点、被围的永久建筑物的结构型式及其工程量大小、导流方案、工程最快的施工速度等，这些是确定导流时段的关键。尽可能采用低水头围堰，进行枯水期导流，是降低导流费用、加快工程进度的重要措施。

总之，在划分导流时段时，要确保枯水期，争取中水期，还要尽力在汛期中争工期。既要安全可靠，又要力争工期。

山区性河流，其特点是洪水流量大，历时短，而枯水期则流量小。在这种情况下，经过技术经济比较后，可采用淹没基坑的导流方案，以降低导流费用。

导流建筑物设计流量即为导流时段内根据洪水设计标准确定的最大流量，据以进行导流建筑物的设计。

（二）围堰

1. 围堰的类型

围堰是一种临时性水工建筑物，用来围护河床中基坑，保证水工建筑物施工在干地上进行。在导流任务完成后，对不能作为永久建筑物的部分或妨碍永久建筑物运行的部分应予以拆除。

通常按使用材料将围堰分为土石围堰、草土围堰、钢板桩格型围堰、木笼围堰、混凝土围堰等；按所处的位置将围堰分为横向围堰、纵向围堰；按围堰是否过水分为不过水围堰、过水围堰。

2. 围堰的基本要求

围堰的基本要求如下。

（1）安全可靠，能满足稳定、抗渗、抗冲要求。

（2）结构简单，施工方便，易于拆除并能充分利用当地材料及开挖弃料。

（3）堰基易于处理，堰体便于与岸坡或已有建筑物连接。

（4）在预定施工期内修筑到需要的断面和高程。

（5）具有良好的技术经济指标。

3. 围堰的结构

（1）土石围堰。土石围堰能充分利用当地材料，地基适应性强，造价低，施工简便，设计应优先选用。

1) 不过水土石围堰。对于土石围堰，由于不允许过水，且抗冲能力较差，一般不宜做纵向围堰，如河谷较宽且采取了防冲措施，也可将土石围堰用作纵向围堰。土石围堰的水下部位一般采用混凝土防渗墙防渗，水上部位一般采用黏土心墙、黏土斜墙、土工合成材料等防渗。

2) 过水土石围堰。当采用淹没基坑方案时，为了降低造价、便于拆除，许多工程采用了过水土石围堰形式。为了克服过水时水流对堰体表面冲刷和由于渗透压力引起的下游边坡连同堰顶一起的深层滑动，目前采用较普遍是在下游护面上压盖混凝土面板。

(2) 草土围堰。草土围堰是黄河上传统的筑堤方法，它是一种草土混合结构。施工时，先用稻草或麦草做成长 1.2～1.8m、直径 0.5～0.7m 的草捆，再用长 6～8m、直径 4～5cm 的草绳将两个草捆扎成件，重约 20kg。堰体由河岸开始修筑，首先沿河岸迎水面在围堰整个宽度内分层铺设草捆，并将草绳拉直放在岸上，以便与后铺的草捆互相联结。铺草时，应使第一层草捆浸入水中 1/3，各层草捆按水深大小叠接 1/3～1/2，这样逐层压放的草捆就形成一个坡角约 35°～45° 的斜坡，直至高出水面 1.0m 为止。随后在草捆层的斜坡上铺上一层厚 0.25～0.30m 的散草，再在散草上铺一层厚 0.25～0.30m 的土层。土质以遇水易于崩解、固结为好，可采用黄土、砂壤土、黏壤土、粉土等。铺好的土质只需用人工踏实即可。接着在填土面上同样作堰体压草、铺散草和压土工作，如此继续进行，堰体即可向前进占，后部的堰体也渐渐深入河底。

(3) 混凝土围堰。混凝土围堰的抗冲及抗渗能力强，适应高水头，底宽小，易于与永久建筑物相结合，必要时可以过水，因此应用较广泛。峡谷地区岩基河床，多用混凝土拱围堰，且多为过水围堰形式，可使围堰工程量小，施工速度快，且拆除也较为方便。采用分段围堰法导流时，重力式混凝土围堰往往作为纵向围堰。现在混凝土围堰一般采用碾压混凝土，在低土石围堰保护下施工，施工速度快。

4. 围堰的平面布置

围堰的平面布置是一个很重要的课题。如果平面布置不当，围护基坑的面积过大，会增加排水设备容量；基坑面积过小，会妨碍主体工程施工，影响工期；更有甚者，会造成水流宣泄不畅顺，冲刷围堰及其基础，影响主体工程安全施工。

围堰的平面布置一般应按导流方案、主体工程的轮廓和对围堰提出的要求而定。当采用全段围堰法导流时，基坑是由上、下游横向围堰和两岸围成的。

采用分段围堰取决于主体工程的轮廓。通常，基坑坡趾离主体工程轮廓的距离，不应小于 20～30m (图 7-9)，以便布置排水设施、交通运输道路及堆放材料和模板等。至于基坑开挖坡的大小，则与地质条件有关。采用分段围堰法导流时，上、下游横向围堰一般不与河床中心线垂直，其平面布置常呈梯形，既可保证水流顺畅，同时也便于运输道路的布置和衔接。当采用全段围堰法导流时，为了减少工程量，围堰多与主河道垂直。当纵向围堰不作为永久建筑物的一部分时，纵向基坑坡趾离主体工程轮廓的距离，一般不大于 2m，以供布置排水系统和堆放模板。如果无此要求，只需留 0.4～0.6m 就够了。

5. 围堰堰顶高程的确定

围堰堰顶高程的确定，不仅取决于导流设计流量和导流建筑物的型式、尺寸、平面位

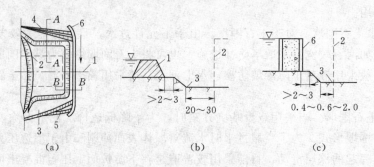

图 7-9 围堰布置与基坑范围（单位：m）

(a) 平面图；(b) A—A 剖面；(c) B—B 剖面

1—主体工程轴线；2—主体工程轮廓；3—基坑；4—上游横向围堰；5—下游横向围堰；6—纵向围堰

置、高程和糙率等，而要考虑到河流的综合利用和主体工程工期。

上游围堰的堰顶高程

$$H_上 = h_d + Z + \delta \tag{7-1}$$

式中 $H_上$——上游围堰堰顶高程，m；

h_d——下游水面高程，m，可直接由原河流水位流量关系曲线中查得；

Z——上、下游水位差，m；

δ——围堰的安全超高，m，按表 7-5 选用。

表 7-5 不过水围堰顶安全超高下限值 单位：m

下游围堰堰顶高程

$$H_下 = h_d + \delta \tag{7-2}$$

围堰型式	围堰级别	
	Ⅲ	Ⅳ～Ⅴ
土石围堰	0.7	0.5
混凝土围堰	0.4	0.3

式中 $H_下$——下游围堰堰顶高程，m；

h_d——下游水面高程，m；

δ——围堰的安全超高，m，按表 7-5 选用。

围堰拦蓄一部分水流时，则堰顶高程应通过水库调洪计算来确定。纵向围堰的堰顶高程，要与束窄河床中宣泄导流设计流量时的水面曲线相适应，其上、下游端部分别与上、下游围堰同高，所以其顶面往往作成倾斜状。

6. 围堰的拆除

围堰是临时建筑物，导流任务完成以后，应按设计要求进行拆除，以免影响永久建筑物的施工及运行。

（1）土石围堰相对说来断面较大，因之有可能在施工期最后一次汛期过后，上游水位下降时，从围堰的背水坡开始分层拆除。但必须保证依次拆除后所残留的断面能继续挡水和维持稳定，以免发生安全事故，使基坑过早淹没，影响施工。土石围堰一般可用挖土机或爆破等方法拆除。

（2）草土围堰的拆除比较容易，一般水上部分用人工拆除，水下部分可在堰体挖一缺口，让其过水冲毁或用爆破法炸除。

（3）混凝土围堰的拆除，一般只能用爆破法炸除，但应注意，必须使主体建筑物或其他设施不受爆破危害。

（三）导流泄水建筑物

1. 导流明渠

（1）布置原则：弯道少，避开滑坡、崩塌体及高边坡开挖区；便于布置进入基坑的交通道路；进出口与围堰接头满足堰基防冲要求；避免泄洪时对下游沿岸及施工设施冲刷，必要时进行导流水工模型验证。

（2）明渠断面设计。明渠底宽、底坡和进出口高程应使上、下游水流衔接条件良好，满足导流、截流和施工期通航运、过木、排冰要求。设在软基上的明渠，宜通过动床水工模型试验，改善水流衔接和出口水流条件，确定冲坑形态和深度，采取有效消能抗冲设施。

导流明渠结构型式应方便后期封堵。应在分析地质条件、水力学条件并进行技术经济比较后确定衬砌方式。

2. 导流隧洞

导流隧洞应根据地形、地质条件合理选择洞线，保证隧洞施工和运行安全。相邻隧洞间净距、隧洞与永久建筑物之间间距、洞脸和洞顶岩层厚度均应满足围岩应力和变形要求。尽可能利用永久隧洞，其结合部分的洞轴线、断面型式与衬砌结构等均应满足永久运行与施工导流要求。

隧洞型式、进出口高程尽可能兼顾导流、截流、通航、放木、排冰要求，进口水流顺畅、水面衔接良好、不产生气蚀破坏，洞身断面方便施工；洞底纵坡随施工及泄流水力条件等选择。

导流隧洞在运用过程中，常遇明满流交替流态，当有压流为高速水流时，应注意水流掺气，防止因此产生空蚀、冲击波，导致洞身破坏。

隧洞衬砌范围及型式通过技术经济比较后确定，应研究解决封堵措施及结构型式的选择。

3. 导流底孔

导流底孔设置数量、高程及其尺寸宜兼顾导流、截流、过木、排冰要求。进口型式选择适当的椭圆曲线，通过水工模型试验确定。进口闸门槽宜设在坝外，并能防止槽顶部进水，以免气蚀破坏或孔内流态不稳定影响流量。

利用永久泄洪、排沙和水库放空底孔兼作导流底孔时，应同时满足永久和临时运用要求。坝内临时底孔使用后，须以坝体同混凝土回填封堵，并采取措施保证新老混凝土结合良好。

第二节　截　流

当泄水建筑物完成时，抓住有利时机，迅速实现围堰合龙，迫使水流经泄水建筑物下泄，称为截流。

选择截流方式应充分分析水力学参数、施工条件和难度、抛投物数量和性质，并进行技术经济比较。截流方法有以下几种。

（1）单戗立堵截流，简单易行，辅助设备少，较经济，适用于截流落差不超过3.5m，但龙口水流能量相对较大，流速较高，需制备重大抛投物料相对较多。

（2）双戗和多戗立堵截流，可分担总落差，改善截流难度，适用于截流落差大于 3.5m。

（3）建造浮桥或栈桥平堵截流，水力学条件相对较好，但造价高，技术复杂，一般不常选用。

（4）定向爆破、建闸等截流方式只有在条件特殊、充分论证后方可选用。

一、截流方法

1. 立堵法

立堵法截流的施工过程是：先在河床的一侧或两侧向河床中填筑截流戗堤，逐步缩窄河床，谓之进占；当河床束窄到一定的过水断面时即行停止（这个断面谓之龙口），对河床及龙口戗堤端部进行防冲加固（护底及裹头）；然后掌握时机封堵龙口，使戗堤合龙；最后为了解决戗堤的漏水，必须即时在戗堤迎水面设置防渗设施（闭气）。如图 7-10 所示。所以整个截流过程包括进占、护底及裹头、合龙和闭气等项工作。截流之后，对戗堤加高培厚即修成围堰。

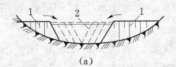　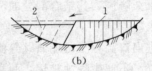

（a）　　　　　　　　　　　（b）

图 7-10　立堵法截流

（a）双向进占；（b）单向进占

1—截流戗堤；2—龙口

2. 平堵法

如图 7-11 所示，平堵法截流是沿整个龙口宽度全线抛投，抛投料堆筑体全面上升，直至露出水面。为此，合龙前必须在龙口架设浮桥。由于它是沿龙口全宽均匀平层抛投，所以其单宽流量较小，出现的流速也较小，需要的单个抛投材料重量也较轻，抛投强度较大，施工速度较快，但有碍通航。

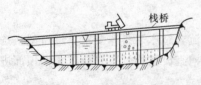

图 7-11　平堵法截流

在截流设计时，可根据具体情况采用立堵与平堵相结合的截流方法，如先用立堵法进占，然后在龙口小范围内用平堵法截流；或先用船抛土石材料平堵法进占，然后再用立堵法截流。

二、截流日期及设计流量

1. 截流时间的确定

确定截流时间应考虑以下几点。

（1）导流泄水建筑物必须建成或部分建成，具备泄流条件，河道截流前泄水道内围堰或其他障碍物应予清除。

（2）截流后的许多工作必须抢在汛前完成（如围堰或永久建筑物抢筑到拦洪高程等）。

（3）有通航要求的河道上，截流日期最好选在对通航影响最小的时期。

（4）北方有冰凌的河流上截流，不宜在流冰期进行。

按上述要求，截流日期一般选在枯水期初。具体日期可根据历史水文资料确定，但往往可能有较大出入，因此实际工作中应根据当时的水文气象预报及实际水情分析进行修正，最后确定截流日期。

2. 截流设计流量的确定

截流设计时所取的流量标准，是指某一确定的截流时间的截流设计流量。所以当截流时间确定以后，就可根据工程所在河道的水文、气象特征选择设计流量。通常可按重现年法或结合水文气象预报修正法确定设计流量，一般可按工程重要程度选择截流时段重现期5～10年的月或旬的平均流量，也可用其他方法分析确定。

3. 截流戗堤轴线和龙口位置的选择

（1）戗堤轴线位置的选择。通常截流戗堤是土石横向围堰的一部分，应结合围堰结构形式和围堰布置统一考虑。单戗截流的戗堤可布置在上游围堰或下游围堰中非防渗体的位置。如果戗堤靠近防渗体，在两者之间应留足闭气料或过渡带的厚度，同时应防止合龙时的流失料进入防渗体部位，以免在防渗体底部形成集中漏水通道。为了在合龙后能迅速闭气并进行基坑抽水，一般情况下将单戗堤布置在上游围堰内。

当采用双戗或多戗截流时，戗堤间距必须满足一定要求，才能发挥每条戗堤分担落差的作用。如果围堰底宽不太大，上、下游围堰间距也不太大时，可将两条戗堤分别布置在上、下游围堰内，大多数双戗截流工程都是这样做的。如果围堰底宽很大，上、下游间距也很大，可考虑将双戗布置在一个围堰内。当采用多戗时，一个围堰内通常也需布置两条戗堤，此时，两戗堤间均应有适当间距。

在采用土石围堰的一般情况下，均将截流戗堤布置在围堰范围内。但是也有戗堤不与围堰相结合的，戗堤轴线位置选择应与龙口位置相一致。如果围堰所在处的地质、地形条件不利于布置戗堤和龙口，而戗堤工程量又很小，则可能将截流戗堤布置在围堰以外。龚咀工程的截流戗堤就布置在上、下游围堰之间，而不与围堰相结合。由于这种戗堤多数均需拆除，因此，采用这种布置时应有专门论证。

平堵截流戗堤轴线的位置，应考虑便于抛石桥的架设。

（2）龙口位置的选择。选择龙口位置时，应着重考虑地质、地形条件及水力条件，从地质条件来看，龙口应尽量选在河床抗冲刷能力强的地方，如岩基裸露或覆盖层较薄处，这样可避免合龙过程中的过大冲刷，防止戗堤突然塌方失事。从地形条件来看，龙口河底不宜有顺流向陡坡和深坑。如果龙口能选在底部基岩面粗糙、参差不齐的地方，则有利于抛投料的稳定。另外，龙口周围应有比较宽阔的场地，离料场和特殊截流材料堆场的距离近，便于布置交通道路和组织高强度施工，这一点也是十分重要的。从水力条件来看，对于有通航要求的河流，预留龙口一般均布置在深槽主航道处，有利于合龙前的通航，至于对龙口的上、下游水流条件的要求，以往的工程设计中有两种不同的见解：一种是认为龙口应布置在浅滩，并尽量造成水流进出龙口的折冲和碰撞，以增大附加壅水作用；另一种是认为进出龙口的水流应平直顺畅，因此可将龙口设在深槽中。实际上，这两种布置各有利弊，前者进口处的强烈侧向水流对戗堤端部抛投料的稳定不利，由龙口下泄的折冲水流易对下游河床和河岸造成冲刷。后者的主要问题是合龙段戗堤高度大，进占速度慢，而且深槽中水流集中，不易造成较好的分流条件。

（3）龙口宽度。龙口宽度主要根据水力计算而定，对于通航河流，决定龙口宽度时应着重考虑通航要求，对于无通航要求的河流，主要考虑戗堤预进占所使用的材料及合龙工程量的大小。一方面，形成预留龙口前，通常均使用一般石渣进占，根据其抗冲流速可计算出相应的龙口宽度，另一方面，合龙是高强度施工，一般合龙时间不宜过长，工程量不宜过大。当此要求与预进占材料允许的束窄度有矛盾时，也可考虑提前使用部分大石块，或者尽量提前分流。

（4）龙口护底。对于非岩基河床，当覆盖层较深，抗冲能力小，截流过程中为防止覆盖层被冲刷，一般在整个龙口部位或困难区段进行平抛护底，防止截流料物流失量过大。对于岩基河床，有时为了减轻截流难度，增大河床糙率，也抛投一些料物护底并形成拦石坎。计算最大块体时应按护底条件选择稳定系数 K。

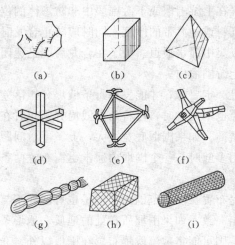

图 7-12　抛投材料

(a) 块石；(b) 混凝土六面体；(c) 混凝土四面体；
(d) 钢筋混凝土构架；(e) 钢构架；(f) 装配式
钢筋混凝土构架；(g) 柳石枕；(h) 填石
铅丝笼；(i) 填石竹笼

4. 截流抛投材料

截流抛投材料主要有块石、石串、装石竹笼、帚捆、柴捆、土袋等，当截流水力条件较差时，还须采用人工块体，一般有四面体、六面体、四脚体及钢筋混凝土构件等（图7-12）。

截流抛投材料选择原则如下。

（1）预进占段填筑料尽可能利用开挖渣料和当地天然料。

（2）龙口段抛投的大块石、石串或混凝土四面体等人工制备材料数量应慎重研究确定。

（3）截流备料总量应根据截流料物堆存、运输条件、可能流失量及戗堤沉陷等因素综合分析，并留适当备用。

（4）戗堤抛投物应具有较强的透水能力，且易于起吊运输。

现将一些常用的截流材料适宜流速的经验数据列于表 7-6，供参考。

表 7-6		截流材料适用流速		单位：m/s
截流材料	适用流速	截流材料	适用流速
土料	0.5～0.7	$\phi 0.8m \times 6m$ 装石竹笼	3.5～4.0
20～30kg 块石	0.8～1.0	3000kg 重大石块或铅丝笼	3.5
50～70kg 块石	1.2～1.3	5000kg 重大石块或铅丝笼	4.5～5.5
袋土	1.5	12000～15000kg 混凝土四面体	7.2
$\phi 0.5m \times 2m$ 装石竹笼	2.0	$\phi 1.0m \times 15m$ 柴石枕	7～8
$\phi 0.6m \times 4m$ 装石竹笼	2.5～3.0		

第三节 施 工 排 水

围堰闭气以后，要排除基坑内的积水和渗水，随后在开挖基坑和进行基坑内建筑物的施工中，还要经常不断地排除渗入基坑的渗水，以保证干地施工。修建河岸上的水工建筑物时，如基坑低于地下水位，也要进行基坑排水工作。排水的方法可分为明式排水和暗式排水两种。

一、基坑积水的排除

基坑积水主要是指围堰闭气后存于基坑内的水体，还要考虑排除积水过程中从围堰及地基渗入基坑的水量和降雨。初期排水的流量是选择水泵数量的主要依据，应根据地质情况、工期长短、施工条件等因素确定。初期排水流量可按式（7-3）估算：

$$Q = K \frac{V}{T} \qquad\qquad (7-3)$$

式中　Q——初期排水流量，m^3/s；

　　　V——基坑积水的体积，m^3；

　　　K——积水系数，考虑了围堰、基坑渗水和可能降雨的因素，对于中、小型工程，取 $K=2\sim3$；

　　　T——初期排水时间，s。

初期排水时间与积水深度和允许的水位下降速度有关。如果水位下降太快，围堰边坡土体的动水压力过大，容易引起坍坡；如水位下降太慢，则影响基坑开挖工期。基坑水位下降的速度一般控制在 $0.5\sim1.5m/d$ 为宜。在实际工程中，应综合考虑围堰型式、地基特性及基坑内水深等因素。对于土围堰，水位下降速度应小于 $0.5m/d$。

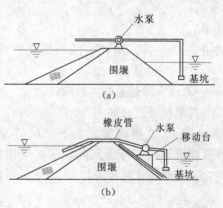

图 7-13　水泵站布置
(a) 固定式排水；(b) 移动式排水

根据初期排水流量即可确定水泵工作台数，并考虑一定的备用量。水利工地常用离心泵或潜水泵。为了运用方便，可选择容量不同的水泵，组合使用。水泵站一般布置成固定式或移动式两种，如图 7-13。当基坑水深较大时，采用移动式。

二、经常性排水

当基坑积水排除后，立即进行经常性排水。对于经常性排水，主要是计算基坑渗流量，确定水泵工作台数，布置排水系统。

1. 排水系统布置

经常性排水通常采用明式排水，排水系统包括排水干沟、支沟和集水井等。一般情况下，排水系统分为两种情况：一种是基坑开挖中的排水；另一种是建筑物施工过程中的排水。前者是根据土方分层开挖的要求，分次下降水位，通过不断降低排水沟高程，使每一

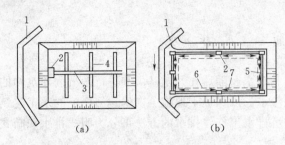

图 7-14 修建建筑物时基坑排水系统布置

(a) 开挖过程中排水；(b) 基础施工过程中排水

1—围堰；2—集水井；3—排水干沟；4—支沟；
5—排水沟；6—基础轮廓；7—水流方向

个开挖土层呈干燥状态。排水系统排水沟通常布置在基坑中部，以利两侧出土；当基坑较窄时，将排水干沟布置在基坑上游侧，以利于截断渗水。沿干沟垂直方向设置若干排水支沟。基础范围外布置集水井，井内安设水泵，渗水进入支沟后汇入干沟，再流入集水井，由水泵抽出坑外。后者排水目的是控制水位低于坑底高程，保证施工在干地条件下进行。排水沟通常布置在基坑四周，离开

基础轮廓线不小于 0.3～1.0m。集水井离基坑外缘之距离必须大于集水井深度。排水沟的底坡一般不小于 2‰，底宽不小于 0.3m，干沟沟深为 1.0～1.5m，支沟沟深为 0.3～0.5m。集水井的容积应保证水泵停止运转 10～15min 井内的水量不致漫溢。井底应低于排水干沟底 1～2m。经常性排水系统布置如图 7-14 所示。

2. 经常性排水流量

经常性排水主要排除基坑和围堰的渗水，还应考虑排水期间的降雨、地基冲洗和混凝土养护弃水等。这里仅介绍渗流量估算方法。

(1) 围堰渗流量。透水地基上均质土围堰，每米堰长渗流量 q 可按式（7-4）计算：

$$q = K \frac{(H+T)^2 - (T-y)^2}{2L} \tag{7-4}$$

其中

$$L = L_0 + l - 0.5mH \tag{7-5}$$

式中 q——渗入基坑的围堰单宽渗透流量，$m^3/(d \cdot m)$；

K——渗透系数，m/d；

其余符号意义如图 7-15 所示。

(2) 基坑渗流量。由于基坑情况复杂，计算结果不一定符合实际情况，应用试抽法确定。近似计算时可采用表 7-7 所列参数。

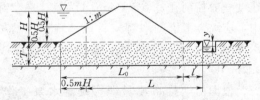

图 7-15 透水地基上的渗透计算简图

表 7-7　　　　　　　　　　　　　　地　基　渗　流　量　　　　　　　　单位：$m^3/(h \cdot m \cdot m^2)$

地基类别	含有淤泥黏土	细砂	中砂	粗砂	砂砾石	有裂缝的岩石
渗流量 q	0.1	0.16	0.24	0.3	0.35	0.05～0.10

降雨量按在抽水时段最大日降水量在当天抽干计算；施工弃水包括基岩冲洗与混凝土养护用水，两者不同时发生，按实际情况计算。

排水水泵根据流量及扬程选择，并考虑一定的备用量。

三、人工降低地下水位

在经常性排水中，采用明排法，由于多次降低排水沟和集水井高程，变换水泵站位置，影响开挖工作正常进行，此外在细砂、粉砂及砂壤土地基开挖中，因渗透压力过大而

引起流沙、滑坡和地基隆起等事故，对开挖工作产生不利影响。采用人工降低地下水位措施可以克服上述缺点。人工降低地下水位，就是在基坑周围钻井，地下水渗入井中，随即被抽走，使地下水位降至基坑底部以下，整个开挖部分土壤呈干燥状态，开挖条件大为改善。

（一）管井法

管井法就是在基坑周围或上、下游两侧按一定间距布置若干单独工作的井管，地下水在重力作用下流入井内，各井管布置一台抽水设备，使水面降至坑底以下，如图 7-16 所示。

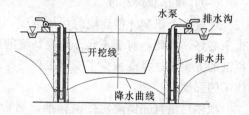

图 7-16　管井法降低地下水位布置图

管井法适用于基坑面积较小，土的渗透系数较大（$K=10\sim250\text{m/d}$）的土层。当要求水位下降不超过 7m 时，采用普通离心泵；如果要求水位下降较大，需采用深井泵，每级泵降低水位 $20\sim30\text{m}$。

管井由井管、滤水管、沉淀管及周围反滤层组成。地下水从滤水管进入井管，水中泥沙沉淀在沉淀管中。滤水管可采用带孔的钢管，外包滤网；井管可采用钢管或无砂混凝土管，后者采用分节预制，套接而成。每节长 1m，壁厚为 $4\sim6\text{cm}$，直径一般为 $30\sim40\text{cm}$。管井间距应满足在群井共同抽水时，地下水位最高点低于坑底，一般取 $15\sim25\text{m}$。

（二）井点法

当土壤的渗透系数 $K<1\text{m/d}$ 时，用管井法排水，井内水会很快被抽干，水泵经常中断运行，既不经济，抽水效果又差，这种情况下，采用井点法较为合适。井点法适宜于渗透系数为 $0.1\sim50\text{m/d}$ 的土壤。井点的类型有轻型井点、喷射井点和电渗井点 3 种，比较常用的是轻型井点。

轻型井点是由井管、集水管、普通离心泵、真空泵和集水箱等设备组成的排水系统，如图 7-17 所示。

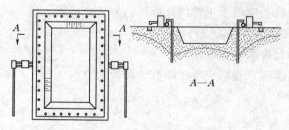

A—A

图 7-17　井点法降低地下水位布置图

轻型井点的井管直径为 $38\sim50\text{mm}$，采用无缝钢管，管的间距为 $0.8\sim1.6\text{m}$，最大可达 3.0m。地下水从井管底部的滤水管内借真空泵和水泵的抽吸作用流入管内，沿井管上升汇入集水管，再流入集水箱，由水泵抽出。

轻型井点系统开始工作时，先开动真空泵排出系统内的空气，待集水箱内水面上升到一定高度时，再启动水泵抽水。如果系统内真空不够，仍需真空泵配合工作。

井点排水时，地下水位下降的深度取决于集水箱内的真空值和水头损失。一般集水箱的真空值为 $400\sim500\text{mmHg}$。

当地下水位要求降低值大于 $4\sim5\text{m}$ 时，则需分层降落，每层井点控制 $3\sim4\text{m}$。但分层数应少于 3 层为宜。因层数太多，坑内管路纵横交错，妨碍交通，影响施工；且当上层井点发生故障时，由于下层水泵能力有限，造成地下水位回升，严重时导致基坑淹没。

第四节　施工度汛及后期水流控制

一、施工度汛

（一）坝体拦洪标准

经过多个汛期才能建成的坝体工程，用围堰来挡汛期洪水显然是不经济的，且安全性也未必好，因此，对于不允许淹没基坑的情况，常采用低堰挡枯水、汛期由坝体临时断面拦洪的方案，这样既减少了围堰工程费用，拦洪度汛标准也可提高，只是增加了汛前坝体施工的强度。

坝体拦洪首先需确定拦洪标准，然后确定拦洪高程。坝体施工期临时度汛的洪水标准，应根据坝型和坝体升高后形成的拦洪蓄水库库容确定。具体见表 7-3、表 7-4。

洪水标准确定以后，就可通过调洪演算计算拦洪水位，再考虑安全超高，即可确定坝体临时拦洪高程。

（二）度汛措施

根据施工进度安排，若坝体在汛期到来之前不能达到拦洪高程，这时应视采用的导流方法、坝体能否溢流及施工强度周密细致地考虑度汛措施。允许溢流的混凝土坝或浆砌石坝，可采用过水围堰，也可在坝体中预设底孔或缺口，而坝体其余部分填筑到拦洪高程，以保证汛期继续施工。

对于不能过水的土坝、堆石坝可采取下列度汛措施。

1. 抢筑坝体临时度汛断面

当用坝体拦洪导致施工强度太大时，可抢筑临时度汛断面（图 7-18）。但应注意以下几点。

（1）断面顶部应有足够的宽度，以便在非常紧急的情况下仍有余地抢筑临时度汛断面。

（2）度汛临时断面的边坡稳定安全系数不应低于正常设计标准。为防止坍坡，必要时可采取简单的防冲和排水措施。

（3）斜墙坝或心墙坝的防渗体一般不允许采用临时断面。

（4）上游护坡应按设计要求筑到拦洪高程，否则应考虑临时的防护措施。

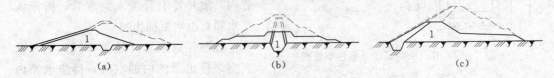

图 7-18　临时度汛断面示意图
（a）均质坝；（b）心墙坝；（c）斜墙坝
1—临时度汛断面

2. 采取未完建（临时）溢洪道溢洪

当采用临时度汛断面仍不能在汛前达到拦洪高程，则可采用降低溢洪道底槛高程或开挖临时溢洪道溢洪，但要注意防冲措施得当。

二、施工后期水流控制

当导流泄水建筑物完成导流任务，整个工程进入了完建期后，必须有计划地进行封堵，使水库蓄水，以使工程按期受益。

自蓄水之日起至枢纽工程具备设计泄洪能力为止，应按蓄水标准分月计算水库蓄水位，并按规定防洪标准计算汛期水位确定汛前坝体上升高程，确保坝体安全度汛。

施工后期水库蓄水应和导流泄水建筑物封堵统一考虑，并充分分析以下条件。

（1）枢纽工程提前受益的要求。

（2）与蓄水有关工程项目的施工进度及导流工程封堵计划。

（3）库区征地、移民和清库的要求。

（4）水文资料、水库库容曲线和水库蓄水历时曲线。

（5）要求防洪标准，泄洪与度汛措施及坝体稳定情况。

（6）通航、灌溉等下游供水要求。

（7）有条件时，应考虑利用围堰挡水受益的可能性。

计算施工期蓄水历时应扣除核定的下游供水流量。蓄水日期按以上要求统一研究确定。

水库蓄水通常采用 $P = 75\% \sim 85\%$ 的年流量过程线来制定的。从发电、灌溉航运及供水等部门所提出的运用期限要求，反推算出水库开始蓄水的时间，也就是封孔日期，据各时段的来水量与下泄量和用水量之差、水库库容与水位的关系曲线，就可得到水库蓄水计划，即库水位和蓄水历时关系曲线。它是施工后期进行水流控制、安排施工进度的重要依据。

封堵时段确定以后，还需要确定封堵时的施工设计流量，可采用封堵期 $5 \sim 10$ 年重现期的月或旬平均流量，或按实测水文统计资料分析确定。

导流用的临时泄水建筑物，如隧洞、涵管、底孔等，都可利用闸门封孔，常用的封孔门有钢筋混凝土迭梁、钢筋混凝土整体闸门、钢闸门等。

复 习 思 考 题

7—1 施工导流的方法有哪些？

7—2 什么叫全段围堰法？

7—3 全段围堰法按其泄水道类型分有哪几种？各适用于什么场合？

7—4 分段围堰法应如何组织导流？

7—5 何谓底孔导流？

7—6 何谓缺口导流？

7—7 围堰的基本要求有哪些？

7—8 导流明渠的布置原则有哪些？

7—9 导流隧洞的布置原则有哪些？

7—10 截流方法有哪些？

7—11 试述立堵法截流的施工过程。

7-12　试述平堵法截流的施工过程。

7-13　确定截流时间应考虑哪些因素？

7-14　截流设计流量应如何确定？

7-15　截流抛投材料的选择原则有哪些？

7-16　经常性排水系统应如何布置？

7-17　对于不能过水的土坝、堆石坝，其度汛措施有哪些？

7-18　施工后期水库蓄水的时间应如何确定？

第八章 基 础 处 理

第一节 土 基 处 理

地基按地层的性质分为两大类，一类是岩基，一类是软基（包括土基和砂砾石地基）。由于建筑物对地基的要求不同，处理地基的目的和方法也不同。开挖是地基处理中最常见的方法，但受工期、费用、开挖条件和机械设备性能等客观条件的限制，地基处理还需根据工程对地基处理的要求，采用更有效的方法。

一、土基处理的基本方法

土基是建筑工程中最常见的地基之一，土基处理通常是为了达到两个目的，或者是提高地基的承载能力，或者是改善地基的防渗性能。提高地基承载能力的方法称为土基加固，常见的处理方法有：预压、打桩、置换等；改善地基防渗性能的方法称为截渗处理，常见的处理方法有：防渗墙、帷幕灌浆、垂直铺塑、深层搅拌桩等。

二、土基加固

桩基础简称桩基，是提高土基承载能力最有效的方法之一。桩基是由若干个沉入土中的单桩组成的一种深基础，是由基桩和连接于基桩桩顶的承台共同组成，承台和承台之间再用承台梁相互连接。若承台下只用一根桩（通常为大直径桩）来承受和传递上部结构（通常为柱）的荷载，这样的桩基础称为单桩基础；承台下有 2 根或 2 根以上基桩组成的桩基础为群桩基础。桩基础的作用是将上部结构的荷载，通过上部较软弱地层传递到深部较坚硬的、压缩性较小的土层或岩层。

按桩的传力方式不同，将桩基分为端承桩和摩擦桩，如图 8－1 所示。端承桩就是穿过软土层并将建筑物的荷载直接传递给坚硬土层的桩。摩擦桩是将桩沉至软弱土层一定深度，用以挤密软弱土层，提高土层的密实度和承载能力，上部结构的荷载主要由桩身侧面与土之间的摩擦力承受，桩间阻力也承受少量的荷载。

按桩的施工方法，有预制桩和灌注桩两类。预制桩是在工厂或施工现场用不同的建筑材料制成的各种形状的桩，然后用打桩设备将预制好的桩沉入地基土中。沉桩的方法有锤击沉桩、静力压桩、振动沉桩等。灌注桩是在设计桩位先成孔，然后放入钢筋骨架，再浇筑混凝土而成的桩。灌注桩按成孔的方法不同，分为泥浆护壁成孔灌注桩、干作业成孔灌注桩、套管成孔灌注桩、爆扩成孔灌注

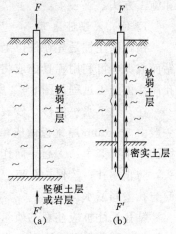

图 8－1 端承桩与摩擦桩

(a) 端承桩；(b) 摩擦桩

桩等。

（一）混凝土及钢筋混凝土灌注桩施工

混凝土及钢筋混凝土灌注桩（简称灌注桩），是直接在桩位上成孔，然后利用混凝土或沙石等材料就地灌注而成。与预制桩相比，其优点是施工方便，节约材料，成本低；缺点是操作要求高，稍有疏忽，容易发生缩颈、断桩现象，技术间隔时间较长，不能立即承受荷载等。

灌注桩的成桩技术日新月异，就其成桩过程中桩、土的相互影响特点可分为三大类型：非挤土灌注桩、部分挤土灌注桩、挤土灌注桩。每一类型又包含多种成桩工法，现粗略归纳如下。

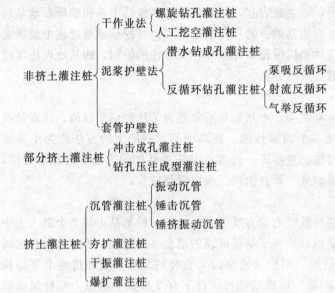

根据桩的直径的大小分为小桩（$d \leqslant 250mm$）、中等直径桩（$250mm < d < 800mm$）和大直径桩（$d \geqslant 800mm$）。下面介绍钻孔灌注桩、挖孔灌注桩、打拔管灌注桩的施工工艺和施工方法。

1. 钻孔灌注桩施工

钻孔灌注桩是先在桩位上用钻孔设备进行钻孔（用螺旋钻机、潜水电钻、冲孔机等冲钻而成，也可利用工具桩或将尖端封闭钢管打入土中，拔出成孔），然后灌注混凝土。钻孔灌注桩施工过程如图 8-2 所示。

在有地下水、流沙、砂夹层及淤泥等土层中钻孔时，先在测定桩位上埋设护筒，护筒一般由 3～5mm 厚钢板做成，其直径比钻头直径大 10～20cm，以便钻头提升操作等。护筒的作用有 3 个：①起导向作用，使钻头能沿着桩位的垂直方向工作；②提高孔内泥浆水头，防止塌孔；③保护孔口，防止孔口破坏。护筒定位应准确，埋置应牢固密实，防止护筒与孔壁间漏水。

钻孔灌注桩应注意的质量问题有以下几点。

（1）泥浆护壁成孔时，发生斜孔、弯孔、缩孔和塌孔或沿套管周围冒浆以及地面沉陷等情况，应停止钻进。经采取措施后，方可继续施工。

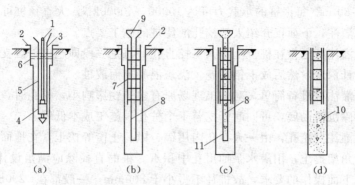

图 8-2 潜水钻成孔灌注桩成桩工艺示意图

(a) 成孔；(b) 插入钢筋笼和导管；(c) 灌筑水下混凝土；(d) 成桩

1—钻杆或悬挂绳；2—护筒；3—电缆；4—潜水电钻；5—输水胶管；6—泥浆；

7—钢筋骨架；8—导管；9—料斗；10—混凝土；11—隔水栓

（2）钻进速度，应根据土层情况、孔径、孔深、供水或供浆量的大小、钻机负荷以及成孔质量等具体情况确定。

（3）水下混凝土面平均上升速度不应小于 0.25m/h。浇筑前，导管中应设置球、塞等隔水；浇筑时，导管插入混凝土的深度不宜小于1m。

（4）施工中应经常测定泥浆密度，并定期测定黏度、含砂率和胶体率。泥浆黏度为 18～22s，含砂率不大于 4%～8%。胶体率不小于 90%。

（5）清孔过程中，必须及时补给足够的泥浆，并保持浆面稳定。

（6）钢筋笼变形：钢筋笼在堆放、运输、起吊、入孔等过程中，必须加强对操作工人的技术交底，严格执行加固的技术措施。

（7）混凝土浇到接近桩顶时，应随时测量顶部标高，以免过多截桩或补桩。

施工常见问题及处理方法如下。

（1）护筒冒水。护筒外壁冒水，如不及时处理，严重时会造成护筒倾斜和位移，桩孔偏斜，甚至无法施工。冒水原因是在埋设护筒时周围填土不密实，或者由于起落钻头时碰动了护筒。处理方法是：若发现护筒刚开始冒水，可用黏土在护筒四周填实加密；如护筒严重下沉或位移，则应返工重埋。

（2）孔壁坍塌。在钻孔过程中·如发现在排出的泥浆中不断出气泡，或护筒内的水位突然下降，这都是塌孔的迹象。原因是土质松散，泥浆护壁不好、护筒内水位不够高等造成的。处理办法是：在钻孔过程中如出现塌孔、缩颈，应加大泥浆比重，并保持孔内水位，以维持孔壁稳定。缩颈、塌孔严重或泥浆突然漏失时，应立即回填黏土，待孔壁稳定后再进行钻孔。

（3）钻孔偏斜。造成钻孔偏斜的主要原因是钻杆不垂直，钻头导向部分太短，导向性差，土质软硬不一，或遇上孤石等。处理办法是：减慢钻速，提起钻头，上下往复扫钻几次，以便削去硬层，再正常钻进。如离孔口不深处遇孤石，可用炸药炸除。

2. 挖孔灌注桩

随着建筑工业的发展，小直径单桩和群桩基础在承受大荷载或满足沉降要求等方面已受到一定限制，大直径灌注桩已被许多国家广为采用，其直径为 1～3m，桩深 20～40 m，最深可达 60～80 m。每根桩的承载力可达 10000～40000kN。大直径桩可采用机械挖孔灌注和人工挖孔灌注，下面仅介绍人工挖孔灌注桩的施工要点。

人工挖孔灌注桩是指在桩位上用人工挖直孔，每挖一段即施工一段支护结构，如此反复向下挖至设计深度，然后放下钢筋笼，浇筑混凝土而成桩。

人工挖孔灌注桩设备简单，对施工现场原有建筑物影响小，挖孔时，可直接观察土层变化情况，清除沉渣彻底，可同时开挖若干个桩孔，施工成本低等。

人工挖孔灌注桩挖孔，由一人在孔内用镐、锹、土筐等挖土，在地面用电动葫芦或手动卷扬机、三角架提土，用潜水泵抽出孔中积水。桩的直径除应满足设计承载力要求外，还应满足人在下面操作的要求，故桩径不得小于800mm，一般都在1200mm以上。

人工挖孔灌注桩施工，主要应解决孔壁坍塌、施工排水、流沙和管涌等问题。为此，事先应根据地质水文资料，拟定合理的衬圈护壁和施工排水、降水方案。常用护壁方案有：混凝土护圈、沉井护圈和钢套管护圈3种。如图8-3、图8-4、图8-5所示。

　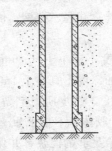　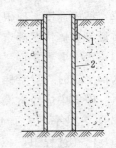

图8-3 混凝土护圈挖孔桩　　图8-4 沉井护圈挖孔桩　　图8-5 钢套管护圈挖孔桩

1—井圈；2—钢套管

（1）混凝土护圈挖孔桩。混凝土护圈挖孔桩，亦称"倒挂金钟"施工方法，即分段开挖、分段浇筑护圈混凝土，直至设计高程后，再将桩的钢筋骨架放入护圈井筒内，然后浇筑井筒桩基混凝土。

（2）沉井护圈挖孔桩。沉井护圈挖孔桩，是先在桩位上制作钢筋混凝土井筒，然后在井筒内挖土，井筒靠自重或附加荷载来克服筒壁与土壤之间的摩擦力，使其下沉至设计标高，再在筒内浇筑桩基混凝土。

（3）钢套管护圈挖孔桩。钢套管护圈挖孔桩，是先在桩位处打入钢套管，直至设计标高，然后再将套管内的土挖出后浇筑桩基混凝土。待桩基混凝土浇筑完毕，随即将套管拔出移至另一桩位使用。

钢套管由12～16mm厚的钢板焊接加工成型，其长度根据设计要求而定。当地质构造有流沙或承压含水层时，采用这种方法施工，可避免产生流沙和管涌现象，能确保施工安全。

挖孔桩施工时应注意：挖孔时应注意井内排水，孔底施工人员必须戴安全帽，孔上必须有人监督防护，护壁应高出地面200～300mm，以防杂物掉入孔内，孔周围应设置安全防护栏杆，孔内照明应用安全电压，潜水泵必须有防漏电装置，设置鼓风机，向孔内输送洁净空气，排出有害气体等。

应注意的质量问题包括以下几个方面。

（1）垂直偏差过大：由于开挖过程未按要求每节核验垂直度，致使挖完以后垂直超偏。每挖完一节，必须根据桩孔口上的轴线吊直、修边、使孔壁圆弧保持上下顺直。

（2）孔壁坍塌：因桩位土质不好，或地下水渗出而使孔壁坍塌。开挖前应掌握现场土质情况，错开桩位开挖，缩短每节高度，随时观察土体松动情况，必要时可在坍孔处用砌砖、钢板桩、木板桩封堵；操作进程要紧凑，不留间隔空隙，避免坍孔。

（3）孔底残留虚土太多：成孔、修边以后有较多虚土、碎砖，未认真清除。在放钢筋笼前后均应认真检查孔底，清除虚土杂物。必要时用水泥砂浆或混凝土封底。

（4）孔底出现积水：当地下水渗出较快或有雨水流入，抽排水不及时，就会出现积水。开挖过程中孔底要挖集水坑，及时下泵抽水。如有少量积水，浇筑混凝土时可在首盘采用半干硬性的混凝土；有大量积水又一时排除困难的情况下，则应用导管水下浇筑混凝土的方法，确保施工质量。

（5）桩身混凝土质量差：有缩颈、空洞、夹土等现象。在浇筑混凝土前一定要做好操作技术交底，坚持分层浇筑、分层振捣、连续作业。必要时用铁管、竹竿、钢筋钎人工辅助插捣，以补充机械振捣的不足。

（6）钢筋笼扭曲变形：钢筋笼加工制作时点焊不牢，未采取支撑加强钢筋，运输、吊放时产生变形、扭曲。钢筋笼应在专用平台上加工，主筋与箍筋点焊牢固，支撑加固措施要可靠，吊运要竖直，使其平稳地放入桩孔中，保持骨架完好。

3. 打拔管灌注桩

打拔管灌注桩，利用与桩的设计尺寸相适应的一根钢管，在端部套上预制的桩靴打入土中，然后将钢筋骨架放入钢管内，再浇筑混凝土，并随灌随将钢管拔出，利用拔管时的振动将混凝土捣实，其施工步骤如图 8-6 所示。

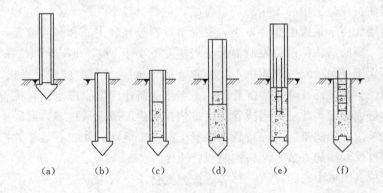

图 8-6 锤击灌注桩施工程序
（a）就位；（b）沉入套管；（c）开始浇筑混凝土；（d）边锤击边拔管，继续浇筑混凝土；
（e）下钢筋笼，继续浇筑混凝土；（f）成型

此外，也常用振动灌注法。即钢管上端与振动沉桩机刚性连接，下端装有活瓣的桩尖，并在钢管的上部开有加料口，利用振动力将钢管沉入土中。当沉到设计标高后，停止振动，用上料斗将混凝土灌入钢管内，然后再开动沉桩机、卷扬机拔出钢管，边振边拔，从而使桩的混凝土得到捣实（图 8-7）。

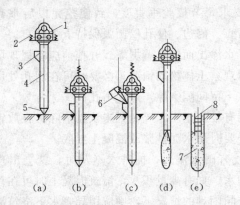

图 8-7 振动沉管灌注桩成桩施工程序

(a) 桩机就位；(b) 沉管；(c) 第一次浇混凝土；(d) 边拔管、
边振动、边灌注混凝土；(e) 插入钢筋笼并灌满混凝土成桩
1—振动锤；2—加压减振弹簧；3—加料口；4—桩管；
5—活瓣桩靴；6—上料斗；7—混凝土桩；8—钢筋笼

沉管时必须将桩尖活瓣合拢。如有水泥或泥浆进入管中，则应将管拔出，用砂回填桩孔后，再重新沉入土中，或在钢管中灌入一部分混凝土后再继续沉入。

拔管速度，一般土层中为 $1.2 \sim 1.5 \text{m/min}$，在软弱土层中不得大于 $0.8 \sim 1.0 \text{m/min}$。在拔管过程中，每拔起 0.5m 左右，应停 $5 \sim 10 \text{s}$，但保持振动，如此反复进行直到将钢管拔离地面为止。

拔管方法，根据承载力的要求不同，可分别采用单打法、复打法和翻插法。

（1）单打法，即一次拔管法。拔管时每提升 $0.5 \sim 1.0 \text{m}$，振动 $5 \sim 10 \text{s}$，再拔起 $0.5 \sim 1.0 \text{m}$，如此反复进行直到全部拔出为止。

（2）复打法。在同一桩孔内进行两次单打，或根据要求进行局部复打。

（3）翻插法。将钢管每提升 0.5m，再下沉 0.3m（或提升 1m，下沉 0.5m，主要按承载力要求而定），如此反复进行，直至拔离地面。这种方法，在淤泥层中可消除缩颈现象，但在坚硬土层中易损坏桩尖，不宜采用。

振动灌注桩的承载力比同样条件下的钻孔灌注桩高 $50\% \sim 80\%$。但该法的桩截面壁沉入的钢管扩大 30%，复打法扩大 80%，翻插法扩大 50% 左右。因此，这种灌注法还具有用小钢管灌注出大断面桩的效果。

打管灌注桩在施工中易发生的质量事故，主要有以下几种。

（1）隔层。由于钢管的管径较小，混凝土骨料粒径较大、和易性较差，拔管速度过快等原因造成。预防措施：严格控制混凝土坍落度不小于 $5 \sim 7 \text{cm}$，骨料粒径不大于 30mm；拔管速度不大于 2m/min（淤泥中不大于 0.8m/min），拔管时应密振慢拔。

（2）缩颈。在淤泥或软土中沉管时，由于土受挤压产生空隙水压，拔管后便挤向新灌的混凝土，造成缩颈。此外，当拔管速度过快、管内混凝土量过多，混凝土出管扩散性差时也会造成缩颈。预防措施：保持管内混凝土略高于地面，使之有足够的扩散压力；拔管时应采取复打或翻插的方法；严格控制拔管速度。

（3）断桩。因桩中心距过近，打邻近桩时受挤压；或因混凝土终凝不久就受震动和外力作用所造成。预防措施：控制桩中心距不小于 4 倍桩径。或采用跳打法或间隔一段时间后再打邻近桩。

（4）吊脚桩。由于地下水量多、压力大，泥砂进入钢管内；或桩尖活瓣被土压实，拔管至一定高度才张开，混凝土虽下落，但不密实，形成空隙。预防措施：根据地下水量大小，采用水下灌注混凝土，或灌第一槽混凝土时，酌量减水。为防止活瓣打不开，可采用密振慢拔的办法，开始拔管时先翻插几下，然后再正常拔管。

（二）钢筋混凝土预制桩施工

钢筋混凝土预制桩有实心桩和空心桩两种。空心桩为管桩，由预制厂用离心法生产而成，桩体强度较高，可达 C30～C40 级，外径多为 400～500mm；实心桩大多在现场预制，为方便预制，截面多为 200mm×200mm～550mm×550mm 的正方形。桩长不得大于桩断面边长或外径的 50 倍，为方便运输和施工，单根桩长一般不超过 30m。钢筋混凝土预制桩制作程序如图 8-8（a）所示，操作工艺流程如图 8-8（b）所示。

主要施工过程如图 8-8 所示。

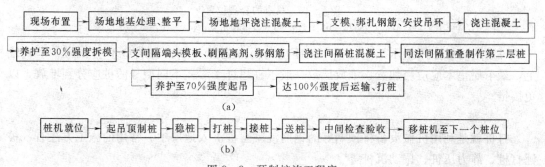

图 8-8 预制桩施工程序
（a）预制桩制作程序；（b）预制桩操作工艺流程

1. 桩的预制

图 8-9 为钢筋混凝土桩的构造和断面形状。桩的预制场地应平整夯实，应有良好的排水设施。桩的钢筋骨架应严格按设计要求进行焊接、绑扎。预制时应根据打桩的顺序来确定桩尖的朝向，尽量减少打桩时桩的调头。预制桩的混凝土应有桩顶向桩尖连续浇筑，严禁中断。

预制桩上应标明制作日期和编号，如不埋设吊钩，则应标明绑扎吊点位置。桩的制作质量应符合下列要求。

（1）表面应平整；掉角的深度不应超过 10mm，且局部蜂窝和掉角的总面积不得超过该桩表面积的 0.5%，并不得过分集中。

（2）因混凝土收缩产生的裂缝深度不得大于 20 mm，宽度不得大于 0.25 mm；横向裂缝长度不得超过边长的 1/2（管桩或多角形桩不得超过直径或对角线的 1/2）。

（3）桩顶和桩尖不得出现蜂窝、麻面、裂缝和掉角。

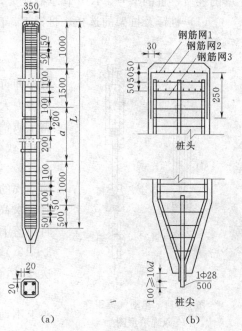

图 8-9 钢筋混凝土预制
桩配筋图（单位：mm）
（a）配筋图；（b）详图

2. 桩的起吊、运输和堆放

预制桩的混凝土强度达到设计强度的 70% 以上方可起吊。达到 100% 才能运输和打桩。起吊时吊点位置必须严格按设计位置绑扎。不同吊点数的吊点位置如图 8-10 所示。

桩的运输，一般根据打桩顺序随打随运，避免二次运输。运距近时用卷扬机拖运，运距远时用平板车或铁路运输。

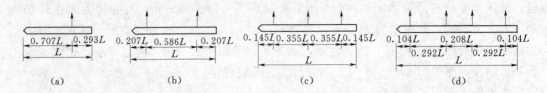

图 8-10 吊点的合理位置

(a) 1个吊点；(b) 2个吊点；(c) 3个吊点；(d) 4个吊点

堆放时，桩下用垫木架空，垫木间距应与吊点位置一致。各层垫木应在同一垂直线上，最下层垫木应适当加宽，堆放层数一般不宜超过 4 层；不同型号的桩应分别堆放，以免搞错。

3. 打桩

打桩就是利用机械设备将预制好的钢筋混凝土桩沉入地层中。常用的施工方法有：桩锤打桩、静力压桩、振动沉桩等。

打桩机具主要由桩锤、桩架和动力装置 3 部分组成。打桩机械的选择，应根据地基土壤的性质，桩的型号、尺寸和承载能力，工期要求，动力供应条件等因素综合进行选择。

(1) 桩锤及桩架的选择。桩锤有：落锤、单动气锤、双动气锤、柴油打桩锤和振动桩锤等。

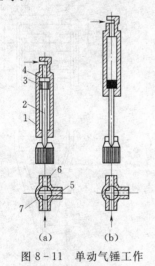

图 8-11 单动气锤工作
原理示意图

(a) 汽缸升起；(b) 汽缸下落

1—汽缸；2—活塞杆；3—活塞；4—活塞提升室；5—进汽口；6—排汽口；7—换向阀门

1) 落锤为 0.5~2t 的铸铁块，仅配上电动卷扬机和打桩架即可组成打桩机。这种打桩机构造简单，使用方便，冲击力大，适用于在黏土和砂砾石较多的土中打桩，可根据土质情况调整落距。单锤机速度慢（每分钟近 6~12 次），效率低。

2) 单动气锤（图 8-11），单动气锤是利用蒸汽或压缩空气的压力将桩垂提升（进气孔 1 压入，活塞 3 固定）到要求高度，打开排气孔 2 放掉压气，落锤（即气缸 4）自由落下夯击桩顶。单动气锤落距小，但落锤重量大（约 3~15t），故冲击力较大，打桩速度快（每分钟 25~30 次）。适合打各种桩。

3) 双动气锤（图 8-12），双动气锤是桩锤固定在桩头上不动，利用蒸汽或压缩空气的压力将桩锤（冲击部分 3）上举和压下，以此冲击桩头完成打桩工作。这种桩锤，锤重 1~7t，冲击频率高（每分钟 200~300 次），冲击力大，效率高。能打各种桩，而且还可用于打斜桩、水下打桩和拔桩，也可不用桩架打桩。

4) 柴油打桩锤（图 8-13），分杆式、筒式和活塞式 3 种。工作原理是：利用柴油燃烧时气体体积突然膨胀产生的压力将气缸或活塞上抛（杆式柴油锤为气缸，筒式柴油锤为上活塞），然后自由下落，夯击桩帽，使桩下沉。柴油锤重 0.3~7t，桩锤每分钟锤击 40~80 次。柴油桩锤适合在有一定硬度的土层中工作，不适用于过软的土层。

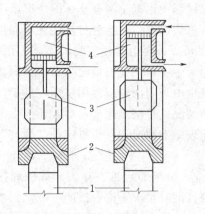

图 8-12 双动气锤

1—桩；2—垫座；3—冲击部分；4—蒸气缸

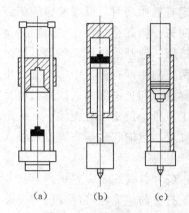

图 8-13 柴油锤构造原理图

(a) 导杆式；(b)′活塞式；(c) 管式

根据现场施工条件和机具设备选定桩锤类型后，还应进一步选定桩锤重量。桩锤重量过大，会过多地消耗能量，造成浪费；桩锤重量过小，则不易将桩打入。因此恰当选择桩锤大小是非常重要的。为简单起见，可按锤重与桩重的比来确定锤重。见表 8-1。经验证明，锤重为桩重的 1.5～2 倍时，效果较好。但桩锤亦不能过重，过重易将桩头打坏。

表 8-1　　　　　　　　　　　　锤 重 与 桩 重 的 比 值

桩的种类	单动气锤		双动气锤		柴油锤		落锤	
	硬土	软土	硬土	软土	硬土	软土	硬土	软土
钢筋混凝土桩	1.4	0.4	1.8	0.6	1.5	1.0	1.5	0.35
木桩	3.0	2.0	2.5	1.5	3.5	2.5	4.0	2.0
钢板桩	2.0	0.7	2.5	1.5	2.5	2.0	2.0	1.0

注　桩长一般不大于 20m。

桩架的作用是：吊桩就位，起吊桩锤并在打桩过程中引导桩锤和桩的方向，使其不发生偏移。选择桩架时，应考虑桩锤的类型、桩的长度和施工条件等因素。桩架的高度由桩长、锤高、桩帽厚度及所用的滑轮组的高度来决定。另外，还应留 1～2m 的高度作为桩锤的伸缩余地。落锤还应包括落距的高度。

（2）打桩顺序。打桩顺序直接影响打桩工程的质量和施工进度。因此，应结合地基土壤情况、工作面布置、桩的数量和工期要求等，进行综合考虑。打桩顺序根据基础的设计标高，先深后浅；依桩的规格宜先大后小，先长后短。由于桩的密集程度不同，可由一侧向另一侧进行；自两边向中间进行；自中部向四周进行；自中部向两边对称进行（图 8-14）。

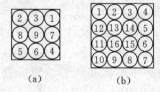

图 8-14 夯打顺序

(a) 先外后里跳打法；(b) 先周边后中间打法

图 8-15 夯位搭接示意图

189

确定打桩顺序时，既要考虑施工方便，又要考虑打桩过程中地基土壤被挤压的情况。由一侧向另一侧逐排打桩，桩架单向移动，移位迅速，打桩效率高。但这种打法使土壤向单方向挤压，地基受挤压不均匀，导致后打的桩入土深度减小，会引起建筑物的不均匀沉陷。自两边向中部打桩，中部土壤受挤严重，可用于桩距大于 4 倍桩径的情况。自中部向两边对称进行和自中部向四周进行两种方法打桩时，土壤由中央向两侧或四周挤压，易于保证施工质量，适用于桩距较小（桩距小于 4 倍桩径）的情况。打桩顺序确定后，还应根据桩的堆放、运输和现场布置以及桩入土后是否出露于地表面等情况进一步决定是"顶打"还是"退打"。

（3）打桩施工。打桩过程包括桩机的移动和就位、吊桩和定桩、打桩、截桩和接桩等。打桩前应先在桩侧或桩架上设置标尺，以便观测打桩时每次锤击后桩的下沉量。桩机就位时，桩架应平移，导杆中心线应与打桩方向一致，并检查桩位是否正确。然后将桩提升就位并缓缓放下插入土中，随即扣好桩帽、桩箍，校正好桩的垂直度，如桩顶不平应用硬木垫平后再扣桩帽，脱钩后用锤轻压且轻击数锤，使桩沉入土中一定深度，达到稳定位置，再次校正桩位及垂直度，然后开始打桩。

打桩有"重锤低击"和"轻锤高击"两种方法。轻锤高击，桩锤回弹较高，消耗掉了一部分能量，桩入土慢，且桩头容易损坏。重锤低击，桩锤回弹小，桩头不易损坏，大部分能量都用来克服桩身与土的摩阻力和桩尖阻力，因此，桩能较快地打入土中。所以应尽量采用重锤低击。

接桩是在桩长不够的情况下，采用焊接接桩，其预制桩表面上的预埋件应清洁，上、下节之间的间隙应用铁片垫实焊牢；焊接时，应采取措施，减少焊缝变形；焊缝应连续焊满。接桩时，一般在距地面 1m 左右时进行。上、下节桩的中心线偏差不得大于 10mm，节点折曲矢高不得大于 1‰桩长。接桩处入土前，应对外露铁件再次补刷防腐漆。

打桩过程中，遇见下列情况应暂停，并及时与有关单位研究处理。

1）贯入度剧变。

2）桩身突然发生倾斜、位移或有严重回弹。

3）桩顶或桩身出现严重裂缝或破碎。

4）待全部桩打完后，开挖至设计标高，做最后检查验收。并将技术资料提交总包。

5）冬季在冻土区打桩有困难时，应先将冻土挖除或解冻后进行。

（4）检查验收：每根桩贯入度要求打到桩尖标高进入持力层。接近设计标高时，或打至设计标高时，应进行中间验收。在控制时，一般要求最后 3 次 10 锤的平均贯入度不大于规定的数值，或以桩尖打至设计标高来控制，符合设计要求后，填好施工记录。如发现桩位与要求相差较大时，应会同有关单位研究处理。然后移桩机到新桩位。

（5）应注意的质量问题。

1）预制桩必须提前订货加工，打桩时预制桩强度必须达到设计强度的 100%，并应增加养护期一个月后方准施打。

2）桩身断裂。由于桩身弯曲过大、强度不足及地下有障碍物等原因造成，或桩在堆放、起吊、运输过程中产生断裂，没有发现而致，应及时检查。

3）桩顶碎裂。由于桩顶强度不够及钢筋网片不足、主筋距桩顶面太小，或桩顶不平、施工机具选择不当等原因所造成。应加强施工准备时的检查。

4）桩身倾斜。由于场地不平、打桩机底盘不水平或稳桩不垂直、桩尖在地下遇见硬物等原因所造成。应严格按工艺操作规定执行。

5）接桩处拉脱开裂。连接处表面不干净、连接铁件不平、焊接质量不符合要求、接桩上下中心线不在同一条线上等原因所造成。应保证接桩的质量。

三、截渗处理

由于受河道水流和地下水位的影响，河堤、大坝以及建筑物的地基会产生一定程度的渗透变形，严重时将危及建筑物的安全。解决的办法是截断渗流通道，以减少渗透变形。具体处理办法有如下几项。

（一）防渗墙

防渗墙是修建在透水地基中的地下连续墙，可用于坝基、河堤的防渗加固。根据成墙材料和成墙工法的不同，常见的有塑性混凝土防渗墙和水泥土防渗墙。

1.塑性混凝土防渗墙

塑性混凝土防渗墙具有结构可靠，防渗效果好的特点，能适应多种不同的地质条件，修建深度大，施工时几乎不受地下水位的影响。

塑性混凝土防渗墙的基本形式是槽孔型，它是由一段段槽孔套节而成的地下墙，施工分两期进行，先施工的为一期槽孔，后施工的为二期槽孔，一期、二期槽孔套接成墙（图8-16）。

图8-16 槽孔型防渗墙

1号、3号—一期槽孔；2号、4号—二期槽孔

防渗墙的施工程序为：造孔前的准备、泥浆固壁造孔、终孔验收和清孔换浆、浇筑防渗墙混凝土、全墙质量验收等。施工过程如图8-17所示。

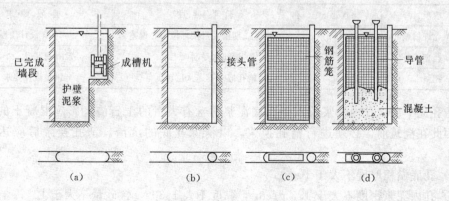

图8-17 地下连续墙施工程序示意图

（a）成槽；（b）放入接头管；（c）放入钢筋笼；（d）浇注混凝土

（1）造孔前的准备工作。

1）测量放线。造孔前应根据设计要求进行测量放样，确定防渗墙轴线。

2）确定槽孔长度。根据地质条件和混凝土浇筑能力确定槽孔长度，一般以 6～8m 为宜。

3）设置导向槽。可采用混凝土导向槽或预制钢结构导向槽，用以控制造孔方向，维持孔口稳定。导向槽的净宽一般略大于防渗墙的设计宽度，高度以 1～2m 为宜；为了防止地表水倒流和便于自流排浆，其顶部高程应高于地面高程。

4）辅助作业。铺设造孔机具作业轨道，安装造孔机具，修筑运输道路，架设动力和照明线路以及供浆管路，做好排水排浆系统。

（2）泥浆固壁造孔。由于土基比较松软，为了防止槽孔坍塌，造孔时应向槽孔内灌注泥浆以维持孔壁稳定。注入槽孔内的泥浆除了固壁作用以外，在造孔过程中，还有悬浮泥土和冷却、润滑钻头的作用，渗入孔壁的泥浆和胶结在孔壁中的泥皮，还有防渗作用。造孔用的泥浆可用黏土或膨润土与水按一定比例配制。对泥浆的性能指标要求可参考表 8 - 2 进行控制。

表 8 - 2　　　　　　　　　　　　　泥浆性能指标参考表

黏度 （s）	密度 （g/cm³）	含砂量 （%）	胶体率 （%）	失水量 （mL/30min）	稳定性 [g/（cm³·d）]	pH 值
18～25	1.1～1.2	≤5	≥96	20～30	≤0.03	7～9

施工必须注意泥浆的再生净化和回收利用，以降低工程造价，防止环境污染。

按造孔机具的不同，防渗墙槽孔的造孔可采用液压抓斗成槽、拉槽机成槽、气举法成槽、射水成槽等。不管采用何种机械造孔，都应严格按照操作规程施工，及时向槽孔内补充泥浆，维持泥浆液面稳定，防止机械事故，确保槽孔稳定。

（3）终孔验收和清孔换浆。造孔后应做好终孔验收和清孔换浆工作。终孔验收项目可参考表 8 - 3。

表 8 - 3　　　　　　　　　　　　终孔验收项目和要求参考表

验收项目	验收要求	验收项目	验收要求
孔位允许偏差	±3cm	一期、二期槽孔搭接部位中心偏差	≤1/3 设计墙厚
孔宽	≥设计墙厚	槽孔水平断面上	没有梅花孔、小墙
孔斜	≤0.4%	槽孔嵌入不透水层深度	满足设计要求

造孔完毕后，孔内泥浆特别是孔底泥浆常含有大量的土石渣，影响混凝土的浇筑质量。因此在浇筑前，必须进行清孔换浆，以清除孔底的沉渣。清孔换浆后应达到如下要求。

1）孔底淤积厚度不大于 10cm。

2）孔内泥浆密度不大于 1.3 g/cm³，黏度不大于 30s，含砂量不大于 12%。

3）换浆后 4h 内开始混凝土浇筑，否则应重新进行清孔换浆。

（4）泥浆下混凝土浇筑。泥浆下混凝土浇筑的特点是：不允许泥浆与混凝土掺混形成泥浆夹层；确保混凝土与不透水地基以及一期、二期混凝土之间的良好结合；连续浇筑，一气呵成。

泥浆下混凝土浇筑常用直升导管法。导管由若干节直径为 $20\sim25$cm 的钢管连接而成，沿槽孔轴线布置，由于防渗墙混凝土坍落度一般为 $18\sim22$cm，其扩散半径为 $1.5\sim2.0$m，故相邻导管之间的间距不宜大于 3.5m，一期槽孔两端的导管距孔端以 $1.0\sim1.5$m 为宜，二期槽孔两端的导管距孔端以 $0.5\sim1.0$m 为宜；导管安装时，要求管底与孔底距离为 $10\sim25$cm，以便导管中皮球顺利浮出并排出导管内泥浆。浇筑前应仔细检查导管的形状、接头、焊缝的质量等，过度变形和损坏的不能使用，并按预定长度在地面进行分段组装和编号。导管顶部为受料斗，整个导管悬挂在导向槽上，如图 8-18 所示。

开浇前要在导管内放入一个直径较导管内经略小的导注塞（皮球或木球），通过受料斗向导管内注入适量的水泥砂浆，借水泥砂浆的重力将导注塞压至孔底，并将管内泥浆排出孔外，导注塞同时浮出泥浆液面。然后连续向导管内输送混凝土，保证导管底口埋入混凝土中的深度不小于 1m，但不超过 6m，以防泥浆掺混和埋管。浇筑时应遵循先深后浅的顺序，即从最深的导管开始，由深到浅一个一个导管依次开浇，待全槽混凝土面浇平后，再全槽均衡上升，混凝土面上升速度不应小于 2m/h，相邻导管处混凝土面高差应控制在 0.5m 以内。

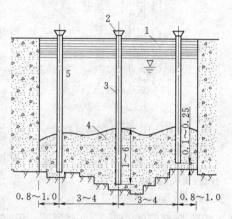

图 8-18 导管布置图（单位：m）
1—导向槽；2—受料斗；3—导管；
4—混凝土；5—泥浆

浇筑过程中，应做好混凝土面上升记录，防止堵管、埋管、导管漏浆和泥浆掺混等事故发生。

总之，槽内混凝土的浇筑，必须保持均衡、连续、有节奏的上升，直到全槽成墙为止。

2. 水泥土防渗墙

水泥土防渗墙是软土地基的一种新的截渗方法，它是利用水泥、石灰等材料作为固化剂，通过深层搅拌机械，在地基深处就地将软土和固化剂强制搅拌，固化剂和软土经过一系列物理、化学反应后，软土便硬化成具有整体性、水稳定性和一定强度的良好地基。深层搅拌桩除能截断地下渗流通道外，还可达到加固地基提高地基承载能力，减少沉降量和提高边坡稳定的作用。

深层搅拌桩施工分干法和湿法两类，干法是采用干燥状态的粉体材料作为固化剂，如石灰、水泥、矿渣粉等；湿法是采用水泥浆等浆液材料作为固化剂。下面只介绍湿法施工工艺。

（1）施工机械。深层搅拌机是进行深层搅拌施工的关键机械，目前有中心管喷浆方式和叶片喷浆方式两种。后者水泥浆从叶片上若干个小孔喷出，水泥浆与土体混合较均匀，这对大直径叶片和连续搅拌是适合的。但喷浆管易被土体堵塞，故只能使用纯水泥浆，且机械加工较为复杂。中心管喷浆方式中的水泥浆是从两根搅拌轴之间的另一根管子输出，

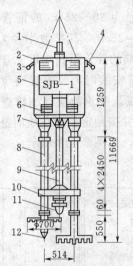

当叶片直径在1m以下时也不影响搅拌的均匀性。

图8-19为SJB—1型深层搅拌机的构造示意图。其配套设备及布置如图8-20所示。

图8-19 SJB—1型深层搅拌机

1—输浆管；2—外壳；3—出水口；4—进水口；5—电动机；6—导向滑块；7—减速器；8—搅拌轴；9—中心管；10—横向系板；11—球形阀；12—搅拌头

（2）施工程序。深层搅拌法施工工艺过程如下。

1）机械定位。搅拌机自行移至桩位、对中，地面起伏不平时，应进行平整。

2）预搅下沉。启动搅拌机电机，放松起重机钢丝绳，使搅拌机沿导向架搅拌切土下沉。如下沉速度太慢，可从输浆系统补给清水以利钻进。

3）制备水泥浆。搅拌机下沉时，按设计给定的配合比制备水泥浆，并将制备好的水泥浆倒入集料斗。

4）喷浆提升搅拌。搅拌机下沉到设计深度时，开启灰浆泵，将浆液压入地基中，并且边喷浆，边旋转，同时按设计要求的提升速度提升搅拌机。

5）重复上下搅拌。深层搅拌机提升至设计加固标高时，集料斗中的水泥浆应正好注完，为使软土搅拌均匀，应再次将搅拌机边旋转边沉入土中，至设计加固深度后再将搅拌机提升出地面。

6）清洗。向集料斗中注入适量清水，开启灰浆泵，清除全部管线中残存的水泥浆，并将黏附在搅拌头上的软土清除干净。

7）移至下一桩位，重复上述步骤，继续施工。

（3）质量控制要点。影响搅拌桩施工质量的因素很多，主要有以下几点。

1）水泥掺入比。水泥掺入比是指掺入的水泥重量与被加固的软土的重量之比。掺入

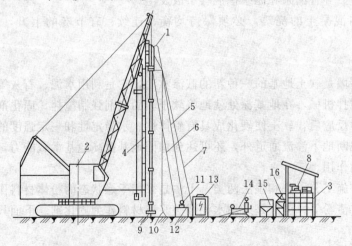

图8-20 SJB—1型深层搅拌机配套机械及布置

1—深层搅拌机；2—履带式起重机；3—工作平台；4—导向架；5—进水管；6—回水管；7—电缆；
8—磅秤；9—搅拌头；10—输浆压力胶管；11—冷却泵；12—贮水池；13—电气控制柜；
14—灰浆泵；15—集料斗；16—灰浆搅拌机

比不同，水泥土的强度、渗透系数不同。根据需要可选用5％、7％、10％、12％、15％、20％等。

2）水灰比。水灰比一般为0.5～0.6。水灰比不宜太小，太小容易堵塞输浆管道。为了改善浆液的流动性，可在浆液中加入一定量的减水剂。水灰比的大小可以通过对浆液比重测量来控制。

3）喷浆提升速度和喷浆率。为了保证搅拌桩的均匀性，喷浆提升速度最好控制在0.4～0.8m/min；灰浆泵应均匀输浆，确保沿桩深均匀喷浆。

（二）高压喷射灌浆

高压喷射注浆法，是利用钻机把带有特制喷嘴的注浆管钻进至土层的预定位置后，用高压泵将水泥浆液通过钻杆下端的喷射装置，以高速喷出，冲击切削土层，使喷流射程内土体破坏，同时钻杆一方面以一定的速度（20r/min）旋转，另一方面以一定速度（15～30cm/min）徐徐提升，使水泥浆与土体充分搅拌混合，胶结硬化后即在地基中形成具有一定强度（0.5～8.0MPa）的固结体，从而使地基得到加固。

1. 分类及形式

根据使用机具设备的不同，高压喷射注浆法可分为单管法、二重管法和三重管法。在施工中，根据工程需要和机具设备条件选用。

（1）单管法。单管法用一根单管喷射高压水泥浆液作为喷射流。由于高压浆液喷射流在土中衰减大，破碎土的射程较短，成桩直径较小，一般为0.3～0.8m。

（2）二重管法。二重管法用同轴双通道的二重注浆管，复合喷射高压水泥浆液和压缩空气两种介质。以浆液作为喷射流，但在其外围环绕着一圈空气流成为复合喷射流，破坏土体的能量显著加大，成桩直径一般为1.0m左右。

（3）三重管法。三重管法用分别输送水、气、浆3种介质的同轴三重注浆管，使高压水流和在其外围环绕着的一圈空气流组成复合喷射流，冲切土体，形成较大的空隙，再由高压浆流填充空隙。三重管法成桩直径较大，一般为1.0～2.0m，但成桩强度相对较低（0.9～1.2MPa）。

加固体的形状与喷射流移动方向有关，有旋转喷射（简称旋喷）、定向喷射（简称定喷）和摆动喷射（简称摆喷）3种注浆形式。加固形状可分为柱状、壁状和块状。作为地基加固，一般采用旋喷注浆形式。

2. 特点和适用范围

高压喷射注浆法具有以下特点。

（1）加固效果好，提高地基的抗剪强度，改善土的变形性质。

（2）能利用小直径钻孔旋喷成比孔大8～10倍的大直径固结体；可通过调节喷嘴的旋喷速度、提升速度、喷射压力和喷浆量，旋喷成各种形状柱体，如均匀圆柱状、异形圆柱状、扇状、板墙状等。

（3）既可垂直喷射，也可倾斜或水平喷射。根据需要可制成垂直桩、斜桩或连续墙，并获得需要的强度。

（4）可用于对已有建筑物地基加固而不扰动附近土体，施工噪音低，振动小。

（5）可用于任何软弱土层，易控制加固范围。

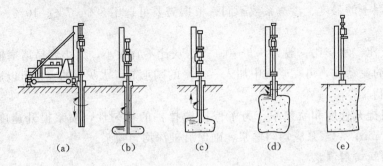

图 8-21 单管高压喷射注浆施工程序
(a) 钻机就位钻孔；(b) 开始喷射；(c)、(d) 边旋喷边提升；(e) 旋喷结束成桩

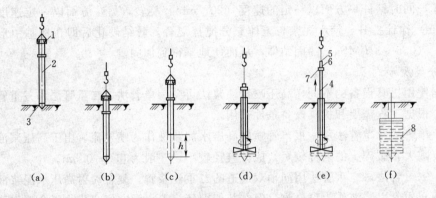

图 8-22 三重管高压喷射注浆施工程序
(a) 振动沉桩机就位，放桩靴，立套管，安振动锤；(b) 套管沉入设计深度；(c) 拔起一段套管，使下段
露出地面（使 h 大于要求的旋喷长度）；(d) 卸上段套管，套管中插入三重管，边旋、边喷、边提升；
(e) 自动提升喷射注浆管；(f) 拔出喷射注浆管与套管，下部形成圆柱喷射桩加固体
1—振动锤；2—钢套管；3—桩靴；4—三重管；5—浆液胶管；6—高压水胶管；
7—压缩空气胶管；8—喷射桩加固体

（6）设备较简单、轻便，机械化程度高，材料来源广。

（7）施工简便，操作容易，速度快，效率高，用途广泛，成本低。

高压喷射注浆法适用于处理淤泥、淤泥质土、黏性土、粉土、湿陷性黄土、砂土、碎石土及人工填土等地基；当土中含有较多的大粒径块石、坚硬黏性土、大量植物根茎或含有过多有机质时，应根据现场试验结果确定其适用程度。

高压喷射注浆法可用于地基处理、深基坑侧壁挡土或挡水、基坑底部加固、防止管涌与隆起、坝的加固与防水帷幕等工程。对地下水流速过大、喷射浆液无法在注浆管周围凝聚的情况下，则不宜采用。

3. 机具设备

高压喷射注浆的施工机具设备由高压发生装置、钻机注浆、特种钻杆和高压管路等 4 部分组成。因喷射种类不同，使用的机具设备和数量不同。主要包括：钻机、高压泵、泥浆泵、空压机、浆液搅拌器、注浆管、喷嘴、操纵控制系统、高压管路系统、材料储存系统等。高压喷射注浆法施工主要机具和参数见表 8-4。高压喷射注浆法施工所用的钻机

可采用一般浅孔钻机，常用Ⅺ—100 型和 SH—30 型钻机，76 型振动钻机是为喷射注浆法而设计的专用钻机设备。高压泵是高压发生装置，高压泥浆泵常用 SNC—H300 型黄河牌压浆车、ACF—700 型压浆车等；高压水泵可采用 3W—TB4 型高压柱塞泵、3XB 型三柱塞泵等。

表 8-4　　　　　　　　　高压喷射注浆法施工的主要机具和参数

项　目			单管法	二重管法	三重管法
参数	喷嘴孔径（mm）		φ2～3	φ2～3	φ2～3
	喷嘴个数（个）		2	1～2	1～2
	旋转速度（r/min）		20	10	5～15
	提升速度（mm/min）		200～250	100	50～150
机具性能	高压泵	压力（MPa）	20～40	20～40	20～40
		流量（L/min）	（浆液）60～120	（浆液）60～120	（水）60～120
	空压机	压力（MPa）	—	0.7	0.7
		流量（m³/min）	—	1～3	1～3
	泥浆泵	压力（MPa）	—	—	3～5
		流量（L/min）	—	—	100～150

4. 材料

旋喷使用的水泥应采用新鲜无结块 32.5 MPa 或 42.5 MPa 的普通硅酸盐水泥。水泥浆液的水灰比应按工程要求确定，一般可取 1∶1～1.5∶1，常用 1∶1。根据需要可加入适量的速凝、悬浮或防冻等外加剂及掺合料。

5. 施工要点

（1）单管法、双管法和三管法喷射注浆的施工程序基本一致，即机具就位、贯入喷射注浆管、喷射注浆、拔管及冲洗等。施工工艺流程如图 8-21、图 8-22 所示。

（2）高压喷射注浆单管法及二重管法的高压水泥浆液射流和三重管法高压水射流的压力宜大于 20MPa，三重管法使用的低压水泥浆液流压力宜大于 1MPa，气流压力宜取 0.7MPa，提升速度可取 0.1～0.25m/min。

（3）施工前应根据现场环境和地下埋设物的位置等情况，复核高压喷射注浆的设计孔位。

（4）钻机与高压注浆泵的距离不宜过远，要求钻机安放保持水平，钻杆保持垂直，其倾斜度不得大于 1.5%，水平位置偏差不大于 50mm。

（5）单管法和二重管法可用注浆管射水成孔至设计深度后，再一边提升一边进行喷射注浆。三重管法施工须预先用钻机或振动打桩机钻成直径 150～200mm 的孔，然后将三重注浆管插入孔内。如因塌孔插入困难时，可用低压（小于 1 MPa）水冲孔喷下，但须把高压水喷嘴用塑料布包裹，以免泥土堵塞。

（6）插入旋喷管后先作高压水射水试验，合格后按旋喷、定喷或摆喷的工艺要求和选定的参数，由下而上进行喷射注浆，注浆管分段提升的搭接长度不得小于 100mm。

（7）当采用三重管法旋喷，开始时，先送高压水，再送水泥浆和压缩空气，在一般情况下，压缩空气可晚送 30s。在桩底部边旋转边喷射 1min 后，再边旋转、边提升、边喷射。

（8）对需要扩大加固范围或提高强度的工程，可采取复喷措施，即先喷一遍清水再喷一遍或两遍水泥浆。

（9）高压喷射注浆时，先应达到预定的喷射压力、喷浆量后再逐渐提升注浆管。中间发生压力骤然下降或上升故障时应停止提升和旋喷，以防桩体中断，并立即检查排除故障。

（10）高压喷射注浆时，当冒浆量大于注浆量的 20% 或不冒浆，应查明原因。

冒浆量过大的主要原因是有效喷射范围与注浆量不相适应，注浆量大大超出喷浆固结所需的浆量所致，减少冒浆量可采取的措施有：提高喷射压力；适当缩小喷嘴孔径；加快提升速度和旋转速度。对于冒出地面的浆液，若能迅速地进行过滤、沉淀除去杂质和调整浓度后，可予以回收利用。但回收的浆液中难免有砂粒，只有三重管喷射注浆法可以利用冒浆再注浆。

不冒浆的主要原因是地层中有较大空隙，可采取的措施有：在浆液中掺入适量的速凝剂，缩短固结时间，使浆液在一定土层范围内凝固；在空隙地段增大注浆量，填满空隙后再继续正常喷浆。

（11）当处理既有建筑地基时，应采取速凝浆液或大间隔孔旋喷和冒浆回灌等措施，以防旋喷过程中地基产生附加变形和地基与基础间出现脱空现象，影响被加固建筑及邻近建筑。同时应对建筑物进行沉降观测。

（12）桩喷浆量可按下式计算：

$$Q = \frac{H}{v}q(1 + \beta) \qquad (8-1)$$

式中　Q——1 根桩的喷浆量，L/根；

　　　H——桩长，m；

　　　v——旋喷管提升速度，m/min；

　　　q——泵的排浆量，L/min；

　　　β——浆液损失系数，一般取 0.1～0.2。

（13）喷到桩高后应迅速拨出注浆管，用清水冲洗注浆管、输浆液管路等机具，防止凝固堵塞，采用的方法一般是把浆液换成水，在地面喷射，以便把泥浆泵、注浆管和软管内的浆液全部排除。

第二节　岩石地基处理

岩基的一般地质缺陷，经过开挖和灌浆处理后，地基的承载力和防渗性能都可以得到不同程度的改善。但对于一些比较特殊的地质缺陷，如断层破碎带、缓倾角的软弱夹层、层理以及岩溶地区较大的空洞和漏水通道等，如果这些缺陷的埋深较大或延伸较远，采用开挖处理在技术上就不太可能，在经济上也不合算，常须针对工程具体条件，采用一些特殊的处理措施。

一、断层破碎带的处理

由于地质构造原因形成的破碎带，有断层破碎带和挤压破碎带两种。经过地质错动和挤压，其中的岩块极易破碎，且风化强烈，常夹有泥质充填物。

对于宽度较小或闭合的断层破碎带，如果延伸不深，常采用开挖和回填混凝土的方法进行处理。即将一定深度范围内的断层和破碎风化岩层清理干净，直到新鲜岩基，然后再回填混凝土。如果断层破碎带需要处理的深度很大，为了克服深层开挖的困难，可以采用大直径钻头（直径在 1m 以上）钻孔到需要深度再回填混凝土；或开挖一层回填一层，在回填的混凝土中预留竖井或斜井，作为继续下挖的通道，直到预定深度为止。

对于贯通坝址上、下游的宽而深的断层破碎带或深厚覆盖层的河床深槽，处理时，既要解决地基的承载能力，又要截断渗流通道。在这种情况下，为了解决承载力问题，可采用支承拱的办法，将上部结构的荷载通过横跨断层和深槽的支承拱，传到两侧坚固的岩层中，避免了深槽开挖的困难。为了截断渗流通道，可以修筑截水槽或防渗墙，必要时，还可辅以深孔帷幕灌浆。

二、软弱夹层的处理

软弱夹层是指基岩层面之间或裂隙面中间强度较低已经泥化或容易泥化的夹层，受到上部结构荷载作用后，很容易产生沉陷变形和滑动变形。软弱夹层的处理方法，视夹层产状和地基的受力条件而定。

对于陡倾角夹层，如果没有和库水位相通，处理它主要是解决承载力问题，可以采用开挖和回填混凝土的办法进行处理。如果夹层和库水位相通，除了对坝基范围内的夹层进行开挖处理外，还必须在夹层上游库水位入口处进行封闭处理，切断库水进入夹层的通道。

对于缓倾角夹层，特别是倾向下游的泥化夹层，由于层面的抗剪强度很低，处理的目的是提高地基的抗滑稳定能力。如果夹层不深，开挖工程量不大，应全部挖除。如果夹层埋深较大，或夹层上部有足够厚度的支撑岩体，能够维持基岩的深层抗滑稳定，则可以考虑只挖除坝体上游部位的夹层，并进行封闭处理。

如果夹层埋藏很深，且没有深层滑动的危险，处理的目的主要是加固地基，可采用一般的灌浆方法进行处理。

三、岩溶处理

岩溶是可溶性岩层长期受地表水或地下水的溶蚀和溶滤作用后产生的一种自然现象。由岩溶现象形成的溶槽、漏斗、溶洞、暗河、岩溶湖、岩溶泉等地质缺陷，削弱基岩的承载能力，形成漏水的通道。处理岩溶的主要目的是防止渗漏，保证蓄水，提高坝基的承载能力，确保大坝的安全稳定。

对岩溶的处理可采取堵、铺、截、围、导、灌等措施。堵就是堵塞漏水的洞眼；铺就是在漏水的地段做铺盖；截就是修筑截水墙；围就是将间歇泉、落水洞等围住，使之与库水隔开；导就是将建筑物下游的泉水导出建筑物以外；灌就是进行固结灌浆和帷幕灌浆。

四、基岩的锚固

岩基锚固是用预应力锚束对基岩施加预压应力的一种锚固技术，达到加固和改善地基

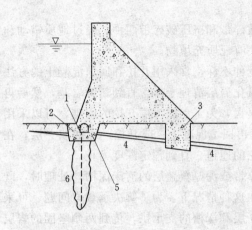

图 8-23　含缓倾角夹层坝基处理示意图

1—帷幕灌浆廊道；2—齿槽；3—下游齿墙；4—软弱
夹层；5—排水孔；6—灌浆帷幕

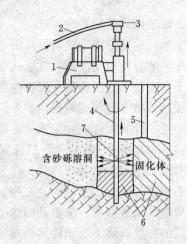

图 8-24　高压旋喷法处理岩溶地基

1—钻机；2—进浆管；3—调压阀；4—钻杆；
5—钻孔；6—固化体；7—喷头

受力条件的目的。

锚固技术由于效果可靠，施工方便，经济合理等优点，在国内外工程中得到广泛使用。在水电工程中，利用锚固技术可以解决以下几方面的问题。

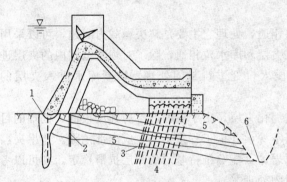

图 8-25　用预应力锚索加固坝基软弱夹层

1—帷幕灌浆；2—排水孔；3—下游排水孔；
4—预应力锚索；5—软弱夹层；6—冲刷坑

（1）高边坡开挖时锚固边坡。

（2）坝基、岸坡抗滑稳定加固。

（3）锚固建筑物，改善受力条件，提高抗震性能。

（4）大型洞室支护加固。

（5）混凝土建筑物的裂缝和缺陷修补锚固。

（6）大坝加高加固。

锚固方法，视工程具体条件不同而异。

复 习 思 考 题

8-1　土基截渗处理有哪几种基本方法？

8-2　土基加固处理有哪几种基本方法？

8-3　端承桩和摩擦桩各自的作用特点是什么？

8-4　预制桩和灌注桩各自的特点是什么？

8-5　灌注桩的成桩技术有哪些？

8-6　试述钻孔灌注桩的施工方法、常见问题及其处理方法。

8-7　人工挖孔灌注桩施工常用哪几种护壁方案？它们各自的特点是什么？

8-8　打拔管灌注桩拔管的方法有哪几种？

8-9　打管灌注桩在施工中易发生的质量事故有哪几种？

8-10　钢筋混凝土预制桩的施工程序是怎样的？

8-11　钢筋混凝土预制桩的制作质量应符合什么要求？

8-12　钢筋混凝土预制桩打桩常用的施工方法有哪些？

8-13　常用的桩锤有哪几种？

8-14　打桩顺序有哪几种？

8-15　混凝土防渗墙的施工程序是什么？

8-16　混凝土防渗墙在施工中造孔前的准备工作有哪些？

8-17　在泥浆固壁造孔中泥浆的作用有哪些？

8-18　在泥浆下进行混凝土浇筑的特点是什么？应采用什么方法进行浇注？

8-19　深层搅拌桩施工有哪两种方法？

8-20　深层搅拌法的施工工艺过程是怎样的？

8-21　根据使用机具设备的不同，高压喷射注浆法可分为哪几种？

8-22　高压喷射注浆法具有哪些特点？

8-23　如何对断层破碎带进行处理？

8-24　如何对软弱夹层进行处理？

8-25　如何对岩溶进行处理？

8-26　什么叫岩基锚固技术？该技术主要解决什么问题？

第九章 土石建筑物施工

水利水电工程中的土石建筑物施工在整体工程建设中，工程量和投资占有很大比重；就土石方工程本身而言，种类繁多。按其工程类型分，有：挖方（如渠道、基坑等）、填方（拦河坝、河堤、填方渠道等）及半挖半填（如半挖半填渠道）等。按其施工方法分，有：人力施工、机械施工、爆破施工及水力机械施工等。对于工程数量大的大中型水利水电工程亦可采取综合的施工方法。土石方工程施工的特点是：工程量大，受外界干扰较多。例如：在高挖方中常遇到边坡稳定问题；在深挖方中常遇到地下水的困惑；气候因素往往使工期紧张。还有土质的差异、地形的陡缓都给施工带来诸多不利。应按实际情况，决定施工方法。

第一节 土 的 工 程 性 质

在水利工程的土方施工中，根据其开挖难度，将土方分为4级，见表9-1。

表 9-1   一般工程土类分级表

土质级别	土质名称	自然湿密度（g/cm³）	外形特征	开挖方法
I	砂土、种植土	1.65～1.75	疏松、黏着力差或易透水，略有黏性	用锹或略加脚踩开挖
II	壤土、淤泥、含壤种植土	1.75～1.85	开挖时能成块，并易打碎	用锹，需用脚踩开挖
III	黏土、干燥黄土、干淤泥、含少量砾石黏土	1.80～1.95	粘手、看不出砂粒或干硬	用镐、三齿耙开挖或用锹，需用力加脚踩开挖
IV	坚硬黏土、砾质黏土、含卵石黏土	1.90～2.10	土壤结构坚硬，将土分裂后成块状或含黏粒、砾石较多	用镐、三齿耙开挖

土的工程性质对土方工程的施工方法及工程进度影响很大。主要的工程性质有：密度、含水量、渗透性、可松性等。土的可松性指自然状态的土在挖掘后变松散的性质。

土方工程中有自然方、松方、压实方等几种计量方法，其换算关系见表9-2。

表 9-2   土石方的松实系数

项目	自然方	松方	实方	项目	自然方	松方	实方
土方	1	1.33	0.85	砂	1	1.07	0.94
石方	1	1.53	1.31	混合料	1	1.19	0.88

注 本表摘自《水利建筑工程预算定额》（水利部文件［2002］116号）。

第二节　土石方平衡调配原则和土方工程量计算

一、土石方平衡调配原则

水利水电工程施工一般有土石方开挖料和土石方填筑料以及其他用料，如开挖料作混凝土骨料等。在开挖的石料中，一般有废料，还可能有剩余料等，因此要设置堆料场和弃料场。开挖的土石料的利用和弃置，不仅有数量的平衡（即空间位置上的平衡）要求，还有时间的平衡要求，同时还要考虑质量和经济效益等。

（一）土石方平衡调配的方法

土石方平衡调配是否合理的主要判断指标是运输费用，费用花费最少的方案就是最好的调配方案。土石方调配可按线性规划进行。对于基坑和弃料场不太多时，可用简便的"西北角分配法"求解最优调配数值。

（二）土石方平衡调配原则

土石方平衡调配的基本原则是在进行土石方调配时要做到料尽其用、时间匹配和容量适度。

1. 料尽其用

开挖的土石料可用来作堤坝的填料、混凝土骨料或平整场地的填料等。前两种利用质量要求较高，场地平整填料一般没有太多的质量要求。

2. 时间匹配

土石方开挖应与用料在时间上尽可能相匹配，以保证施工高峰用料。

3. 容量适度

堆料场和弃料场的设置应容量适度，以尽可能少占地。开挖区与弃料场应合理匹配，以使用费最少。

堆料场是指堆存备用土石料的场地，当基坑和料场开挖出的土石料需作建筑物的填筑用料，而两者在时间上又不能同时进行就需要堆存。由于开挖施工工艺问题，常有不合格料混杂，对这些混杂料应禁止送入堆料场。

弃料场是开挖出的不能利用的土石料应做为弃料处理，弃料场选择与堆弃原则是：尽可能位于库区内，这样可以不占农田耕地。施工场地范围内的低洼地区可作为弃料场，平整后可作为或扩大为施工场地。弃料堆置应不使河床水流产生不良的变化，不妨碍航运，不对永久建筑物与河床过流产生不利影响。在可能的情况下，应利用弃土造田，增加耕地。弃料场的使用应做好规划，开挖区与弃料场应合理调配，以使运费最少。

二、土方工程量计算

1. 场地平整土方量的计算

场地平整就是将施工现场平整为满足施工布置要求的一块施工场地。场地平整前，应确定场地的设计标高，计算挖、填土方工程量，进行挖、填方的平衡调配。

场地平整土方量的计算，一般采用方格网法，计算步骤如下。

（1）在地形图上将需要平整的施工场地划分成边长为 10～40m 的方格网。

（2）计算各方格角点的自然地面标高。

（3）确定场地设计标高，并根据泄水坡度要求计算各方格角点的设计标高。

（4）确定各方格角点的挖填高度。

（5）确定零线，即挖、填方的分界线。

（6）计算各方格内挖、填土方量和场地边坡土方量，最后求得整个场地挖、填总方量。

2．基坑、基槽土方量的计算

（1）基坑的土方量可近似按拟柱体体积公式计算（图9-1）。

$$V = (A_1 + 4A_0 + A_2)H/6 \qquad (9-1)$$

式中 H——基坑深度，m；

A_1、A_2——基坑上、下底面积，m^2；

A_0——基坑深 $H/2$ 处的面积，m^2。

（2）基槽是一狭长沟槽，其土方量计算可沿其长度方向分段进行，然后相加求得总方量。

当基槽某段内横截面尺寸不变时，其土方量即为该段横截面的面积乘以该段基槽长度；当某段内横截面的尺寸、形状有变化时，仍可按式（9-1）计算该段土方量。

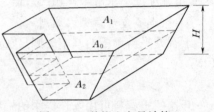

图9-1 基坑土方量计算

3．堤坝填筑工程量的计算

堤坝工程为狭长形，工程量一般采用断面法计算，即每隔一定长度（形状变化较小时取大值，反之取小值）取一断面，每一段的方量用两端的断面面积的平均值乘以段长即可，各段方量之和即为总方量。

第三节 土方工程施工工艺

一、土方开挖

（一）推土机

推土机是一种挖运综合作业机械，是在拖拉机上装上推土铲刀而成（图9-2）。按推土板的操作方式不同，可分为索式和液压式两种。索式推土机的铲刀是借刀具自重切入土中，切土深度较小；液压推土机能强制切土，推土板的切土角度可以调整，切土深度较大。因此，液压推土机是目前工程中常用的一种推土机。

推土机构造简单，操作灵活，运转方便，所需作业面小，功率大，能爬30°左右的缓坡。适用于施工场地清理和平整，开挖深度不超过1.5m的基坑以及沟槽的回填土，堆筑高度在1.5m以内的路基、堤坝等。在推土机后面安装松土装置，可破松硬土和冻土，还可牵引无动力的土方机械（如拖式铲运机、羊脚碾等）进行其他土方作业。推土机的推运距离宜在100m以内，当推运距离在30～60m时，经济效益最好。

提高推土机生产效率的方法有如下几点。

（1）下坡推土。借推土机自重，增大铲刀的切土深度和运土数量，以提高推土能力和缩短运土时间。一般可提高效率30％～40％。

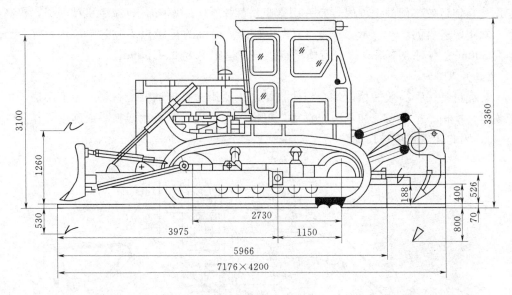

图 9 - 2 T180 推土机（单位：mm）

（2）并列推土。对于大面积土方工程，可用 2～3 台推土机并列推土。推土时，两铲刀相距 15～30cm，以减少土的侧向散失；倒车时，分别按先后顺序退回。平均运距不超过 50～75m 时，效率最高。

（3）沟槽推土。当运距较远，挖土层较厚时，利用前次推土形成的槽推土，可大大减少土方散失，从而提高效率。此外，还可在推土板两侧附加侧板，增大推土板前的推土体积以提高推土效率。

（二）铲运机

按行走机构不同，铲运机有拖式和自行式两种。拖式铲运机由拖拉机牵引，工作时靠拖拉机上的操作机构进行操作。根据操作机构不同，拖式铲运机又分索式和液压式两种。自行式铲运机的行驶和工作都靠本身的动力设备，不需要其他机械的牵引和操作，如图 9 - 3 所示。

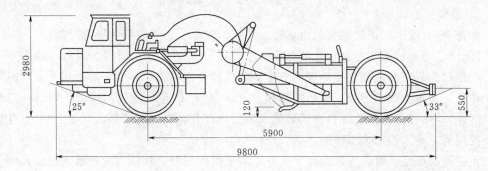

图 9 - 3 CL7 自行式铲运机（单位：mm）

铲运机能独立完成铲土、运土、卸土和平土作业，对行驶道路要求低，操作灵活，运转方便，生产效率高。铲运机适用于大面积场地平整、开挖大型基坑、沟槽以及填筑路基、堤坝等，最适合开挖含水量不大于 27% 的松土和普通土，不适合在砾石层和沼泽区工作。当铲运较坚硬的土壤时，宜先用推土机翻松0.2~0.4m，以减少机械磨损，提高效率。常用铲运机的铲斗容量为1.5~6m³。拖式铲运机的运距以不超过800m为宜，当运距在300m左右时效率最高；自行式铲运机经济运距为800~1500m。

（三）装载机

装载机是一种高效的挖运综合作业机械。主要用途是铲取散粒材料并装上车辆，可用于装运、挖掘、平整场地和牵引车辆等，更换工作装置后，可用于抓举或起重等作业（图9-4），因此在工程中被广泛应用。

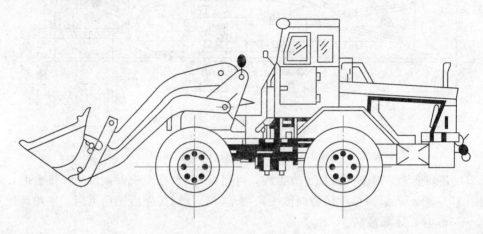

图9-4　装载机

装载机按行走装置分为轮胎式和履带式；按卸料方式分为前卸式、后卸式和回转式3种；按载重量分为小型（<1t）、轻型（1~3t）、中型（4~8t）、重型（>10t）4种。目前使用最多的是四轮驱动铰接转向的轮式装载机，其铲斗多为前卸式，有的兼可侧卸。

（四）单斗挖掘机

单斗挖掘机是一种循环作业的施工机械，在土石方工程施工中最常见。按其行走机构的不同，可分为履带式和轮胎时；按其传动方式不同，分机械传动和液压传动两种；按工作装置不同分为正铲、反铲、拉铲和抓铲等（图9-5）。

1. 正铲挖掘机

如图9-6所示，正铲挖掘机由动臂、斗杆、铲斗、提升索等主要部分组成。

图9-7为正铲工作过程示意图。每一工作循环包括挖掘、回转、卸料、返回4个过程。挖掘时先将土斗放到工作面底部（Ⅰ）的位置，然后将铲斗自下而上提升，同时向前推压斗杆，在工作面上形成一弧形挖掘带（Ⅱ、Ⅲ）；铲斗装满后，将铲斗后退，离开工作面（Ⅳ）；回转挖掘机上部机构至运输车辆处，打开斗门，将土卸出（Ⅴ、Ⅵ）；此后再回转挖掘机，进入第二个工作循环。

正铲挖掘机施工时，应注意以下几点：为了操作安全，使用时应将最大挖掘高度、最大挖掘半径值减少5%~10%；在挖掘黏土时，工作面高度宜小于最大挖土半径时的挖掘高度，以防止出现土体倒悬现象；为了发挥挖掘机的生产效率，工作面高度应不低于挖掘一次即可装满铲斗的高度。

挖掘机的工作面称为掌子面，正铲挖掘机主要用于停机面以上的掌子开挖。根据掌子

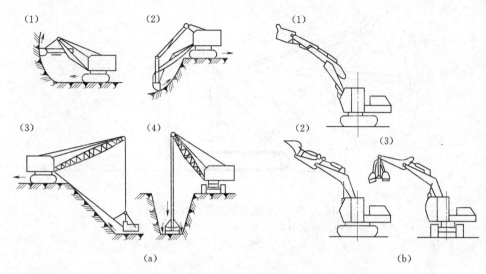

图 9-5 单斗挖掘机

(a) 机械式；(b) 液压式

(1) 正铲；(2) 反铲；(3) 拉铲；(4) 抓铲

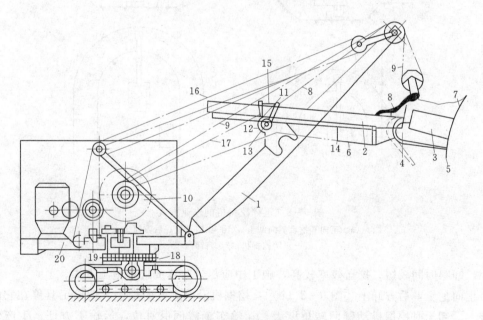

图 9-6 正铲挖掘机构造图

1—支杆；2—斗柄；3—铲斗；4—斗底铰链连接；5—门扣；6—开启斗门用索；

7—斗齿；8—拉杆；9—提升索；10—绞盘；11—枢轴；12—取土鼓轴；

13—齿轮；14—齿杆；15—鞍式轴承；16—支承索；17—回引索；

18—旋转用大齿轮；19—旋转用小齿轮；20—回转盘

面布置的不同，正铲挖掘机有不同的作业方式，如图 9-8 所示。

正向挖土，侧向卸土 [图 9-8 (a)]：挖掘机沿前进方向挖土，运输工具停在侧面装土（可停在停机面或高于停机面上）。这种挖掘运输方式在挖掘机卸土时，动臂回转角度

207

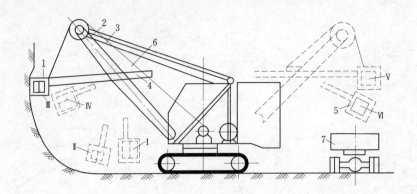

图 9-7　正铲挖掘机工作过程示意图

1—铲斗；2—支杆；3—提升索；4—斗柄；5—斗底；6—鞍式轴承；7—车辆；

Ⅰ、Ⅱ、Ⅲ、Ⅳ—挖掘过程；Ⅴ、Ⅵ—装卸过程

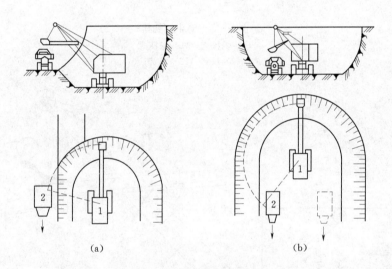

(a)　　　　　　　　　　　　　(b)

图 9-8　正铲挖掘机的作业方式

(a) 正向开挖、侧向卸土；(b) 正向开挖、后方卸土

1—正铲挖掘机；2—自卸汽车

很小，卸料时间较短，挖运效率较高，施工中应尽量布置成这种施工方式。

正向挖土，后方卸土 [图 9-8 (b)]：挖掘机沿前进方向挖土，运输工具停在它的后面装土。卸土时挖掘机动臂回转角度大，运输车辆需倒退对位，运输不方便，生产效率低。适用于开挖深度大，施工场地狭小的场合。

2. 反向铲斗式挖掘机

反铲挖掘机为液压操作方式，适用于停机面以下的土方开挖。挖土时后退向下，强制切土，挖掘力比正铲挖掘机小，主要用于小型基坑、基槽和管沟开挖。反铲挖土时，可用自卸汽车配合运土，也可直接弃土于坑槽附近。

反铲挖掘机工作方式分为以下两种。

(1) 沟端开挖，如图 9-9 (a) 所示：挖掘机停在基坑端部，后退挖土，汽车停在两

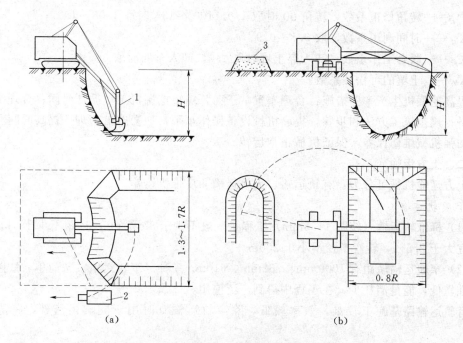

图 9-9 反铲挖掘机开挖方式与工作面
（a）沟端开挖；（b）沟侧开挖
1—反铲挖掘机；2—自卸汽车；3—弃土堆

侧装土。

（2）沟侧开挖，如图 9-9（b）所示：挖掘机停在基坑的一侧移动挖土，可用汽车配合运土，也可将土弃于土堆。由于挖掘机与挖土方向垂直，挖掘机稳定性较差，而且挖土的深度和宽度均较小，故这种开挖方法只是在无法采用沟端开挖或不需将弃土运走时采用。

3. 单斗挖掘机生产率的计算

挖掘机的生产率是指在单位时间内从掌子中挖取并卸入土堆或车厢的土方量。影响挖掘机生产率的主要因素有：土壤性质、掌子的高度、旋转角度、工作时间的利用程度、运输车辆的大小、司机的操作水平和挖掘机的技术状况等。根据具体施工条件分析上述因素后，单斗挖掘机生产率可按式（9-2）计算，即

$$P = 60nqK_{充} K_{修} K_{时} K_{延} / K_{松}\ (\text{m}^3/\text{h},\text{自然方}) \tag{9-2}$$

其中

$$K_{修} = 1/(0.4K_{土} + 0.6\beta)$$

$$n = 3600/T$$

式中　n——设计每分钟循环次数；

　　　T——挖掘机一个工作循环时间，s；

　　　q——铲斗平装容量，即铲斗的几何容积，m^3；

　　　$K_{充}$——铲斗充盈系数，与土质有关，一般取 0.80～1.10；

　　　$K_{修}$——工作循环时间修正系数；

　　　$K_{土}$——土壤级别修正系数，可采用 1.0～1.2；

β——转角修正系数，转角 90°时取 1.0，100°～135°时取 1.08～1.37；

$K_{时}$——时间利用系数，取 0.8～0.9；

$K_{延}$——联合工作系数，卸入弃土堆时取 1.0，卸入车厢时取 0.9；

$K_{松}$——土壤的可松性系数。

提高挖掘机生产率的措施：合理布置掌子面，缩短挖掘机工作循环时间；合理配套挖运设备；规范施工方法和步骤，提高机械设备操作水平，加强施工管理，提高时间利用系数；加强机械维修保养，保证机械正常运转。

二、土方运输

土方运输机械可分为：有轨运输、无轨运输和皮带机运输。

1. 有轨运输

(1) 标准轨运输（轨距 1435mm）工程量一般不少于 30 万 m^3，运距不少于 1km，坡度不宜大于 2.5%，转弯半径不小于 200m。

(2) 窄轨运输轨距有 1000mm、762mm、610mm 3 种。窄轨运输设备简单，线路要求比标准轨低，能量消耗少，在工程中得到广泛使用。

有轨运输路基施工较难，效率较低，除窄轨运输有时用于隧洞出渣外，一般较少采用。

2. 无轨运输

(1) 自卸汽车运输机动灵活，运输线路布置受地形影响小，但运输效率易受气候条件的影响，燃料消耗多，维修费用高。自卸汽车运输，运距一般不宜小于 300m，重车上坡最大允许坡度为 8%～10%，转弯半径不宜小于 20m。

(2) 拖拉机运输是用拖拉机拖带拖车进行运输。根据行走装置不同，拖拉机分为履带式和轮胎式两种。履带式拖拉机牵引力大，对道路要求低，但行驶速度慢，适用于运距短、道路不良的情况。轮式拖拉机对道路的要求与自卸汽车相同，适用于道路良好，运距较大的情况。

3. 皮带机运输

皮带机是一种连续式的运输设备。与车辆运输相比，皮带机具有以下特点：结构简单、工作可靠、管理方便，易于实现自动控制；负荷均匀，动力装置的功率小，能耗低；连续运输，生产效率高，如图 9-10 所示。

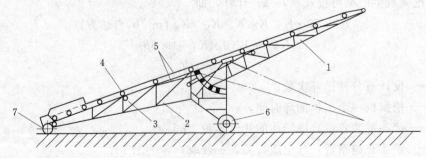

图 9-10 移动式皮带机

1—前机架；2—后机架；3—下托辊；4—上托辊；5—皮带；6—行走轮；7—尾部导向轮

三、土方压实

（一）压实理论

填筑于土坝或土堤上的土方，通过对其压实，可以达到以下目的：提高土体密度，提高土方承载能力；加大土坝或土堤坡角，减小填方断面面积，减少工程量，从而减少工程投资，加快工程进度；提高土方防渗性能，提高土坝或土堤的渗透稳定性。

土坝或土堤填方的稳定性主要取决于土料的内摩擦力和凝聚力。土料的内摩擦力、凝聚力和防渗性能都随填土的密实程度的增大而提高。例如某种砂壤土的干密度为 $1.4g/cm^3$ 压实提高到 $1.7g/cm^3$，其抗压强度可提高 4 倍，渗透系数将降低为原来的 1/2000。

土体是三相体，即由固相的土粒、液相的水和气相的空气所组成。通常土粒和水是不会被压缩的，土料压实的实质是将水包裹的土粒挤压填充到土粒间的空隙里，排走空气占有的空间，使土料的空隙率减少，密实度提高。所以，土料压实的过程实际上就是在外力作用下土料的三相重新组合的过程。

试验表明，黏性土的主要压实阻力是土体内的凝聚力。在铺土厚度不变的条件下，黏性土的压实效果（即干密度）随含水量的增大而增大，当含水量增大到某一临界值时，干密度达到最大，如此时进一步增加土体含水量，干密度反而减小，此临界含水量值称为土体的最优含水量，即相同压实功能时压实效果最大的含水量。当土料中的含水量超过最优含水量后，土体中的空隙体积逐步被水填充，此时作用在土体上的外荷，有一部分作用在水上，因此即使压实功能增加，但由于水的反作用抵消了一部分外荷，被压实土体的体积变化却很小，而呈此伏彼起的状态，土体的压实效果反而降低。

对于非黏性土，压实的主要阻力是颗粒间的摩擦力。由于土料颗粒较粗，单位土体的表面积比黏性土小得多，土体的空隙率小，可压缩性小，土体含水量对压实效果的影响也小，在外力及自重的作用下能迅速排水固结。黏性土颗粒细，孔隙率大，可压缩性也大，由于其透水性较差，所以排水固结速度慢，难以迅速压实。此外，土体颗粒级配的均匀性对压实效果也有影响。颗粒级配不均匀的砂砾料，较级配均匀的砂土易于压实。

（二）压实方法

土料的物理力学性能不同，压实时要克服的压实阻力也不同。黏性土的压实主要是克服土体内的凝聚力，非黏性土的压实主要是克服颗粒间的摩擦力。压实机械作用于土体上的外力有静压碾压、震动碾压和夯击 3 种，如图 9-11 所示。

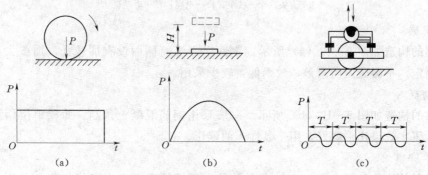

图 9-11 土料压实作用外力示意图

（a）静压碾压；（b）夯击；（c）震动碾压

（1）静压碾压：作用在土体上的外荷不随时间而变化，如图 9 - 11 （a）所示。

（2）夯击：作用在土体上的外力是瞬间冲击力，其大小随时间而变化，如图 9 - 11 （b）所示。

（3）震动碾压：作用在土体上的外力随时间作周期性的变化，如图 9 - 11 （c）所示。

（三）压实机械

常用的压实机械如图 9 - 12 所示。

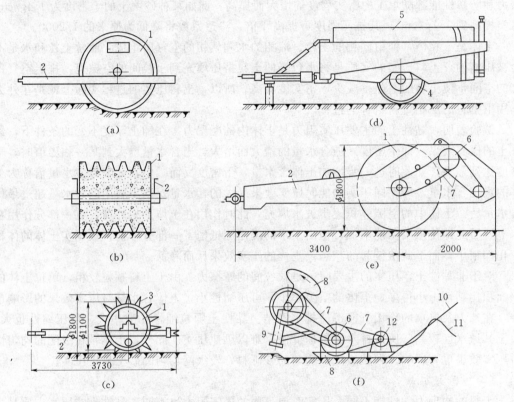

图 9 - 12　土方压实机械（单位：mm）

（a）平碾；（b）肋形碾；（c）羊脚碾；（d）气胎碾；（e）振动平碾；（f）蛙夯

1—碾滚；2—机架；3—羊脚；4—充气轮胎；5—压重箱；6—主动轮；7—传动皮带；8—偏心块；
9—夯头；10—扶手；11—电缆；12—电动机

1. 平碾

平碾的构造如图 9 - 12 （a）所示。钢铁空心滚筒侧面设有加载孔，加载大小根据设计要求而定。平碾碾压质量差，效率低，较少采用。

2. 肋碾

肋碾的构造如图 9 - 12 （b）所示。一般采用钢筋混凝土预制。肋碾单位面积压力较平碾大，压实效果比平碾好，用于黏性土的碾压。

3. 羊脚碾

羊脚碾的构造如图 9 - 12 （c）所示。其碾压滚筒表面设有交错排列的羊脚。钢铁空心滚筒侧面设有加载孔，加载大小根据设计要求而定。

羊脚碾的羊脚插入土中，不仅使羊脚底部的土体受到压实，而且使其侧向土体受到挤压，从而达到均匀压实的效果。碾筒滚动时，表层土体被翻松，有利于上、下层间结合。但对于非黏性土，由于插入土体中的羊脚使无黏性颗粒产生向上和侧向移动，会降低压实效果，所以羊脚碾不适于非黏性土的压实。

4. 气胎碾

气胎碾是一种拖式碾压机械，分单轴和双轴两种。图 9-12（d）所示是单轴气胎碾。单轴气胎碾的主要构造是由装载荷载的金属车厢和装在轴上的 4～6 个充气轮胎组成。碾压时在金属车厢内加载同时将气胎充气至设计压力。为避免气胎损坏，停工时用千斤顶将金属车厢顶起，并把胎内的气放出一些。

气胎碾在压实土料时，充气轮胎随土体的变形而发生变形。开始时，土体很松，轮胎的变形小，土体的压缩变形大。随着土体压实密度的增大，气胎的变形也相应增大，气胎与土体的接触面积也增大，始终能保持较均匀的压实效果。另外，还可通过调整气胎内压，来控制作用于土体上的最大应力不致超过土料的极限抗压强度。增加轮胎上的荷重后，由于轮胎的变形调节，压实面积也相应增加，所以平均压实应力的变化并不大。因此，气胎的荷重可以增加到很大的数值。而对于平碾和羊脚碾，由于碾滚是刚性的，不能适应土壤的变形，当荷载过大就会使碾滚的接触应力超过土壤的极限抗压强度，而使土壤结构遭到破坏。气胎碾既适宜于压实黏性土，又适宜于压实非黏性土，适用条件好，压实效率高，是一种十分有效的压实机械。

5. 震动碾

震动碾是一种振动和碾压相结合的压实机械，如图 9-12（e）所示。它是由柴油机带动与机身相连的轴旋转，使装在轴上的偏心块产生旋转，迫使碾滚产生高频震动。震动功能以压力波的形式传递到土体内。非黏性土料在震动作用下，内摩擦力迅速降低，同时由于颗粒不均匀，震动过程中粗颗粒质量大、惯性力大，细颗粒质量小、惯性力小。粗细颗粒由于惯性力的差异而产生相对移动，细颗粒填入粗颗粒间的空隙，使土体密实。而对于黏性土，由于土粒比较均匀，在震动作用下，不能取得像非黏性土那样的压实效果。

以上碾压机械压实土料的方法有两种：圈转套压法和进退错距法，如图 9-13（a）、图 9-13（b）所示。圈转套压法：碾压机械从填方一侧开始，转弯后沿压实区域中心线另一侧返回，逐圈错距，以螺旋形线路移动进行压时。这种方法适用于碾压工作面大，多台碾具同时碾压，生产效率高。但转弯处重复碾压过多，容易引起超压剪切破坏，转角处易漏压，难以保证工程质量。

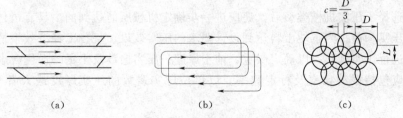

图 9-13 碾压机械压实方法
（a）圈转套压法；（b）进退错距法；（c）套压夯实法

进退错距法：碾压机械沿直线错距进行往复碾压。这种方法操作简便，碾压、铺土和质检等工序协调，便于分段流水作业，压实质量容易保证。此法适用于工作面狭窄的情况。

错距宽度 b（m）按下式计算：

$$b = B/n$$

式中 B——碾滚净宽，m；

n——设计碾压遍数。

6. 蛙夯

夯击机械是利用冲击作用来压实土方，具有单位压力大、作用时间短的特点，既可用来压实黏性土，也可用来压实非黏性土，如图 9-12（f）所示。蛙夯由电动机带动偏心块旋转，在离心力的作用下带动夯头上下跳动而夯击土层。夯击作业时各夯之间要套压，如图 9-13（c）所示。一般用于施工场地狭窄、碾压机械难以施工的部位。

（四）压实机械的选择

黏性土料黏结力是主要的，要求压实作用外力能克服黏结力；非黏性土料内摩擦力是主要的，要求压实作用外力能克服颗粒间的内摩擦力，选择压实机械主要考虑以下原则。

（1）适应筑坝材料的特性。黏性土应优先选用气胎碾、羊脚碾；砾质土宜用气胎碾、夯板；堆石与含有特大粒径（大于 500mm）的砂卵石宜用震动碾。

（2）应与土料含水量、原状土的结构状态和设计压实标准相适应。对含水量高于最优含水量 1%～2% 的土料，宜用气胎碾压实；当重黏土的含水量低于最优含水量，原状土天然密度高并接近设计标准，宜用重型羊脚碾、夯板；当含水量很高且要求的压实标准低时，黏性土也可选用轻型的肋型碾、平碾。

（3）应与施工强度大小、工作面宽窄和施工季节相适应。气胎碾、震动碾适用于生产强度要求高和抢时间的雨季作业；夯击机械宜用于坝体与岸坡或刚性建筑物的接触带、边角和沟槽等狭窄地带。冬季作业选择大功率、高效能的机械。

（4）施工队伍现有装备和施工经验等。

（五）压实参数与压实试验

1. 压实标准

土料压实标准是根据水工设计要求和土料的物理力学特性提出来的，黏性土由干密度 γ_d 控制，非黏性土由相对密度 D_r 控制。控制标准随建筑物的等级不同而不同。在现场通常将相对密度 D_r 转换成对应的干容重 γ_d 来控制施工质量。

2. 压实参数的确定

当初步选择了压实机械类型后，还应进一步确定机械所能达到的、具有最佳技术经济效果的各种压实参数。为了使土料达到设计要求的压实效果，且技术经济效果最佳，要求在施工现场进行压实试验，以确定碾重、铺土厚度、压实遍数及土料的最优含水量等，对于振动碾还应包括振动频率及行走速率。以单位压实遍数的压实厚度最大者为最经济、合理。

3. 碾压试验

碾压试验方法步骤如下：

(1) 选择一 60m×6m 的条形试验区，如图 9-14 所示。将此条带分为 15m 长的 4 等分，各段含水量依次为 ω_1、ω_2、ω_3、ω_4，控制其误差不超过 1%。对黏性土，试验含水量可定为：$\omega_1 = \omega_p - 4\%$；$\omega_2 = \omega_p - 2\%$；$\omega_3 = \omega_p$；$\omega_4 = \omega_p + 2\%$（$\omega_p$ 为土料的塑限）。

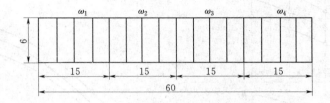

图 9-14 土料压实试验场地布置示意图（单位：m）

(2) 每段沿长边等分为 4 块，每块规定其碾压遍数分别为 n_1、n_2、n_3、n_4。

(3) 试验时，每一小块内取 9 个试样为一组，分别测定其含水量和干密度，根据整个试验区一次试验的结果，作出同一铺土厚度情况下不同压实遍数的压实效果曲线，如图 9-15 所示。

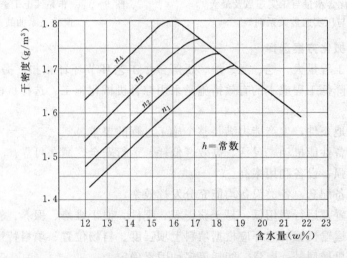

图 9-15 压实遍数、含水量、最大干密度的关系曲线

(4) 改变铺土厚度，重复上述步骤。

(5) 根据铺土厚度的不同，分别作出各不同铺土厚度情况下的最优含水量、最大干密度与压实遍数的关系曲线，如图 9-16 所示。

(6) 根据设计干密度 γ_d，从图 9-16 上分别查出不同铺土厚度时所对应的压实遍数 n_1、n_2、n_3，分别计算 h_1/n_1、h_2/n_2、h_3/n_3（即单位压实遍数的压实厚度），以单位压实遍数下压实厚度最大者所对应的压实参数作为最终施工参数。

对于非黏性土，由于压实效果与含水量的关系不显著，所以只需作土料压实的铺土厚度、压实遍数和干密度的关系曲线即可，如图 9-17 所示。确定合理的铺土厚度和压实遍数时，用设计要求的压实干密度查图 9-17 便可得到与不同铺土厚度相对应的压实遍数，然后仍以单位压实遍数下铺土厚度最大者所对应的压实参数作为最终施工参数。

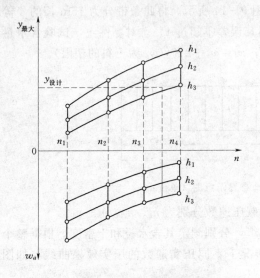

图 9-16 最优含水量与压实遍数及最大
干密度与压实遍数关系曲线

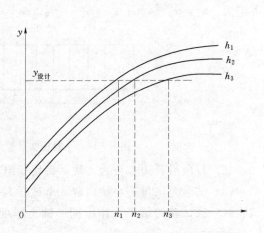

图 9-17 非黏性土干密度与压实
遍数关系曲线

四、综合机械化方案选择

土石方施工工程量大，挖、运、填、压等多个工艺环节环环相扣。提高劳动生产率，改善工程质量，降低工程成本的有效措施是采用综合机械化施工。选择机械化施工方案通常考虑如下原则。

（1）适应当地条件，生产能力满足整个施工过程的要求。

（2）机械设备性能机动、灵活、高效、低耗、运行安全、耐久可靠。

（3）通用性强，设备利用率高。

（4）机械设备配套，各类设备均能充分发挥效率。

（5）设备购置及运行费用低，易于获得零、配件，便于维修、保养、管理和调度。

（6）开挖和运输机械的选择应根据填料上坝强度、料场位置、填料特性、储量、分布以及可供选择的机械型号、容量、能耗等多种因素确定。

第四节 土 石 坝 施 工

按施工方法的不同，土石坝分为填筑碾压、水力冲填、水中倒土和定向爆破等类型。目前仍以填筑碾压式为最多。

碾压式土石坝施工，包括准备作业（如平整场地，修筑道路，架设水、电线路，修建临时用房，清基、排水等）；基本作业（如土石料开挖、装运、铺卸、压实等）以及为基本作业提供保证条件的辅助作业（如清除料场的覆盖层、清除杂物、坝面排水、刨毛及加水等）和保证建筑物安全运行而进行的附加作业（如修整坝坡、铺砌块石、种植草皮等）。

由于土石坝施工一般不允许坝顶过水，在河道截流后，必须保证在一个枯水期内将大坝修筑到拦洪高程以上。因此，除了应合理确定导流方案以外，还需周密研究料场的规划使用，采取有效的施工组织措施，确保上坝强度，使大坝在一个枯水期内达到拦洪高程。

一、料场规划

土石坝用料量很大，在坝型选择阶段应对土石料场全面调查，在施工前还应结合施工组织设计，对料场作进一步勘探、规划和选择。料场的规划包括空间、时间和质量等方面的全面规划。

空间规划，是指对料场的空间位置、高程进行恰当选择，合理布置。土石料场应尽可能靠近大坝，并有利于重车下坡。坝的上下游、左右岸最好都有料场，以利于各个方向同时向大坝供料，保证坝体均衡上升。用料时，原则上低料低用、高料高用，以减少垂直运输。

时间规划，是指料场的选择要考虑施工强度、季节和坝前水位的变化。在用料规划上力求做到近料和上游易淹的料场先用，远料和下游不易淹的料场后用；含水量高的料场旱季用，含水量低的料场雨季用。上坝强度高时充分利用运距近、开采条件好的料场，上坝强度低时用运距远的料场，以平衡运输任务。在料场使用计划中，还应保留一部分近料场供合龙段填筑和拦洪度汛施工高峰时使用。

料场质与量的规划，是指对料场的质量和储料量进行合理规划。在选择规划和使用料场时，应对料场的地质成因、产状、埋深、储量以及各种物理力学性能指标进行全面勘探试验。

料场规划时还应考虑主要料场和备用料场。主要料场，是指质量好、储量大、运距近的料场，且可常年开采；备用料场，是指在淹没范围以外，当主要料场被淹没或因库水位抬高而导致土料过湿或其他原因不能使用时，在备用料场取料，保证坝体填筑的正常进行。应考虑到开采自然方与上坝压实方的差异，杂物和不合格土料的剔除，开挖、运输、填筑、削坡、施工道路和废料占地不能开采以及其他可能产生的损耗。

此外，为了降低工程成本，提高经济效益，料场规划时应充分考虑利用永久水工建筑物和临时建筑物的开挖料作为大坝填筑用料。如建筑物的基础开挖时间与上坝填筑时间不相吻合时，则应考虑安排必要的堆料场地储备开挖料。

二、土料的开挖与运输

1. 挖运配套方案

常用土石料挖运配套方案有以下几种。

(1) 人工开挖，手推胶轮车和架子车运输。一般手推车载重量 $100\sim200\mathrm{kg}$，架子车载重量 $300\sim500\mathrm{kg}$，运距不宜大于 1km，坡度不宜大于 2%。如坡度较陡可采用拉坡机或转皮带机运输。拉坡机拉车上坡坡度不宜陡于 1:5～1:3，爬高不宜大于 30m。

(2) 挖掘机挖装，自卸汽车、拖拉机运输。适宜运距 2～5km，双线路宽 5～5.5m，转弯半径不宜小于 50m，坡度不宜大于 10%。

挖运方案选择，应根据工程量大小、上坝强度高低、运距远近和可供选择的机械型号、规格等因素，进行综合经济技术比较后确定。

2. 挖运机械配套计算

(1) 挖运强度的确定。

1) 上坝强度 Q_d：单位时间填筑到坝面上的土方量，按坝面压实成品方计。

$$Q_d = \frac{Vk_a k}{Tk_1}（压实方，\mathrm{m^3/d}）\tag{9-3}$$

式中　V——某时段内填筑到坝面上的土方量，$\mathrm{m^3}$；

k_a——坝体沉陷影响系数，取 $1.03 \sim 1.05$；

k——施工不均衡系数，取 $1.2 \sim 1.3$；

k_1——坝面土料损失系数，取 $0.9 \sim 0.95$；

T——某时段内的有效施工天数，等于计算时段内的总天数减去法定节假日天数和因雨停工的天数。

2）运输强度 Q_T：为满足上坝强度要求，单位时间内应运输到坝面上的土方量，按运输松方计。

$$Q_T = \frac{Q_d k_c}{k_2}（松方，\mathrm{m^3/d}）\tag{9-4}$$

其中

$$k_c = \frac{\gamma_d}{\gamma_y}$$

式中　k_c——压实影响系数；

k_2——土料运输损失系数，取 $0.95 \sim 0.99$；

γ_d、γ_y——坝面土料设计干密度和土料运输松散干密度。

3）开挖强度 Q_C：为了满足坝面土方填筑要求的，料场土料开挖应达到的强度。

$$Q_C = \frac{Q_d k_c'}{k_2 k_3}（自然方，\mathrm{m^3/d}）\tag{9-5}$$

其中

$$k_c' = \frac{\gamma_d}{\gamma_n}$$

式中　γ_n——料场土料自然干密度；

k_3——料场土料开挖损失系数，随土料性质和开挖方式而异，取 $0.92 \sim 0.97$；

其他符号意义同前。

（2）挖运设备数量的确定。

1）挖掘机需要量 N_C 的计算。

$$N_C = \frac{Q_C}{P_C}\tag{9-6}$$

式中　N_C——挖掘机需要量，台；

P_C——挖掘机的生产率，$\mathrm{m^3/（d \cdot 台）}$。

2）与一台挖掘机配套的自卸汽车数 N_a 的计算。合理的配套应满足：当第一辆汽车装满后离开挖掘机到再次回到挖掘地点所消耗的时间，应该等于剩下的（$N_a - 1$）辆汽车在装车地点所消耗的时间。即·

$$(N_a - 1)(t_装 + t_位) = (t_重 + t_卸 + t_空)$$

则

$$N_a = \frac{t_装 + t_重 + t_卸 + t_空 + t_位}{t_装 + t_位} = \frac{T_循}{t_装 + t_位}\tag{9-7}$$

$$t_装 = kmt_挖\tag{9-8}$$

$$m = \frac{Qk_s}{\gamma_料\, qk_H}\tag{9-9}$$

式中　N_a——与一台挖掘机配套的自卸汽车台数；

　　　$T_循$——自卸汽车一个工作循环时间；

　　　$t_装$——装车时间；

　　　$t_重$——重车开行时间；

　　　$t_卸$——卸车时间；

　　　$t_空$——空车返回时间；

　　　$t_位$——空车就位时间；

　　　$t_挖$——挖掘机一个工作循环时间；

　　　k——装车时间延误系数；

　　　m——装车斗数；

　　　Q——自卸汽车载重量，t；

　　　$\gamma_料$——料场土料自然密度，t/m³；

　　　q——挖掘机斗容量，m³；

　　　k_H——铲斗充盈系数；

　　　k_s——土料的可松性系数。

为了充分发挥挖掘机和自卸汽车的生产效率，合理的装车斗数 m 应为 3～5 斗。

三、清基与坝基处理

清基就是把坝基范围内的所有草皮、树木、坟墓、乱石、淤泥、有机质含量大于 2％ 的表土、自然密度小于 1.48g/cm³ 的细砂和极细砂清除掉，清除深度一般为 0.3～0.8m。对勘探坑，应把坑内积水与杂物全部清除，并用筑坝土料分层回填夯实。

土坝坝体与两岸岸坡的结合部位是土坝施工的薄弱环节，处理不好会引起绕坝渗流和坝体裂缝。因此，岸坡与塑性心墙、斜墙或均质土坝的结合部位均应清至不透水层。对于岩石岸坡，清理坡度不应陡于 1∶0.75，并应挖成坡面，不得削成台阶和反坡，也不能有突出的变坡点；在回填前应涂 3～5mm 厚的黏土浆，以利结合。如有局部反坡而削坡方量又较大时，可采用混凝土或砌石补坡处理。对于黏土或湿陷性黄土岸坡，清理坡度不应陡于 1∶1.5。岸坡与坝体的非防渗体的结合部位，清理坡度不得陡于岸坡土在饱水状态下的稳定坡度，并不得有反坡。

对于河床基础，当覆盖层较浅时，一般采用截水墙（槽）处理。截水墙（槽）施工受地下水的影响较大，因此必须注意解决不同施工深度的排水问题，特别注意防止软弱地基的边坡受地下水影响引起的塌墙。对于施工区内的裂隙或泉眼，在回填前必须认真处理。

对于截水墙（槽），施工前必须对其建基面进行处理，清除基面上已松动的岩块、石渣等，并用水冲洗干净。坝体土方回填工作应在地基处理和混凝土截水枪浇筑完毕并达到一定强度后进行，回填时只能用小型机具。截水墙两侧的填土，应保持均衡上升，避免因受力不均而引起截水墙断裂。只有当回填土高出截水墙顶部 0.5m 后，才允许用羊脚碾碾压实。

四、坝体填筑与压实

1. 坝面作业施工组织

基坑开挖和地基处理结束后即可进行坝体填筑。坝体土方填筑的特点是：作业面狭窄、工种多、工序多、机械设备多，施工干扰大，若组织不好将导致窝工，影响工程进度和施工质量。坝面作业包括铺土、平土、洒水或晾晒（控制含水量）、压实和质量检查等。为了避免施工干扰、充分发挥各不同工序施工机械的生产效率，一般采用流水作业法组织坝面施工。

采用流水作业法组织施工时，首先应根据施工工序将坝面划分成若干工作段或工作面，工作面的划分，应尽可能平行坝轴线方向，以减少垂直坝轴线方向的交接。同时还应考虑平面尺寸适应于压实机械工作条件的需要。然后组织各工种专业施工队依次进入所划分的区段施工。于是，各专业施工队按工序依次连续在同一施工区段施工；对各专业施工队而言，则不停地轮流在各个施工区段完成本专业的施工工作。其结果是完成不同工序的施工机械均由相应的专业施工队来操作，实现了施工专业化，有利于工人操作熟练程度的提高；同时在施工过程中保证了人、机、地三不闲，避免了施工干扰，有利于坝面作业连续、均衡地进行。

由于坝面作业面积的大小随高程而变化，因此，施工技术人员应经常根据作业面积变化的情况，采取有效措施，合理地组织坝面流水作业。

2. 坝面铺土压实

铺土宜沿坝轴线方向进行，厚度要均匀，超径土块应打碎，石块应剔除。在防渗体上用自卸汽车铺土时，宜用进占法倒退铺土，使汽车在松土上行驶，以免在压实的土层上开行而产生超压剪切破坏。在坝面上每隔 40～60m 应设置专用道口，以免汽车因穿越反滤层将反滤料带入防渗体内，造成土料与反滤料混淆，影响坝体质量。

按要求厚度铺土平土，是保证工程质量的关键。用自卸汽车运料上坝，由于卸料集中，应采用推土机平土。具体操作时可采用"算方上料、定点卸料、随卸随平、铺平把关、插杆检查"的措施，铺填中不应使坝面起伏不平，避免降雨积水。塑性心墙坝或斜墙坝坝面铺筑时应向上游倾斜 1％～2％；均质坝应使坝面中部凸起，并分别向上下游倾斜 1％～2％的坡度，以便排除降水。

塑性心墙坝或斜墙坝的施工，土料与反滤料可采用平起施工法。根据其先后顺序，又分为先土后砂法和先砂后土法。

先土后砂法是先填压三层土料再铺一层反滤料，并将反滤料与土料整平，然后对土砂边沿部分进行压实，如图 9 - 18（a）所示。由于土料表面高于反滤料，土料的卸、散、平、压都是在无侧限的情况下进行的，很容易形成超坡。在采用羊角碾压实时，要预留 30～50cm 的松土边，应避免因土料伸入反滤层而加大清理工作。这种施工方法，在遇连续晴天时，土料上升较快，反滤料往往供不应求，必须注意克服。

先砂后土法是先在反滤料的控制边线内用反滤料堆筑一小堤，如图 9 - 18（b）所示。为了便于土料收坡，保证反滤料的宽度，每填一层土料，随即用反滤料补齐土料收坡留下的三角体，并进行人工捣实，以利于土砂边线的控制。由于土料在有侧限的情况下压实，松土边很少，仅 20～30cm，故采用较多。

无论是先砂后土法还是先土后砂法，土料边沿仍有一定宽度未压实合格，所以需要每填筑三层土料后用夯实机具夯实一次土砂的结合部位，夯实时宜先夯土边一侧，合格后再夯反滤料一侧，切忌交替夯实，以免影响质量。例如某水库，铺筑黏土心墙与反滤料时采

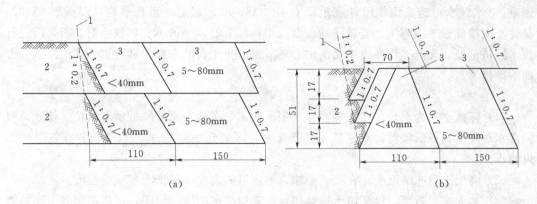

图 9-18 土砂平起施工示意图（单位：cm）

(a) 先土后砂法；(b) 先砂后土法

1—土砂设计边线；2—心墙；3—反滤料

用先砂后土法施工。自卸汽车将混合料和砂子先后卸在坝面当前施工位置，人工（洒白灰线控制堆筑范围）将反滤料整理成 0.5～0.6m 高的小堤，然后填筑 2～3 层土料，使土料与反滤料齐平，再用振动碾将反滤料碾压 8 遍。为了解决土砂结合部位土料干密度偏小的问题，在施工中可采取以下措施：用羊角碾碾压土料时，要求拖拉机履带紧沿砂堤开行，但不允许压上砂堤；在正常情况下，靠砂带第一层有 10～15cm 宽的土料干密度不够，第二层有 10～25cm 宽的土料干密度不够，施工中要求用人工挖除这些密度不够的土料，并移砂铺填；碾压反滤料时应超过砂界至少 0.5m 宽。

在塑性心墙坝施工时，应注意心墙与坝壳的均衡上升，如心墙上升太快，易干裂而影响质量；若坝壳上升太快，则会造成施工困难。塑性斜墙坝施工，应待坝壳填筑到一定高度甚至达到设计高度后，再填筑斜墙土料，尽量使坝壳沉陷在防渗体施工前发生，从而避免防渗体在施工后出现裂缝。对于已筑好的斜墙，应立即在上游面铺好保护层，以防干裂。

当黏性土含水量偏低或偏高，可进行洒水或晾晒。洒水或晾晒工作主要在料场进行。如必须在坝面洒水，应力求"少、勤、匀"，以保证压实效果。为使水分能尽快分布到填筑土层中，可在铺土前洒 1/3 的水，其余 2/3 在铺好后再洒。洒水后应停歇一段时间，使水分在土层中均匀分布后再进行碾压。对非黏性土料，为防止运输过程脱水过量，加水工作主要在坝面进行。石渣料和砂砾料压实前应充分加水，确保压实质量。

土料的压实是坝面施工中最重要的工作之一，坝面作业时，应按一定次序进行，以免发生漏压或过分重压。只有在压实合格后，才能铺填新料。压实参数应通过现场试验确定。碾压可按进退错距法或圈转套压法进行，碾压方向必须与坝轴线平行，相邻两次碾压必须有一定的重叠宽度。对因汽车上坝或压实机具压实后的土料表层形成的光面，必须进行刨毛处理，一般要求刨毛深度为 4～5cm。

五、土方工程冬雨季施工

(一) 土方工程冬季施工

在寒冷地区的冬季，气温常在零度以下，由于土料冻结，给土方工程施工带来很大的困难。《水利水电施工组织设计规范》（SDJ 338—89）规定：当日平均气温低于 0℃时，黏性土应按低温季节施工；当日平均气温低于−10℃时，一般不宜填筑土料，否则应进行技术经济论证。土方工程冬季施工的中心环节是防止土料的冻结。通常可以采用以下 3 方面的措施。

1．防冻

（1）降低土料含水量。在入冬前，采用明沟截、排地表水或降低地下水位，使砂砾料的含水量降低到最低限度；对黏性土将其含水量降低到塑限的 90％以下，并在施工中不再加水。

（2）降低土料冻结温度。在填土中加入一定量的食盐，降低土料冻结温度。

（3）加大施工强度，保证填土连续作业。采用严密的施工组织，严格控制各工序的施工速度，使土料在运输和填筑过程中的热量损失最小，下层土料未冻结前被新土迅速覆盖，以利于上下层间的良好结合。发现冻土应及时清除。

2．保温

（1）覆盖隔热材料。对开挖面积不大的料场，可覆盖树枝、树叶、干草、锯末等保温材料。

（2）覆盖积雪。积雪是天然的隔热保温材料，覆盖一定厚度的积雪可以达到一定的保温效果。

（3）冰层保温。采取一定措施，在开挖土料表面形成 10～15cm 厚度冰层，利用冰层下的空气隔热对土料进行保温。

（4）松土保温。在寒潮到来前，对将要开采的料场表层土料翻松、击碎，并平整至 5～35cm 厚，利用松土内的空气隔热保温。

一般来讲，开采土料温度不低于 5～10℃，压实温度不低于 2℃，便能保证土料的压实效果。

3．加热

当气温低、风速过大，一般保温措施不能满足要求时，则采用加热和保温相结合的暖棚作业，在棚内用蒸汽或火炉升温。蒸汽可以用暖气管或暖气包放热。暖棚作业费用高，只有在冬季较长，工期很紧，质量要求很高，工作面狭长的情况下使用。

（二）土方工程雨季施工

在多雨的地区进行土方工程施工，特别是黏性土，常因含水量过大而影响施工质量和施工进度。因此，规范要求：土料施工尽可能安排在少雨季节，若在雨季或多雨地区施工，应选用合适的土料和施工方法，并采取可靠的防雨措施。雨季作业通常采取以下措施。

（1）改进黏性土特性，使之适应雨季作业。在土料中掺入一定比例的砂砾料或岩石碎屑，滤出土料中的水分，降低土料含水量。

（2）合理安排施工，改进施工方法。对含水量高的料场，采用推土机平层松土取料，以利于降低含水量；晴天多采土，加以翻晒，堆成土堆，并将土堆表面压实抹光，以利排水，形成储备土料的临时土库，即所谓"土牛"；充分利用气象预报，晴天安排黏土施工，雨天安排非黏性土施工。

（3）增加防雨措施，保证更多有效工作日。对作业面不大的土方填筑工程，雨季施工可以采用搭建防雨棚的方法，避免雨天停工；或在雨天到来时，用帆布或塑料薄膜加以覆盖；当雨量不大，降雨历时不长，可在降雨前迅速撤离施工机械，然后用平碾或震动碾将土料表面压成光面，并使其表面向一侧倾斜，以利排水。

六、土坝施工质量控制

1. 料场的质量检查和控制

对土料场应经常检查所取土料的土质情况、土块大小、含水量和杂质含量是否符合上坝要求。尤其要注意对黏性土含水量的检查和控制。若含水量偏高，一方面应加强改善料场的排水条件和采取有效防范措施，另一方面应将含水量高的土料进行翻晒，或采取轮换掌子面的办法，使土料的含水量降低到规定的范围再开挖。当土料含水量不均匀时，应考虑堆筑"土牛"，使含水量均匀后再外运。当含水量偏低时，应考虑在料场加水，以提高含水量。

对石料场要经常检查石质、风化程度、石料大小及形状等是否符合上坝要求。如发现不合格，应查明原因，并及时处理。

2. 坝面的质量检查和控制

在土料填筑过程中，应对铺土厚度、填土块度、含水量、压实后的干密度等进行检查，并提出质量控制措施。对黏性土含水量可采用"手检"法，即手握土料能成团，手搓可成碎块，则含水量合格，准确检测应用含水量测定仪测定。取样所测定的干密度试验结果，其合格率应不小于90%，不合格干密度不得低于设计值的98%，且不能集中出现。黏性土和砂土的密度可用体积为500cm³的环刀测定；砾质土、砂砾料、反滤料可用灌水法或灌砂法测定。

对防渗体应选定若干固定断面取样检查，沿坝高5~10m取一次样，取代表性试样总数不应少于30个，在室内进行物理力学性能试验。对工程特征部位，如坝顶、坝基、削坡处、坝肩结合部位、与刚性建筑物连接处、各种土料的过渡地带等均应取样进行检查。

对于反滤层、过渡层、坝壳等非黏性土的填筑，除按要求取样外，主要应控制压实参数，发现问题应及时纠正。在填筑排水反滤层时，每层在25m×25m范围内取样1~2个；对于条形反滤层，每隔50m设一取样断面，每个取样断面每层取样品不得少于4个，且应均匀分布在断面的不同部位；对于铺筑厚度、是否混有杂物、填筑质量等应进行全面检查。反滤料和过渡料的级配应在筛分现场进行控制，如不合要求，应重新筛选。

对堆石体主要应检查上坝块石的质量、风化程度、石块的重量、尺寸、形状，堆筑过程中有无离析架空现象发生。对于堆石的级配、空隙率大小，应分层分段取样，检查是否符合设计要求。所有质量检查的记录，应随时整理，分别编号存档备查。

第五节　面板堆石坝施工

混凝土面板堆石坝是近期发展起来的一种新坝型，它具有工程量小、工期短、投资省、施工简便、运行安全等优点。近30年来，由于设计理论和施工机械、施工方法的发展，更显出面板堆石坝在各类坝型中竞争优势。

一、堆石材料质量要求和坝体材料分区

面板堆石坝上游有薄层防渗面板，面板可以是钢筋混凝土的，也可以是柔性沥青混凝土的。坝体主要是堆石结构。

1. 堆石材料的质量要求

（1）主要部位的石料抗压强度不低于 78MPa，次要部位石料抗压强度应在 50～60MPa 之间。

（2）石料硬度不应低于莫氏硬度表中的第三级，其韧性不应低于 $2kg \cdot m/cm^2$。

（3）石料的天然密度不应低于 $2.2g/cm^3$；石料的密度越大，堆石体的稳定性越好。

（4）石料应具有抗风化能力，其软化系数水上不低于 0.8，水下不低于 0.85。

（5）堆石体碾压后应具有较大的密实度和内摩擦角，且具有一定渗透能力。

2. 面板堆石坝的坝体分区

根据面板堆石坝不同部位的受力情况，将坝体进行分区，如图 9-19 所示。

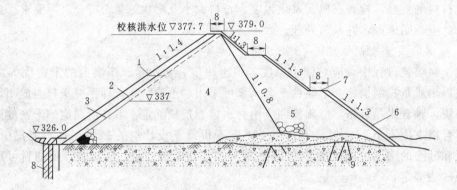

图 9-19　面板堆石坝标准剖面图（高程、尺寸单位：m）
1—混凝土面板；2—垫层区；3—过渡区；4—主堆石区；5—下游堆石区；
6—干砌石护坡；7—上坝公路；8—灌浆帷幕；9—砂砾石

（1）垫层区。主要作用是为面板提供平整、密实的基础，将面板承受的水压力均匀传递给主堆石体。要求压实后具有低压缩性、高抗剪强度、内部渗透稳定，渗透系数为 10^{-3}cm/s 左右，以及具有良好施工特性的材料。垫层区料要求采用级配良好、石质新鲜的碎石。

（2）过渡区。主要作用是保护垫层区在高水头作用下不产生破坏。其粒径、级配要求符合垫层料与主堆石料间的反滤要求。一般最大粒径不超过 350～400mm。

（3）主堆石区。主要作用是维持坝体稳定。要求石质坚硬，级配良好，允许存在少量分散的风化料，该区粒径一般为 600～800mm。

（4）次堆石区。主要作用是保护主堆石体和下游边坡的稳定。要求采用较大石料填筑，允许有少量分散的风化石料，粒径一般为 1000～1200mm。由于该区的沉陷对面板的影响很小，故对填筑石料的要求可放宽一些。

二、堆石坝填筑工艺、压实参数和质量控制

1. 填筑工艺

堆石坝填筑可采用自卸汽车后退法或进占法卸料，推土机摊平。

后退法汽车在压实的坝面上行驶，可减轻轮胎磨损，但推土机摊平工作量很大，影响施工进度。垫层料的摊铺一般采用后退法，以减少物料的分离。

进占法自卸汽车在未碾压的石料上行驶，轮胎磨损较严重，卸料时会造成一定分离，但不影响施工质量，推土机摊平工作量可大大减小，施工进度快。

主堆石体、次堆石体和过渡料一般采用自行式或拖式振动碾压实。垫层料由于粒径较小，且位于斜坡面，可采用斜坡振动碾压实或用夯击机械夯实，局部边角地带人工夯实。为了改善垫层料的碾压效果，可在垫层料表面铺填一薄层砂浆，既可达到固坡的目的，同时还可利用碾压砂浆进行临时度汛，以争取工期。

2. 堆石体的压实参数和质量控制

（1）压实参数。堆石体填料粒径一般在 600～1200mm 之间，铺填厚度根据粒径的大小而不同，一般为 60～120cm，少数可达 150cm 以上。振动碾压实，压实遍数随碾重不同而异，一般为 4～6 遍，个别可达 8 遍。垫层料最大粒径为 150～300mm，铺填厚度一般为 25～45cm，振动碾压实，压实遍数通常为 4 遍，个别 6～8 遍。堆石坝坝壳石料粒径较大，一般为 1000～1500mm，铺填厚度在 1m 以上，压实遍数为 2～4 遍。据统计，不同部位的堆石料压实干密度均在 2.10～2.30g/cm³ 之间。压实参数应根据设计压实效果，在施工现场进行压实试验后确定。

（2）堆石坝施工质量控制。堆石体的压实效果可根据其压实后的干密度的大小在现场进行控制。堆石体干密度的检测一般采用挖坑注水试验法，垫层料干密度检测采用挖坑灌砂试验法。试验时应注意如下事项。

1）取样深度应等于填筑厚度。

2）试坑应呈圆柱形。

3）坑壁若有大的凹陷和空隙，应用黏土或砂浆堵塞，以防止注水时塑料薄膜架空而影响检测精度。

4）试坑直径与填筑料的最大粒径比应符合有关试验规程的规定。

三、钢筋混凝土面板的浇筑和养护

1. 分缝分块

钢筋混凝土面板的主要作用是防渗，由于其面积大、厚度薄，为使其适应堆石体的变形应进行分缝。一般用垂直于坝轴线方向的纵缝将面板分为若干块，中间为宽块，每块宽 12～18m，两侧为窄块，宽 6～7m。垂直缝砂浆条一般宽 50cm，砂浆强度等级与面板混凝土相同。砂浆铺设完成后，在其上铺设止水，架立侧模。

图 9-20　混凝土防渗面板的施工流程

225

2. 面板混凝土浇筑

面板堆石坝的钢筋混凝土面板施工程序如图 9-20 所示。通常面板混凝土采用有轨或无轨滑模浇筑，坝顶卷扬机牵引，每浇一次滑模提升 20～30cm；低流态混凝土，坍落度一般为 3～6cm，电动软轴振捣棒振捣，混凝土出模后人工抹面处理，并及时用塑料薄膜或草袋覆盖，以防雨水冲淋，坝顶用花管长流水养护至蓄水前。

3. 面板混凝土养护

混凝土养护是避免发生裂缝的重要措施。面板混凝土的养护包括保温、保湿两项内容。一般采用草袋保温，喷水保湿，并要求连续养护。面板混凝土宜在低温季节浇筑，混凝土入仓温度应加以控制，并加强混凝土面板表面的保湿和保温养护，直到蓄水为止，或至少养护 90d。

第六节　砌 石 坝 施 工

砌石坝施工在我国具有悠久的历史。因其独具特色，故在中小型工程中常见此坝型。砌石坝就地取材，工程量较小；坝顶可以溢流，施工导流和度汛问题容易解决，导流费用低；坝体结构简单，施工方便，易被群众掌握，施工安排灵活。

砌石坝施工程序为：坝基开挖与处理，石料开采、储存与上坝，胶凝材料的制备与运输，坝体砌筑（包括防渗体、溢流面施工），施工质量检查和控制。

一、石料开采与上坝

浆砌石坝所采用的石料有料石、块石和片石。料石一般用于拱结构和坝面栏杆的砌筑，块石用于砌筑重力坝内部，片石则用于填塞空隙。石料大小应根据搬运条件确定，大中小石应有一定比例。坝面石料多采用人工抬运，石块重量以不超过 80～200kg 为宜。

砌石坝坝面施工场地更狭窄，人工抬运与机械运输混合进行，运输安全问题大。布置料场时，应尽可能将料场布置在坝址附近，最好在河谷两岸各占所需石料的一半，以便能从两岸同时运输上坝。为了避免采料干扰，料场不应集中在一处，一般要选择 4 个以上料场，且应高出坝顶，使石料保持水平或下坡运输。为方便施工，应在坝址两岸 100m 范围的不同高程处设置若干储料场，用以储存从料场采运来的石料。储存的石料应是经过石工筛选可以直接用于砌筑的块石或加工好的条石。

石料上坝采用人工抬运，既不安全且劳动强度大，应考虑用架子车、拖拉机等机具运输。上坝路可沿山体不同高程布置。也可先用机具将石料运至坝脚下，再用卷扬机提升至坝顶，如图 9-21、图 9-22 所示。石料上坝前应用水冲洗干净，并使其充分吸水，达到饱和。

二、坝体砌筑

坝基开挖与处理结束经验收合格后，即可进行坝体砌筑。块石砌筑是砌石坝施工的关键工作，砌筑质量直接影响到坝体的整体强度和防渗效果。故应根据不同坝型，合理选择砌筑方法，严格控制施工工艺。

1. 浆砌石拱坝砌筑

（1）全拱逐层全断面均匀上升砌筑。这种方法是沿坝体全长砌筑，每层面石、腹石同

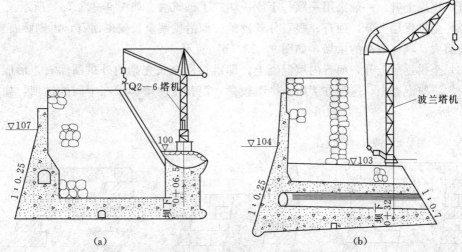

图 9-21　某砌石坝塔式起重机运输上坝布置示意图

(a) 右岸塔机布置图；(b) 左岸塔机布置图

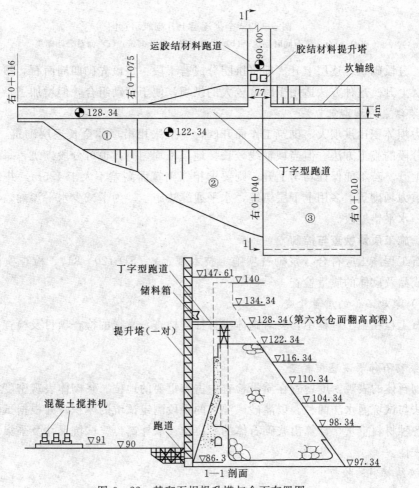

图 9-22　某砌石坝提升塔与仓面布置图

时砌筑，逐层上升。一般采用一顺一丁或一顺二丁砌筑法。如图9-23（a）所示。

（2）全拱逐层上升，面石、腹石分开砌筑。即沿拱圈全长先砌面石，再砌腹石。用于拱圈断面大，坝体较高的拱坝，如图9-23（b）所示。

（3）全拱逐层上升，面石内填混凝土。即沿拱圈全长先砌内外拱圈面石，形成厢槽，再在槽内浇筑混凝土。这种方法用于拱圈较薄，混凝土防渗体设在中间的拱坝，如图9-23（c）所示。

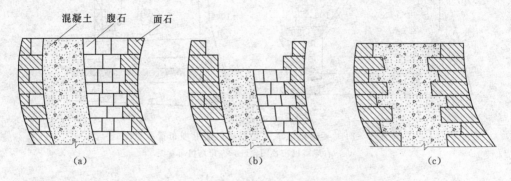

图9-23　全拱逐层上升砌筑示意图
（a）面石、腹石同时砌筑；（b）面石与腹石分开砌筑；（c）面石分厢砌筑

（4）分段砌筑，逐层上升。即将拱圈分成若干段，每段先砌四周面石，然后再砌筑腹石，逐层上升。这种方法适用于跨度较大的拱坝，便于劳动组合，但增加了径向通缝。

2. 浆砌重力坝砌筑方法

重力坝体积比拱坝大，砌筑工作面开阔，一般采用沿坝体全长逐层砌筑，平行上升，砌筑不分段的施工方法。但当坝轴线较长、地基不均匀时，也可分段砌筑，每个施工段逐层均匀上升。若不能保证均匀上升，则要求相邻砌筑面高差不大于1.5m，并做成台阶形连接。重力坝砌筑，多用上下层错缝，水平通缝法施工。为了减少水平渗漏，可在坝体中间砌筑一水平错缝段。

三、施工质量检查与控制

砌石工程施工应符合《浆砌石坝施工技术规定》（SD 120—84），检查项目包括原材料、半成品及砌体的质量检查。

（一）浆砌石体的质量检查

砌石工程在施工过程中，要对砌体进行抽样检查。常规的检查项目及检查方法有下列几种。

1. 浆砌石体表观密度检查

浆砌石体的表观密度检查在质量检查中占有重要的地位。浆砌体表观密度检查，有试坑灌砂法与试坑灌水法两种。以灌砂、灌水的手段测定试坑的体积，并根据试坑挖出的浆砌石体各种材料重量，计算出浆砌石体的单位重。取样部位、试坑尺寸及采集取样应有足够的代表性。

2. 胶结材料的检查

砌石所用的胶结材料，应检查其拌和均匀情况，并取样检查其强度。

3. 砌体密实性检查

砌体的密实性是反映砌体砌缝与饱满的程度，衡量砌体砌筑质量的一个重要指标。砌体的密实性以其单位吸水量表示。其值愈小砌体之密实性愈好。单位吸水量用压水试验进行测定。

（二）砌筑质量的简易检查

1. 在砌筑过程中翻撬检查

对已砌砌体抽样翻起，检查砌体是否符合砌筑工艺要求。

2. 钢钎插扎注水检查

竖向砌缝中的胶结材料初凝后至终凝前，以钢钎沿竖缝插孔，待孔眼成型稳定后往孔中注入清水，观察 5～10min，如水面无明显变化，说明砌缝饱满密实，若水迅速漏失，表明砌体不密。此法可在砌筑过程中经常进行，须注意孔壁不应被钢钎插入、人为压实而影响检查的真实性。

3. 外观检查

砌体应稳定，灰缝应饱满，无通缝；砌体表面平整，尺寸符合设计要求。

第七节 渠 道 施 工

一、渠道开挖

渠道开挖的方法有：人工开挖、机械开挖和爆破开挖等。开挖方法的选择取决于现有施工现场条件、土壤特性、渠道横断面尺寸、地下水位等因素。

（一）人工开挖

1. 施工排水

渠道开挖首先要解决地表水或地下水对施工的干扰问题，办法是在渠道中设置排水沟。排水沟的布置即要方便施工，又要保证排水的通畅。

2. 开挖方法

人工开挖，应自渠道中心向外分层下挖，先深后宽。为方便施工，加快工程进度，边坡处可按设计坡比先挖成台阶状，待挖至设计深度时再进行削坡。开挖后的弃土，应先行规划，尽量做到挖填平衡。

（1）一次到底法。一次到底法适用于土质较好，挖深 2～3m 的渠道。开挖时先将排水沟挖到低于渠底设计高程 0.5m 处，然后按阶梯状向下逐层开挖至渠底，如图 9-24 所示。

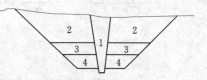

图 9-24 一次到底法
1—排水沟；2～4—开挖顺序

（2）分层下挖法。这种方法适用于土质较软、含水量较高，渠道挖深较大的情况。可将排水沟布置在渠道中部，逐层下挖排水沟，直至渠底，如图 9-25（a）所示。当渠道较宽时，可采用翻滚排水沟法，如图 9-25（b）所示，此法施工，排水沟断面小，施工安全，施工布置灵活。

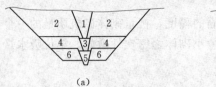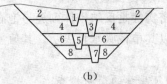

图 9-25　分层下挖法
(a) 中心排水沟；(b) 翻滚排水沟
1~8—开挖顺序；1、3、5、7—排水沟

（二）机械开挖

1. 推土机开挖

推土机开挖，渠道深度不宜超过 1.5~2m，填筑渠堤高度不宜超过 2~3m，其边坡不宜陡于 1∶2。推土机还可用于平整渠底，清除腐殖土层、压实渠堤等。

2. 铲运机开挖

铲运机最适宜开挖全挖方渠道或半挖半填渠道。对需要在纵向调配土方的渠道，如运距不远时，也可用铲运机开挖。铲运机开行线路可布置成"8"字形或环形。如图 9-26 所示。

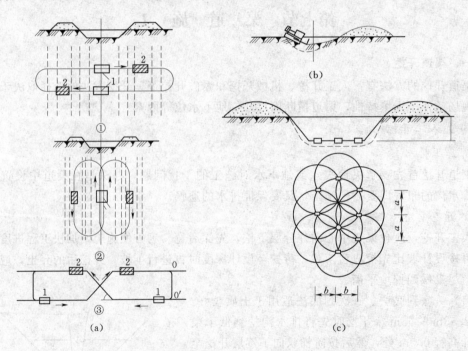

图 9-26　机械开挖渠道
(a) 铲运机的开行路线（①环形横向开行；②环形纵向开行；③"8"字形开行）；
(b) 推土机开挖渠道；(c) 渠道开挖药包布置
1—铲土；2—填土；0-0—填方轴线；0′-0′—挖方轴线

（三）爆破开挖

采用爆破法开挖渠道时，药包可根据开挖断面的大小沿渠线布置成一排或几排。当渠底宽度大于渠道深度的 2 倍以上时，应布置 2~3 排药包，爆破作用指数可取为 1.75~

2.0。单个药包装药量及间、排距应根据爆破试验确定。

二、渠堤填筑

渠堤填筑前要进行清基，清除基础范围内的块石、树根、草皮、淤泥等杂质，并将基面略加平整，然后进行刨毛。如基础过于干燥，还应洒水湿润，然后再填筑。

渠堤填筑以土块小的湿润散土为宜，如砂质壤土或砂质黏土。要求将透水性小的土料填筑在迎水面，透水性大的填筑在背水面。土料中不得掺有杂质，并应保持一定的含水量，以利压实。冻土、淤泥、净砂、砂礓土等严禁使用。半挖半填渠道应尽量利用挖方筑堤，只有在土料不足或土质不能满足填筑要求时，才在取土坑取土。取土料的坑塘应距堤脚一定距离，表层 15～20cm 浮土或种植土应清除。取土开挖应分层进行，每层挖土厚度不宜超过 1m，不得使用地下水位以下的土料。取土时应先远后近，应合理布置运输线路，避免陡坡、急弯，上、下坡线路分开。

渠堤填筑应分层进行。每层铺土厚度以 20～30cm 为宜，铺土要均匀，每层铺土应保证土堤断面略大于设计宽度，以免削坡后断面不足。堤顶应做成 2%～4% 的坡面，以利排除降水。筑堤时要考虑土堤在施工和运行过程中的沉陷，一般按 5% 考虑。

三、渠道衬护

渠道衬护就是用灰土、水泥土、块石、混凝土、沥青、土工织物等材料在渠道内壁铺砌一衬护层，其目的：①防止渠道受冲刷；②减少输水时的渗漏，提高渠道输水能力，减小渠道断面尺寸，降低工程造价，便于维修、管理。

（一）灰土衬护

灰土是由石灰和土料混合而成。灰土衬护渠道，防渗效果较好，一般可减少渗漏量的85%～95%，造价较低。因其防冲能力低，输水流速大时应另设砌石防护冲层。衬护的灰土比为 1：2～1：6（重量比）。衬护厚度一般为 20～40cm。灰土施工时，先将过筛后的细土和石灰粉干拌均匀，再加水拌和，然后堆放一段时间，使石灰粉充分熟化，待稍干后，即可分层铺筑夯实，拍打坡面消除裂缝。对边坡较缓的渠道，可不立模板填筑，铺料要自下而上，先渠底后边坡。渠道边坡较陡时必须立模填筑。一般模板高 0.5m，分 3 次上料夯实。灰土夯实后应养护一段时间再通水。

（二）砌石衬护

砌石衬护有 3 种形式：干砌块石、干砌卵石和浆砌块石。干砌块石用于土质较好的渠道，主要起防冲作用；浆砌块石用于土质较差的渠道，起抗冲防渗的作用。

在砂砾石地区，对坡度大、渗漏较大的渠道，采用干砌卵石衬护是一种经济的抗冲防渗措施，一般可减少渗漏量 40%～60%。卵石因其表面光滑，尺寸和重量较小，形状不一，稳定性差，砌筑要求较高。

干砌卵石施工时，应按设计要求铺设垫层，然后再砌卵石。砌筑卵石以外形稍带扁平而大小均匀的为好。砌筑时应采用直砌法，即要求卵石的长边垂直于边坡或渠底，并砌紧、砌平、错缝，且坐落在垫层上。坡面砌筑时，要挂线自上而下分层砌筑，渠道边坡最好为 1：1.5 左右，太陡会使卵石不稳，易被水流冲刷，太缓则会减少卵石之间的挤压力，增加渗漏损失。为了防止砌筑面局部冲毁而扩大，每隔 10～20m 距离用较大卵石干砌或浆砌一道隔墙，隔墙深 60～80cm，宽 40～50cm，以增加渠底和边坡的稳定性。渠底隔墙可做成拱形，其拱顶迎向水流，以提高抗冲能力。

砌筑顺序应遵循"先渠底，后边坡"的原则。砌筑质量要达到"横成排、三角缝、六面靠、踢不动、拔不掉"的要求。

砌筑完后还应进行灌缝和卡缝。灌缝是用较大的石子灌进砌缝；卡缝是用木榔头或手锤将小片石轻轻砸入砌缝中。最后在砌体面扬铺一层砂砾，放少量水进行放淤，一边放水，一边投入砂砾石碎土，直至砌缝被泥沙填实为止。这样既可保证渠道运行安全，又可提高防渗效果。

（三）混凝土衬护

混凝土衬护具有强度高、糙率小、防渗性能好（可减少渗漏90％以上），适用性条件好和维护工作量小等优点，因而被广泛采用。混凝土衬护分为现浇式、预制装配式和喷混凝土等几种形式。

1. 现浇式混凝土衬护

大型渠道的混凝土衬护多采用现浇施工。在渠道开挖和压实后，先设置排水、铺设垫层，然后浇筑混凝土。浇筑时按结构缝分段，一般段长为10m左右，先浇渠底，后浇坡面。混凝土浇筑宜采用跳仓浇筑法，溜槽送混凝土入仓，面板式振捣器或直径30～50mm振捣棒振捣。为方便施工，坡面模板可边浇筑边安装。结构缝应根据设计要求埋设止水，安装填缝板，在混凝土凝固拆模后，灌注填缝材料。

2. 预制装配式混凝土衬护

装配式混凝土衬护，是在预制厂制作混凝土衬护板，运至现场后进行安装，然后灌注填缝材料。混凝土预制板的尺寸应与起吊、运输设备的能力相适应，人工安装时，单块预制板的面积一般为0.4～1.0m²。铺砌时应将预制板四周刷净，并铺于已夯实的垫层上。砌筑时，横缝可以砌成通缝，但纵缝必须错开。装配式混凝土预制板衬护，施工受气候条件影响小，施工质量易于保证，但接缝较多，防渗、抗冻性能较差，适用于中小型渠道工程。

3. 喷混凝土衬护

喷混凝土衬护前，对砌石渠道应将砌筑面冲洗干净，对土质渠道应进行修整。喷混凝土时，原则上一次成渠，达到平整光滑。喷混凝土要分块，按顺序一块一块地喷。喷射每块从渠道底向两边对称进行，喷射枪口与喷射面应尽量保持垂直，距离一般为0.6～1.0m，喷射机的工作风压在0.1～0.2MPa之间。喷后及时洒水养护。

（四）土工织物衬护

土工织物是用锦纶、涤纶、丙纶、维纶等高分子合成材料通过纺织、编制或无纺的方式加工出的一种新型的土工材料，广泛用于工程防渗、反滤、排水等。渠道衬护有两种形式，混凝土模袋衬护和土工膜衬护。

1. 混凝土模袋衬护

先用透水不透浆的土工织物缝制成矩形模袋，把拌好的混凝土装入模袋中，再将装了混凝土的模袋铺砌在渠底或边坡（或先将模袋铺在渠底或边坡，再将混凝土灌入模袋中），混凝土中多余的水分可从模袋中挤出，从而使水灰比迅速降低，形成高密度、高强度的混凝土衬护。衬护厚度一般为15～50cm，混凝土坍落度为20cm。利用混凝土模袋衬护渠道，衬护结构柔性好，整体性强，能适应基面变形。

2. 土工膜衬护

过去，渠道防渗多采用普通塑料薄膜，因塑料薄膜容易老化，耐久性差，现已被新型防渗材料——复合防渗土工膜取代。复合土工膜是在塑料薄膜的一侧或两侧贴以土工织物，以此保护防渗薄膜不受破坏，增加土工膜与土体之间的摩擦力，防止土工膜滑移，提高铺贴稳定性。复合防渗土工膜有一布一膜、二布一膜等形式。复合土工膜具有极高的抗拉、抗撕裂能力；其良好的柔性，使因基面的凸凹不平产生的应力得以很快分散，适应变形的能力强；由于土工织物具有一定的透水性，使土工膜与土体接触面上的孔隙水压力和浮托力易于消散；土工膜有一定的保温作用，减小了土体冻胀对土工膜的破坏。为了减少阳光照射，增加其抗老化性能，土工膜要采用埋入法铺设。

施工时，先用粒径较小的砂土或黏土找平基础，然后再铺设土工膜。土工膜不要绷得太紧，两端埋入土体部分呈波纹状，最后在所铺的土工膜上用砂或黏土铺一层 10cm 厚的过渡层，再砌上 20～30cm 厚的块石或预制混凝土块作防冲保护层。施工时应防止块石直接砸在土工膜上，最好是边铺膜边进行保护层的施工。

土工膜的接缝处理是关键工序。一般接缝方式有：①搭接，一般要求搭接长度在15cm 以上；②缝纫后用防水涂料处理；③热焊，用于较厚的无纺布基材；④黏接，用与土工膜配套供应的黏合剂涂在要连接的部位，在压力作用下进行黏合，使接缝达到最终强度。

复 习 思 考 题

9-1 提高推土机生产效率的方法有哪些？

9-2 提高铲运机生产率的措施有哪些？

9-3 正铲挖掘机在施工时，应注意哪些问题？

9-4 根据掌子面布置的不同，正铲挖掘机的作业方式有哪些？

9-5 提高挖掘机生产率的措施有哪些？

9-6 土方压实的目的有哪些？

9-7 简述土方压实的理论。

9-8 试述羊脚碾碾压土方的机理。

9-9 试述气胎碾碾压土方的机理。

9-10 试述振动碾碾压土方的机理。

9-11 选择压实机械主要应考虑哪些原则？

9-12 土方工程冬季施工措施有哪些？

9-13 土方工程雨季作业措施有哪些？

9-14 土石坝应如何进行料场规划？

9-15 组织综合机械化施工的原则有哪些？

9-16 常用土石料挖运配套方案有哪几种？

9-17 土石坝挖运机械应如何选型？

第十章 混凝土建筑物施工

第一节 砂石骨料生产

砂石骨料是混凝土的最基本组成成分。通常 $1m^3$ 的混凝土需要 $1.5m^3$ 的松散砂石骨料。所以对混凝土用量很大的工程，砂石骨料的需要量也是相当的大。骨料质量的好坏直接影响混凝土强度、水泥用量和温控要求，从而影响大坝的质量和造价。为此，在混凝土建筑物的设计施工中应统筹规划，认真研究砂石骨料的储量、物理力学指标、杂质含量以及开采、运输、堆存和加工等各个环节。水工混凝土砂石骨料一般在施工现场制备。

大中型水利工程根据砂石骨料来源的不同，可将骨料生产分为 3 种基本类型。

（1）天然骨料，即在河床中开挖天然砂砾料（毛料），经冲洗筛分而形成砾石和砂。

（2）人工骨料，即用爆破开采块石，经破碎、冲洗、筛分、磨制而成碎石和人工砂。

（3）组合骨料，即以天然骨料为主、人工骨料为辅配合使用。

砂石骨料生产过程包括开采、运输、加工和贮存。

一、毛料开采

毛料开采应根据施工组织设计安排的料场顺序开采。开采方法有以下几种。

1. 水下开采

在河床或河滩开采天然砂砾料，一般使用链斗式采砂船开采，配套砂驳作水上运输至岸边，然后用皮带机上岸，最后组织陆路运输至骨料加工厂毛料堆场。

2. 陆上开采

陆上一般采用正铲、反铲、索铲开采，用自卸汽车、火车、皮带机等运至骨料加工厂毛料堆场。

3. 山场开采

人工骨料的毛料，一般在山场进行爆破开采，也可利用岩基开挖的石渣，但要求原岩质地坚硬，符合规范要求。爆破方式可采用洞室爆破或深孔爆破，用正铲、反铲或装载机装渣，用上述设备运至骨料加工厂毛料堆场。

二、骨料加工

从料场开采的毛料不能直接用于拌制混凝土，需要通过破碎、筛分、冲洗等加工过程，制成符合级配要求、除去杂质的各级粗、细骨料。

（一）破碎

为了将开采的石料破碎到规定的粒径，往往需要经过几次破碎才能完成。因此，通常将骨料破碎过程分为粗碎（将原石料破碎到 $70\sim300mm$）、中碎（破碎到 $20\sim70mm$）和细碎（破碎到 $1\sim20mm$）3 种。

骨料用碎石机进行破碎。碎石机的类型有颚式碎石机、锥式碎石机、辊式碎石机和锤式碎石机等。

1. 颚式碎石机

又称为夹板式碎石机，其构造如图 10-1 所示。它的破碎槽由两块颚板（一块固定，另一块可以摆动）构成，颚板上装有可以更换的齿状钢板。工作时，由传动装置带动偏心轮作用使活动颚板左右摆动，破碎槽即可一开一合，将进入的石料轧碎，从下端出料口漏出。

按照活动颚板的摆动方式，颚式碎石机又分为简单摆动式和复杂摆动式两种，其工作原理如图 10-2 所示。复杂摆动式的活动颚板上端直接挂在偏心轴上，其运动含左右摆动和上下摆动两个方向，故破碎效果较好，产品粒径较均匀，生产率较高，但颚板的磨损较快。

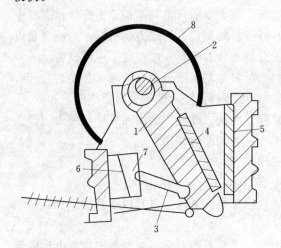

图 10-1　颚式碎石机

1、4—活动颚板；2—偏心轴；3—撑板；5—固定颚板；
6、7—调节用楔形机构；8—偏心轮

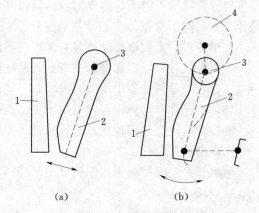

图 10-2　颚式碎石机工作原理

(a) 简单摆动式；(b) 复杂摆动式
1—固定颚板；2—活动颚板；3—悬挂点；4—悬挂点轨迹

颚式碎石机结构简单，工作可靠，维修方便，适用于对坚硬石料进行粗碎或中碎。但成品料中针片状含量较多，活动颚板需经常更换。

2. 锥式碎石机

它的破碎室由内、外锥体之间的空隙构成。活动的内锥体装在偏心主轴上，外锥体固定在机架上，如图 10-3 所示。工作时，由传动装置带动主轴旋转，使内锥体作偏心转动，将石料碾压破碎并从破碎室下端出料槽滑出。

锥式碎石机是一种大型碎石机械，碎石效果好，破碎的石料较方正，生产率高，单位产品能耗低，适用于对坚硬石料进行中碎或细碎。但其结构复杂，体形和重量都较大，安装维修不方便。

3. 辊式碎石机和锤式碎石机

辊式碎石机是用两个相对转动的滚轴轧碎石块，锤式碎石机是用带锤子的圆盘在回转时击碎石块。适用于破碎软的和脆的岩石，常担任骨料细碎任务。

（二）筛分与冲洗

筛分是将天然或人工的混合砂石料，按粒径大小进行分级。冲洗是在筛分过程中清除骨料中夹杂的泥土。骨料筛分作业的方法有机械和人工两种。大中型工程一般采用机械筛分。机械筛分的筛网多用高碳钢焊接成方筛孔，筛孔边长分别为 112mm、75mm、38mm、19mm、5mm，可以筛分 120mm、80mm、40mm、20mm、5mm 的各级粗骨料，当筛网倾斜安装时，为保证筛分粒径，尚需将筛孔尺寸适当加大。

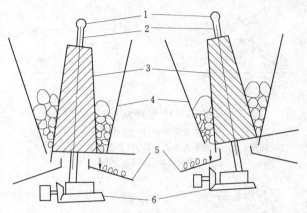

图 10-3 锥式碎石机

1—球形铰；2—偏心主轴；3—内锥体；4—外锥体；
5—出料滑板；6—伞齿及传动装置

（1）偏心轴振动筛。又称为偏心筛，其构造如图 10-4 所示。它主要由固定机架、活动筛架、筛网、偏心轴及电动机等组成。筛网的振动，是利用偏心轴旋转时的惯性作用，偏心轴安装在固定机架上的一对滚珠轴承中，由电动机通过皮带轮带动，可在轴承中旋转。活动筛架通过另一对滚珠轴承悬装在偏心轴上。筛架上装有两层不同筛孔的筛网，可筛分三级不同粒径的骨料。偏心筛适用于筛分粗、中颗粒，常担任第一道筛分任务。

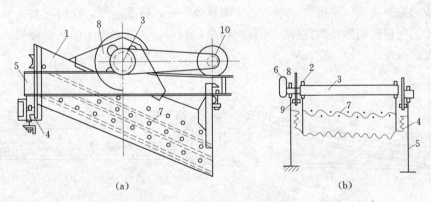

(a)　　　　　　　　　　(b)

图 10-4 偏心轴振动筛

(a) 构造简图；(b) 工作原理

1—活动筛架；2—筛架上的轴承；3—偏心轴；4—弹簧；5—固定机架；6—皮带轮；
7—筛网；8—平衡轮；9—平衡块；10—电动机

（2）惯性振动筛。又称为惯性筛，其构造如图 10-5 所示。它的偏心轴（或带偏心块的旋转轴）安装在活动筛架上，筛架与固定机架之间用板簧相联。筛网振动靠的是筛架上偏心轴的惯性作用。

惯性筛的特点是弹性振动，振幅小，随来料多少而变化，容易因来料过多而堵塞筛孔，故要求来料均匀。适用于中、细颗粒筛分。

（3）自定中心筛。是惯性筛上的一种改进形式。它在偏心轴上配偏心块，使之与轴偏心距方向相差180°，还在筛架上另设皮带轮工作轴（中心线）。工作时向上和向下的离心

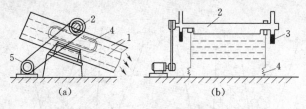

图 10-5 惯性振动筛

(a) 构造简图；(b) 工作原理

1—筛网；2—筛架上的偏心轴；3—调整振幅用的配重盘；

4—消振板簧；5—电动机

力保持动力平衡，工作轴位置基本不变。皮带轮只作回转运动，传给固定机架的振动力较小，皮带轮也不容易打滑和损坏。这种筛因皮带轮中心基本不变，故称为自定中心筛。

在筛分的同时，一般通过筛网上安装的几排带喷水孔的压力水管，不断对骨料进行冲洗，冲洗水压应大于 0.2MPa。

在骨料筛分过程中，由于筛孔偏大，筛网磨损、破裂等因素，往往产生超径骨料，即下一级骨料中混入的上一级粒径的骨料。相反，由于筛孔偏小或堵塞、喂料过多、筛网倾角过大等因素，往往产生逊径骨料，即上一级骨料中混入的下一级粒径的骨料。超径和逊径骨料的百分率（按重量计）是筛分作业的质量控制指标。要求超径石不大于 5%，逊径石不大于 10%。

（三）制砂

粗骨料筛洗后的砂水混合物进入沉砂池（箱），泥浆和杂质通过沉砂池（箱）上的溢水口溢出，较重的砂颗粒沉入底部，通过洗砂设备即可制砂。常用的洗砂设备是螺旋洗砂机，其结构如图 10-6 所示。它是一个倾斜安放的半圆形洗砂槽，槽内装有 1～2 根附有螺旋叶片的旋转主轴。斜槽以 18°～20° 的倾斜角安放，低端进砂，高端进水。由于螺旋叶片的旋转，使被洗的砂受到搅拌，并移向高端出料口，洗涤水则不断从高端通入，污水从低端的溢水口排出。

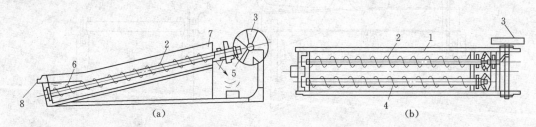

图 10-6 螺旋式洗砂机

1—洗砂槽；2—带螺旋叶片的旋转轴；3—驱动机构；4—螺旋叶片；5—皮带机（净砂出口）；

6—加料口；7—清水注入口；8—污水溢出口

当天然砂数量不足时，可采用棒磨机制备人工砂。将小石投入装有钢棒的棒磨机滚筒内，靠滚筒旋转带动钢棒挤压小石而成砂。

三、骨料加工厂

把骨料破碎、筛分、冲洗、运输和堆放等一系列生产过程集中布置，称为骨料加工厂。当采用天然骨料时，加工的主要作业是筛分和冲洗；当采用人工骨料时，主要作业是破碎、筛分、冲洗和棒磨制砂。

大中型工程常设置筛分楼，利用楼内安装的 2～4 套筛、洗机械，专门对骨料进行筛分和冲洗的联合作业，其设备布置和工艺流程如图 10-7 所示。

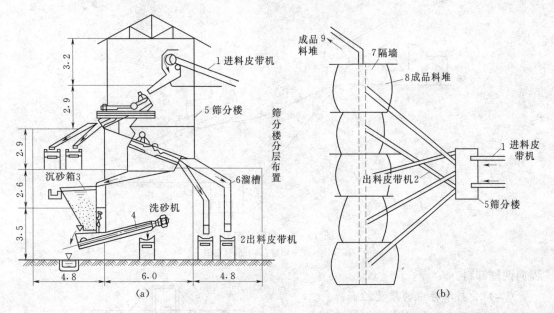

图 10-7 筛分楼布置示意图（尺寸单位：m）

进入筛分楼的砂石混合料，首先经过预筛分，剔出粒径大于 150mm（或 120mm）的超径石。经过预筛分运来的砂石混合料，由皮带机输送至筛分楼，再经过两台筛分机筛分和冲洗，4 层筛网（一台筛分机设有两层不同筛孔的筛网）筛出了 5 种粒径不同的骨料，即特大石、大石、中石、小石、砂子，其中特大石在最上一层筛网上不能过筛，首先被筛分出，砂子、淤泥和冲洗水则通过最下一层筛网进入沉砂箱，砂子落入洗砂机中，经淘洗后可得到清洁的砂。经过筛分的各级骨料，分别由皮带机运送到净料堆贮存，以供混凝土制备的需要。

骨料加工厂的布置应充分利用地形，减少基建工程量。有利于及时供料，减少弃料。成品获得率高，通常要求达到 85%～90%。当成品获得率低时，应考虑利用弃料二次破碎，构成闭路生产循环。在粗碎时多为开路，在中、细碎时采用闭路循环。骨料加工厂振动声响特别大，应注意减小噪声，改善劳动条件。筛分楼的布置常用皮带机送料上楼，经两道振动筛筛分出 5 种级配骨料，砂料则经沉砂箱和洗砂机清洗为成品砂料，各级骨料由皮带机送至成品料堆堆存。骨料加工厂宜尽可能靠近混凝土系统，以便共用成品堆场。

四、骨料的堆存

骨料堆存分毛料堆存与成品堆存两种。毛料堆存的作用是调节毛料开采、运输、与加工之间的不均衡性；成品堆存的作用是调节成品生产、运输和混凝土拌和之间的不均衡性，保证混凝土生产对骨料的需要。

（一）骨料堆存方式

1. 台阶式料仓

如图 10-8 所示，在料仓底部设有出料廊道，骨料通过卸料闸门卸在皮带机上运出。

2. 堆料机料仓

如图 10-9、图 10-10 所示，采用双悬臂或动臂堆料机沿土堤上铺设的轨道行驶，沿

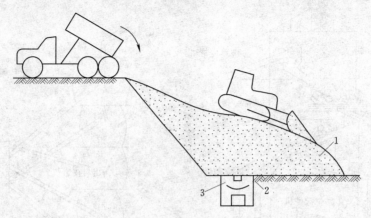

图 10-8　台阶式料仓

1—料堆；2—廊道；3—出料皮带

程向两侧卸料。

（二）骨料堆存中的质量控制

料堆底部的排水设施应保持完好，尽量使砂子在进入拌和楼前表面含水率降低在 5% 以下，但又保持一定湿度。尽量减少骨料的转运次数和降低自由跌落高度（一般应控制在 3m 以内），跌差过大，应辅以梯式或螺旋式缓降器卸料，以防骨料分离和逊径含量过高。

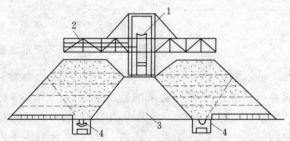

图 10-9　双悬臂堆料机料仓

1—进料皮带；2—梭式皮带；3—土堤；4—出料皮带

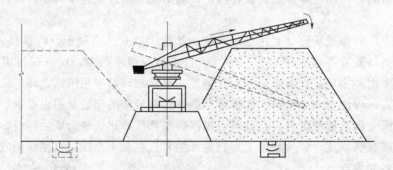

图 10-10　动臂堆料机料仓

五、选择骨料应注意的问题

（1）砂石料以就地取材的原则，用人工骨料应进行技术经济比较后选定。

（2）应充分利用坝区或地下开挖出的弃渣加工作为混凝土骨料。天然石料中的超径部分，也可以破碎后利用。

（3）在施工条件许可的情况下，粗骨料的最大粒径应尽量采用最大值，以节省水泥

表 10-1　骨料最大粒径与水泥用量的关系

骨料最大粒径 （mm）	40	80	120	150	225
水泥用量 （%）	132	110	104	100	96

用量。以粗骨料最大粒径为 150mm 时的水泥用量为 100％，骨料最大粒径与水泥用量的关系见表 10-1。

（4）在选择骨料级配时，应在可行的条件下，尽量使弃料最少。为满足级配要求，卵石亦可破碎后使用。

第二节 大体积混凝土温度控制

混凝土温度控制的基本目的是为了防止混凝土发生温度裂缝，以保证建筑物的整体性和耐久性。温控和防裂的主要措施有降低混凝土水化热温升、降低混凝土浇筑温度、混凝土人工冷却散热和表面保护等。一般把结构最小尺度大于 2m 的混凝土称为大体积混凝土。大体积混凝土要求控制水泥水化产生的热量及伴随发生的体积变化，尽量减少温度裂缝。

一、混凝土温度变化过程

水泥在凝结硬化过程中，会放出大量的水化热。水泥在开始凝结时放热较快，以后逐渐变慢，普通水泥最初 3d 放出的总热量占总水化热的 50％以上。水泥水化热与龄期的关系曲线如图 10-11 所示。图中 Q_0 为水泥的最终发热量（J/kg），其中 m 为系数，它与水泥品种及混凝土入仓温度有关。

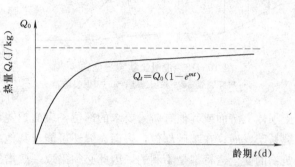

图 10-11 水泥水化热与龄期关系曲线

混凝土的温度随水化热的逐渐释放而升高，当散热条件较好时，水化热造成的最高温度升高值并不大，也不致使混凝土产生较大裂缝。而当混凝土的浇筑块尺寸较大时，其散热条件较差，由于混凝土导热性能不良，水化热基本上都积蓄在浇筑块内，从而引起混凝土温度明显升高，有时混凝土块体中部温度可达 60～80℃。由于混凝土温度高于外界气温，随着时间的延续，热量慢慢向外界散发，块体内温度逐渐下降。这种自然散热过程甚

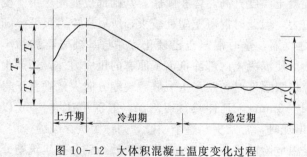

图 10-12 大体积混凝土温度变化过程

为漫长，大约要经历几年以至几十年的时间水化热才能基本消失。此后，块体温度即趋近于稳定状态。在稳定期内，坝体内部温度基本稳定，而表层混凝土温度则随外界温度的变化而呈周期性波动。由此可见，大体积混凝土温度变化一般经历升温期、冷却期和稳定期 3 个时期（图 10-12）。

由图 10-12 可知

$$\Delta T = T_m - T_f = T_p + T_r - T_f$$

由于稳定温度 T_f 值变化不大，所以要减少温差，就必须采取措施降低混凝土土入仓温度 T_p 和混凝土的最大温升 T_r。

二、温度应力与温度裂缝

混凝土温度的变化会引起混凝土体积变化，即温度变形。而温度变形一旦受到约束不能自由伸缩时，就必然引起温度应力。若为压应力，通常无大的危害；若为拉应力，当超过混凝土抗拉强度极限时，就会产生温度裂缝，如图 10-13 所示。

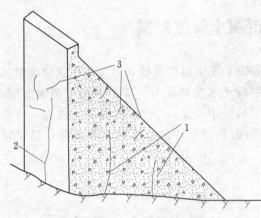

图 10-13　混凝土坝裂缝型式
1—贯穿裂缝；2—深层裂缝；3—表面裂缝

1. 表面裂缝

大体积混凝土结构块体各部分由于散热条件不同，温度也不同，块体内部散热条件差，温度较高，持续时间也较长；而块体外表由于和大气接触，散热方便，冷却迅速。当表面混凝土冷却收缩时，就会受到内部尚未收缩的混凝土的约束产生表面温度拉应力，当它超过混凝土的抗拉极限强度时，就会产生裂缝。

一般表面裂缝方向不规则，数量较多，但短而浅，深度小于 1m，缝宽小于 0.5mm。有的后来还会随着坝体内部温度降低而自行闭合。因而对一般结构威胁较小。但在混凝土坝体上游面或其他有防渗要求的部位，表面裂缝形成了渗透途径，在渗水压力作用下，裂缝易于发展；在基础部位，表面裂缝还可能与其他裂缝相连，发展成为贯穿裂缝。这些对建筑物的安全运行都是不利的，因此必须采取一些措施，防止表面裂缝的产生和发展。

防止表面裂缝的产生，最根本的是把内外温差控制在一定范围内。防止表面裂缝还应注意防止混凝土表面温度骤降（冷击）。冷击主要是冷风寒潮袭击和低温下拆模引起的，这时会形成较大的内外温差，最容易发生表面裂缝。因此在冬季不要急于拆模，对新浇混凝土的表面，当温度骤降前应进行表面保护。表面保护措施可采用保温模板、挂保温泡沫板、喷水泥珍珠岩、挂双层草垫等。

2. 深层裂缝和贯穿裂缝

混凝土凝结硬化初期，水化热使混凝土温度升高，体积膨胀，基础部位混凝土由于受基岩的约束，不能自由变形而产生压应力，但此时混凝土塑性较大，所以压应力很低。随着混凝土温度的逐渐下降，体积也随之收缩，这时混凝土已硬化，并与基础岩石黏结牢固，受基础岩石的约束不能自由收缩，而使混凝土内部除抵消了原有的压应力外，还产生了拉应力，当拉应力超过混凝土的抗拉极限强度时，就产生裂缝。裂缝方向大致垂直于岩面，自下而上开展，缝宽较大（可达 1~3mm），延伸长，切割深（缝深可达 3~5m 以上），称之为深层裂缝。当平行坝轴线出现时，常常贯穿整个坝段，则称为贯穿裂缝。

基础贯穿裂缝对建筑物安全运行是很危险的，因为这种裂缝发生后，就会把建筑物分割成独立的块体，使建筑物的整体性遭到破坏，坝内应力发生不利变化，特别对于大坝上游坝踵处将出现较大的拉应力，甚至危及大坝安全。

防止产生基础贯穿裂缝，关键是控制混凝土的温差，通常基础容许温差的控制范围见表 10-2。

表 10 - 2　　　　　　　　　　　　基础容许温差 ΔT（℃）

浇筑块边长 L（m）		<16	17～20	21～30	31～40	通仓长块
离基础面高度 h（m）	0～0.2L	26～25	24～22	22～19	19～16	16～14
	0.2～0.4L	28～27	26～25	25～22	22～19	19～17

混凝土浇筑块经过长期停歇后，在长龄期老混凝土上浇筑新混凝土时，老混凝土也会对新混凝土起约束作用，产生温度应力，可能导致新混凝土产生裂缝，所以新老混凝土间的内部温差（即上下层温差），也必须进行控制，一般允许温差为 15～20℃。

三、大体积混凝土温度控制的措施

（一）减少混凝土发热量

1. 采用低热水泥

采用水化热较低的普通大坝水泥、矿渣大坝水泥及低热膨胀水泥。

2. 降低水泥用量

（1）掺混合材料。

（2）调整骨料级配，增大骨料粒径。

（3）采用低流态混凝土或无坍落度干硬性贫混凝土。

（4）掺外加剂（减水剂、加气剂）。

（5）其他措施：如采用埋石混凝土；坝体分区使用不同强度等级的混凝土；利用混凝土的后期强度。

（二）降低混凝土的入仓温度

1. 料场措施

（1）加大骨料堆积高度。

（2）地弄取料。

（3）搭盖凉棚。

（4）喷水雾降温（石子）。

2. 冷水或加冰拌和

3. 预冷骨料

（1）水冷。如喷水冷却、浸水冷却。

（2）气冷。在供料廊道中通冷气。

（三）加速混凝土散热

1. 表面自然散热

采用薄层浇筑，浇筑层厚度采用 3～5cm，在基础地面或老混凝土面上可以浇 1～2m 的薄层，上、下层间歇时间宜为 5～10d。浇筑块的浇筑顺序应间隔进行，尽量延长两相邻块的间隔时间，以利侧面散热。

2. 人工强迫散热——埋冷却水管

利用预埋的冷却水管通低温水以散热降温。冷却水管的作用有以下两点。

（1）一期冷却。混凝土浇后立即通水，以降低混凝土的最高温升。

（2）二期冷却。在接缝灌浆时将坝体温度降至灌浆温度，扩张缝隙以利灌浆。

第三节　混 凝 土 坝 施 工

一、坝基开挖

混凝土坝坝基有土基和岩基两种情况，这里介绍岩基的开挖。

进行岩基开挖，首先要根据地质条件、设计要求和施工方案，确定开挖范围和开挖深度。建筑物设计平面轮廓是岩基底部开挖的最小轮廓线，施工时根据施工排水、立模支撑、施工机械运行和道路等因素适当放宽。

（一）开挖要求

开挖应自上而下进行，某些部位如需上、下同时开挖，应采取有效的安全措施。设计边坡轮廓面的开挖，应采用预裂爆破或光面爆破方法，高度较大的永久或半永久边坡，应分台阶开挖。基础岩石的开挖，应采取分层的梯段爆破方法。紧邻水平建基面，应采用预留岩体保护层并对其进行分层爆破的开挖方法。设计边坡开挖前，必须做好开挖边线外的危石清理、削坡、加固和排水工作。处于不良地质地段的设计边坡，当其对边坡稳定有不利影响时，应采取措施解决。已开挖的设计边坡，必须在及时检查处理与验收，并按设计要求加固后，才可进行相邻部位的开挖。

基础面的开挖偏差，应符合以下规定。

（1）对节理裂隙不发育、较发育、发育和坚硬、中等坚硬的岩体：①水平建基面高程的开挖偏差，不应大于±20cm；②设计边坡轮廓面的开挖偏差，在一次钻孔至全深条件下开挖时，不应大于其开挖高度的±2‰，在分台阶开挖时，其最下部一个台阶坡脚位置的偏差，以及整体边坡的平均坡度均应符合设计要求。

（2）对节理裂隙极发育和软弱的岩体，不良地质地段的岩体，其开挖偏差均应符合设计要求。

（二）紧邻水平建基面的爆破开挖

紧邻水平建基面的爆破开挖不应使基岩产生大量的爆破裂隙，不使节理裂隙面、层面等弱面明显恶化，并损害岩体的完整性。

紧邻水平建基面的岩体保护层厚度，应由爆破试验确定。

对岩体保护层进行分层爆破，必须遵守以下规定。

（1）第一层。炮孔不得穿入距水平建基面 1.5m 的范围，炮孔装药直径不应大于40mm，应采用梯段爆破方法。

（2）第二层。对节理裂隙不发育、较发育、发育和坚硬、中等坚硬的岩体，炮孔不得穿入距水平建基面 0.5m 的范围；对节理裂隙极发育和软弱的岩体，炮孔不得穿入距水平建基面 0.7m 的范围。炮孔与水平建基面的夹角不应大于 60°，炮孔装药直径不应大于32mm，应采用单孔起爆方法。

（3）第三层。对节理裂隙不发育、较发育、发育和坚硬、中等坚硬的岩体，炮孔不得穿过水平建基面；对节理裂隙极发育和软弱的岩体，炮孔不得穿入距水平建基面 0.2m 的范围，剩余 0.2m 厚的岩体应进行撬挖。炮孔角度、炮孔装药和起爆方法，均同第二层的规定。

二、混凝土施工

(一) 混凝土坝的分缝与分块

1. 分缝分块原则

(1) 根据结构特点、形状及应力情况进行分层分块，避免在应力集中、结构薄弱部位分缝。

(2) 采用错缝分块时，必须采取措施防止竖直施工缝张开后向上、向下继续延伸。

(3) 分层厚度应根据结构特点和温度控制要求确定。基础约束区一般为1～2m，约束区以上可适当加厚；墩墙侧面可散热，分层也可厚些。

(4) 应根据混凝土的浇筑能力和温度控制要求确定分块面积的大小。块体的长宽比不宜过大，一般以小于2.5：1为宜。

(5) 分层分块均应考虑施工方便。

2. 混凝土坝的分缝分块方式

混凝土坝的浇筑块是用垂直于坝轴线的横缝和平行于坝轴线的纵缝以及水平缝划分而成的。分缝方式有垂直纵缝法、错缝法、斜缝法、通仓浇筑法等，如图10-14、图10-15所示。

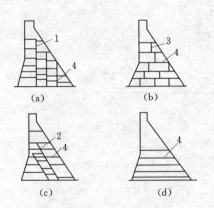

图10-14　混凝土坝的分缝方式
(a) 垂直纵缝法；(b) 错缝法；
(c) 斜缝法；(d) 通仓浇筑法
1—纵缝；2—斜缝；3—错缝；
4—水平缝

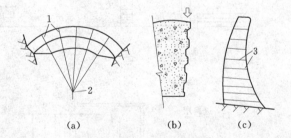

图10-15　拱坝浇筑分缝分块
(a) 临时横缝布置；(b) 临时横缝
的梯形键槽；(c) 浇筑块
1—临时横缝；2—拱心；
3—水平缝

(1) 垂直纵缝法。用垂直纵缝把坝段分成独立的柱状体，因此又叫柱状分块。它的优点是温度控制容易，混凝土浇筑工艺较简单，各柱状块可分别上升，彼此干扰小，施工安排灵活，但为保证坝体的整体性，必须进行接缝灌浆；模板工作量大，施工复杂。纵缝间距一般为20～40m，以便降温后接缝有一定的张开度，便于接缝灌浆。为了传递剪应力的需要，在纵缝面上设置键槽，并需要在坝体到达稳定温度后进行接缝灌浆，以增加其传递剪应力的能力，提高坝体的整体性和刚度。

(2) 斜缝法。一般只在中低坝采用，斜缝一般沿平行于坝体第二主应力方向设置，缝面剪应力很小，只要设置缝面键槽不必进行接缝灌浆，斜缝法往往是为了便于坝内埋管的安装，或利用斜缝形成临时挡洪面采用的。但斜缝法施工干扰大，斜缝顶并缝处容易产生应力集中，斜缝前后浇筑块的高差和温差需严格控制，否则会产生很大的温度应力。

（3）通缝法。通缝法即通仓浇筑法，它不设纵缝，混凝土浇筑按整个坝段分层进行；一般不需埋设冷却水管。同时由于浇筑仓面大，便于大规模机械化施工，简化了施工程序，特别是大量减少模板作业工作量，施工速度快，但因其浇筑块长度大，容易产生温度裂缝，所以温度控制要求比较严格。

（二）混凝土的拌和

由于混凝土工程量较大，混凝土坝施工一般采用混凝土拌和楼生产混凝土。

混凝土拌和楼将进料、储料、配料、拌和、出料等工序的设备集中布置，按其布置形式有双阶式和单阶式两种，如图10-16所示。

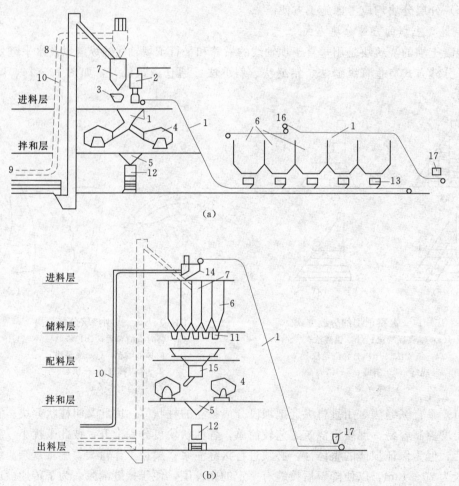

图 10-16　混凝土拌和楼布置示意图
(a) 双阶式；(b) 单阶式

1—皮带机；2—水箱及量水器；3—水泥料斗及磅秤；4—拌和机；5—出料斗；6—骨料仓；7—水泥仓；8—斗式提升机输送水泥；9—螺旋机输送水泥；10—风送水泥管道；11—集料斗；12—混凝土吊罐；13—配料器；14—回转漏斗；15—回转喂料器；16—卸料小车；17—进料斗

（三）混凝土的运输

由于混凝土运输方量和运输强度非常大，需采用大型运输设备。

1. 混凝土运输浇筑方案的选择

混凝土运输浇筑方案的选择通常应考虑如下原则。

（1）运输效率高，成本低，转运次数少，不易分离，质量容易保证。

（2）起重设备能够控制整个建筑物的浇筑部位。

（3）主要设备型号单一，性能良好，配套设备能使主要设备的生产能力充分发挥。

（4）在保证工程质量的前提下能满足高峰浇筑强度的要求。

（5）除满足混凝土浇筑要求外，同时能最大限度地承担模板、钢筋、金属结构及仓面小型机具的吊运工作。

（6）在工作范围内能连续工作，设备利用率高，不压浇筑块，或不因压块而延误浇筑工期。

2. 水平运输

（1）自卸汽车运输。

1）自卸汽车—栈桥—溜筒。如图10-17，用组合钢筋柱或预制混凝土柱作立柱，用钢轨梁和面板作桥面构成栈桥，下挂溜筒，自卸汽车通过溜筒入仓。它要求坝体能比较均匀地上升，浇筑块之间高差不大。这种方式可从拌和楼一直运至栈桥卸料，生产率较高。

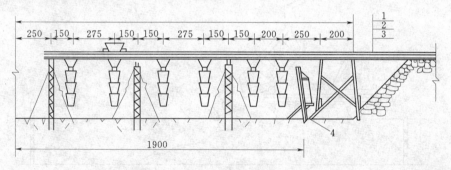

图 10-17　自卸汽车—栈桥入仓（单位：cm）

1—护轮木；2—木板；3—钢轨；4—模板

2）自卸汽车—履带式起重机。自卸汽车自拌和楼受料后运至基坑后转至混凝土卧罐，再用履带式起重机吊运入仓。

3）自卸汽车—溜槽（溜筒）。自卸汽车转溜槽（溜筒）入仓适用于狭窄、深塘混凝土回填。斜溜槽的坡度一般在1：1左右，混凝土的坍落度一般为6cm左右。每道溜槽控制的浇筑宽度5～6m（图10-18）。

4）自卸汽车直接入仓。

（a）端进法。端进法是在刚捣实的混凝土面上铺厚6～8mm的钢垫板，自卸汽车在其上驶入仓内卸料浇筑，如图10-19所示。浇筑层厚度不超过1.5m。端进法要求混凝土坍落度小于3～4cm，最好是干硬性混凝土。

（b）端退法。自卸汽车在仓内已有一定强度的老混凝土面上行驶。汽车铺料与平仓振捣互不干扰，且因汽车卸料定点准确，平仓工作量也较小（图10-20）。老混凝土的龄

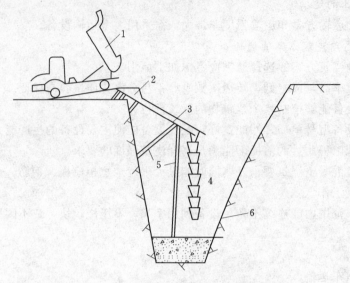

图 10-18　自卸汽车转溜槽、溜筒入仓
1—自卸汽车；2—储料斗；3—斜溜槽；4—溜筒（漏斗）；
5—支撑；6—基岩面

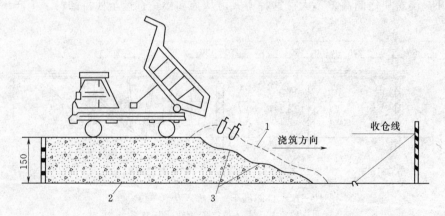

图 10-19　端进法示意图（单位：cm）
1—新入仓混凝土；2—老混凝土面；3—振捣后的台阶

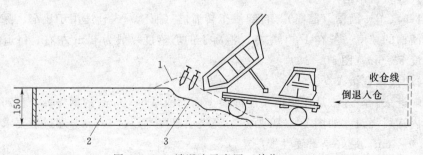

图 10-20　端退法示意图（单位：cm）
1—新入仓混凝土；2—老混凝土；3—振捣后的台阶

期应据施工条件通过试验确定。

用汽车运输凝土时，应遵守下列技术规定：装载混凝土的厚度不应小于 40cm，车厢应严密平滑，砂浆损失应控制在 1‰以内；每次卸料，应将所载混凝土卸净，并应及时清洗车厢，以免混凝土粘附；以汽车运输混凝土直接入仓时，应有确保混凝土质量的措施。

（2）铁路运输。大型工程多采用铁路平台列车运输混凝土，以保证相当大的运输强度。铁路运输常用机车拖挂数节平台列车，上放混凝土立式吊罐 2～4 个，直接到拌和楼装料。列车上预留 1 个罐的空位，以备转运时放置起重机吊回的空罐。这种运输方法，有利于提高机车和起重机的效率，缩短混凝土运输时间，如图 10 - 21 所示。

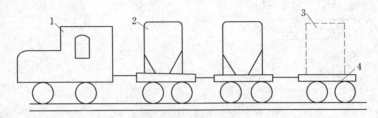

图 10 - 21　机车拖运混凝土立罐
1—柴油机车；2—混凝土罐；3—放回空罐位置；4—平台车

（3）皮带机运输。皮带机运送混凝土有固定式和移动式两种。

1）固定式皮带机是用钢筋柱（或预制混凝土排架）支撑皮带机通过仓面，每台皮带机控制浇筑宽度 5～6m。这种布置方式每次浇筑高度约 10m。为使混凝土比较均匀地分料入仓，每台皮带机上每间隔 6m 装置一个固定式或移动式刮板，混凝土经溜槽或溜筒入仓。

2）移动式皮带机用布料机与仓面上的一条固定皮带机正交布置，混凝土通过布料机接溜筒入仓。

此外，在三峡等大型工程还有将皮带机和塔机结合的塔带机，它从拌和楼受料用皮带送至仓面附近再通过布料杆将混凝土直接送至浇筑仓面。

3. 垂直运输

（1）履带式起重机。履带式起重机多由开挖石方的挖掘机改装而成，直接在地面上开行，无需轨道。它的提升高度不大，控制范围比门机小。但起重量大、转移灵活、适应工地狭窄的地形，在开工初期能及早投入使用，生产率高。该机适用于浇筑高程较低的部位。

（2）门式起重机。门式起重机（简称门机）是一种大型移动式起重设备。它的下部为一钢结构门架，门架底部装有车轮，可沿轨道移动。门架下有足够的净空，能并列通行 2 列运输混凝土的平台列车。门架上面的机身包括起重臂、回转工作台、滑轮组（或臂架连杆）、支架及平衡重等。整个机身可通过转盘的齿轮作用，水平回转 360°。该机运行灵活、移动方便，起重臂能在负荷下水平转动，但不能在负荷下变幅。变幅是在非工作时，利用钢索滑轮组使起重臂改变倾角来完成。图 10 - 22 为常用的 10t 丰满门机。图 10 - 23 为高架门机，起重高度可达 60～70m。

（3）塔式起重机。塔式起重机（简称塔机）是在门架上装置高达数 10 米的钢架塔身，

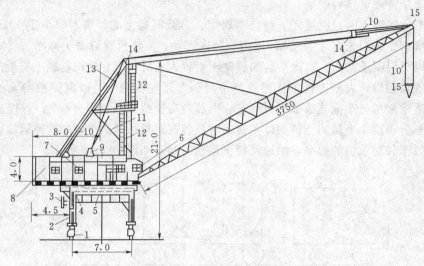

图 10-22 丰满门机（单位：m）

1—车轮；2—门架；3—电缆卷筒；4—回转机构；5—转盘；6—操纵室；

7—机器间；8—平衡重；9、14、15—滑轮；10—起重索；

11—支架；12—梯；13—臂架升降索

用以增加起吊高度。其起重臂多是水平的，起重小车钩可沿起重臂水平移动，用以改变起重幅度，如图 10-24 所示。

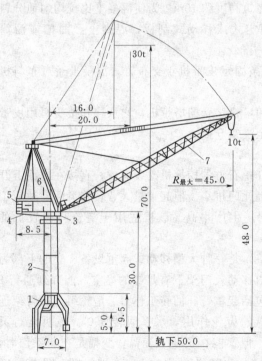

图 10-23 10/30t 高架门机（单位：m）

1—门架；2—圆筒形高架塔身；3—回转盘；4—机房；

5—平衡重；6—操纵台；7—起重臂

为增加门、塔机的控制范围和增大浇筑高度，为起重凝土运输提供开行线路，使之与浇筑工作面分开，常需布置栈桥。大坝施工栈桥的布置方式如图 10-25 所示。

栈桥桥墩结构有混凝土墩、钢结构墩、预制混凝土墩块（用后拆除）等，如图 10-26 所示。

为节约材料，常把起重机安放在已浇筑的坝身混凝土上，即所谓"蹲块"来代替栈桥。随着坝体上升，分次倒换位置或预先浇好混凝土墩作为栈桥墩。

（4）缆式起重机。缆式起重机（简称缆机）由一套凌空架设的缆索系统、起重小车、主塔架、副塔架等组成，如图 10-27 所示。主塔内设有机房和操纵室，并用对讲机和工业电视与现场联系，以保证缆机的运行。

缆索系统为缆机的主要组成部分，它包括承重索、起重索、牵引索和各种辅助索。承重索两端系在主塔和副塔的顶部，

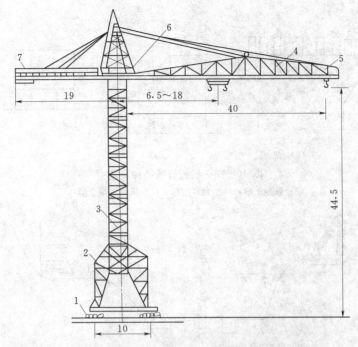

图 10-24 10/25 型塔式起重机（单位：m）

1—车轮；2—门架；3—塔身；4—伸臂；5—起重小机；6—回转塔架；7—平衡重

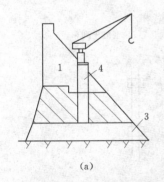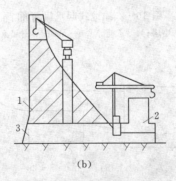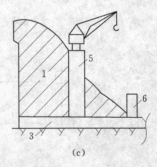

（a）   （b）   （c）

图 10-25 栈桥布置方式

（a）单线栈桥；（b）双线栈桥；（c）主、辅栈桥

1—坝体；2—厂房；3—由辅助浇筑方案完成的部位；4—分两次升高的栈桥；5—主栈桥；6—辅助栈桥

承受很大的拉力，通常用高强钢丝束制成，是缆索系统中的主起重索，垂直方向设置升降起重钩，牵引起重小车沿承重索移动。塔架为三角形空间结构，分别布置在两岸缆机平台上。

  缆机的类型，一般按主、副塔的移动情况划分，有固定式、平移式和辐射式 3 种。

  缆机适用于狭窄河床的混凝土坝浇筑，如图 10-28 所示。它不仅具有控制范围大、起重量大、生产率高的特点，而且能提前安装和使用，使用期长，不受河流水文条件和坝体升高的影响，对加快主体工程施工具有明显的作用。

  缆机构造如图 10-29 所示。

  混凝土坝施工中混凝土的平仓振捣除采用常规的施工方法外，一些大型工程在无筋混

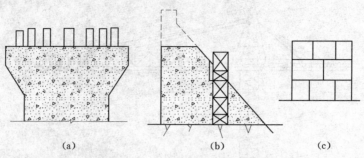

图 10-26　栈桥桥墩结构型式

(a) 混凝土墩；(b) 金属结构；(c) 预制混凝土墩块

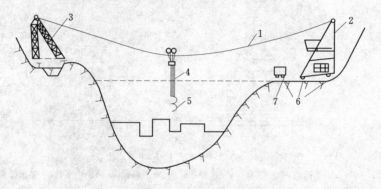

图 10-27　缆式起重机简图

1—承重索；2—主塔；3—副塔；4—起重索；5—吊钩；6—起重机轨道；7—混凝土列车

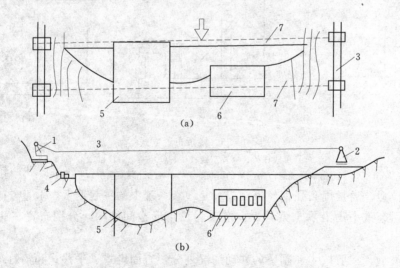

图 10-28　平行式缆机用于浇筑重力坝

(a) 平面图；(b) 立视图

1—主塔；2—副塔；3—轨道；4—混凝土列车；5—溢流坝；6—厂房；7—控制范围

凝土仓面常采用平仓振捣机作业，采用类似于推土机的装置进行平仓，采用成组的硬轴振捣器进行振捣，用以提高作业效率，如图 10-30 所示。

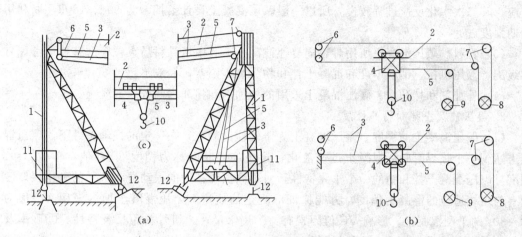

图 10-29　缆机构造示意图

(a) 塔架；(b) 缆索；(c) 起重小车

1—塔架；2—承重索；3—牵引索；4—起重小车；5—起重索；6、7—导向滑轮；

8—牵引绞车；9—起重卷扬机；10—吊钩；11—压重；12—轨道

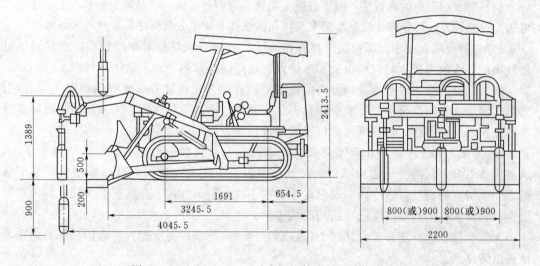

图 10-30　PCY—50 型平仓振机外形图（单位：mm）

三、碾压混凝土坝施工

碾压混凝土采用干硬性混凝土，施工方法接近于碾压式土石坝的填筑方法，采用通仓薄层浇筑、振动碾压实。碾压混凝土筑坝可减少水泥用量、充分利用施工机械、提高作业效率和缩短工期。

（一）碾压混凝土的材料及性质

1. 碾压混凝土的材料

（1）水泥。碾压混凝土一般掺混合材料，水泥应优先采用硅酸盐水泥和普通水泥。

（2）混合材料。混合材料一般采用粉煤灰，它可改善碾压混凝土的和易性和降低水化热温升。粉煤灰的作用一是填充骨料的空隙，二是与水泥水化反应的生成物进行二次水化反应，其二次水化反应进程较慢，所以一般碾压混凝土设计龄期常为90d、180d，以利用后期强度。

（3）骨料。碾压混凝土所用骨料同普通混凝土，其中粗骨料最大粒径的选择应考虑骨料级配、碾压机械、铺料厚度和混凝土拌和物分离等因素，一般不超过80mm。

（4）外加剂和拌和水。碾压混凝土采用的外加剂和拌和水同普通混凝土。

2. 碾压混凝土拌和物的性质

（1）碾压混凝土的稠度。碾压混凝土为干硬性混凝土，在一定的振动条件下，碾压混凝土达到一个临界时间后混凝土迅速液化，这个临界时间称为稠度（VC值，单位：s）。稠度是碾压混凝土拌和物的一个重要特性，对不同振动特性的振动碾和不同的碾压层厚度应有与之相适应的混凝土稠度，方能保证混凝土的质量。碾压混凝土坝多采用VC值为10～30s的干硬混凝土。影响VC值因素有：①用水量；②粗骨料用量及特性；③砂率及砂子性质；④粉煤灰品质；⑤外加剂。

（2）碾压混凝土的表观密度。碾压混凝土的表观密度一般指振实后的表观密度。它随着用水量和振动时间不同而变化，对应最大表观密度的用水量为最优用水量。施工现场一般用核子密度仪测定碾压混凝土的表观密度来控制碾压质量。

（3）碾压混凝土的离析性。碾压混凝土的离析有两种形式：一是粗骨料从拌和物中分离出来，一般称为骨料分离；二是水泥浆或拌和水从拌和物中分离出来，一般称为泌水。

1）骨料分离。由于碾压混凝土拌和物干硬、松散、灰浆粘附作用较小，极易发生骨料分离。分离的混凝土均匀性与密实性较差，层间结合薄弱，水平碾压缝易漏水。

碾压混凝土施工时改善骨料分离的技术措施有：①优选抗分离性好的混凝土混合比；②多次薄层铺料一次碾压；③减少卸料、装车时的跌落和堆料高度；④采用防止或减少分离的铺料和平仓方法；⑤各机构出口设置缓冲设施。

2）泌水。泌水主要是在碾压完成后，水泥及粉煤灰颗粒在骨料之间的空隙中下沉，水被排挤上升，从混凝土表面析出。泌水使混凝土上层水分增加，水胶比增大，强度降低，而下层正好相反，这样同一层混凝土上弱下强，均匀性较差；减弱上下层之间的层间结合；为渗水提供通道，降低了结构的抗渗性。

为减少泌水，从配合比设计时予以控制，拌和时严格按要求配料，运输和下料时采取措施以防泌水。

（二）碾压混凝土坝施工

碾压混凝土坝的施工一般不设与坝轴线平行的纵缝，而与坝轴线垂直的横缝是在混凝土浇筑碾压后尚未充分凝固时用切割混凝土的方法设置，或者在混凝土摊铺后用切缝机压入锌钢片形成横缝。碾压混凝土坝一般在上游面设置常态混凝土防渗层，防止内部碾压混凝土的层间渗透；有防冻要求的坝，下游面亦用常态混凝土；为提高溢流面的抗冲耐磨性能，一般也采用强度等级较高的抗冲耐磨常态混凝土，形成"金包银"的结构形式，为了增大施工场面，避免施工干扰，增加碾压混凝土在整个混凝土坝体方量中的比重，应尽量减少坝内孔洞，少设廊道。

碾压混凝土坝的施工工艺程序：初浇层铺砂浆，汽车运输入仓，平仓机平仓，振动压实机压实，振动切缝机切缝，切完缝再沿缝无振碾压两遍。如图10-31所示。

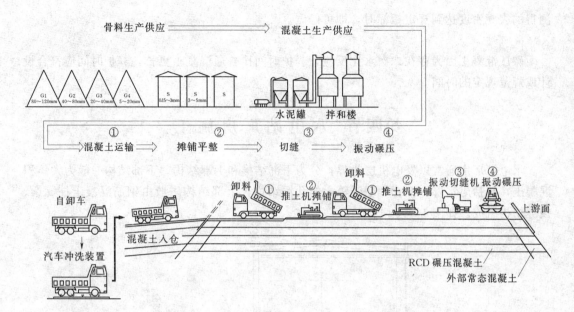

图 10-31 碾压混凝土施工工艺流程图

1. 混凝土拌和

碾压混凝土的拌和采用双锥形倾翻出料搅拌机或强制式搅拌机。拌和时间较普通混凝土要延长。

2. 混凝土运输

碾压混凝土的运输常用以下几种方式。

(1) 自卸汽车直接运料至坝面散料。

(2) 缆机吊运立罐或卧罐入仓。

(3) 皮带机运至坝面，用摊铺机或推土机铺料。

3. 铺料

碾压混凝土的浇筑面要除去表面浮皮、浮石和清除其他杂物，用高压水冲洗干净。在准备好的浇筑面上铺上砂浆或小石混凝土，然后摊铺混凝土。砂浆或小石混凝土的摊铺范围以 1～2h 内能浇筑完混凝土的区域为准。砂浆摊铺厚度在水平浇筑面为 1.5cm，基岩面为 2.0cm，小石混凝土厚 3～5cm。摊铺方法可采用人工或装载机。

混凝土入仓后再用推土机按规定厚度推铺。

4. 浇筑

碾压混凝土坝采用通仓薄层浇筑法，可增加散热效果，取消冷却水管，减少模板工程量，简化仓面作业，有利于加快施工进度。通仓浇筑要求尽量减少坝内孔洞，不设纵缝，坝段间的横缝用切缝机切割，以尽量增大仓面面积，减少仓面作业的干扰。

5. 碾压

混凝土的碾压采用振动碾，在振动碾碾压不到之处用平板振动器振动。碾压厚度和碾压遍数综合考虑配合比、硬化速度、压实程度、作业能力、温度控制等，通过试验确定。

碾压时以碾具不下沉、混凝土表面水泥浆上浮等现象来判定。当用表面型核子密度仪

255

测得的表观密度达到规定指标时，即可停碾。

6. 养护

碾压混凝土因为存在二次水化反应，养护时间比普通混凝土更长，养护时间应符合设计或规范规定的时间。

第四节 水电站厂房施工

水电站厂房通常以发电机层为界，分为下部结构和上部结构。下部结构一般为大体积混凝土，包括尾水管、锥管、蜗壳等大的孔洞结构；上部结构一般由钢筋混凝土柱、梁、板等结构组成。如图 10-32 所示。

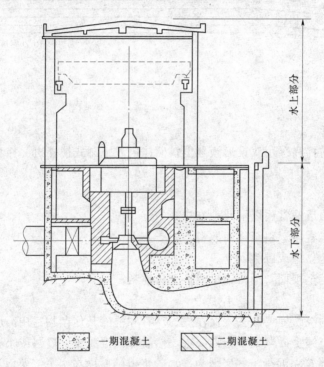

图 10-32 厂房混凝土施工各部分组成

一、水电站厂房下部结构施工

(一) 水电站厂房下部结构的分缝分块

水电站厂房下部结构尺寸大、孔洞多、受力复杂，必须分层分块进行浇筑。如图 10-33 所示。合理的分层分块是削减温度应力、防止或减少混凝土裂缝、保证混凝土施工质量和结构的整体性的重要措施。

厂房下部结构分层分块可采用通仓、错缝、预留宽槽、封闭块和灌浆缝等形式。

1. 通仓浇筑法

通仓浇筑法施工可加快进度，有利于结构的整体性。当厂房尺寸小，又可安排在低温季节浇筑时，采用分层通仓浇筑最为有利。对于中型厂房，其顺水流方向的尺寸在 25m

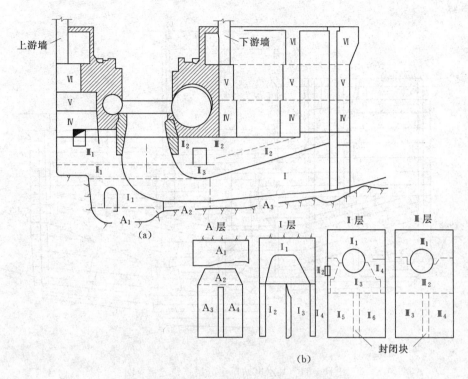

图 10-33 厂房下部结构分层分块图

(a) 机组中心剖面图；(b) A层及Ⅰ、Ⅱ、Ⅲ层平面图

以下，低温季节虽不能浇筑完毕，但有一定的温控手段时，也可采用这种形式。

2. 错缝浇筑法

大型水电站厂房下部结构尺寸较大，多采用错缝浇筑法。错缝搭接范围内的水平施工缝允许有一定的变形，以解除或减少两端的约束而减少块体的温度应力，如图 10-34 所示。在温度和收缩应力作用下，竖直施工缝往往脱开。错缝分块的施工程序对进度有一定影响。

采用错缝分块时，相邻块要均匀上升，以免垂直收缩的不均匀在搭接处引起竖向裂缝。当采用台阶缝施工时，相邻块高差（各台阶总高度）一般不超过 4~5m。

3. 预留宽槽浇筑法

对大型厂房，为加快施工进度，减少施工干扰，可在某些部位设置宽槽。槽的宽度一般为 1m 左右。由于设置宽槽，可减少约束区高度，同时增加散热面，从而减少温度应力。

对预留宽槽，回填应在低温季节施工，届时其周边老混凝土要求冷却到设计要求温度。回填混凝土应选用收缩性较小的材料。

4. 设置封闭块

水电站大型厂房中的框架结构由于顶板跨度大或墩体刚度大，施工期出现显著温度变化时对结构产生较大的温度应力。当采用一般大体积混凝土温度控制措施仍然不能妥善解决时，还需增加"封闭块"的措施，即在框架顶板上预留"封闭块"。

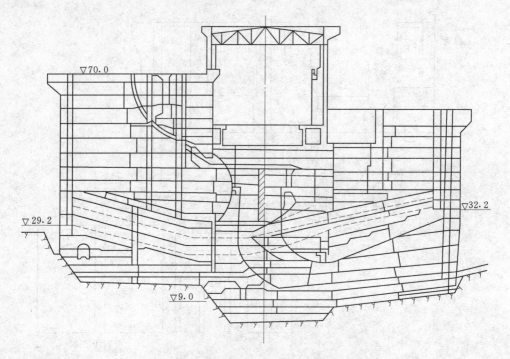

图 10-34　某水电站厂房分层、错缝示意图

5. 设置灌浆缝

对厂房的个别部位可设置灌浆缝。例如，葛洲坝大江电站厂房位了降低进口段与主机段之间的宽槽深度，在排沙孔底板以下设置灌浆缝，灌浆缝以上设置宽槽。

（二）水电站厂房下部结构的施工

1. 满堂脚手架方案

满堂脚手架是在基坑中满布脚手架，用自卸汽车（机动翻斗车、斗车）和溜筒、溜槽入仓。

2. 活动桥方案

当厂房宽度较小、机组较多时，可采用如图 10-35 所示的活动桥浇筑混凝土。

3. 门塔机方案

大型厂房一般采用门塔机浇筑混凝土，如图 10-36 所示。

二、厂房上部结构的施工

（一）混凝土结构的浇筑

厂房混凝土结构施工有现场直接浇筑、预制装配及部分现浇、部分预制等形式。浇筑时先浇筑竖向结构，后浇梁、板。

1. 混凝土柱的浇筑

（1）混凝土的灌注。

1）混凝土柱灌注前，柱底基面应先铺 5～10cm 厚与混凝土内砂浆成分相同的水泥砂浆，后再分段分层灌注混凝土。

2）凡截面在 40cm×40cm 以内或有交叉箍筋的混凝土柱，应在柱模侧面开口装上斜

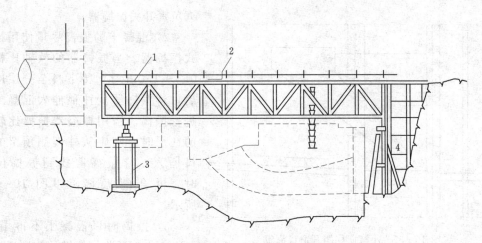

图 10-35　用活动桥浇筑厂房混凝土
1—活动桥；2—运混凝土用小车；3—上游排架；4—下游排架

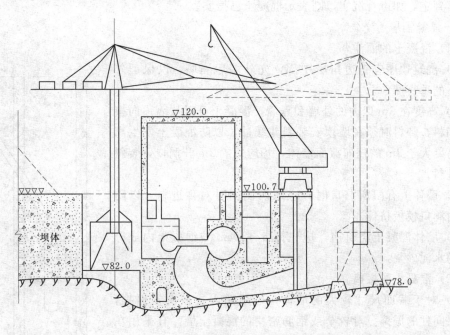

图 10-36　门机、塔机施工布置（单位：m）

溜槽来灌注，每段高度不得大于 2m，如图 10-37 所示。如箍筋妨碍溜槽安装时，可将箍筋一端解开提起，待混凝土浇至窗口的下口时，卸掉斜溜槽，将箍筋重新绑扎好，用模板封口，柱箍箍紧，继续浇上段混凝土。采用斜溜槽下料时，可将其轻轻晃动，加快下料速度。采用溜筒下料时，柱混凝土的灌注高度可不受限制。

3）当柱高不超过 3.5m、截面大于 40cm×40cm 且无交叉钢筋时，混凝土可由柱模顶直接倒入。当柱高超过 3.5m 时，必须分段灌注混凝土，每段高度不得超过 3.5m。

（2）混凝土的振捣。

1）混凝土的振捣一般需 3~4 人协同操作，其中 2 人负责下料，1 人负责振捣，另 1

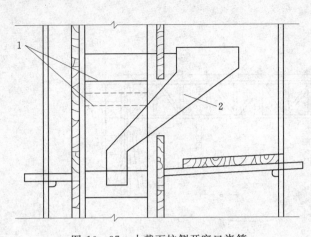

图 10-37　小截面柱侧开窗口浇筑

1—钢筋（虚线钢箍暂时向上移）；2—带垂直料筒的下料溜槽

柱侧模判定，如声音沉实，则表示混凝土已振实。

2. 混凝土墙的浇筑

（1）混凝土的灌注。

1）浇筑顺序应先边角后中部，先外墙后隔墙，以保证外部墙体的垂直度。

2）高度在 3m 以内的外墙和隔墙，混凝土可以从墙顶向模板内卸料，卸料时须在墙顶安装料斗缓冲，以防混凝土发生离析。高度大于 3m 的任何截面墙体，均应每隔 2m 开洞口，装斜溜槽进料。

3）墙体上有门窗洞口时，应从两侧同时对称进料，以防将门窗洞口模板挤偏。

4）墙体混凝土浇筑前，应先铺 5～10cm 与混凝土内成分相同的水泥砂浆。

（2）混凝土的振捣。

1）对于截面尺寸较大的墙体，可用插入式振捣器振捣，其方法同柱的振捣。对较窄或钢筋密集的混凝土墙，宜采用在模板外侧悬挂附着式振捣器振捣，其振捣深度约为 25cm。

2）遇有门窗洞口时应在两边同时对称振捣，不得用振捣棒棒头敲击预留孔洞模板、预埋件等。

3）当顶板与墙体整体现浇时，楼顶板端头部分的混凝土应单独浇筑，保证墙体的整体性。

3. 梁、板混凝土的浇筑

（1）混凝土的灌注。

1）肋形楼板混凝土的浇筑应顺次梁方向，主次梁同时浇筑。在保证主梁浇筑的前提下，将施工缝留在次梁跨中 1/3 的范围内。

人负责开关振捣器。

2）混凝土的振捣尽量使用插入式振捣器。当振捣器的软轴比柱长 0.5～1.0m 时，待下料至分层厚度后，将振捣器从柱顶伸入混凝土内进行振捣。当用振捣器振捣比较高的柱子时，则应从柱模侧预留的洞口插入，待振捣器找到振捣位置时，再合闸振捣，如图 10-38 所示。

3）振捣时以混凝土不再塌陷，混凝土表面泛浆，柱模外侧模板拼缝均匀微露砂浆为好。也可用木槌轻击

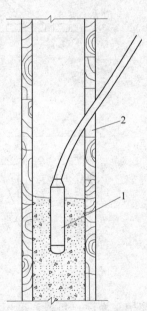

图 10-38　插入式振动器从浇灌洞口插入振捣

1—振捣棒；2—浇灌洞口

2）梁、板混凝土宜同时浇筑。当梁高大于 1m 时，可先浇筑主次梁，后浇筑板。其水平施工缝应布置在板底以下 2～3cm 处，如图 10 - 39（a）所示。凡截面高大于 0.4m，小于 lm 的梁，应先分层浇筑梁混凝土，待混凝土楼板底面齐平后，梁、板混凝土同时浇筑，如图 10 - 39（b）所示。操作时先将梁的混凝土分层浇筑成阶梯形，并向前赶。当起始点的混凝土到达板底位置时，与板的混凝土一起浇筑。随着阶梯的不断延长，板的浇筑也不断向前推移。

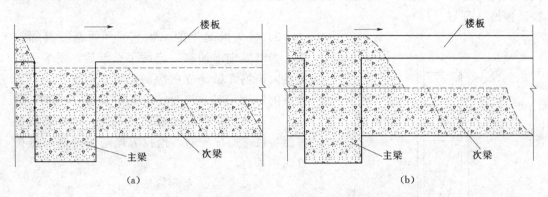

图 10 - 39　梁、板混凝土浇筑
（a）主梁高大于 1m 的梁；（b）主梁高小于 1m，高于 0.4m 的梁

3）采用小车或料罐运料时，宜将混凝土料先卸在拌盘上，再用铁锹往梁里浇灌混凝土。在梁的同一位置上，模板两边下料应均衡。浇筑楼板时，可将混凝土料直接卸在楼板上，但应注意不可集中卸在楼板边角或上层钢筋处。楼板混凝土的虚铺高度可高于楼板设计厚度的 2～3cm。楼板厚度的控制工具如图 10 - 40 所示。

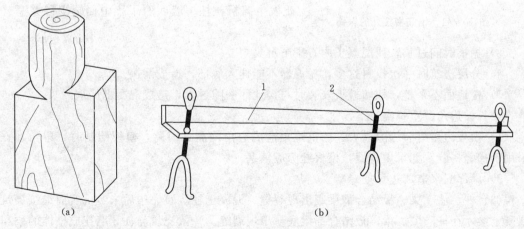

图 10 - 40　楼板厚度标志工具
（a）木橛头；（b）角钢平尺
1—角钢；2—可调螺栓脚架

（2）混凝土的振捣。

1）混凝土梁应采用插入式振捣器振捣，从梁的一端开始，先在起头的一小段内浇一

层与混凝土成分相同的水泥砂浆，再分层浇筑混凝土。浇筑时两人配合，一人在前面用插入式振捣器振捣混凝土，使砂浆先流到前面和底部，让砂浆包裹石子，另一人在后面用捣钎靠着侧板及底部往回钩石子，以免石子阻碍砂浆往前流。待浇筑至一定距离后，再回头浇第二层，直至浇捣至梁的另一端。

2）浇筑梁柱或主次梁结合部位时，由于梁上部的钢筋较密集，普通振捣器无法直接插入振捣，此时可用振捣棒从钢筋空档插入振捣，或将振动棒从弯起钢筋斜段间隙中斜向插入振捣（图 10-41）。

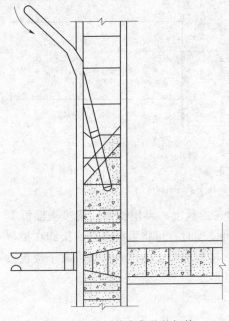

图 10-41　钢筋密集处的振捣

3）楼板混凝土的捣固宜采用平板振捣器振捣。当混凝土虚铺有一定的工作面后，用平板振捣器来振捣。振捣方向应与浇筑方向垂直。由于楼板的厚度一般在 10cm 以下，振捣一遍即可密实。但通常为使混凝土板面更平整，可将平板振捣器再快速拖拉一遍，拖拉方向与第一遍的振捣方向相垂直。

4. 施工中应注意的问题

混凝土结构因尺寸较小，施工中应注意以下问题。

（1）振捣不实。

1）柱、墙底部未铺接缝砂浆，卸料时底部混凝土发生离析，石子集中于柱、墙底而无法振捣出浆来，造成底部"烂根"。

2）混凝土灌注高度超过规定要求，易使混凝土发生离析，柱、墙底石子集中而缺少砂浆呈蜂窝状。

3）振捣时间过长，使混凝土内石子下沉集中。

4）分层浇筑时一次投料过多，振捣器不能伸入底部，造成漏振。

5）楼地面不平整，柱墙模板安装时与楼地面裂隙过大，造成混凝土严重漏浆。

（2）柱边角严重蜂窝。

1）模板边角拼装缝隙过大，严重跑角造成边角蜂窝。因此，模板配制时，边角处宜采用阶梯缝搭缝。如果用直缝，模板缝隙应填塞。

2）局部漏浆造成边角处蜂窝。

（3）柱、墙、梁、板结合部梁底出现裂缝。混凝土柱浇筑完毕后未经沉实而继续浇筑混凝土梁，在柱、墙、梁、板结合部梁底易出现裂缝。一般浇筑与柱和墙连成整体的梁和板时，应在柱（墙）浇筑完毕后停歇 1～1.5h，使其获得初步沉实，再继续浇筑。

（4）拆模后，楼板底出现露筋。

1）保护层垫块位置或垫块铺垫间距过大，甚至漏垫，钢筋紧贴模板，造成露筋。

2）浇筑过程中，操作人员踩踏钢筋，使钢筋变形，拆模后出现露筋。

3）模板缝隙过大、漏浆严重或下料时部分混凝土石多浆少造成露筋。因此下料时混凝土料应搭配均匀，避免局部石多浆少，模板的缝隙应填塞，防止漏浆。

（二）厂房防水施工

屋面防水分为柔性防水（如卷材防水、涂膜防水）和刚性防水两类。

1. 柔性防水施工

柔性防水结构布置如图 10-42 所示。

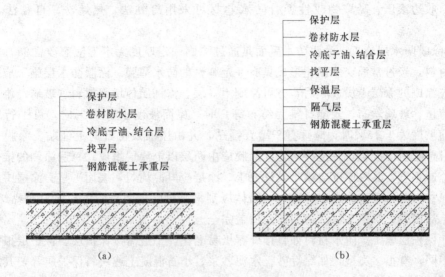

图 10-42　屋面防水保温结构布置
（a）普通屋面防水保温结构；（b）倒置式屋面防水保温结构

（1）结构层施工。屋面结构要求表面清理干净。平屋面的排水坡度：结构找坡宜为 3%、材料找坡宜为 2%。天沟、檐沟纵向坡度不应小于 1%，天沟内排水口周围应做成圆弧低洼坑，沟底水落差不得超过 200mm。

（2）找平层施工。找平层为结构层（或保温层）与防水层的中间过渡层。找平层可用水泥砂浆、小石混凝土。找平层应留设分格缝，缝宽宜为 20mm，并嵌填密封材料。找平层表面应压实平整，排水坡度符合设计要求。

（3）隔气层施工。隔气层铺设前，基层必须保持干燥、干净，隔气层应整体连续施工。隔气层材料可采用防水卷材或涂膜材料。倒置式屋面无隔气层。

（4）保温层施工。保温材料有松散材料和板状材料两类。

松散保温材料一般采用膨胀珍珠岩，施工应分层铺设，并适当压实，每层需铺厚度宜大于 150mm，压实程度与铺料厚度经试验确定。压实后不得直接在保温层上行车或堆放重物，施工人员应穿软底鞋。保温层施工完后，应及时进行下道工序，尽快完成上部防水层的施工。在雨季施工应采取防雨措施。此外膨胀珍珠岩也可用水泥或沥青拌和现浇为整体。

板状保温材料有泡沫塑料板、微孔混凝土板、纤维板等，干铺的板状保温材料应紧靠在需保温的基层表面上，并应铺平垫稳。分层铺设的板块上下层接缝应相互错开，板间缝应用同类材料嵌填密实。泡沫塑料板可在基层上直接平铺。

（5）防水层施工。

1) 防水卷材施工。铺设屋面防水层前，基层必须干净、干燥。当屋面保温层和找平层干燥困难时，宜设置排气屋面。卷材铺设方向应遵守：屋面坡度小于3％时，卷材应平行屋脊铺贴；屋面坡度为3％～15％时，卷材可平行或垂直屋脊铺贴；屋面坡度大于15％时，沥青防水卷材应平行屋脊铺贴，高聚物改性沥青防水卷材或合成高分子防水卷材可平行或垂直屋脊铺贴。沥青防水卷材施工工序为浇油，即在基层浇上或涂刷沥青玛蹄脂，粘贴卷材，收边滚压。高聚物改性沥青防水卷材可采用冷黏法、热熔法、自黏法等方法粘贴。

2) 涂膜防水层施工。涂膜防水屋面是通过涂刷一定厚度无定形液态改性沥青或高分子合成材料，经过常温交联固化形成具有一定弹性的防水薄膜。涂膜防水层施工应分层涂刷，待先涂刷的涂层干燥成膜后，方可涂刷上一层。需铺胎体增强材料（玻璃纤维布、合成纤维薄毡、玻璃丝布、聚酯纤维无纺布等）时，屋面坡度小于15％时，可平行屋脊铺贴；屋面坡度大于15％时，应垂直于屋脊铺贴，并由屋面最低处向上铺贴。涂膜材料为多组分时，配料应准确，并搅拌均匀。涂膜应由两层以上涂层组成，每遍涂刷的推进方向宜与前一遍垂直，其总厚度应满足设计要求，涂层应厚薄均匀，表面平整。涂层中间夹铺胎体增强材料时，宜边涂刷边铺胎体，胎体应刮平并排除气泡，胎体与涂料应黏结良好，在胎体上涂刷时，应使涂料浸透胎体，覆盖完全。

（6）保护层施工。防水材料如直接外露极易老化，一般需设保护层。保护层根据防水材料的不同，有很多类型，如绿豆砂、水泥砂浆、小石混凝土或块料保护层等，其施工方法应根据设计要求选择。

倒置式屋面［图10-41（b）］防水保温结构比传统屋面结构省去了一道隔气层和一道找平层，目前一般采用挤塑泡沫板作保温层，其上采用活动式的块料保护层，检修维护非常方便。

2. 刚性防水

刚性防水屋面是指用小石混凝土、块体材料或补偿收缩混凝土等材料做防水层，主要依靠混凝土自身的密实性，并采取一定的构造措施以达到防水目的。其构造如图10-43所示。

刚性防水屋面的结构层宜为整体现浇的钢筋混凝土，屋面坡度宜为2％～3％，并应采用结构找坡。

在结构层与防水层之间设置隔离层，一般采用低强度水泥砂浆、纸筋灰、麻筋灰、干铺卷材、塑料薄膜等，其作用是使结构层与防水层的变形互不制约，以减少防水层产生拉应力而导致刚性防水层产生裂缝。

刚性防水层应设分隔缝，缝内嵌填密封材料。小石混凝土防水层中的钢筋网应设置在混凝土内的上部，混凝土材料中应掺减水剂或防水剂，每个分格板块内混凝土必须一次浇筑完成；抹压时严禁表面洒水、加水泥浆或撒干水泥粉。混凝土收浆后应进行二次压光。

块体刚性防水层施工时，应用1：3水泥砂浆铺砌，块体之间的缝宽应为12～15mm，坐浆厚度不应小于25mm，面层用1：2的水泥砂浆，厚度不小于12mm，水泥砂浆中应掺防水剂。面层施工时，块料之间的缝隙应用水泥砂浆填满灌实，面层水泥砂浆应二次压光，做到抹平压实。

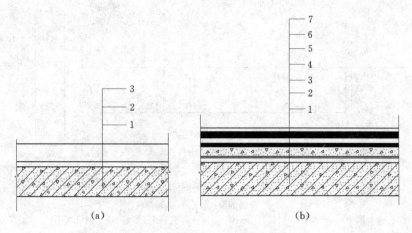

图 10-43 刚性防水屋面构造示意图

(a) 现浇整体式屋面刚性防水；(b) 刚性与卷材复合防水

1—结构层；2—隔离层；3—刚性防水层；4—基层处理剂；5—黏结层；

6—卷材防水层；7—保护层

第五节　水　闸　施　工

　　一般水闸工程的施工内容有：导流工程、基坑开挖、基础处理、混凝土工程、砌石工程、回填土工程、闸门与启闭机安装、围堰拆除等。这里重点介绍闸室工程的施工。

　　水闸混凝土工程的施工应以闸室为中心，按照"先深后浅、先重后轻、先高后低、先主后次"的原则进行。

　　闸室混凝土施工是根据沉陷缝、温度缝和施工缝分块分层进行的。

　　一、底板施工

　　闸室地基处理后，对于软基应铺素混凝土垫层 8～10cm，以保护地基，找平基面。垫层养护 7d 后即在其上放出底板的样线。

　　首先进行扎筋和立模。距样线隔混凝土保护层厚度放置样筋，在样筋上分别画出分布筋和受力筋的位置并用粉笔标记，然后依次摆上设计要求的钢筋，检查无误后用扎丝扎好，最后垫上事先预制好的保护层垫块以控制保护层厚度。上层钢筋是通过绑扎好的下层钢筋上焊上三角架后固定的，齿墙部位弯曲钢筋是在下层钢筋绑扎好后焊在下层钢筋上的，在上层钢筋固定好后再焊在上层钢筋上。立模作业可与扎筋同时进行，底板模板一般采用组合钢模，模板上口应高出混凝土面 10～20cm，模板固定应稳定可靠。模板立好后标出混凝土面的位置，便于浇筑时控制浇筑高程。

　　一般中小型水闸采用手推车或机动翻斗车等运输工具运送混凝土入仓，须在仓面设脚手架，如图 10-44 所示。

　　脚手架由预制混凝土撑柱、钢管、脚手板等构成。支柱断面一般为 15cm×15cm，配 4 根直径 6mm 架立筋，高度略低于底板厚度，其上预留 3 个孔，其中孔 1 内插短钢筋头和底层钢筋焊在一起，孔 2 内插短钢筋头和上层钢筋焊在一起增加稳定性，孔 3 内穿铁丝

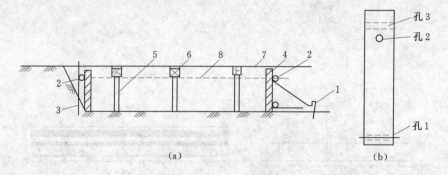

图 10-44 底板仓面布置

(a) 仓面剖面图；(b) 预制撑柱

1—地龙；2—围令；3—支杆（钢管）；4—模板；5—撑柱；6—撑木；7—钢管脚手；8—混凝土面

绑扎在其上的脚手钢管上。撑柱间的纵横间距应根据底板厚度、脚手架布置和钢筋架立等因素通过计算确定。撑柱的混凝土强度等级应与浇筑部位相同，在达到设计强度后使用；断裂、残缺者不得使用；柱表面应凿毛并冲洗干净。

底板仓面的面积较大，采用平层浇筑法易产生冷缝，一般采用斜层浇筑法，这时应控制混凝土坍落度在4cm以下。为避免进料口的上层钢筋被砸变形，一般开始浇筑混凝土时，该处上层钢筋可暂不绑扎，待混凝土浇筑面将要到达上层钢筋位置时，再进行绑扎，以免因校正钢筋变形而延误浇筑时间。

为方便施工，一般穿插安排底板与消力池的混凝土浇筑。由于闸室部分重量大，沉陷量也大，而相邻的消力池重量较轻，沉陷量也小。如两者同时浇筑，较大的不均匀沉陷会将止水片撕裂，为此一般在消力池靠近底板处留一道施工缝，将消力池分成大小两部分，如图10-45所示。当闸室已有足够沉陷后即浇筑消力池二期混凝土，在浇筑消力池二期混凝土前，施工缝应注意进行凿毛冲洗等处理。

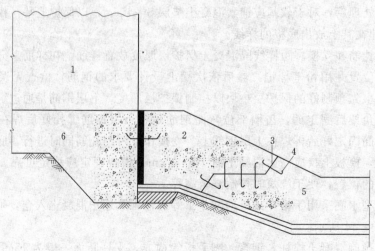

图 10-45 消力池的分缝

1—闸墩；2—二期混凝土；3—施工缝；4—插筋；5—一期混凝土；6—底板

二、闸墩施工

水闸闸墩的特点是高度大、厚度薄、模板安装困难，工程面狭窄，施工不便，在门槽部位、钢筋密、预埋件多、干扰大。当采用整浇底板时，两沉陷缝之间的闸墩应对称同时浇筑，以免产生不均匀沉陷。

立模时，先立闸墩一侧平面模板，然后按设计图纸安装绑扎钢筋，再立另一侧的模板，最后再立前后的圆头模板。

闸墩立模要求保证闸墩的厚度和垂直度。闸墩平面部分一般采用组合钢模，通过纵横围令、木枋和对拉螺栓固定，内撑竹管保证浇筑厚度，如图10-46所示。

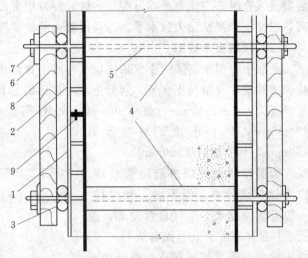

图 10-46 闸墩侧模固定示意图

1—组合钢模；2—纵向围令（两根）；3—横向围令（两根）；
4—竹撑杆；5—对拉钢筋；6—铁板；7—螺栓；
8—木枋；9—U形卡

对拉螺栓一般用直径16～20mm的光面钢筋两头套丝制成，木枋断面尺寸为15cm×15cm，长度2m左右，两头钻孔便于穿对拉螺栓。安装顺序是先用纵向横钢管围令固定好钢模后，调整模板垂直度，然后用斜撑加固保证横向稳定，最后自下而上加对拉螺栓和木枋加固。注意脚手钢管与模板围令或支撑钢管不能用扣件连接起来，以免脚手架的振动影响模板。

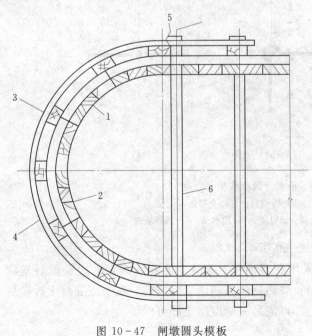

图 10-47 闸墩圆头模板

1—模板；2—板带；3—垂直围令；4—钢环；5—螺栓；6—撑管

闸墩圆头模板的构造和架立，如图10-47所示。

闸墩模板立好后，即开始清仓工作。用水冲洗模板内侧和闸墩底面，冲洗污水由底层模板上预留的孔眼流走。清仓后即将孔眼堵住，经隐蔽工程验收合格后即可浇筑混凝土。

为保证新浇混凝土与底板混凝土结合可靠，首先应浇2～3cm厚的水泥砂浆。混凝土一般采用漏斗下挂溜筒下料，漏斗的容积应和运输工具的容积相匹配，避免在仓面二次转运，溜筒的间距为2～3m。一般划分成几个区段，每区内固定浇捣工人，不要往来走动，振动器可以二区合用一台，在相邻区内移动。

混凝土入仓时，应注意平均分配给各区，使每层混凝土的厚度均匀、平衡上升，不单独浇高，以使整个浇筑面大致水平。每层混凝土的铺料厚度应控制在 30cm 左右。

三、接缝止水施工

一般中小型水闸接缝止水采用止水片或沥青井止水，缝内充填填料。止水片可用紫铜片、镀锌铁片或塑料止水带。紫铜止水片常用的形状有两种，如图 10-48 所示。其中铜片厚度为 1.2～1.55mm，鼻高 30～40mm。U 形止水片下料宽度为 500mm，计算宽度为 400mm；V 形止水片下料宽度为 460mm，计算宽度为 300mm。

紫铜片使用前应进行退火处理，以增加其延伸率，便于加工和焊接。一般用柴火退火，空气自然冷却。退火后其延伸率可从 10% 提高至 41.7%。接头按规范要求用搭接或折叠咬接双面焊，搭焊长度大于 20mm。止水片安装一般采用两次成型就位法，如图 10-49 所示，它可以提高立模、拆模速度，止水片伸缩段宜对中。U 形鼻子内应填塞沥青膏或油浸麻绳。

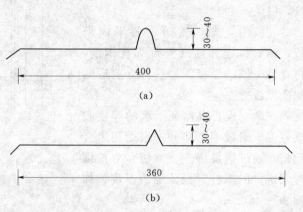

图 10-48　紫铜止水片形状（单位：mm）
(a) U 形；(b) V 形

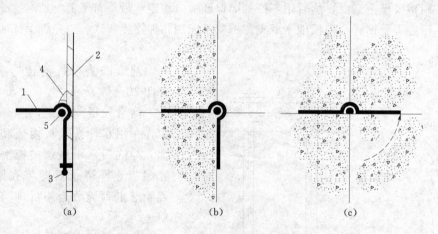

图 10-49　止水片两次成型示意图
(a) 浇筑前；(b) 拆模后；(c) 全部浇入
1—止水片；2—模板；3—铁钉；4—贴角木条；5—接缝填料

沥青井一般用于垂直止水，如图 10-50 所示。

沥青井缝内 2～3mm 的空隙一般采用沥青油毡、沥青杉木板、沥青砂板及塑料泡沫板作填料填充。沥青砂板是将粗砂和小石炒热后浇入热沥青而成的，在一侧混凝土拆模后用钢钉或树脂胶将填料板材固定在其上，再浇另一侧混凝土即可。

四、闸门槽施工

中、小型水闸闸门槽施工可采用预埋一次成型法或先留槽后浇二期混凝土两种方法。

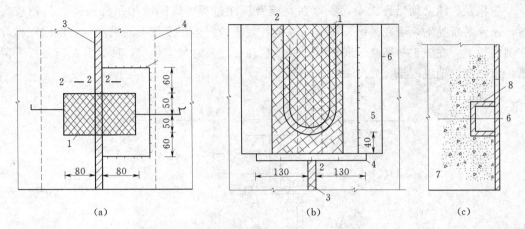

图 10-50 沥青井构造及施工示意图（单位：mm）

(a) 平面图；(b) 剖面图；(c) 先浇块的止水施工方法

1—φ25 蒸气管；2—沥青井；3—伸缩缝；4—水平塑料止水带；5—凿毛预制混凝土块；
6—垂直止水铝片；7—岸墙；8—模板

一次成型法是将导轨事先钻孔，然后预埋在门槽模板的内侧，如图 10-51 所示。闸墩浇筑时，导轨即浇入混凝土中。二期混凝土法是在浇第一期混凝土时，在门槽位置留出一个较门槽为宽的槽位，在槽内预埋一些开脚螺栓或锚筋，作为安装导轨时的固定点；待一期混凝土达到一定强度后，用螺栓或电焊将导轨位置固定，调整无误后，再用二期混凝土回填预留槽，如图 10-52 所示。

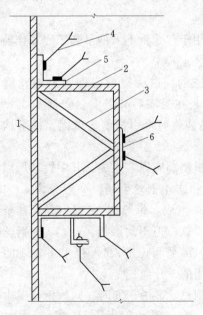

图 10-51 闸门槽一次成型法

1—闸墩模板；2—门槽模板；3—撑头；
4—开脚螺栓；5—门槽角铁；
6—侧导轨

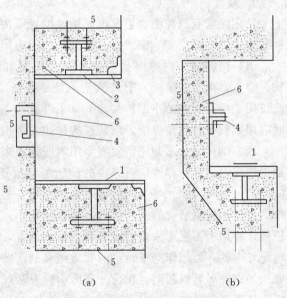

图 10-52 平面闸门槽的二期混凝土

(a) 平面滚轮闸门的门槽；(b) 平面滑动闸门的门槽

1—主轮（滑轮）导轨；2—反轨导轨；3—侧水封座；
4—侧导轮；5—预埋基脚螺栓；6—二期混凝土

门槽及导轨必须铅直无误，所以在立模及浇注过程中应随时用吊锤校正。门槽较高时，吊锤易于晃动，可在吊锤下部放一油桶，使垂球浸入黏度较大的机油中。闸门底槛设在闸底板上，在施工初期浇筑底板时，底槛往往不能及时加工供货，所以常在闸底板上留槽，以后浇二期混凝土，如图10－53所示。

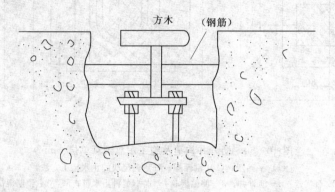

图 10-53 底槛安装示意图

第六节 渠系建筑物施工

一、吊装技术

（一）吊装机具

1. 绳索

常用绳索有白棕绳、尼龙绳、钢丝绳。前两者适用于起重量不大的吊装工程或作辅助性绳索，后者强度高、韧性好、耐磨，广泛应用于吊装工程中。

（1）白棕绳。白棕绳是用麻纤维经机械加工制成的。白棕绳的强度只有钢丝绳的10%左右，由于强度低，耐久性差，且易磨损，特别是在受潮后其强度会降低50%，因此仅用于手动提升的小型构件（1000kg以下）或作吊装临时牵引控制定位绳。捆绑构件时应用柔软垫片包角保护，以防被构件边角磨损。

（2）钢丝绳。吊装用钢丝绳多用六股钢丝束和一根浸油麻绳芯组成，其中绳芯用以增加钢丝绳的挠性和弹性，绳芯中的油脂能润滑钢丝绳和防止钢丝生锈。一般分为6×19、6×37、6×61等几种，6×37表示钢丝绳由6股钢丝束组成，每股含37根钢丝，其余类椎。每股钢丝束所含的钢丝数越多其直径越小，则越柔软，但不耐磨损。6×19的钢丝绳较硬，宜用于不受弯曲或可能遭到磨损的地方，如作风缆绳和拉索；6×37和6×61的钢丝绳较柔软，可用作穿滑轮组的起重绳和制作捆物体用的千斤绳。

当钢丝绳磨损起刺，在任一截面中检查断丝数达到总丝数的1/6时，则该钢丝绳应作报废处理。经燃烧、通电等而发生过高温的钢丝绳，强度削减很大，不宜再用作起重吊装。

使用钢丝绳的注意事项：①捆绑有棱角的构件，应用木板或草袋等衬垫，避免钢丝绳磨损；②起吊前应检查绳扣是否牢固，起吊时如发现打结，要随时拔顺，以免钢丝产生永久性扭弯变形；③定期对钢丝绳加润滑油，以减少磨损；④存放在仓库里的钢丝绳应成圈排列，避免重叠堆放，库中应保持干燥，防止受潮锈蚀。

2. 滑车及滑车组

滑车又名滑轮或葫芦，分定滑车和动滑车。定滑车安装在固定位置，只起改变绳索方向的作用；动滑车安装在运动的轴上，其吊钩与重物同时变位，起省力作用。定滑车和动滑车联合工作而成为滑车组，普遍用于起重机构中，如图 10-54 所示。

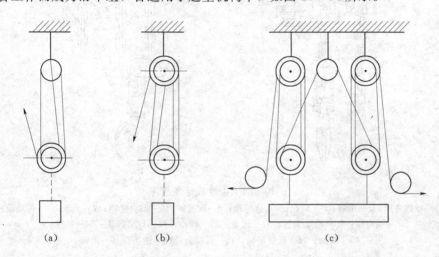

图 10-54　滑车组的类型
(a) 跑头自动滑车引出；(b) 跑头自定滑车引出；(c) 双联滑车组

3. 链条滑车

链条滑车又称神仙葫芦、倒链、手动葫芦或差动葫芦，由钢链、蜗杆或齿轮传动装置组成。装有自锁装置，能保持所吊物体不会自动下落，工作安全。适用于吊装构件，起重量有 lt、2t、3t、5t、7t 及 10t 等，如图 10-55 所示。

4. 吊具

在吊装工程中最常用的吊具有吊钩、卸甲、绳卡、绳圈（鸭舌、马眼）等。为便于吊装各种构件，尽量使各种构件受力均匀和保持完好，可自制一些特制吊具，如吊梁（钢扁担）、蝴蝶铰、钢桁架、钢拉杆、钢吊轴等，如图 10-56 所示。这些吊具都要进行力学验算和试吊。

5. 牵引设备

吊装的牵引设备，有绞盘和卷扬机等，如图 10-57 所示。

绞盘又称绞磨，由一个直立卷筒转盘和推杆、机架等组成，卷筒底座设置棘钩锁定装置。起重时，先将绞盘固定在地面上，由四人或多人推动卷筒的推杆而使绳索绕在筒上而牵引重物。绞盘制作简单，搬运方便，但速度慢，牵引力小，仅适用于小型构件起重或收紧桅索、拖拉构件等。

卷扬机有手摇式和电动式两种。手摇式卷扬机又称手摇绞车，是由一对机架支承横卧的卷筒，利用轮轴的机械原理，通过带摇柄的转轴上的齿轮，采用二级或多级转动推动卷筒上的齿轮，牵引钢丝绳拉动重物。电动卷扬机是电动机通过齿轮的传动变速机构来驱动

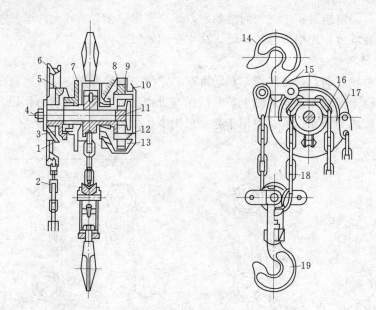

图 10-55　齿轮式链条滑车

1—摩擦垫圈；2—手链；3—圆盘；4—链轮轴；5—棘轮圈；6—牵引链轮；7—夹板；8—传动轮；

9—齿圈；10—驱动装置；11—齿轮；12—轴心；13—行星齿轮；14—挂钩；

15—横梁；16—起重星轮；17—保险簧；18—链条；19—吊钩

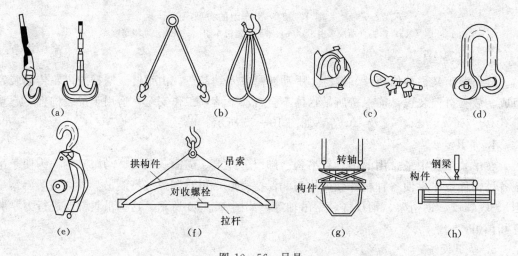

图 10-56　吊具

(a) 吊钩；(b) 吊索；(c) 绳卡；(d) 卡环（卸甲）；(e) 滑车；

(f) 吊拱索具；(g) 蝴蝶铰；(h) 钢扁担

卷筒，并设有磁吸式或手动的制动装置。

6. 锚碇

锚碇又称地锚或地龙，用来固定卷扬机、绞盘、缆风等，为起重机构稳定系统中的重要组部分。常用的锚碇有桩锚及地锚形式，如图 10-58 所示。

（二）自制简易起重机构

混凝土预制构件吊装可采用履带式、汽车式或轮胎式吊车，也可因地制宜，根据施工

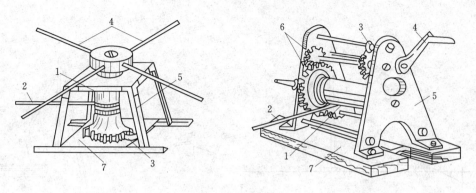

图 10-57 卷扬机械
1—卷筒；2—缆绳；3—棘钩；4—摇柄；5—机架；6—齿轮；7—底盘

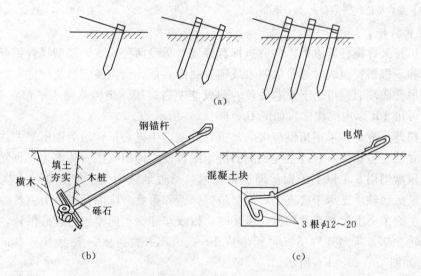

图 10-58 锚碇
(a) 桩锚；(b) 土、木地锚；(c) 混凝土地锚

现场地形、地质、构件形式和重量等条件自制简易的起重机构。

1. 独脚扒杆

独脚扒杆是用一根圆杉木、钢管或角钢焊成桁柱（桅杆或扒杆），其顶部用 4 根以上的桅索拉紧而竖立于地面，杆顶挂定滑车，与钢丝绳和动滑车组成的滑车组吊钩，牵引绳通过杆底的导向滑轮接入卷扬机卷筒。独脚扒杆底部用硬木或钢板做成底座。为移杆方便，底座下面还可设置跑轨的定轮或滑行的钢板，起重时底座应固定在地面上以防止滑动，如图 10-59 所示。

2. 人字扒杆

人字扒杆是两根圆木或钢管、桁柱组合成人字形的扒杆。在两根圆木顶部的交叉处，成 25°～35°的夹角，并用钢丝绳绑扎牢固，然后系挂起重滑车组。在人字扒杆根部前方置一横木，并与扒杆绑牢固，横木中部一侧系导向滑车，另一侧与锚碇相连，如图 10-60 所示。

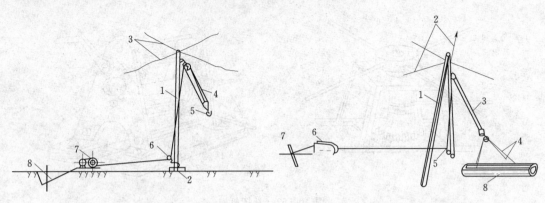

图 10-59 独脚扒杆构造示意图

1—扒杆；2—底座；3—桅索；4—滑车组；5—吊钩；
6—导向滑轮；7—卷扬机；8—地锚

图 10-60 人字扒杆

1—人字扒杆；2—桅索；3—滑轮组；4—吊索；
5—导向滑车；6—卷扬机；7—地锚；8—构件

3. 摇臂扒杆

摇臂扒杆又称桅杆起重机。摇臂扒杆有轻型和重型两种形式。轻型摇臂扒杆是由一个人字扒杆和一根摇臂组成，通常以圆木或钢管制作，俗称台灵架。吊装构件时，人字架固定不动，吊臂底端通过可上下左右旋转的钢板能左右摇摆，旋转范围水平角在 120° 以内。这种扒杆可吊 10t 以内的构件。如图 10-60 （a）所示。

重型摇臂扒杆，多采用角钢与缀条（板）焊制，主桅与吊臂均为钢桁架方柱，摇臂以钢铰与直立的主桅相接，通过主桅顶部的滑车组可使之仰俯。主桅顶部为一直立钢轴，套上轴承，顶盘则用 6 根以上的钢丝绳桅索拉紧，通过地锚而使主桅竖立，主桅底部设转盘，以球铰滚动轴承支承于底座上，控制吊臂仰俯和重物升降的两根牵引钢丝绳，经导向滑车通过主桅中央引出接至卷扬机。吊装时，以绞车和钢丝绳牵引转盘或吊臂，整个扒杆可就地旋转 360°。重型摇臂扒杆可起吊重 10～50t，主桅高度一般为 10～40m，摇臂长 8～35m，如图 10-61 （b）所示。

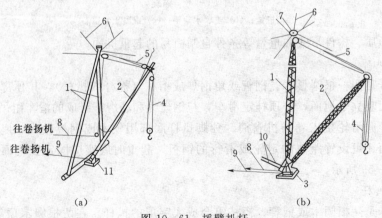

（a）　　　　　　　　　　（b）

图 10-61 摇臂扒杆

（a）轻型摇臂扒杆；（b）重型摇臂扒杆

1—主桅；2—吊臂；3—可转底盘；4—吊升滑轮组；5—仰俯滑轮组；6—桅索；7—顶盘；
8—仰俯牵引组；9—升降牵引绳；10—转盘操纵绳；11—转动铰

（三）吊装安全技术

（1）吊装场地的电线电缆要妥善处理，防止起吊机具触及。

（2）起吊构件前，应由专人检查构件的绑扎牢固程度、吊点位置等，检查合格后，先进行试吊。试吊即将构件吊离地面10～20cm，检查起重机具的稳定性、制动可靠性及绑扎牢固程度检查正常后方可继续提升。

（3）起吊构件应均匀平稳起落，严禁骤然刹车，严禁构件在空中停留或整修，不允许出现碰撞、震击、滑脱等现象造成构件破损、断裂和超出设计限度的变形。构件就位校正后应立即进行有效的固定措施以防变位。

（4）吊装作业区域，禁止非工作人员入内。起吊构件下面不得站人或通行。

（5）遇六级以上大风、暴雨、打雷天气，应停止吊装作业。

（6）每天上班前及起吊过程中，必须有专人检查吊装设备、缆索、锚碇、吊钩、滑车、卡环是否有损坏和松动现象。

（7）定期对起重钢丝绳进行检查。

二、装配式渡槽吊装

（一）吊装前的准备工作

（1）制定吊装方案，编排吊装工作计划，明确吊装顺序、劳力组织、吊装方法和进度。

（2）制定安全技术操作规程。对吊装方法步骤和技术要求要向施工人员详细交底。

（3）检查吊装机具、器材和人员分工情况。

（4）对待吊的预制构件和安装构件的墩台、支座按有关规范标准组织质量验收。不合格的应及时处理。

（5）组织对起重机具的试吊和对地锚的试拉，并检验设备的稳定和制动灵敏可靠性。

（6）做好吊装观测和通信联络。

（二）排架吊装

1. 垂直吊插法

垂直吊插法是用吊装机具将整个排架垂直吊离地面后，再对准并插入基础预留的杯口中校正固定的吊装方法。其吊装步骤如下。

（1）事先测量构件的实际长度与杯口高程，削平补齐后将排架底部打毛，清洗干净，并对其中轴线用墨线弹出。

（2）将吊装机具架立固定于基础附近，如使用设有旋转吊臂的扒杆，则吊钩应尽量对准基础的中心。

（3）用吊索绑扎排架顶部并挂上吊钩，将控制拉索捆好，驱动吊车（卷扬机、绞车），排架随即上升，架脚拖地缓缓滑行，当构件将要离地悬空直立时，以人力控制拉索，防止构件旋摆。当构件全部离地后，将其架脚对准基础杯口，同时刹住绞车。

（4）倒车使排架徐徐下降，排架脚垂直插入杯口。

（5）当排架降落刚接触杯口底部时，即刹住绞车，以钢杆撬正架脚，先使底部对位，然后以预制的混凝土楔子校正架脚位置，同时用经纬仪检测排架是否垂直，并一边以拉索和楔子校正。

（6）当排架全部校正就位后，将杯口用楔子楔紧，即可松脱吊钩，同时用高一级强度

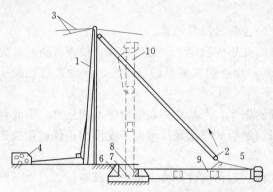

图 10-62　就地旋转立装法吊装排架

1—人字扒杆；2—滑车组；3—桅索；4—卷扬机；
5—吊索；6—带缺口的基础；7—预埋在基础的铰；
8—预埋在排架的铰；9—排架起吊前位置；
10—排架起吊后位置

等级的小石混凝土填充，填满捣固后再用经纬仪复测一次，如有变位，随即以拉索矫正，安装即告完毕。

2. 就地旋转立装法

就地旋转立装法是把支架当作一旋转杠杆，其旋转轴心设于架脚，并与基础铰接好，吊装时用起重机吊钩拉吊排架顶部，排架就地旋转立正于基础上，如图 10-62 所示。

(三)　槽身吊装

1. 起重设备架立在地面上的吊装方法

简支梁、双悬臂梁结构的槽身可采用普通的起重扒杆或吊车升至高于排架之后，采用水平移动或旋转对正支座，降落就位即可。适用于槽身重量和起吊高度均不大的场合，如图 10-63 所示。

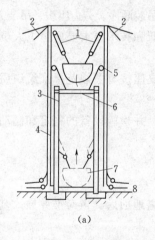

(a)

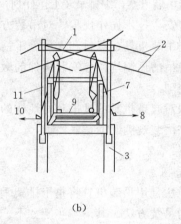

(b)

图 10-63　地面吊装槽身示意图

(a) 四台独脚扒杆抬吊；(b) 龙门架抬吊槽身

1—主滑车组；2—缆风绳；3—排架；4—独脚扒杆；5—副滑车组；6—横梁；
7—预制槽身位置；8—至绞车；9—平衡索；10—钢梁；11—龙门架

图 10-63 (a) 是采用四台独脚扒杆抬吊的示意图。这种方法扒杆移动费时，吊装速度较慢。图 10-63 (b) 是龙门架抬吊槽身的示意图。在浇好的排架顶端固定好龙门架，通过 4 台卷扬机将槽身抬吊上升至设计高程以上，装上钢制横梁，倒车下放即可使槽身就位。

2. 双人字悬臂扒杆的槽上构件吊装

双人字悬臂扒杆槽上吊装法适用于槽身断面较大（宽 2m 以上），渡槽排架较高，一般起重扒杆吊装时高度不足或槽下难以架立吊装机械的场合。

吊装时先将双人字悬臂扒杆架立在边墩或已安装好的槽身上，主桅用钢拉杆或钢丝绳锚定，卷扬机紧接于扒杆后面固定在槽身上，以钢梁作撑杆，吊臂斜伸至欲吊槽身的中心。驱动卷扬机起吊槽身，同时通过拉索控制槽身在两排架之间垂直上升。当槽身升高至支座以上时刹车停升，以拉索控制槽身水平旋转使两端正对支座，倒车使槽身降落就位，并同时进行测量、校正、固定，如图 10-64 所示。

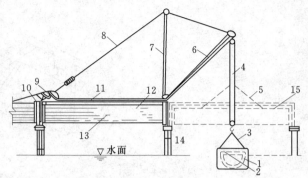

图 10-64 双人字悬臂扒杆吊装槽身

1—浮运待吊槽身；2—槽端封闭板；3—吊索；4—起重索；5—拉杆；6—吊臂；7—人字架；8—钢拉杆；9—卷扬机；10—预埋锚环；11—撑架；12—穿索孔；13—已固定槽身；14—排架；15—即将就位槽身

三、混凝土涵管施工

混凝土涵管有 3 种形式：①大断面的刚结点箱涵，一般在现场浇灌；②预制管涵；③盖板涵，即用浆砌石或混凝土作好底板及边墙，最后盖上预制的钢筋混凝土盖板即成。混凝土箱涵和盖板涵的施工方法和一般混凝土工程或砌筑工程相同，这里主要介绍预制管涵的安装方法。

（一）管涵的预制和验收

管涵直径一般在 2m 以下，一般采用预应力结构，多用卧式离心机成型。管涵养护后进行水压试验以检验其质量。一般工程量小时直接从预制厂购买合格的管涵进行安装，工程量大时可购买全套设备自行加工。

（二）安装前的准备工作

管涵安装前应按施工图纸对已开挖的沟槽进行检验，确定沟槽的平面位置及高程是否符合设计要求，对松软土质要进行处理，换上砂石材料作垫层。沟槽底部高程应较管涵外皮高程约低 2cm，安装前用水泥砂浆衬平。沟槽边的堆土应离沟边 1m，以防雨水将散土冲入槽内或因槽壁荷载增加而引起坍塌。

施工前应确定下管方案，拟定安全措施，合理组织劳力，选择运输道路，准备施工机具。

管涵一般运至沟边，对管壁有缺口、裂缝、管端不平整的不予验收。管涵的搬运通常采取滚管法，滚管时应避免振动，以防管涵破裂，管涵转弯时在其中间部分加垫石块或木块，以使管涵支承在一个点上，这样管涵就可按需要的角度转动。管涵要沿沟分散排放，便于下管。

（三）安装方法

预制管涵因重量不大，多用手动葫芦、手摇绞车、卷扬机、平板车或人工方法安装。

1. 斜坡上管涵安装

坡度较大的坡面安装管涵时，就将预制管节运至最高点，然后用卷扬机牵引平板车，逐节下放就位，承口向上，插口向下，然后从斜坡段的最下端向上逐节套接，如图 10-65 所示。

2. 水平管涵安装

水平管涵最好用汽车吊装，管节可依吊臂自沟沿直接安放到槽底，吊车的每一个着地点可安装 2m 长的管节 3～4 节。条件不具备时，也可采用以下人工方法安装。

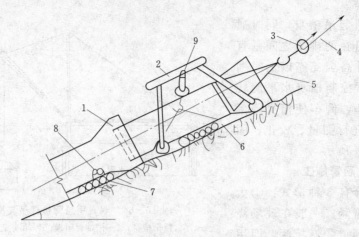

图 10-65　斜坡上预制涵管安装示意图

1—预应力管；2—龙门架；3—滑车；4—接卷扬机；5—钢丝绳；

6—斜坡道；7—滚动用圆木；8—管座；9—手动葫芦

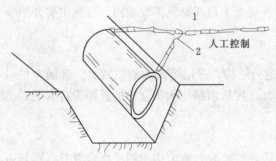

图 10-66　贯绳下管法

1—白棕绳；2—铁钩

平稳落入沟槽中，如图 10-67 所示。

（1）贯绳下管法。用带铁钩的粗白棕绳，由管内穿出勾住管头，然后一边用人工控制白棕绳，一边滚管，将管涵缓慢送入沟槽内，如图 10-66 所示。

（2）人工压绳法。用两根插入土层中的撬杠控制下管速度，撬杠同时承担一部分荷载。拉绳的人用脚踩住绳的一端，利用绳与地面的摩擦力将绳子固定，另一端用手拉紧，逐步放松手中的绳子，使管节

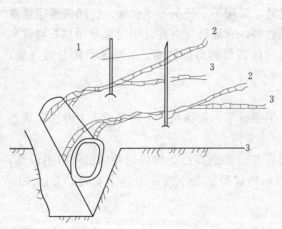

图 10-67　人工压绳下管法

1—撬杠；2—手拉端；3—脚踏端

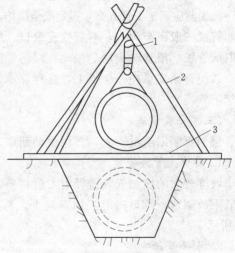

图 10-68　三脚架下管法

1—手动葫芦；2—三脚架；3—临时支护垫板

（3）三角架下管法。在下管处临时铺上支撑和垫板，将管节滚至垫板上，然后支上三角架，用手动葫芦起吊，抽去木撑和垫板，将管节缓慢下入槽内，如图 10-68 所示。

（4）缓坡滚管法。如管涵埋深较大而又较重时，可采用缓坡滚管法安装。先将一岸削坡至 1∶5～1∶4 左右的缓坡，然后用三角木支垫管节，人站在下侧缓慢将管涵送入槽底，如图 10-69 所示。

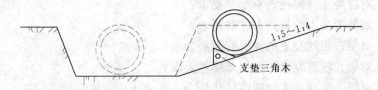

图 10-69　缓坡滚管法

管涵安装校正后，在承插口处抹上水泥砂浆进行封闭，在回填之前还要进行通水试验。

复习思考题

10-1　大中型水利工程根据砂石骨料来源的不同，可将骨料生产分为哪几种类型？

10-2　水利工程砂石骨料的开采方法有哪些？

10-3　大体积混凝土的温度是如何变化的？

10-4　混凝土表面裂缝是如何产生的？

10-5　混凝土深层裂缝和贯穿裂缝是如何产生的？

10-6　降低水泥用量的措施有哪些？

10-7　降低混凝土入仓温度措施有哪些？

10-8　散发混凝土浇筑块的热量有哪些措施？

10-9　基础面的开挖偏差应符合哪些规定？

10-10　对紧邻水平建基面的爆破开挖有哪些要求？

10-11　混凝土坝的分缝与分块原则有哪些？

10-12　混凝土坝应如何进行分缝分块？

10-13　混凝土坝应如何进行纵缝法施工？

10-14　混凝土坝应如何进行斜缝法施工？

10-15　混凝土坝应如何进行通缝法施工？

10-16　自卸汽车直接入仓浇筑混凝土坝的方法有哪些？

10-17　用汽车运输凝土时应遵守哪些技术规定？

10-18　什么叫碾压混凝土的稠度？

10-19　影响碾压混凝土 VC 值的因素有哪些？

10-20　对碾压混凝土的表观密度应如何测定？

10-21　对碾压混凝土的离析性有哪些？

10-22　对碾压混凝土坝施工铺料有哪些要求？

第十一章 隧 洞 施 工

隧洞施工的主要工作项目有洞口的开挖、洞室开挖和出渣，洞室临时支撑，洞室衬砌或支护，洞室灌浆以及质量检查等。为保证顺利施工，还必须妥善解决施工动力供应、洞内外交通运输、通风、消烟除尘、排水和照明等问题。

上述各项工作，绝大部分是在地面以下、施工场地受到限制的情况下进行的，施工干扰大，施工组织比较复杂，施工安全问题比较突出。如果遇到不良地层，出现涌水、流沙、塌方、地热和有害气体等特殊情况，问题将更为严重。

本章主要介绍隧洞施工中的几个主要问题，如隧洞开挖、衬砌施工和锚喷支护等。

第一节 隧 洞 开 挖

一、开挖方式

隧洞开挖方式有全断面开挖法和导洞开挖法两种。开挖方式的选择主要取决于隧洞围岩的类别、断面尺寸、机械设备和施工技术水平。合理选择开挖方式，对加快施工进度，节约工程投资，保证施工质量和施工安全意义重大。

（一）全断面开挖法

全断面开挖法是将整个断面一次开挖成洞，待全洞贯通后或待掘进相当距离以后，根据围岩允许暴露的时间和具体施工安排再进行衬砌和支护。这种施工方法适用于围岩坚固完整的场合。全断面开挖，洞内工作面较大，工序作业干扰相对较小，施工组织工作比较容易安排，掘进速度快。例如云南省鲁布革水电站引水隧洞的 D 段，开挖直径 8.8m，围岩完整性好，节理断层较不发育，地下水位线位于洞底高程以下。采用全断面开挖，施工速度月进尺达 243.7m，日平均进尺 9.36m，最高日进尺曾达 14.6m。

全断面开挖可根据隧洞断面面积大小和设备能力采用垂直掌子掘进或台阶掌子掘进，如图 11-1 所示。

垂直掌子掘进因开挖面直立，作业空间大，当具有大型施工机械设备时，作业效率高，施工进度快。图 11-2 为垂直掌子掘进机械化施工示意图。

台阶掌子掘进是将整个断面分为上、下两层，上层超前于下层一定距离掘进。为了方便出渣，上层超前距离不宜超过 2～3.5m，且上、下层应同时爆破，通风散烟后，迅速清

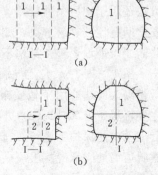

图 11-1 全断面开挖
的基本型式

（a）垂直掌子；（b）台阶掌子
1、2—开挖顺序

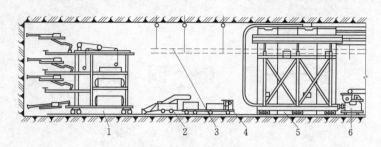

图 11-2 全断面开挖机械化程序

1—钻孔台车；2—装渣机；3—通风管；4—电瓶车；5—钢模台车；6—混凝土泵

理上台阶并向下台阶扒渣，下台阶出渣的同时，上台阶可以进行钻孔作业。由于下台阶爆破是在两个临空面情况下进行的，可以节省炸药。当隧洞断面面积较大，但又缺乏钻孔台车等大型施工机械时，可以采用这种开挖方式。例如龙羊峡水电站右岸导流隧洞、云南省漫湾水电站左岸导流隧洞的开挖。

（二）导洞开挖法

导洞开挖法就是在开挖断面上先开挖一个小断面洞（即导洞）作为先导，然后再扩大至设计要求的断面尺寸和形状。这种开挖方式，可以利用导洞探明地质情况、解决施工排水问题，导洞贯通后还有利于改善洞内通风条件，扩大断面时导洞可以起到增加临空面的作用，从而提高爆破效果。

根据导洞与扩大部分的开挖次序，有导洞专进和导洞并进两种方法。导洞专进法是将导洞全部贯通后，再进行扩大部分开挖，有利于通风和全面了解地质情况，但洞内施工设施一般要进行二次铺设，费工费事。除地质情况复杂外，一般不采用。导洞并进法是将导洞开挖一段距离（一般为10~15m）后，导洞与断面扩大同时并进。导洞开挖法一般是在工程地质条件恶劣、断面尺寸较大、不利于全断面开挖时才采用的开挖方法。

导洞开挖，根据导洞位置不同，有上导洞、下导洞、中间导洞和双导洞等不同方式。

1. 上导洞开挖法

导洞布置在隧洞的顶部，断面开挖对称进行，开挖与衬砌程序如图11-3所示。这种方法适用于地质条件较差，地下水不多，机械化程度不高的情况。其优点是先开挖顶部，安全问题比较容易解决，如顶部围岩破碎，开挖后可先行衬砌，以策安全。缺点是出渣线路需二次铺设，施工排水不方便，顶拱衬砌和开挖相互干扰，施工速度较慢。

图11-3（b）是上导洞开挖的先墙后拱法，主要特点是将隧洞全断面挖好后，再进行衬砌。此法适用于地质条件较好的情况。图11-3（a）是上导洞开挖的先拱后墙法，主要特点是上部（1、2）开挖后，立即进行顶拱衬砌，以后其他部分的开挖与衬砌均在混凝土顶拱的保护下进行，施工安全，但施工干扰大，衬砌整体性差，还需要解决马口（即隧洞边墙处支承混凝土顶拱的岩石）的开挖问题。马口开挖分对开马口和错开马口两种，如图11-4所示。

对开马口是将同一衬砌段的左右两个马口同时开挖，随即进行衬砌，如图11-4（a）所示。为安全起见，每次开挖马口不应过长，一般以4~8m为宜。在地质条件较好，围岩与拱圈黏结较牢的条件下，采用对开马口，可以减少施工干扰，避免爆破打坏对面边

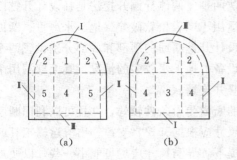

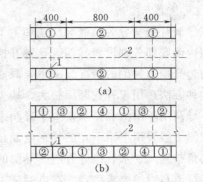

图 11-3 上导洞开挖与衬砌施工顺序

(a) 先拱后墙衬砌；(b) 先墙后拱衬砌

1、2、3、4、5—开挖顺序

Ⅰ、Ⅱ、Ⅲ—衬砌顺序

图 11-4 马口开挖顺序（单位：cm）

(a) 对开马口；(b) 错开马口

1—拱圈施工缝；2—隧洞中心线

①～④—开挖顺序

墙。当围岩较松散破碎时，应采用错开马口方法，如图 11-4（b）所示。即每个衬砌段的两个马口的开挖不同时进行，一个马口开挖后立即进行衬砌混凝土浇筑，待其强度达到设计强度的 70%时，再开挖和浇筑另一个马口。各段马口的开挖可交叉进行。也有把隧洞顶拱挖得大一些，使顶拱衬砌混凝土直接支承在围岩上，而不需要再挖马口，如图 11-5 所示。

2. 下导洞开挖法

导洞布置在断面的下部，如图 11-6 所示。这种开挖方法适用于围岩稳定、洞线较长、断面不大、地下水比较多的情况。其优点是：洞内施工设施只铺设一次，断面扩大时可以利用上部岩石的自重提高爆破效果，出渣方便，排水容易，施工速度快。缺点是：顶部扩大时钻孔比较困难，石块依自重爆落，岩石块度不易控制。如遇不良地质条件，施工不够安全。

3. 中间导洞开挖法

导洞在断面的中部，导洞开挖后向四周扩大。这种方法适用于围岩坚硬，不需临时支撑，洞径大于 5m，且具有柱架式钻机的场合。柱架式钻机可以向四周钻辐射炮眼，断面扩大快，但导洞与扩大部分同时并进，导洞出渣困难。

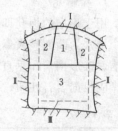

图 11-5 不挖马口
的先拱后墙法

1～3—开挖顺序

Ⅰ、Ⅱ、Ⅲ—浇筑顺序

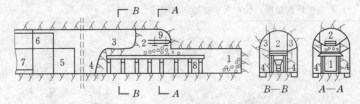

图 11-6 下导洞开挖法施工顺序

1—下导洞；2—顶部扩大；3—上部扩大；4—下部扩大；5—边墙衬砌；

6—顶拱衬砌；7—底板衬砌；8—漏斗棚架；9—脚手架

4. 双导洞开挖法

双导洞开挖又分为两侧导洞法和上下导洞法两种。两侧导洞开挖法是在设计开挖断面的边墙内侧底部分别设置导洞，这种开挖方法适用于围岩松软破碎、地下水严重、断面较大，需边开挖边衬砌的情况。上下导洞法是在设计开挖断面的顶部和底部分别设置两个导洞，这种方法适用于开挖断面很大、缺少大型设备、地下水较多的情况，其上导洞用来扩大，下导洞用于出渣和排水，上下导洞之间用竖井连通。

导洞一般采用上窄下宽的梯形断面，这样的断面受力条件较好，并且可以利用断面的两个底角布置风、水、电等管线。导洞的断面尺寸应根据开挖、支撑、出渣运输工具的大小和人行道布置的要求确定。在方便施工的前提下，导洞尺寸应尽可能小一些，以便加快施工进度，节省炸药用量。导洞高度一般为 2.2～3.5m，宽度为 2.5～4.5m（其中人行道宽度可取 0.7m）。

二、炮孔布置及装药量计算

隧洞的开挖目前广泛采用钻孔爆破法。应根据设计要求、地质情况、爆破材料及钻孔设备等条件，确定开挖断面的炮孔布置、炮孔的装药量、装药结构及堵孔方式；确定各类炮孔的起爆方法和起爆顺序。

（一）炮孔布置

开挖断面上的炮孔，按其作用不同分为掏槽孔、崩落孔和周边孔等 3 种。

1. 掏槽孔

用于掏槽的炮孔即为掏槽孔。掏槽就是在开挖断面中间先挖出一个小的槽穴来，利用这个槽穴为断面扩大爆破增加临空面，以提高爆破效果。常见的掏槽孔的布置方式有楔形掏槽、锥形掏槽和垂直掏槽等，其具体布置方式和适用条件见表 11－1。掏槽布置方式的选择应根据岩石性质、岩层构造、断面大小和钻爆方法等因素确定。

表 11－1　　　　　　　　常用掏槽孔布置简图和适用条件

掏槽形式	布 置 简 图	适 用 条 件
楔形掏槽	(a)　　　　　　(b) (a) 垂直楔形掏槽眼；(b) 水平楔形掏槽眼	适用于中等硬度的岩层。有水平层理时，采用水平楔形掏槽，有垂直层理时，采用垂直楔形掏槽，断面上有软弱带时，炮孔孔底宜沿软弱带布置。开挖断面的宽度或高度要保证斜孔能顺利钻进
锥形掏槽	(a)　　　(b)　　　(c) (a) 三角锥掏槽眼；(b) 四角锥掏槽眼；(c) 圆锥掏槽眼	适用于紧密的均质岩体。开挖断面的高度和宽度相差不大，并能保证斜孔顺利钻进

续表

掏槽形式	布 置 简 图	适 用 条 件
垂直掏槽	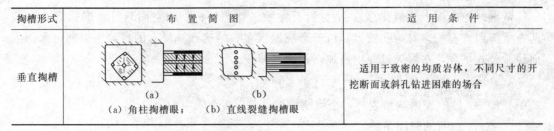 (a) 角柱掏槽眼;　(b) 直线裂缝掏槽眼	适用于致密的均质岩体,不同尺寸的开挖断面或斜孔钻进困难的场合

在满足掏槽要求的前提下,掏槽孔的数目应尽可能少,但不宜少于2个。掏槽孔的深度应比崩落孔深15~20cm,以提高崩落孔的利用率。有时为了增强掏槽效果,在极坚硬的岩层中或一次掘进深度较大的情况下,还可以在掏槽孔中心布置2~4个直径75~100mm不装药的空孔,其深度与掏槽孔相同。

2. 崩落孔

崩落孔的主要作用是爆落岩体,故应大致均匀地布置在掏槽孔的四周。崩落孔通常与开挖断面垂直,为了保证一次掘进的深度和掘进后工作面比较平整,其孔底应落在同一平面上。

为了使爆后的石渣大小适中,便于装车,应注意掌握炮孔间距。如用国产2号岩石硝铵炸药,炮孔间距为软岩100~120cm、中硬岩80~100cm、坚硬岩60~80cm、特硬岩50~60cm。

3. 周边孔

周边孔的主要作用是控制开挖轮廓,它布置在开挖断面的四周。周边孔的孔口距离开挖边线10~20cm,以利钻孔。钻孔时应略向外倾斜,孔底应落在同一平面上。孔底与设计边线的距离,视岩石强度而定。对于中硬岩石(坚固系数 $f>4$),孔底可达设计边线;对于软岩($f\leqslant2\sim4$),孔底不必达到设计边线;对于极坚硬岩石,孔底应超出设计边线10~15cm。

图11-7是隧洞开挖的炮孔布置示意图。断面开挖分为导洞开挖和扩大部分开挖。上导洞共布置了18个炮孔,其中1~4号是锥形掏槽孔,5~6号是崩落孔,7~18号是周边孔。扩大部分共布置了13个炮孔,其中19~24号是垂直崩落孔,承担掘进任务;25~31号是水平周边孔,控制开挖底边线。开挖断面底部周边孔布置比顶部要密一些,这是因为底边开挖,岩石的夹制作用大,且不能利用岩石自重来提高爆破效果。

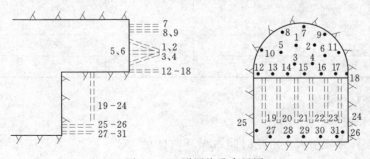

图 11-7 隧洞炮孔布置图

（二）炮孔数目和深度

隧洞开挖断面上的炮孔总数 N 与岩石性质、炸药品种、临空面数目、炮孔大小和装药方式等因素有关。对炮孔数目，由于影响因素多，精确计算尚有困难，施工前可采用下面经验公式估算，在爆破过程中再加以检验和修正。

$$N = K \sqrt{fS} \tag{11-1}$$

式中　K——临空面影响系数，一个临空面取 2.7，两个临空面取 2.0；

　　　f——岩石的坚固系数；

　　　S——开挖断面面积，m^2。

炮孔深度应考虑开挖断面尺寸、围岩类别、钻孔机具、出渣能力和掘进循环作业时间等因素确定。一般情况下，加大炮孔深度后，装药、放炮、通风等工序所占用的时间将相对减少，单位进尺的速度可以加快。但是钻孔深度加大后，钻机凿岩速度会有所降低，炮孔利用率将相对减少，炸药消耗量会随之增加，一次爆落的岩石数量增加，出渣时间也相应增加。故加大炮孔深度的多少，应进行综合分析后确定。为简单起见，一个工作循环进尺深度可参照下列原则确定：当围岩为 Ⅰ～Ⅲ 类时，风钻钻孔可取 1.2m，钻孔台车钻孔可取 2.5～4m；当围岩为 Ⅳ～Ⅴ 类时，不宜超过 1.5m。

掏槽孔和周边孔的深度可根据崩落孔的深度确定。

（三）装药量

隧洞开挖，装药量的多少直接影响开挖断面的轮廓、掘进速度、爆落岩体的块度、围岩稳定和爆破安全。施工前可按下式估算炸药用量，并在施工中加以修正。

$$Q = KSL \tag{11-2}$$

式中　Q——一次爆破的炸药用量，kg；

　　　K——单位耗药量，kg/m^3，可参考表 11-2 选用；

　　　S——开挖断面面积，m^2；

　　　L——崩落炮孔深度，m。

表 11-2　　　　　　　　隧洞开挖单位炸药（2 号硝铵炸药）消耗量　　　　　　单位：kg/m^3

工 程 项 目		岩 石 类 别			
		软岩 （$f<4$）	中硬岩 （$f=4\sim10$）	坚硬岩 （$f=10\sim16$）	特硬岩 （$f>16$）
导洞	面积 4～6m²	1.50	1.80	2.30	2.30
	面积 7～9m²	1.30	1.60	2.00	2.50
	面积 10～12m²	1.20	1.50	1.80	2.25
扩大		0.60	0.74	0.95	1.20
挖底		0.52	0.62	0.79	1.00

三、钻爆循环作业

（一）钻孔作业

钻孔作业工作强度很大，所花时间占循环时间的 1/4～1/2，因此应尽可能采用高效钻机完成钻孔作业，以提高工程进度。常用钻孔机具有风钻和钻孔台车。风钻钻孔适用于开挖面积不大、机械化程度不高的情况。钻孔台车一般由底盘、钻臂、推进器、凿岩机和气动或液压操纵系统等部分组成，其钻臂有时多达 15 台，是一种高效钻孔机械。按行走装置不同分为轮胎式、轨道式和履带式 3 种。钻孔台车适用于开挖断面较大的情况，如图11-2 所示。

为了保证开挖质量，钻孔时应严格控制孔位、孔深和孔斜。掏槽孔和周边孔的孔位偏差要小于 50mm，其他炮孔则不得超过 100mm。所有炮孔的孔底均应落在设计规定的平面上，以保证循环进尺的掘进深度。

（二）装药和起爆

炮孔应严格按设计要求的装药方式进行装药，炮孔的装药深度随炮孔类型而异。通常掏槽孔的装药深度为炮孔孔深的 60％～67％，药卷直径为炮孔直径的 3/4；崩落孔和周边孔的装药深度为炮孔深度的 40％～55％，崩落孔药卷直径为孔径的 3/4，周边孔为 1/2。炮孔其余长度用黏土和砂的混合物（比例为 1∶3）堵塞。爆破顺序依次为掏槽孔、崩落孔、周边孔。起爆一般采用秒延发或毫秒延发电雷管起爆。隧洞开挖轮廓控制应采用光面爆破技术，以保证开挖面的光滑平整，尽量减少超、欠挖。

（三）临时支护

隧洞爆破开挖后，为了预防围岩产生松动掉块、塌方或其他安全事故，应根据地质条件、开挖方法、隧洞断面等因素，对开挖出来的空间及时进行必要的临时支护。临时支护的时间，取决于地质条件和施工方法，一般要求在开挖后，围岩变形松动到足以破坏之前支护完毕，尽可能做到随开挖随支护，只有当岩层坚硬完整，经地质鉴定后，才可以不设临时支护。

临时支撑应具有足够的强度和稳定性，能适应围岩松动变形、爆破震动、机具碰撞等情况，此外，临时支撑还要求结构简单，便于安装和拆除，不过分占用空间。临时支护可分为喷锚支护和构架支护两类。除特殊情况外，应优先选用喷锚支护。构架支护的形式，按使用材料不同分为木支撑、钢支撑、预制混凝土或钢筋混凝土支撑等几种。

1. 木支撑

木支撑具有重量轻、加工架立方便、损坏前有明显变形等优点，但承受压力小、所占净空大、消耗材料多、费用高，因而逐渐被其他支撑材料所代替。适用于断面不大的导洞的支护，如图 11-8 所示。

2. 钢支撑

钢支撑适用于破碎而不稳定的岩层，能承受很大的山岩压力，耐久性好，所占空间小。材料多为 H 形钢、工字钢、钢轨、钢管和钢筋格拱等。钢支撑可以重复使用，但耗材多，费用高，只有在不良地质段施工才采用，如图 11-9 所示。

3. 预制混凝土或钢筋混凝土支护

这种支撑能承受很大的山岩压力，耐久性好，且可以留在永久性衬砌内不必拆除。但结构重量大，洞内运输、安装都不方便，应采用机械化施工。

（四）装渣运输

装渣与运输是隧洞开挖中最繁重的工作，所花时间约占循环时间的 50％～60％，是

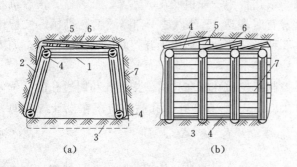

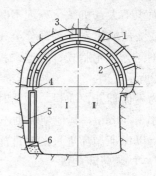

图 11-8　门框形木支撑　　　　　　　　图 11-9　钢支撑

（a）横剖面；（b）纵剖面　　　　　Ⅰ—半截面（有立柱）；Ⅱ—半截面（无立柱）

1—顶梁；2—立柱；3—底梁；4—纵向撑木；5—垫木；　　　1—木撑；2—连接杆；3—支撑板；

6—顶衬板；7—侧衬板　　　　　　　　　4—工字托梁；5—立柱；6—楔块

影响掘进速度的关键工序。因此，应合理选择装渣运输机械，并进行配套计算，做好洞内出渣的施工组织工作，确保施工安全，提高出渣效率。

隧洞出渣常见的装运方式有以下几种。

1. 人工装斗车出渣

这种方式适用于隧洞断面较小，机械化程度不高的情况。人工装渣，要求爆落岩石块度很小。为了减轻装渣的劳动强度，可在装渣地点铺上钢板，使岩石爆落于钢板上，以利用铁铲装车；当采用下导洞开挖时，上导洞可利用漏斗棚架出渣（图 11-6）；当采用上导洞开挖时，上导洞可用活动工作平台车出渣（图 11-10）。

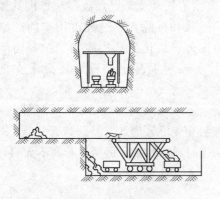

图 11-10　工作平台装渣　　　　　　图 11-11　0.4m³ 风动铲式装岩机

1—装渣时的铲斗；2—卸渣时的铲斗

2. 装岩机装渣、机车牵引斗车或矿车出渣

这种出渣方式适用于开挖断面较大的情况。装岩时可采用 0.4～1.0m³ 的装岩机（图 11-11、图 11-12），装岩斗车或矿车可由电气机车或电瓶车牵引。当运距近、出渣量少时，也采用人力推运或卷扬机牵引运输。根据出渣量的大小可设置单线或双线运输。单线运输时，每隔 100～200m 应设置一错车岔道，岔道长度应够停放一列列车，如图 11-13 所示；双线运输时，每隔 300～400m 应设置一岔道，以满足调车要求，如图 11-14 所示。

堆渣地点应设置在洞口附近，其高程较洞口低，以便重车下坡，并可利用废渣铺设路基，逐渐向外延伸。

这种装运方式适用于大断面隧洞开挖。装岩采用斗容量为 $1\sim3m^3$ 的装载机或液压正铲，自卸汽车洞内运输宜设置双车道，如设置单车道时，每隔 $200\sim300m$ 应设错车道，运输道路要符合矿山道路的有关规定。

（五）隧洞开挖的辅助作业

隧洞开挖的辅助作业有通风、散烟、防尘、防有害气体、供水、排水、供电照明等。辅助作业是改善洞内劳动条件、加快工程进度的必要保证。

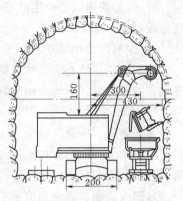

图 11-12 隧洞 $1m^3$ 短臂
正向铲（单位：cm）

1. 通风与防尘

通风和防尘的主要目的是为了排除因钻孔、爆破等原因而产生的有害气体和岩尘，向洞内供应新鲜空气，改善洞内温度、湿度和气流速度。

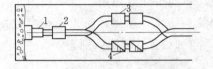

图 11-13 单线调车示意图
1—装岩机；2—正在装渣的车；
3—空车；4—重车

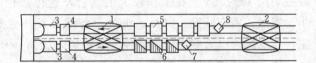

图 11-14 双线调车示意图
1、2—1号和2号道岔；3—装岩机；4—正在装
渣的车；5—空车；6—重车；7—电气机车；
8—调车用的电气机车

（1）通风方式。通风方式有自然通风和机械通风两种。自然通风只有在掘进长度不超过 $40m$ 时，才允许采用。其他情况下都必须有专门的机械通风设备。

机械通风布置方式有：压入式、吸入式和混合式 3 种，如图 11-15 所示。压入式是用风管将新鲜空气送到工作面，新鲜空气送入速度快，可保证及时供应，但洞内污浊空气是经洞身流出洞外；吸入式是将污浊空气由风管排出，新鲜空气从洞口经洞身吸入洞内，但流动速度缓慢；混合式是在经常性供风时用压入式，而在爆破后排烟时改用吸入式，充分利用了上述两种方式的优点。

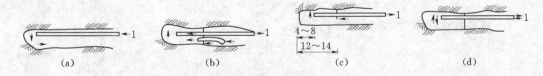

图 11-15 隧洞机械通风方式（单位：m）
(a) 压入式；(b) 两台鼓风机混合式；(c) 吸入式；(d) 一台可转向的鼓风机混合式

（2）通风量。通风量可按以下要求分别计算，并取其中最大值，再考虑 $20\%\sim50\%$ 的风管漏风损失。

1）按洞内同时工作的最多人数计算，每人所需通风量为 $3m^3/min$。

2）按冲淡爆破后产生的有害气体的需要计算，使其达到允许的浓度（CO 的允许浓度应控制在 0.02% 以下）。

3）按洞内最小风速不低于 0.15m/s 的要求，计算和校核通风量。

（3）防尘、防有害气体。除按地下工程施工规定采用湿钻钻孔外，还应在爆破后通风排烟、喷雾降尘，对堆渣洒水，并用压力水冲刷岩壁，以降低空气中的粉尘含量。

2. 排水与供水

隧洞施工，应及时排除地下涌水和施工废水。当隧洞开挖是上坡进行、且水量不大时，可沿洞底两侧布置排水沟排水；当隧洞开挖是下坡进行或洞底是水平时，应将隧洞沿纵向分成数段，每段设置排水沟和集水井，用水泵排出洞外。

对洞内钻孔、洒水和混凝土养护等施工用水，一般可在洞外较高处设置水池利用重力水头供水，或用水泵加压后沿洞内铺设的供水管道送至工作面。

3. 供电与照明

洞内供电线路一般采用三相四线制。动力线电压为 380V，成洞段照明用 220V，工作段照明用 24~36V。在工作较大的场合，也可采用 220V 的投光灯照明。由于洞内空间小、潮湿，所有线路、灯具、电气设备都必须注意绝缘、防水、防爆，防止安全事故发生。开挖区的电力起爆线，必须与一般供电线路分开，单独设置，以示区别。

四、循环作业施工组织

开挖循环作业是指在一定时间内，使开挖面掘进一定深度（即循环进尺）所完成的各项工作。循环时间是指完成一个工作循环所需要的时间的总和。循环时间常采用 4h、6h、8h、12h 等，以便于按时交接班。隧洞开挖循环作业所包括的主要工作有：钻孔、装药、爆破、通风散烟、爆后检查处理、装渣运输、铺接轨道等。为了确保掘进速度，常采用流水作业法组织工程施工，编制工序循环作业图，对各工序的起止时间进行控制。

编制循环作业图的关键是合理确定循环进尺。循环进尺是指一个循环内完成的掘进深度。循环进尺越大，炮孔深度越大，钻孔时间越长，爆落的岩石越多，所需装渣时间也就越长。循环作业图编制的步骤如下。

（1）根据具体施工情况，确定循环作业时间，设为 T。

（2）计算循环进尺。

1）计算开挖面上的炮孔数。

$$N = K \sqrt{fS} \tag{11-3}$$

2）计算开挖面掘进 1m 时的炮孔总长。

$$L_{总} = \frac{N \times 1}{\eta} \tag{11-4}$$

式中　η——炮孔利用系数，取 0.8~0.9。

3）计算开挖面掘进 1m 时的钻孔时间。

$$t_{钻} = \frac{L_{总}}{p_{钻}\, n\phi} \tag{11-5}$$

式中　$p_{钻}$——一台风钻的生产率，m/h；

n——使用风钻的台数；

ϕ——n 台风钻同时工作系数，可取 0.8。

4）计算开挖面掘进 1m 时的出渣时间 $t_{渣}$。公式为：

$$t_{渣} = \frac{Sk_{松} \times 1}{p_{渣}} \qquad (11-6)$$

式中 S——开挖断面面积，m^2；

    $k_{松}$——岩石可松性系数，约为 1.6～1.9；

    $p_{渣}$——装岩机的生产率，m^3/h。

5）其他辅助工作所需时间 $T_{辅}$（h）。包括装药、爆破、通风排烟、爆后安全检查处理、铺接轨道所需时间。这些时间一般比较固定，可进行工程类比后确定。

6）计算开挖面循环进尺 L。公式为：

$$L = \frac{T - T_{辅}}{t_{钻} + t_{渣}} \qquad (11-7)$$

式中 T——预定的循环时间，h。

式（11-7）是在钻孔、出渣为顺序作业时的计算方法。如钻孔、出渣为平行作业，则式中分母等于钻孔、出渣时间较大者；当采用全断面开挖，上台阶向下台阶扒渣后再进行上台阶钻孔时，式（11-7）中分母等于上台阶钻孔时间与下台阶出渣时间和下台阶钻孔时间之和两者中的较大值。

（3）计算循环进尺为 L 时的钻孔时间 $T_{钻}$、出渣时间 $T_{渣}$。

$$T_{钻} = Lt_{钻} \qquad (11-8)$$

$$T_{渣} = Lt_{渣} \qquad (11-9)$$

（4）根据各工序作业时间，绘制隧洞开挖循环作业图。表 11-3 为某隧洞全断面台阶开挖循环作业图。

表 11-3 　　　　　　　　　　　隧洞开挖循环作业图

序号	工 序	时间 (h)	工 时 (h)							
			1	2	3	4	5	6	7	8
1	工作面检查清理	0.5								
2	上台阶扒渣	0.5								
3	上台阶钻孔	5.9								
4	出渣	2.9								
5	下台阶钻孔	3.1								
6	装药、爆破、通风	1.0								

第二节　掘进机开挖

掘进机是一种专用的开挖设备。它利用机械破碎岩石的原理，完成开挖与出渣联合作业，连续不断地进行掘进。掘进机的出现，虽有近百年的历史，但由于冶金技术、机械制造、机械动力、开挖导向和防尘技术等因素的影响，直到 20 世纪 50 年代才得到较大的发展和应用。我国曾先后在新王庄、西洱河三级水电站和天生桥二级水电站等引水隧洞工程中进行了应用。

一、概述

自美国罗宾斯 (Robbins) 公司 1952 年生产了第一台能实用的、刀盘直径 8m 的掘进机以来，发展至今已有 50 多年，掘进机在技术上已成熟。在国外，使用掘进机掘进隧洞已很普遍，尤其是 3km 以上的长隧洞，很多业主在招标中规定，要求投标商必须采用掘进机施工。掘进机对困难地质的适应能力大大增强，独头掘进的长度超过 l0km。掘进速度达到最高日进尺 172.4m、最高周进尺 703.3m、最高月进尺 2163m。

我国"引大入秦"工程中一个长 17km 的输水隧洞，使用刀盘直径 5.53m 的双护盾式掘进机开挖。工程 1991 年开工，1992 年完工。平均月进尺 980m，最高月进尺达 1400m。在万家寨引黄工程实施更大规模的长距离引水时，对所有的长隧洞（有 12km、22km、44km 等几条长隧洞）均使用掘进机施工。在主干线的一条 12km、洞径 6.1m 的隧洞，1994 开工，1995 年完工，平均月进尺 810m。南干线上总长 86km 的隧洞使用了 4 台双护盾掘进机，1998 年开工，2002 年完工。平均月进尺约 784m，最高月进尺达 1821.49m。

我国水利、电力、铁路、煤炭、矿山、交通、地铁及地下工程等需要建设大量的隧道。近几年来一些城市的地铁工程正在加快步伐建设中，还有一些新的城市地铁将陆续开工。一些省的长距离引水工程在不断规划和开工，例如在 2004 年下半年和 2005 年初，新疆和青海各有一个长隧洞引水工程先后进行了设备招标，都采用双护盾掘进机方案；南水北调西线工程的掘进机应用研究正在进行中。我国长隧道采用掘进机施工将是发展的必然趋势。

二、掘进机的分类和适用范围

（一）敞开式

切削刀盘的后面均为敞开的，没有护盾保护。敞开式又有单支撑结构和双支撑结构两种设计风格。敞开式适用于岩石整体性较好或中等的情况。

（1）单支撑结构：是历史最悠久的机型。

（2）双支撑结构：分双水平支撑式（图 11-16）和双 X 型支撑式两种（图 11-17）。双水平支撑方式，共有 5 个支撑腿：2 组水平的，加 1 条垂直的。双 X 型支撑方式，共有 8 个支撑腿。

（二）护盾式

切削刀盘的后面均被护盾所保护，并且在掘进机后部的全部洞壁都被预制的衬砌管片所保护。护盾式分为单护盾式、双护盾式和三护盾式（图 11-18）。护盾式适用于松散和复杂的岩石条件，当然也能够在岩石条件较好的情况下工作。

（三）扩孔式

扩孔式的用途是，将先打好的导洞进行一次性的扩孔成形。扩孔式在小导洞贯通后，进行导洞的扩挖。

（四）摇臂式

安装在回转机头上的摇臂，一边随机头作回转运动，一边作摆动，这样，臂架前端的

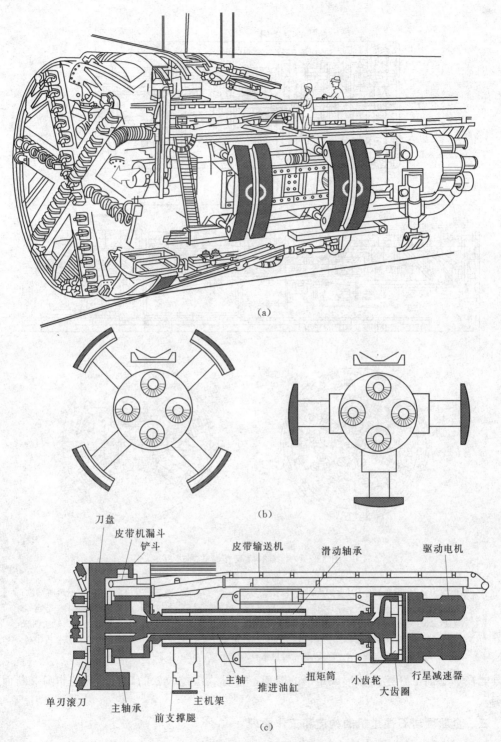

刀盘
皮带机漏斗
铲斗
皮带输送机
滑动轴承
驱动电机

单刃滚刀
主轴承
前支撑腿
主轴
主机架
推进油缸
扭矩筒
小齿轮
大齿圈
行星减速器

(c)

图 11-16 罗宾斯 MK 双支撑式掘进机

(a) 罗宾斯 MK 型双支撑式掘进机（外形）；(b) 罗宾斯 MK 型双支撑式掘进机的支撑结构
（双水平支撑型和双 X 型）；(c) 罗宾斯 MK 型双支撑式掘进机（结构简图）

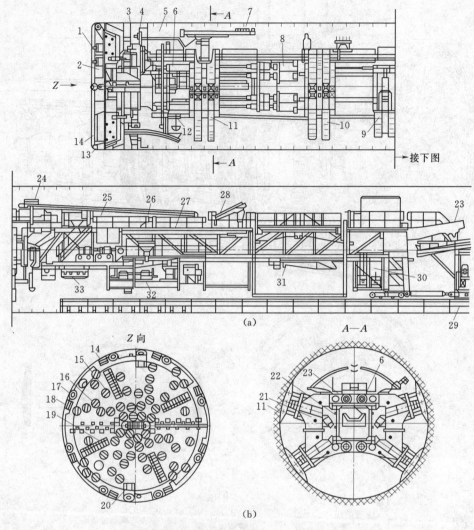

图 11-17 维尔特双支撑式掘进机

（a）外形；（b）剖面

1—盘形滚刀；2—刀盘；3—刀盘护盾；4—圈梁安装器；5—锚杆钻机；6—推进液压缸；7—超前钻机；
8—刀盘回转机构；9—后下支撑；10—"X"后支撑；11—"X"前支撑；12—刀具吊机；13—铲斗；
14—切刀；15—中心刀；16—正（面）刀；17—边刀；18—铲斗；19—刀盘；20—扩孔刀；21—前凯氏
外方机架；22—凯氏内方机架；23—出渣皮带机；24—运输小车；25—水泵；26—除尘器；27—皮带桥；
28—吊机1；29—平架车；30—司机室；31—吊机；32—注浆机；33—仰拱吊机

刀具能在掌子面上开挖出圆形或矩形的断面。摇臂式扩挖较软的岩石，开挖非圆形断面的
隧洞。

三、全断面岩石掘进机的构造和工作原理

（一）敞开式掘进机的构造和工作原理

敞开式掘进机由刀盘、导向壳体、传动系统、主梁、推进油缸、水平支撑装置、后支
撑以及出渣皮带机组成（图 11-19）。

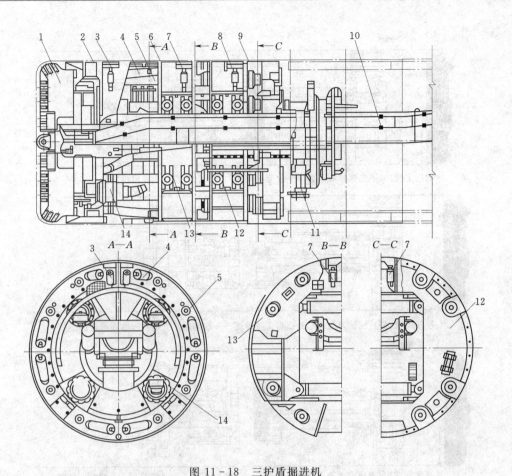

图 11-18 三护盾掘进机

1—刀盘部件；2—前护盾；3—前稳定靴；4—推进油缸1；5—推进油缸2；6—中护盾；
7—中稳定靴；8—后稳定靴；9—后护盾；10—出渣皮带机；11—管片铺设机；
12—后支撑靴；13—前支撑靴；14—刀盘回转驱动机构

全断面岩石掘进机的掘进循环由掘进作业和换步作业组成。在掘进作业时，伸出水平支撑板→撑紧洞壁收起后支撑→刀盘旋转，起动皮带机→推进油缸向前推压刀盘，使盘型滚刀切入岩石，由水平支撑承受刀盘掘进时传来的反作用力和反扭矩→岩石面上被破碎的岩渣在自重下掉落到洞底，由刀盘上的铲斗铲起，然后落入掘进机皮带机向机后输出→当推进油缸将掘进机机头、主梁、后支撑向前推进了一个行程时（图 11-19 中掘进工况），掘进作业停止，掘进机开始换步。

在换步作业时，刀盘停止回转→伸出后支撑，撑紧洞壁→收缩水平支撑，使支撑靴板离开洞壁→收缩推进油缸，将水平支撑向前移一个行程（图 11-19 中换步工况）。

换步结束后，准备在掘进。再伸出水平支撑撑紧洞壁→收起后支撑→回转刀盘→伸出推进油缸，新的一个掘进机行程开始了（图 11-19 中再掘进工况）。

（二）双护盾式掘进机的构造和工作原理

双护盾式掘进机由装切削刀盘的前盾，装支撑装置的后盾（或称主盾），连接前后盾的伸缩部分和为安装预制混凝土管片的尾盾组成（图 11-20）。

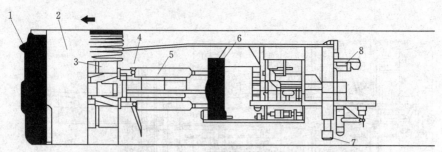

掘进工况:水平支撑撑紧洞壁——收起后支撑——回转刀盘——伸出推进缸

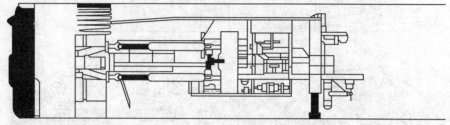

换步工况:停止回转刀盘——伸出后支撑着地——收缩水平支撑——收缩推进缸

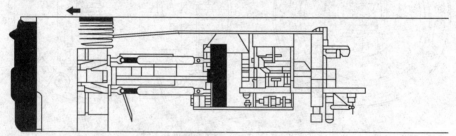

再掘进工况:再伸出水平支撑撑紧洞壁——收起后支撑——回转刀盘——伸出推进缸

图 11-19　敞开式掘进机的工作原理

1—刀盘；2—护盾；3—传动系统；4—主梁；5—推进缸；6—水平支撑；

7—后支撑；8—胶带机

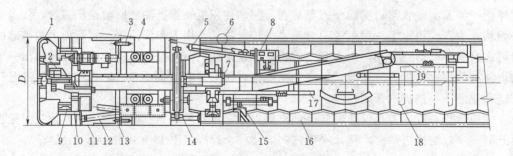

图 11-20　罗宾斯双护盾机的构造

1—刀盘；2—岩渣漏斗；3—铰接油缸；4—支撑护盾；5—超前钻机；6—回填灌浆操作；

7—管片安装器；8—操作盘；9—三轴主轴承与密封装置；10—刀盘支承；11—前护盾；

12—主推进油缸；13—伸缩护盾；14—副推进油缸；15—岩心钻机；16—管片输送系统；

17—管片吊机梁；18—后配套；19—主机的皮带枪送机

双护盾掘进机在良好地层和不良地层中的工作方式是不同的。

1. 在自稳并能支撑的岩石中掘进

此时掘进机的辅助推进油缸全部回缩，不参与掘进过程的推进，掘进机的作业与敞开式掘进机一样。图 11-21 中（a）、（b）、（c）构成工况一：稳定可支撑岩石掘进辅助推进，缸处于全收缩状态，不参与掘进。

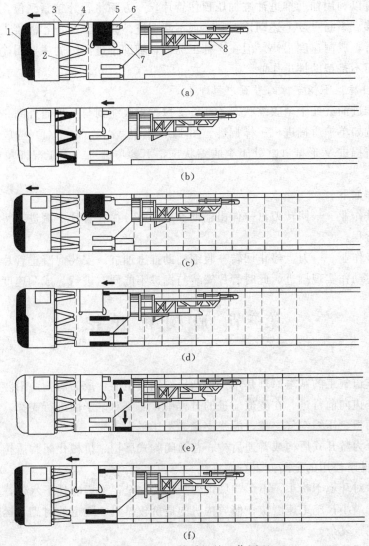

图 11-21　双护盾机的工作原理

（a）伸出水平支撑 5 撑紧洞壁→回转刀盘 1→伸出 V 形推进缸 4，进行掘进作业；
（b）刀盘 1 停止回转→收缩水平支撑 5 离开洞壁→收缩 V 形推进缸 4，进行换步作业；（c）重复（a）的动作程序实施再掘进；（d）收缩水平支撑 5 使靴板与后护盾一致→回转刀盘 1→伸出辅助推进缸 6 撑在管片上掘进；（e）刀盘 1 停止回转→收缩辅助推进缸 6→安装混凝土管片，实施换步作业；（f）回转刀盘 1→伸出辅助推进缸 6 撑在管片上，实施再掘进作业
1—刀盘；2—刀盘支撑；3—前护盾；4—V 形推进缸；5—水平支撑；
6—辅助推进缸；7—后护盾；8—胶带机

它的动作如下。

（1）推进作业——伸出水平支撑油缸撑紧洞壁→启动皮带机→回转刀盘→伸出推进油缸，将刀盘和前护盾先前推进一个行程实现掘进作业。

（2）换步作业——当推进油缸推满一个行程后，就进行换步作业。刀盘停止回转→收缩水平支撑离开洞壁→收缩推进油缸，将掘进机后护盾前移一个行程。

此时也可以利用辅助推进油缸加压顶住管片，一方面将管片挤紧到位，另一方面也帮助后护盾前移。不断重复上述动作，则实现不断掘进。在此工况下，混凝土管片安装与掘进可同步进行，成洞速度很快。但在这种工况下，辅助推进油缸的主要用途应是将各管片挤紧到位，而不是帮助推进作业。

2. 在能自稳但不能支撑的岩石中掘进

此时，推进油缸处于全收缩状态，并将支撑靴板收缩到与后护盾外圈一致，前后护盾联成一体，就如单护盾掘进机一样掘进。图 11-21 中（d）、（e）、（f）构成工况二：称定不可支撑岩石掘进 V 形推进缸处于全收缩状态，不参与掘进（本工况即单护盾掘进机掘进作业工况）。

它的动作如下。

（1）掘进作业——回转刀盘→伸出辅助推进油缸，撑在管片上掘进，将整个掘进机向前推进一个行程。

（2）换步作业——刀盘停止回转→收缩辅助推进油缸→安装混凝土管片。

重复上述动作实现掘进。此时管片安装与掘进不能同时进行，成洞速度减半。

第三节 盾 构 机 开 挖

一、概述

盾构法隧道施工的基本原理是用一件圆形的钢质组件，成为盾构，沿隧道设计轴线一边开挖土体一边向前行进。在隧道前进的过程中，需要对掌子面进行支撑。支撑土体的方法有机械的面板、压缩空气支撑、泥浆支撑、土压平衡支撑。

盾构可分为敞开式盾构或普通盾构、普通闭胸式盾构、机械化闭胸盾构、盾构掘进机（指在岩石条件下使用的全断面岩石掘进机）等四大类。

盾构技术对环境干扰小，不影响城市建筑物的安全，不影响地下水位，施工对周围环境的破坏干扰最小；施工速度快；但盾构机的造价较昂贵，隧道的衬砌、运输、拼装、机械安装等工艺较复杂。

二、土压盾构的工作原理和构造

（一）土压盾构的工作原理

土压平衡盾构的原理在于利用土压来支撑和平衡掌子面（图 11-22）。土压平衡式盾构刀盘的切削面和后面的承压隔板之间的空间称为泥土室。刀盘旋转切削下来的土壤通过刀盘上的开口充满了泥土室，与泥土室内的可塑土浆混合。盾构千斤顶的推力通过承压隔板传递到泥土室内的泥土浆上，形成的泥土浆压力作用于开挖面。它起着平衡开挖面处的地下水压、土压、保持开挖面稳定的作用。

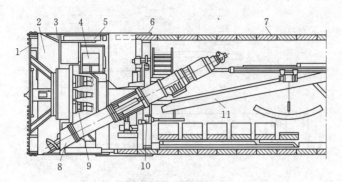

图 11-22 土压盾构原理

1—切削轮；2—开挖舱；3—压力舱壁；4—压缩空气闸；5—推进油缸；
6—盾尾密封；7—管片；8—螺旋输送机；9—切削轮驱动装置；
10—拼装器；11—皮带输送机

螺旋输送机从承压隔板的开孔处伸入泥土室进行排土。盾构机的挖掘推进速度和螺旋输送机单位时间的排土量（或其旋转速度）依靠压力控制系统两者保持着良好的协调，使泥土室内始终充满泥土，且土压与掌子面的压力保持平衡。

对开挖室内土压的测量则会提供更多的开挖面稳定控制所需的信息。现在，都采用安装在承压隔板上下不同位置的土压传感器来进行测量。土压通过改变盾构千斤顶的推进速度或螺旋输送机的旋转速度来进行调节。

（二）土压盾构的构造

通常土压平衡盾构由前、中、后护盾3部分壳体组成。中、后护盾间用铰接，基本的装置有切削刀盘及其轴承和驱动装置、泥土室以及螺旋输送机。后护盾下有管片安装机和盾构千斤顶，尾盾处有密封。

三、泥水盾构的工作原理和构造

（一）泥水盾构的工作原理

与土压平衡盾构不同，泥水盾构机施工时，稳定开挖面靠泥水压力，用它来抵抗开挖面的土压力和水压力以保持开挖面的稳定；同时控制开挖面的变形和地基沉降。

在泥水式盾构机中，支护开挖面的液体同时又作为运输渣土的介质。开挖的土料在开挖室中与支护液混合。然后，开挖土料与悬浮液（膨润土）的混合物被泵送到地面。在地面的泥水处理场中支护液与土料分离。随后，如需要，添加新的膨润土，再将此液体泵回隧洞开挖面。

（二）泥水盾构的构造

在构造组成方面，与土压平衡盾构的主要不同是没有螺旋输送机，而用泥浆系统取而代之。泥浆系统担负着运送渣土、调节泥浆成分和压力的重要作用。

泥水盾构有直接控制型泥水盾构、间接控制型、混合式等3种。

1. 直接控制型泥水盾构

直接控制型泥水盾构如图11-23所示。

控制泥水室的泥水压力，通常有两种方法：①控制供泥浆泵的转速；②调节节流阀的开口比值。

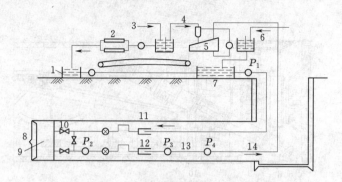

图 11-23　直接控制式盾构的泥水系统

1—清水槽；2—压滤机；3—加药；4—旋流器；5—振动器；6—黏土溶解；7—泥水调整槽；
8—大刀盘；9—泥水室；10—流量计；11—密度计；12—伸缩管；13—供泥管；14—排水管

为保证盾构掘进质量，应在进排泥水管路上分别装设流量计和密度计。通过检测的数据，即可算出盾构排土量。将检测到的排土量与理论掘进排土量进行比较，并使实际排土量控制在一定范围内，就可避免和减小地表沉陷。

日立、三菱的泥水盾构图分别如图 11-24 和图 11-25 所示。

2. 间接控制型

间接控制型泥水盾构如图 11-26 所示。间接控制型的工作特征是，通过气垫压力来保持泥水压力和开挖面压力的稳定。

在盾构泥水室内，装有一道半隔板（或称沉浸墙），将泥水室分隔成两部分，在半隔板的前面充满压力泥浆，半隔板后面在盾构轴线以上部分

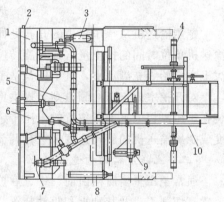

图 11-24　泥水式盾构剖面图（日立）

1—泥浆注入口；2—刀盘；3—铰接油缸；4—管片定位装置；5—供浆管；6—开挖室；7—搅拌器；8—推进油缸；9—管片安装器；10—排渣管

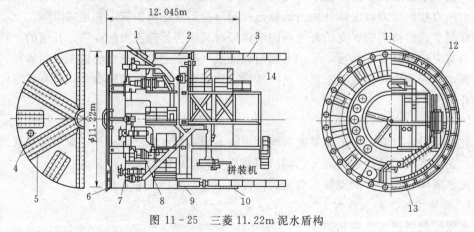

图 11-25　三菱 11.22m 泥水盾构

1—化学注浆；2—纠偏千斤顶；3—管片；4—入孔；5—刀盘；6—仿形刀；7—转轴；8—气压舱；
9—搅拌器；10—盾尾刷；11—同步注浆孔；12—作业台；13—拼装孔；14—刀盘驱动马达

（注：在这种泥水盾构中，隧洞开挖面支护压力直接受开挖室（或称泥水室）中添加或排出泥水的影响）

加入压缩空气，形成一个"气垫"。气压作用在隔板后面的泥浆接触面上。由于在接触面上的气、液具有相同的压力，因此只要调节空气压力，就可以确定开挖面上相应的支护压力。

当盾构掘进时，由于泥浆的流失或盾构推进速度变化，进出泥浆量将会失去平衡，空气和泥浆接触面位置就会出现上下波动现象。通过液位传感器，可以根据液位的变化控制供泥泵的转速，使液位恢复到设定位置，以保持开挖面支护压力的稳定。当液位达到最高极限位置时，可以自动停止供泥泵，当液位到达最低极限位置时，可以自动停止排泥泵。

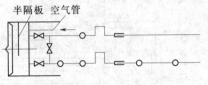

图 11-26 间接控制式原理

"气垫"的压力是根据开挖室需要的支护泥浆压力而确定的。空气压力可通过空气控制阀使压力保持恒定。同时由于"气垫"的弹性作用，使液位波动时对支护液也无明显影响。因此，间接控制型泥水平衡盾构与直接控制型相比，控制相对更为简化，对开挖面土层支护更为稳定，对地表沉陷的控制更为方便。实际的泥水盾构结构如图11-27所示。

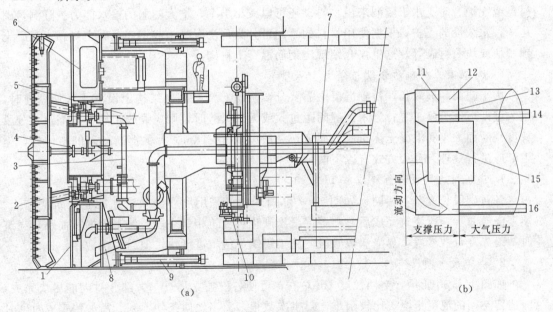

图 11-27 气垫式泥水盾构
(a) 气垫式泥水盾构剖面图；(b) 气垫式原理
1—安全门；2—刀盘；3—注泥浆管；4—回转接头；5—刀盘回转驱动；6—气垫室；7—连接梁；8—排渣管；
9—推进油缸；10—管片安装器；11—浸润墙；12—气垫；13—承压构件；14—供泥浆管；
15—泥浆液位；16—排泥浆管

3. 混合式

这种盾构可以根据地质变化情况对开挖面的支撑方式进行转换。混合型盾构的基本结构是间接控制型泥水盾构。在盾构运行过程中，可以根据需要通过旋转喂料器（图11-28）转换为土压平衡模式或压缩空气模式等。因此其适应的地质范围较广。

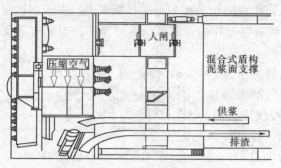

图 11-28　混合式盾构的模型

这种盾构要适应从泥水支撑到气压支撑或土压支撑方式之间的快速转换，盾构上需常备这几套系统，既适用于泥水盾构工况的泥浆系统，也适用于土压盾构工况的螺旋输送机和皮带机系统等。盾构的结构和后配套设备也要适应这几种转换。

实际上，为减少配置，大多数混合型盾构都是运行在间接控制型泥水盾构的模式，而不转换到别的模式。

第四节　隧洞的衬砌与灌浆

一、隧洞衬砌

隧洞开挖后，为了使围岩不致因暴露时间太久而引起风化、松动或塌落，需尽快进行衬砌或支护。对于水工隧洞来说，衬砌还可以减小糙率，增大隧洞的输水能力。隧洞衬砌是一种永久性的支护，根据使用材料的不同可分为现浇混凝土或钢筋混凝土衬砌、混凝土预制块或块石衬砌等。这里仅介绍现浇钢筋混凝土衬砌。

（一）混凝土衬砌的分段与分块

由于隧洞一般较长，衬砌混凝土需要分段浇筑。当衬砌在结构上设有永久伸缩缝时，永久缝即可作为施工缝；当永久缝间距过大或无永久缝时，则应设施工缝分段浇筑，分段长度视断面大小和混凝土浇筑能力而定，一般可取 6～18m。为了提高衬砌的整体性，施工缝应进行处理。分段方式有以下两种。

1. 浇筑段之间设伸缩缝或施工缝

各衬砌段长度基本相同，如图 11-29 所示。可采用顺序浇筑法或跳仓浇筑法施工。顺序浇筑时，一段浇筑完成后，需等混凝土硬化再浇筑相邻一段，施工缓慢；而跳仓浇筑时，是先浇奇数号段，再浇偶数号段，施工组织灵活，进度快，但封拱次数多。

2. 浇筑段之间设空档

如图 11-30 所示，空档长度 1m 左右，可使各段独立浇筑，大部分衬砌能尽快完成，但遗留空档的混凝土浇筑比较困难，封拱次数很多。当地质条件不利、需尽快完成衬砌时才采用这种方式。

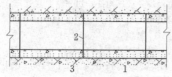

图 11-29　浇筑段之间设伸缩缝

1—浇筑段；2—缝；3—止水

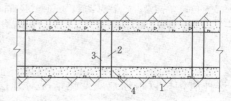

图 11-30　浇筑段之间设空档

1—浇筑段；2—空档；3—缝；4—止水

混凝土衬砌，除了在纵向分段外，在横向还应分块。一般分成顶拱、边墙（边拱）、底拱等4块，如图11-31为圆断面衬砌分块示意图。分块接缝位置应设在结构弯矩和剪力较小的部位，同时应考虑施工方便。分缝处应有受力钢筋通过，缝面亦需进行凿毛处理，必要时还应设置键槽和插筋。

隧洞横断面上各块的浇筑顺序是：先浇筑底拱（底板），然后是边墙和顶拱。在地质条件较差时，也可以先浇筑顶拱，再浇筑边墙和底拱，此时由于顶拱混凝土下方无支托，应注意防止衬砌的位移和变形，并做好分块接头处的反缝的处理。对反缝，除按一般接缝处理外，还需进行接缝灌浆。

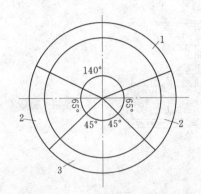

图 11-31　圆形隧洞衬砌
断面的分块
1—顶拱；2—边墙；3—底拱

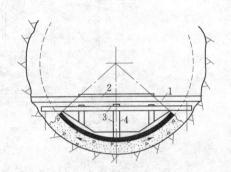

图 11-32　底拱模板
1—脚手架；2—路面板；3—模板
桁架；4—桁架立柱

（二）隧洞衬砌的模板

隧洞衬砌用的模板，随浇筑部位的不同，其构造和使用特点也不同。

1. 底拱模板

当底拱中心角较小时，可以不用表面模板，只安装浇筑段两端的端部模板。在混凝土浇筑后，用弧形样板将混凝土表面刮成弧形即可。当中心角较大时，一般采用悬吊式弧形模板，如图11-32所示。浇筑前先立好端部模板和弧形模板桁架，混凝土入仓后，自中间向两边安装表面模板。必须注意，混凝土运输系统的支撑不要与模板支撑连在一起，以防混凝土运输产生振动，引起模板位移。

此外，当洞线较长时，常采用底拱拖模，如图11-33所示，它通过事先固定好的轨道用卷扬机索引拖动，边拖动边浇筑混凝土，浇筑的混凝土在模板的保护下成型后（控制拖动速度）才脱模。

2. 边墙和顶拱模板

边墙和顶拱模板有拆移式和移动式两种。拆移式模板又称为装配式模板，主要由面板、桁架、支撑及拉条组成。这种模板通常在现场架立，安装时通过拉条或支撑将模板固定在预埋铁件上，装拆费时，费用也高。

移动式模板有钢模台车和针梁台车。钢模台车如图11-34所示，主要由车架和模板两部分组成。车架下面装有可沿轨道移动的车轮。模板装拆时，利用车架上的水平、垂直千斤

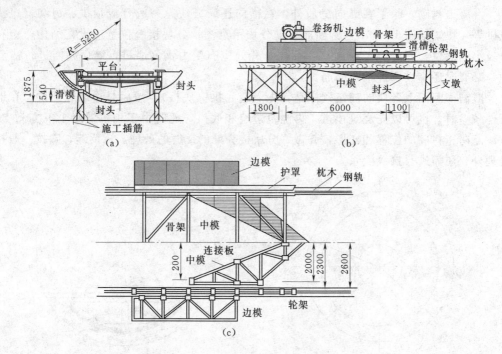

图 11-33 V形拖模构造示意图（单位：mm）

(a) 后视图；(b) 侧视图；(c) 俯视图

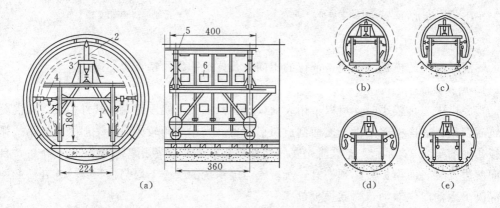

图 11-34 钢模台车（单位：cm）

(a) 模板构造；(b) 移动状态；(c) 垂直千斤顶顶起；(d) 水平千斤顶撑开；(e) 撤走台车

1—车驾；2—垂直千斤顶；3—水平螺杆；4—水平千斤顶；5—拼版；6—混凝土进入口

顶将模板顶起、撑开或放下；当台车轴线与隧洞轴线不相符合时，可用车架上的水平螺杆来调整模板的水平位置，保证立模的准确性。模板面板由定型钢模板和扣件拼装而成。

钢模台车使用方便，可大大减少立模时间，从而加快施工进度。钢模台车可兼作洞内其他作业的工作平台，车架下空间大，可以布置运输线路。

3. 针梁模板

针梁模板是较先进的全断面一次成型模板，它利用两个多段长的型钢制作的方梁（针梁），通过千斤顶，一端固定在已浇混凝土面上，另一端固定在开挖岩面上，其中一段浇筑混凝土，另一段进行下一浇筑面的准备工作（如进行钢筋施工），如图11-35所示。

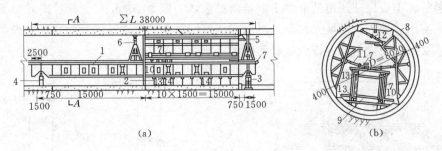

图11-35　针梁模板（单位：mm）

(a) 纵剖面；(b) A—A剖面

1—大梁，全长38m，由2组×4块组装而成；2—钢模，全长15m，由10块×1.5m组装而成；3—前支座液压千斤顶，2×50t与大梁螺栓连接，平底；4—后支座液压千斤顶，2×50t与大梁螺栓连接，弧底；5—前抗浮液压千斤顶平台，2×30t有轨行走，平顶；6—后抗浮液压千斤顶平台，2×35t有轨行走，弧顶；7—行走装置系统；8—混凝土衬砌，设计厚度40cm，200号；9—大梁的梁框，其与钢模是一体；10—装在梁框下的轮子，供钢模行走用，8个；11—手动螺栓千斤顶，供伸缩边模用；12—手动螺栓千斤顶，供伸缩顶模用；13—大梁上下共4条钢轨、供有轨行走使用；14—千斤顶定位螺栓，22根

（三）钢筋施工

衬砌混凝土内的钢筋，形状比较简单，沿洞轴线方向变化不大，但在洞中运输和安装比较困难。钢筋安装前，应先在岩壁上打孔安插架立钢筋。钢筋的绑扎宜采用台车作业，以提高工效。

（四）混凝土浇筑

模板、钢筋、预埋件、浇筑面清洗等准备工作完成后，即可开仓浇筑衬砌混凝土。由于洞内工作面狭小，大型机械设备难以采用，所以混凝土的入仓运输一般以混凝土泵为主。图11-36为用混凝土泵浇筑边墙和顶拱的布置示意图。

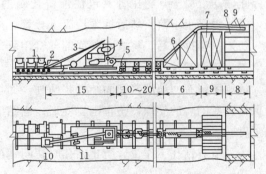

图11-36　用混凝土泵浇筑边墙和顶拱的布置图

1—斗车；2—机车；3—皮带机；4—混凝土泵；5—水平导管；6—支架；7—轧钢筋用脚手架；8—模板；9—尾管；10—混凝土斗；11—混凝土泵

浇筑边墙时，混凝土由边墙模板上预留的"窗口"送入。两侧边墙的混凝土面应均衡上升，以免一侧受力过大使模板发生位移。浇筑顶拱时，混凝土由模板顶部预留的几个窗口送入，顺隧洞轴线方向边浇边退，直至浇完一段。如相邻段的混凝土已浇而无处可退时，则应从最后一个窗口退出，最后一个窗口拱顶处的混凝土浇筑，称为封拱。在最后一个窗口浇筑时，由于受到已浇段的限制，要想将混凝土送到拱顶处则异常困难。封拱的目的是使衬砌混凝土形成完整的拱圈。

用混凝土泵浇筑边墙和顶拱是隧洞混凝土衬砌最有效的方法。封拱时，在输送混凝土的导管末端接上冲天尾管，垂直穿过模板伸入仓内，如图 11-37 所示。尾管的位置应根据浇筑段长度和混凝土扩散半径来定，其间距一般为 4～6m。尾管出口与岩面的距离原则上是越近越好，但应保证压出的混凝土能自由扩散，一般为 20cm 左右。封拱时为了排除和调节仓内空气、检查拱顶填充情况，可以在浇筑面最高处设置通气管。在仓中央部位还需设置进入孔，以便进入仓内进行必要的辅助工作。

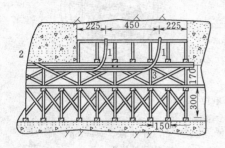

图 11-37 用混凝土泵封拱
的布置（单位：cm）
1—垂直尾管；2—通混凝土泵；3—支架

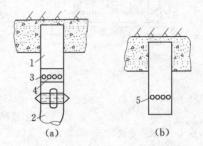

图 11-38 垂直尾管上的孔眼
(a) 浇筑时的情况；(b) 导管拆除后的情况
1—尾管；2—导管；3—直径 2～3cm 的孔眼；
4—铁皮；5—插入孔眼中的钢筋

用混凝土泵封拱的步骤如下。

（1）当混凝土浇筑到拱顶仓面处时，撤出工人和浇筑设备，封闭进入孔。

（2）增大混凝土坍落度至 14～16cm 左右，同时加大混凝土泵的输送速度，保证仓内混凝土的连续供应。

（3）当通气管开始漏浆或压入的混凝土量已超过预计方量时，说明拱顶处已经填满，可停止输送混凝土，将尾管上包住预留孔眼的铁箍去掉（图 11-38），在孔眼中插入钢筋，防止混凝土下落，然后拆除混凝土导管。

（4）拱顶拆模后，将露在外面的导管用氧气割去，并用砂浆抹平。

二、隧洞灌浆

隧洞灌浆有回填灌浆和固结灌浆两种。回填灌浆目的是填塞围岩与衬砌之间的空隙，确保衬砌对围岩的支承，防止围岩变形；固结灌浆的目的是加固围岩，提高围岩的整体性和强度。

为了节省钻孔工作量，防止钻孔时切断钢筋，灌浆前要在衬砌中预埋灌浆管，直径为38～50mm。

回填灌浆孔一般只布置在拱顶中心角 120°范围内。固结灌浆孔则应根据需要布置在整个断面四周。灌浆孔沿隧洞轴线每 2～4m 布置一排，各排孔位呈梅花形布置。此外，还应根据规范要求布置一定数目的检查孔。

隧洞灌浆必须在衬砌混凝土达到一定强度后才能进行。回填灌浆可在衬砌混凝土浇筑两周后安排进行，固结灌浆可在回填灌浆一周后进行。灌浆时应先用压缩空气清孔，然后用压力水清洗。灌浆在断面上应自下而上进行，以充分利用上部管孔排气；在轴线方向应采用隔排灌注、逐渐加密的方法。

为了保证灌浆质量，必须严格控制灌浆压力。对回填灌浆，无压隧洞第一序孔压力可采用 0.1～0.3MPa，有压隧洞第一序孔用 0.2～0.4MPa；第二序孔可增大 1.5～2 倍。固结灌浆压力应比回填灌浆压力高一些，以灌实围岩裂缝，但压力不能太高，防止衬砌结构破坏。

第五节 喷锚支护技术

喷锚支护是喷混凝土支护、锚杆支护及喷混凝土与锚杆、钢筋网联合支护的统称。它是地下工程支护的一种新型式，也是新奥地利隧洞工程法（简称新奥法）的主要支护措施。喷锚支护适用于不同地层条件、不同断面大小的地下洞室工程，既可用作临时支护也可用作永久性支护。

喷锚支护是在隧洞开挖后，及时在围岩表面喷射一层厚 3～5cm 的混凝土，必要时加上锚杆、钢筋网以稳定围岩。这一层混凝土一般作为临时支护，以后再在其上加喷混凝土至设计厚度作为永久支护。这种施工方法称为"新奥法"。

"新奥法"所依据的理论与现浇混凝土支撑拱的理论显著不同。现浇混凝土衬砌的理论是把围岩当作衬砌设计的主要荷载，而"新奥法"是在隧洞开挖后围岩产生大量变形以前在围岩表面喷射一层混凝土，以期达到以下目的：密封围岩、防止围岩风化；黏结和填充围岩裂隙，防止围岩松动；加固围岩，提高其强度和整体性。新奥法的理论依据是通过对围岩的适时支护，来控制和调整围岩中的应力，防止围岩开挖后产生过渡松动或坍塌，使围岩在与喷锚支护的共同变形中取得稳定。新奥法把"围岩是结构的荷载"的理论转化为"围岩是承载结构的重要组成部分"，围岩荷载由围岩与支护共同承担，从而减少衬砌的厚度。从我国已建隧洞工程的实际来看，采用喷锚支护，可以减少衬砌工程量 50% 以上，节约水泥 1/3～1/2，减少劳动力和工程投资 50% 左右，缩短工期50% 以上。喷锚支护，不需要安装模板，也不需要进行回填灌浆，操作方便，施工安全。

一、锚杆支护

锚杆是为了加固围岩而锚固在岩体中的金属杆件。锚杆插入岩体后，将岩块串联起来，改善了围岩的原有结构性质，使不稳定的围岩趋于稳定，锚杆与围岩共同承担山岩压力。锚杆支护是一种有效的内部加固方式。

1. 锚杆的作用

（1）悬吊作用。即利用锚杆把不稳定的岩块固定在完整的岩体上，如图 11-39（a）所示。

（2）组合岩梁。将层理面近似水平的岩层用锚杆串联起来，形成一个巨型岩梁，以承受岩体荷载，如图 11-39（b）所示。

（3）承载岩拱。通过锚杆的加固作用，使隧洞顶部一定厚度内的缓倾角岩层形成承载岩拱。但在层理、裂隙近似垂直，或在松散、破碎的岩层中，锚杆的作用将明显降低，如图 11-39（c）所示。

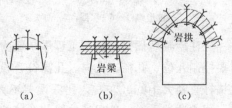

图 11-39 锚杆的作用
(a) 悬吊作用；(b) 组合岩染；(c) 承载岩拱

2. 锚杆的分类

按锚固方式的不同可将锚杆分为：张力锚杆和砂浆锚杆两类。前者为集中锚固，后者为全长锚固。

（1）张力锚杆。张力锚杆有楔缝式锚杆和胀圈式锚杆两种。楔缝式锚杆由楔块、锚栓、垫板和螺帽等 4 部分组成，如图 11-40（a）所示。锚栓的端部有一条楔缝，安装时将钢楔块少许楔入其内，将楔块连同锚栓一起插入钻孔，再用铁锤冲击锚栓尾部，使楔块深入楔缝内，楔缝张开并挤压孔壁岩石，锚头便锚固在钻孔底部。然后在锚栓尾部安上垫板并用螺帽拧紧，在锚栓内便形成了预应力，从而将附近的岩层压紧。

胀圈式锚杆的端部有四瓣胀圈和套在螺杆上的锥形螺帽，如图 11-40（b）所示。安装时将其同时插入钻孔，因胀圈撑在孔壁上，锥形螺帽卡在胀圈内不能转动，当用扳手在孔外旋转锚杆时，螺杆就会向孔底移动，锥形螺帽作向上的相对移动，促使胀圈张开，压紧孔壁，锚固螺杆。锚杆上的凸头的作用是当锚杆插入钻孔时，阻止锚杆下落。胀圈式锚杆除锚头外，其他部分均可回收。

（2）砂浆锚杆。在钻孔内先注入砂浆后插入锚杆，或先插入锚杆后注砂浆，待砂浆凝结硬化后即形成砂浆锚杆，如图 11-41 所示。因砂浆锚杆是通过水泥砂浆（或其他胶凝材料）在杆体和孔壁之间的摩擦力来进行锚固的，是全长锚固，所以锚固力比张力锚杆大。砂浆还能防止锚杆锈蚀，延长锚杆寿命。这种锚杆多用作永久支护，而张力锚杆多用作临时支护。

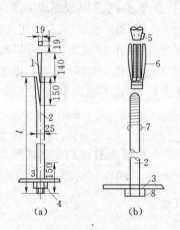

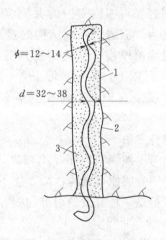

图 11-40　张力锚杆（单位：mm）
（a）楔缝式；（b）胀圈式
1—楔块；2—锚栓；3—垫板；4、8—螺帽；
5—锥形螺帽；6—胀圈；7—凸头

图 11-41　钢筋砂浆锚杆（单位：mm）
1—钻孔；2—钢筋；3—水泥砂浆

先注砂浆后插锚杆的施工程序一般为：钻孔、清洗钻孔、压注砂浆和安插锚杆。钻孔时要控制孔位、孔径、孔向、孔深符合设计要求。一般要求孔位误差不大于 20cm，孔径比锚杆直径大 10mm 左右，孔深误差不大于 5cm。钻孔清洗要彻底，可用压气将孔内岩粉、积水冲洗干净，以保证砂浆与孔壁的黏结强度。

由于向钻孔内压注砂浆比较困难（当孔口向下时更困难），所以钢筋砂浆锚杆的砂浆常采用风动压浆罐（图11-42）灌注。灌浆时，先将砂浆装入罐内，再将罐底出料口的铁管与输料软管接上，打开进气阀，使压缩空气进入罐内，在压气作用下，罐内砂浆即沿输料软管和注浆管压入钻孔内。为了保证压注质量，注浆管必须插至孔底，确保孔内注浆饱满密实。注满砂浆的钻孔，应采取措施将孔口封堵，以免在插入锚杆前砂浆流失。

风动压浆罐的工作风压为 0.5～0.6MPa；砂浆的配合比一般为 0.4（水）：1.0（水泥）：0.5（细砂）。

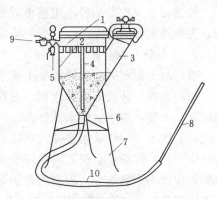

图 11-42　风动压浆罐构造简图
1—贮气间；2—气孔（φ10mm）；3—装料口；4—风管；5—隔板；6—出料口；7—支架；8—注浆管；9—进气口；10—输料软管

安装锚杆时，应将锚杆徐徐插入，以免砂浆被过量挤出，造成孔内砂浆不密实而影响锚固力。锚杆插到孔底后，应立即楔紧孔口，24h 后才能拆除楔块。

先设锚杆后注砂浆的施工工艺要求基本同上。注浆用真空压力法，如图11-43所示。注浆时，先启动真空泵，通过端部包以棉布的抽气管抽气，然后由灰浆泵将砂浆压入孔内，一边抽气一边压注砂浆，砂浆注满后，停止灰浆泵，而真空泵仍工作几分钟，以保证注浆的质量。

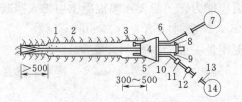

图 11-43　真空压力灌浆布置图（单位：mm）
1—锚杆；2—砂浆；3—布包；4—橡皮塞；5—垫板；6—抽气管；7—真空泵；8—螺帽；9—套筒；10—灌浆管；11—关闭阀；12—灌浆阀；13—高压软管；14—灰浆泵

3. 锚杆的布置

锚杆的布置主要是确定锚杆的插入深度、间距及布置形式。

锚杆的布置有局部锚杆和系统锚杆。局部锚杆主要是用来加固危石，防止掉块。系统锚杆主要用来提高围岩的强度和整体性。锚杆的方向应尽量与岩体结构面垂直，当结构面不明显时，可与周边轮廓垂直。圆断面隧洞可采用径向布置。锚杆在平面上的布置要求呈梅花形或方格形。

锚杆的布置参数主要是通过工程类比和现场试验选择。系统锚杆，锚杆深入岩体深度一般为 1.5～3.5m，但不一定要深入稳定岩层，当岩层破碎时，用短而密的系统锚杆，同样可取得较好的锚固效果。系统锚杆间距为插入深度的 1/2，但不得大于 1.5m。局部锚杆，必须插入稳定岩体内，插入深度和间距根据实际情况而定。大于 5m 的深孔锚杆应作专门设计。

二、喷混凝土支护

喷混凝土就是将水泥、砂、石等干料按一定比例拌和后装入喷射机中，再用压缩空气将混合料送到喷嘴处与高压水混合，喷射到岩石表面，经凝结硬化而成的一种薄层支护结构。喷射到岩面上的混凝土，能填充围岩的缝隙，将分离的岩面黏结成整体，提高围岩的强度，增强围岩抵抗位移和松动的能力，还能封闭岩石，防止风化，缓和应力集中。

喷混凝土支护是一种不用模板就能成型的新型支护结构，具有生产效率高，施工速度快，支护质量好的优点。

1. 原材料及配合比

喷混凝土原材料与普通混凝土基本相同，但在技术上有一些差别。

（1）水泥。普通硅酸盐水泥，强度等级不低于42.5MPa，以利混凝土早期强度的快速增长，干硬收缩小，保水性好。

（2）砂子。一般采用坚硬洁净的中、粗砂，平均粒径为0.35～0.5cm。砂子过粗，容易产生回弹；过细，不仅使水泥用量增加，而且还会引起混凝土的收缩，强度降低，还会在喷射中产生大量粉尘。砂子的含水量应控制在4%～6%之间。含水量过低，混合料在管路中容易分离而造成堵管；含水量过高，混合料有可能在喷射罐中就已凝结，无法喷射。

（3）石子。用卵石、碎石均可作为喷混凝土骨料。石料粒径为5～20mm，其中大于15mm的颗粒应控制在20%以内，以减少回弹。石子的最大粒径不能超过管路直径的1/2。石料使用前应经过筛洗。

（4）水。喷混凝土用水与一般混凝土对水的要求相同。地下洞室中的混浊水和一切含酸、碱的侵蚀水不能使用。

（5）速凝剂。为了加快喷混凝土的凝结硬化速度，防止在喷射过程中坍落，减少回弹，增加喷射厚度，提高喷混凝土在潮湿地段的适应能力，一般要在喷混凝土中掺入速凝剂。速凝剂应符合国家标准，初凝时间不大于5min，终凝时间不大于10min。

喷混凝土配合比应满足强度和工艺要求。水泥用量一般为375～400kg/m³，水泥与砂石的重量比一般为1∶4.5～1∶4，砂率为45%～55%，水灰比为0.4～0.5，速凝剂掺量一般为水泥重量的2%～4%。

水灰比的控制，主要依靠操作人员喷射时对进水量的调节，在很大程度上取决于操作人员的经验。若水灰比太小，喷射时不仅粉尘大，料流分散，回弹量大，而且喷射层上会产生干斑、砂窝等现象，影响混凝土的密实性；若水灰比过大，不但影响混凝土强度，而且还可能造成喷射层流淌、滑移，甚至大片坍塌。水灰比控制恰当时，喷混凝土的表面呈暗灰色，有光泽，混凝土黏性好，能一团一团地粘附在喷射面上。水灰比的控制，除了提高操作人员的技术水平外，还必须维持供水压力的稳定。

2. 混凝土喷射机

工程中常用的喷射机有冶建69型双罐式喷射机和HP—Ⅲ型转体式喷射机，如图11-44和图11-45所示。

双罐式喷射机的工作原理是上罐储料，下罐工作，下罐中的干拌和料通过涡轮机构带动的输料盘，均匀地把料送到出料口，再通过压气送至喷嘴，在喷嘴处穿过水环所形成的水幕与水混合后高速喷射到岩面上。转体式喷射机的工作原理是混凝土干料从料斗落到一个多孔形的旋转体中，随孔道旋转至出料口，再在压缩空气的作用下将干料送至喷嘴，与高压水混合后喷射到岩面。转体式喷射机出料量可以调整，体积小，重量轻，操作简单，且可远距离控制，但结构复杂，制造要求高。

喷混凝土施工，劳动条件差，喷枪操作劳动强度大，施工不够安全。有条件时应尽量

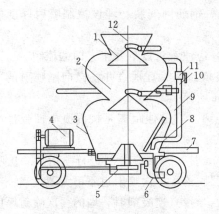

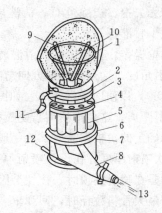

图 11-44 双罐式喷射机

1—上钟形罩；2—下钟形罩；3—输料盘；

4—电动机；5—蜗轮油箱；6—出料口；

7—车架；8—主风口；9—折形刮刀；

10—主风阀；11—上灌进气阀；

12—橡皮垫圈

图 11-45 转体式喷射机

1—搅拌器；2—上底座；3—上接合板；

4—旋转板；5—旋转体；6—下接合板；

7—下底座；8—出料弯头；9—料斗；

10—干拌和料；11—压缩空气进气口；

12—进风管；13—出料口

利用机械手操作。如图 11-46 为国产 QPS—Ⅰ型机械手简图，它适用于大断面隧洞喷混凝土作业。

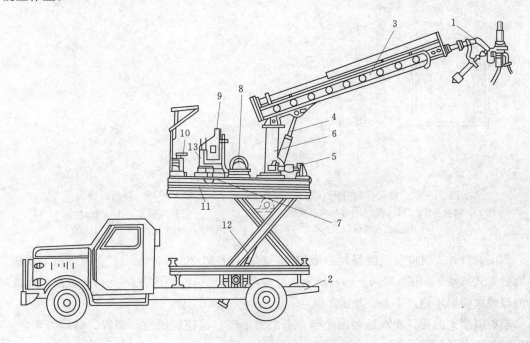

图 11-46 QPS—Ⅰ型混凝土机械手简图

1—喷头装置；2—汽车；3—大臂；4—大臂俯仰油缸；5—立柱回转油缸；6—立柱；7—冷却系统；
8—动力装置；9—操作台；10—坐椅；11—剪刀架平台；12—剪刀架升起油缸；13—动力油路

3. 喷混凝土施工

(1) 施工准备。喷射混凝土前，应做好各项准备工作，内容包括：搭建工作平台、检查工作面有无欠挖、撬除危石、清洗岩面和凿毛、钢筋网安装、埋设控制喷射厚度的标记、混凝土干料准备等。

(2) 喷枪操作。直接影响喷射混凝土的质量，应注意对以下几个方面的控制。

1) 喷射角度。这是指喷射方向与喷射面的夹角。一般宜垂直并稍微向刚喷射的部位倾斜（约 10°），以使回弹量最小。如图 11-47 (b) 所示。

2) 喷射距离。这是指喷嘴与受喷面之间的距离。其最佳距离是按混凝土回弹最小和最高强度来确定的，根据喷射试验一般为 1m 左右。

3) 一次喷射厚度。在设计喷射厚度大于 10cm 时，一般应分层进行喷射。一次喷射太厚，特别是在喷射拱顶时，往往会因自重而分层脱落；一次喷射也不可太薄，当一次喷射厚度小于最大骨料粒径时，回弹率会迅速增高。当掺有速凝剂时，墙的一次喷射厚度为7～10cm，拱为 5～7cm；不掺速凝剂时，墙的一次喷射厚度为 5～7cm，拱为 3～5cm。分层喷射的层间间隔时间与水泥品种、施工温度和是否掺有速凝剂等因素有关。较合理的间歇时间为内层终凝并且有一定的强度。

4) 喷射区的划分及喷射顺序。当喷射面积较大时需要进行分段、分区喷射。一般是先墙后拱，自下而上地进行，如图 11-48 所示。这样可以防止溅落的灰浆粘附于未喷的岩面上，以免影响混凝土与岩面的黏结，同时可以使喷混凝土均匀、密实、平整。

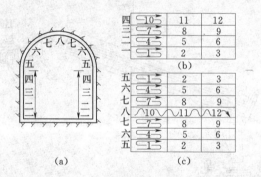

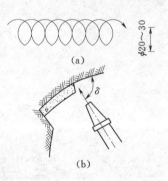

图 11-47　喷射区划分示意图
(a) 喷射分区；(b) 侧墙Ⅰ、Ⅱ区喷射顺序；
(c) 顶拱Ⅲ区喷射顺序

图 11-48　料流轨迹与
喷射角度（单位：cm）
(a) 料流轨迹；(b) 喷射角度

施工时操作人员应使喷嘴呈螺旋形划圈，圈的直径以 20～30cm 左右为宜，以一圈压半圈的方式移动，如图 11-47 (a) 所示。分段喷射长度以沿轴线方向 2～4m 较好，高度方向以每次喷射不超过 1.5m 为宜。

喷射混凝土的质量要求是表面平整，不出现干斑、疏松、脱空、裂隙、露筋等现象，喷射时粉尘少、回弹量小。

4. 养护

喷混凝土单位体积水泥用量较大，凝结硬化快。为使混凝土的强度均匀增加，减少或防止不均匀收缩，必须加强养护。一般在喷射 2～4h 后开始洒水养护，日洒水次数以保持混凝土有足够的湿润为宜，养护时间一般不应少于 14d。

第六节 隧洞施工安全技术

一、常见安全事故及预防措施

隧洞施工保证安全是十分重要的。要搞好施工安全工作，除了做好必要的安全教育、促使施工人员重视外，还必须采取相应的技术措施，确保施工顺利进行。

隧洞施工过程中可能产生的安全事故及处理、防止措施简述如下。

（1）塌方。当隧洞通过断层破碎带、节理裂隙密集带、溶洞以及地下水活动的不良岩层时，容易产生塌方事故。特别是当洞室入口处地质条件较差时，更容易产生塌方现象。防止塌方的主要措施是：详细了解地质情况，加强开挖过程中的检查，及时进行支撑、支护或衬砌。

（2）滑坡。滑坡主要发生在洞外明挖部分。一般是因地质条件不良所造成。防止滑坡的主要措施是：放缓边坡，并在一定高度设置马道；对裸露岩石进行喷锚处理，防止风化和松动。

（3）涌砂涌水。当隧洞通过地下水发育的软弱地层和一些有高压含水层的不良岩层时，容易产生涌水现象。防止涌水的措施是：详细了解涌水的地质原因，采取封堵和导、排相结合的措施处理，必要时利用灌浆进行处理。

（4）瓦斯中毒与爆炸。瓦斯类有害气体多产生于深层，特别是含煤的矿层中。防止瓦斯中毒与爆炸的措施是：加强洞内通风和安全检查，严格控制烟火。

（5）小块坠石。爆破后及拆除支撑时都有可能产生小块坠石。防止小块坠石的措施是：爆破后应做好安全检查工作，将松动的石块清除干净；进洞人员必须戴安全帽。

（6）爆破安全事故。因操作不当或未严格执行操作规程和安全规程而发生事故。防止爆破安全事故的措施是：必须严格执行操作规程和安全规程，加强安全检查，完善爆破报警系统，妥善处理瞎炮。

（7）用电安全事故。洞内施工，动力、照明线路多，洞内潮湿，导致漏电或其他用电事故。防止用电安全事故的措施是：选用绝缘良好的动力、照明供电电线，线路的接头处应采取预防漏电的有效措施，加强用电安全检查。

（8）临时支撑失效。因临时支撑的布置、维护不当而发生坍塌事故。防止临时支撑失效的措施是：重视临时支撑的结构设计和施工，加强临时支撑的维护和管理。

二、洞口段施工与塌方处理

1. 洞口段施工

隧洞的洞口地段，往往是比较破碎的覆盖层，而且在降雨时有地面水流下，很容易发生塌方。洞口又是工作人员出入必经之地，必须做到安全可靠。

隧洞施工前，应结合地质和水文地质条件，选好洞口位置。洞口以外明挖段完成后，应先将洞口边坡、仰坡及地表排水系统做好，然后才能进洞。常用的进洞方式是导洞进洞，即在刷出洞脸后，先架好5～6排明箱（即明挖部分的支撑），其上铺以装砂土的草袋，厚1～2m，并用斜撑顶牢，然后放炮开挖导洞，边挖边架立临时支撑，支撑排架间距0.5～0.8m（图11-49），以后再进行扩大部分开挖和衬砌。

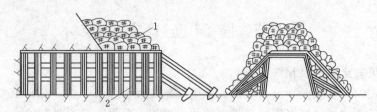

图 11-49 洞口支撑

1—装砂土的草袋；2—明箱

2. 塌方处理

在不稳定的岩层中开挖隧洞，常会遇到塌方。塌方一旦发生，首先应突击加固未塌方地段，防止塌方扩大，并为抢险工作提供比较安全的基地。尽快查明塌方的性质和范围，根据具体情况，采取有效措施进行处理。

（1）小塌方，先支后清。对塌方体未将隧洞全部堵塞，塌方的间歇时间较长或塌方基本停止，施工人员尚可进入塌穴进行观察处理的小塌方，在清除之前，必须先将塌方的顶部支撑牢固，在清除塌方。支撑塌穴的方法应因地制宜。对于规模不大的塌方，塌穴高度较低时，可在渣堆上架设木支撑，将塌穴全面支护，边清边倒换成洞底支撑，如图 11-50 所示。

（2）大塌方，先棚后穿。当塌方量很大，且已将洞口堵塞，或塌方继续不停地扩展，施工人员不易进入塌穴时，可将塌方体视为松软破碎的地层，按先棚后穿的原则进行处理。即先用硬质圆木（直径 8~15cm，长约 1m）向上倾斜打入塌方体中，并架立木支撑，再进行出渣，然后向前打入新的圆木并架立支撑，如此逐步向前推进，如图 11-51 所示。

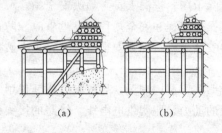

图 11-50 小塌方先支后清

（a）清渣前；（b）清渣后

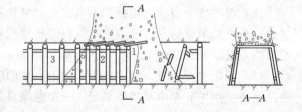

图 11-51 大塌方先棚后穿

1—圆木杆；2—门框形木支撑；3—纵梁

复 习 思 考 题

11-1 隧洞开挖方式取决于哪些因素？

11-2 隧洞全断面开挖法有何特点？

11-3 隧洞导洞开挖法有何特点？

11-4 隧洞掏槽孔应如何布置？

11-5 隧洞崩落孔应如何布置？

11-6 隧洞周边孔应如何布置？

11-7　隧洞炮孔数目和深度应如何确定？

11-8　对隧洞钻孔作业有哪些要求？

11-9　对隧洞装药和起爆有哪些要求？

11-10　掘进机的类型有哪些？各适用于哪些范围？

11-11　盾构的类型有哪些？各适用于哪些范围？

11-12　对隧洞临时支护有哪些要求？

11-13　隧洞的临时支护方式有哪些？

11-14　隧洞开挖辅助作业的内容有哪些？

11-15　如何用混凝土泵进行隧洞衬砌封拱？

11-16　锚杆的作用有哪些？

11-17　隧洞施工过程中可能产生安全事故应采取哪些防止措施？

11-18　塌方处理措施有哪些？

参 考 文 献

[1] 张四维．水利工程施工．北京：中国水利水电出版社，1994.
[2] 杨康宁．水利水电工程施工技术．北京：中国水利水电出版社，2001.
[3] 袁光裕．水利工程施工．北京：中国水利水电出版社，1998.
[4] 袁光裕．水利工程施工．北京：中国水利水电出版社，1998.
[5] 《建筑施工手册》编写组．建筑施工手册．北京：中国建筑工业出版社，2003.
[6] 姚谨英．建筑施工技术．北京：中国建筑工业出版社，2007.
[7] 张长友，白锋．建筑施工技术．北京：中国电力出版社，2006.
[8] 陈守兰．建筑施工技术．北京：科学出版社，2005.
[9] 祖青山．建筑施工技术．北京：中国环境科学出版社，2003.
[10] 李伟，王飞．建筑工程施工技术．北京：机械工业出版社，2006.
[11] 应惠清．土木工程施工技术．上海：同济大学出版社，2006.
[12] 张厚先，王志清．建筑施工技术．北京：机械工业出版社，2003.
[13] 宁仁歧．建筑施工技术．北京：高等教育出版社，2004.
[14] 李继业．建筑施工技术．北京：科学出版社，2001.
[15] 毛鹤琴．土木工程施工．武汉：武汉理工大学出版社，2004.
[16] 廖代广．土木工程施工技术．武汉：武汉理工大学出版社，2003.
[17] 钟汉华．混凝土工程施工机械设备使用指南．郑州：黄河水利出版社，1996.
[18] 钟汉华．坝工混凝土工．郑州：黄河水利出版社，1995.
[19] 张建华．坝工模板工．郑州：黄河水利出版社，1995.
[20] 孙仕英．坝工钢筋工．郑州：黄河水利出版社，1995.
[21] 钟汉华．国家职业技能鉴定试题库水利分库·坝工混凝土工试题集．郑州：黄河水利出版社，1995.
[22] 孙仕英．国家职业技能鉴定试题库水利分库·坝工钢筋工试题集．郑州：黄河水利出版社，1995.
[23] 钟汉华，张志涌．施工机械．北京：中国水利水电出版社，2007.
[24] 钟汉华．建筑工程施工工艺．重庆：重庆大学出版社，2005.
[25] 钟汉华．土木工程施工概论．北京：中国水利水电出版社，2008.